Rechnen an spanabhebenden Werkzeugmaschinen

Ein Lehr- und Handbuch für Betriebsingenieure, Betriebsleiter
Werkmeister und vorwärtsstrebende Facharbeiter
der metallverarbeitenden Industrie

von

Franz Riegel

Maschineningenieur VDI an der Berufsoberschule der Stadt der
Reichsparteitage Nürnberg

Erster Band:

Rechnerische Grundlagen, Kegeldrehen, Gewindeschneiden, Teilkopfarbeiten. Hinterdrehen

Zweite, neubearbeitete und erweiterte Auflage

Mit 157 Textabbildungen, 150 Beispielen,
11 Berechnungstafeln, 18 Zahlentafeln
und 7 Maschinentafeln

Springer-Verlag Berlin Heidelberg GmbH 1942

ISBN 978-3-662-35527-5 ISBN 978-3-662-36355-3 (eBook)
DOI 10.1007/978-3-662-36355-3

Ursprünglich erschienen bei Springer-Verlag O.H.G. in Berlin 1942

Vorwort zur ersten Auflage.

Wiederholte Anregungen seitens meiner früheren, schon länger in der Praxis stehenden Schüler und die vielseitigen Anfragen, welche mir von seiten meiner Hörer immer wieder zugehen, haben mich zur Herausgabe des vorliegenden Buches veranlaßt. Das Buch stellt in der Hauptsache den Lehrgang dar, den ich seit Jahren in meinem Unterrichte an der Städtischen Berufsoberschule Nürnberg zur Ausbildung von Werkmeistern und Betriebsfachleuten und in engster Fühlungnahme mit den städtischen Schulwerkstätten daselbst verfolge.

Der Lehrstoff des Unterrichtsfaches „Rechnen an spanabhebenden Werkzeugmaschinen" umfaßt sämtliche rechnerische Arbeiten an spanabhebenden Werkzeugmaschinen, wie sie zur Vornahme der Einstellung und Bemessung des Werkzeuges und Werkstückes für die verschiedensten Arbeiten des praktischen Maschinenbaues unerläßlich sind. Für den Werkmann bleibt die Tatsache unumstritten, daß auch die neuzeitlichste Werkzeugmaschine, trotz aller die Einstellung erleichternden Tabellen, beim verantwortlichen Meister und Facharbeiter unbedingt ein gewisses Maß rechnerischer Kenntnisse voraussetzen, weil von der Norm abweichende Einstellungen tagtäglich nötig sind. In Verbindung mit der klaren Erkennungsfähigkeit mechanischer Vorgänge ergibt sich dann wirkliches und volles Verständnis der Berufspraxis; dann wird es auch möglich sein, Tabellen an und für Werkzeugmaschinen zu verstehen, aus ihnen zu lesen, mit ihnen wirtschaftlich arbeiten zu können oder im Bedarfsfalle für eine gegebene Maschine selbst brauchbare Tabellen anzufertigen.

Der Gesamtstoff rechnerischer Arbeiten an Werkzeugmaschinen läßt eine Unterteilung zweckmäßig erscheinen. Der vorliegende erste Band beschäftigt sich mit rechnerischen Grundlagen, Kegeldrehen, Gewindeschneiden, Teilkopfarbeiten und Hinterdrehen. Die richtige Anwendung der Werkzeuge für die Zahnradherstellung setzt die Kenntnis der Bestimmung der Zahn- und Radabmessungen voraus. Aus diesem Grunde wurde dem vorliegenden Buche die Ermittlung der Radabmessungen für die verschiedensten Zahnradgetriebe in gedrängter Form beigegeben. Sollte der vorliegende Band eine günstige Aufnahme finden, so ist eine Weiterführung des Werkes (Zahnradbearbeitung auf Sondermaschinen und Arbeiten an selbsttätigen Drehbänken) geplant.

Die unter Voraussetzung einfachster mathematischer Kenntnisse mit ausführlichen Lösungen und Anleitungen durchgeführten praktischen Berechnungsbeispiele geben die Möglichkeit, das Buch zum Selbstunterricht erfolgreich zu verwenden; als leichtverständliches und schnell zu übersehendes Handbuch soll es den in der Praxis stehenden Schülern nützlich zur Seite stehen. So bietet das Buch nicht nur für den Lernenden, sondern auch für den Fach- und Betriebsmann, vom vorwärtsstrebenden Facharbeiter bis zum Ingenieur, ein wertvolles Nachschlagewerk, mittels dessen er sich bei in der Werkstattätigkeit ähnlich gelagerten Fällen Rat und Hilfe holen kann.

Das Buch wendet sich auch an jene Lehrkräfte, denen in Gewerbe-, Fach- und Werkschulen Lehrlingsjugend im Pflichtunterricht, Gesellen und Meister in Fortbildungskursen anvertraut sind. Möge diese Arbeit sowohl in Schul-, als auch in Industrie- und Handwerkerkreisen viele Freunde finden.

Nürnberg, im Februar 1937.

F. Riegel.

Vorwort zur zweiten Auflage.

Aufbau und Inhalt dieses Fachbuches haben allgemein Anklang gefunden, was die erforderliche Neuauflage bestätigt. In dieser wurde der Stoff teilweise neu, klarer und übersichtlicher gegliedert, einige Abschnitte erfuhren eine erhebliche Erweiterung, und durchgängig wurde das Buch durch Hinzufügen neuer Abbildungen und vieler praktischer Zahlenbeispiele weiter ausgebaut und vervollkommnet. Auch weiterhin bin ich zu jeglicher Auskunft auf einschlägigem Gebiete gern bereit und für Anregungen zu Ergänzungen, Änderungen und Verbesserungen des Buches stets dankbar.

Nürnberg, im Juni 1942.

F. Riegel.

Tafeln im Text.

Bewegungstafeln.

1. Für einfachen Umlaufrädertrieb als Außenverzahnung (Abb. 41) . . . 34
2. Für einfachen Umlaufrädertrieb als Innenverzahnung (Abb. 42) . . . 35
3. Für dreirädrigen, rückkehrenden Umlaufrädertrieb mit einem Voll- und einem Hohlrad als Mittelräder (Abb. 44) . . . 36
4. Für dreirädrigen, rückkehrenden Umlaufrädertrieb mit einem Voll- und einem Hohlrad als Mittelräder (Abb. 45) . . . 36
5. Für dreirädrigen, rückkehrenden Umlaufrädertrieb mit einem Voll- und einem Hohlrad als Mittelräder (Abb. 46) . . . 37
6. Für vierrädrigen, rückkehrenden Umlaufrädertrieb mit vier Vollrädern (Abb. 49) . . . 39
7. Für vierrädrigen, rückkehrenden Umlaufrädertrieb mit zwei Hohlrädern als Mittelräder (Abb. 50) . . 40
8. Für rückkehrenden Kegelräderumlauftrieb (Abb. 51) . . . 40
9. Für rückkehrenden Kegelräderumlauftrieb (Abb. 52) . . . 41
10. Für einfachen Umlaufrädertrieb als Differentialtrieb (Abb. 41) . . . 42
11. Für einfachen Umlaufrädertrieb als Differentialtrieb (Abb. 53) . . . 42
12. Für rückkehrenden Kegelräderumlauftrieb als Differentialtrieb . . . 43

Zahlentafeln.

1. Kegelwinkel α und Einstellwinkel $\alpha/2$ an der Bearbeitungsmaschine . . . 46
2. Wechselräder für Leitspindeldrehbänke . . . 56
3. Maß- und Zahlenbeziehung zwischen Gangzahl und Zollsteigung . . . 57
4. Maß- und Zahlenbeziehung zwischen Gangzahl und Millimetersteigung . . . 58
5. Maß- und Zahlenbeziehung zwischen Modul und Millimetersteigung . . . 58
6. Vielfache von $\pi = 3{,}1415927$ . . . 59
7. Näherungswerte für $\pi : 1'' = 0{,}1236848$ . . . 60
8. Maß- und Zahlenbeziehung zwischen Diametral-Pitch und Zollsteigung . . . 60
9. Näherungswerte für $\pi = 3{,}1415927$ . . . 61
10. Maß- und Zahlenbeziehung zwischen Millimetersteigung und Gangzahl . . . 61
11. Näherungswerte für $1'' = 25{,}4000000$ . . . 62
12. Näherungswerte für $\pi'' = 79{,}7964546$ . . . 62
13. Hauptnäherungswerte für den Bruch 197 : 254 . . . 70
14. Schaltübersetzungen, gehörig zur Leitspindeldrehbank mit Gewindeschneidtabelle nach Maschinentafel 1 75
15. Schaltübersetzungen einer Leitspindeldrehbank mit 4 mm Leitspindelsteigung . . . 76
16. Schrägungswinkel zweier zusammenarbeitender Schrägzahnstirnräder (Achsenwinkel $\delta = 90°$) für gleich große Durchmesser bei verschiedenen Übersetzungen . . . 123
17. Zähnezahlbereich des 8teiligen Fräsersatzes für Zahnformfräser für Teilungen bis Modul 10 mm . . . 130
18. Zähnezahlbereich des 15teiligen Fräsersatzes für Zahnformfräser für Teilungen über Modul 10 mm . . 130

Maschinentafeln.

1. Ausschnitt (Whitworth-Gewindetabelle) aus einer Gewindeschneidtabelle . . . 74
2. Ausschnitt aus einer Gewindeschneidtabelle einer VDF-Einheitsdrehbank . . . 86
3. Wechselräder für den Vorschub beim selbsttätigen Teilen (Loewe-Gesfürel) . . . 102
4. Rechnerische Angaben für den Wotan-Universalteilkopf . . . 113
5. Rechnerische Angaben für den Schuchardt & Schütte-Universalteilkopf . . . 113
6. Rechnerische Angaben für den Loewe-Universalteilkopf . . . 115
7. Wechselrädersätze für Hinterdrehmaschine (Reinecker) . . . 141

Inhaltsverzeichnis.

Seite

I. Geschwindigkeit bei Werkzeugmaschinen.

a) Gleichförmige, geradlinige Bewegung . . . 1
b) Gleichförmige, drehende Bewegung . . . 2
c) Arbeitsweise der Werkzeugmaschinen . . . 2
d) Messen der Schnitt- und Vorschubbewegung . . . 3
1. Schnittgeschwindigkeit bei Werkzeugmaschinen mit drehender Schnittbewegung . . . 3
2. Schnittgeschwindigkeit bei Werkzeugmaschinen mit gerader Schnittbewegung . . . 4
α) Langhobelmaschinen . . . 4
β) Querhobelmaschinen . . . 4
3. Vorschubgeschwindigkeit bei Werkzeugmaschinen mit drehender Schnittbewegung . . . 5
4. Vorschubgeschwindigkeit bei Werkzeugmaschinen mit gerader Schnittbewegung . . . 5
5. Schnittgeschwindigkeit, Drehzahl und Durchmesser bei Werkzeugmaschinen mit drehender Schnittbewegung . . . 6
6. Schnittgeschwindigkeit, Doppelhubzahl und Hublänge bei Werkzeugmaschinen mit gerader Schnittbewegung . . . 6
7. Standzeit der Werkzeugmaschine . . . 6

II. Hauptzeit bei Werkzeugmaschinen.

a) Drehbank . . . 7
1. Hauptzeit beim Langdrehen . . . 7
2. Hauptzeit beim Plan- und Planringdrehen . . . 8
3. Hauptzeit beim Gewindeschneiden . . . 10
b) Bohrmaschine . . . 11
c) Fräsmaschine . . . 11
1. Hauptzeit beim Waagerecht- und Senkrechtfräsen . . . 11
2. Hauptzeit beim Fräsen von Geradzahnstirnrädern mit Zahnformfräser nach dem Teilverfahren . . . 13
3. Hauptzeit beim Fräsen von Geradzahnstirnrädern mit Wälzfräser nach dem Wälzverfahren . . . 14
4. Hauptzeit beim Gewindefräsen mit Gewindescheibenfräser (Langgewindefräsen) . . . 15
5. Hauptzeit beim Gewindefräsen mit Gewinderillenfräser (Kurzgewindefräsen) . . . 16
d) Schleifmaschine . . . 17
1. Hauptzeit beim Rundschleifen . . . 17
2. Hauptzeit beim Flächenschleifen . . . 18
α) Hauptzeit beim Flächenschleifen mit waagerechter Schleifspindel . . . 18
β) Hauptzeit beim Flächenschleifen mit senkrechter Schleifspindel . . . 19
e) Hobelmaschine . . . 19
f) Stoßmaschine . . . 21

III. Spanleistung bei Werkzeugmaschinen.

a) Spanquerschnitt . . . 21
1. Drehen (einschneidiges Werkzeug) . . . 21
2. Bohren (zweischneidiges Werkzeug) . . . 22
3. Fräsen (mehrschneidiges Werkzeug) . . . 22

b) Stündliches Spangewicht. Seite
1. Drehen (Langdrehen) 24
2. Fräsen (Waagerechtfräsen) 24
3. Hobeln und Stoßen 25

IV. **Übersetzung und Übersetzungsgleichung.**
a) Riementriebe 25
b) Rädertriebe, fest gelagert 29
1. Stirnräder und Kegelräder 30
2. Schneckentrieb (Schnecke und Schneckenrad) 31
3. Zwischen- oder Umkehrräder 31
4. Zahnrad und Zahnstange 32
5. Zahnräder mit veränderlicher Übersetzung 33
c) Rädertriebe, umlaufend 33
1. Einfacher Umlaufrädertrieb als Außenverzahnung 33
2. Einfacher Umlaufrädertrieb als Innenverzahnung 35
3. Rückkehrende Umlaufrädertriebe 35
α) Dreirädriges Getriebe mit einem Voll- und einem Hohlrad als Mittelräder 35
β) Vierrädriges Getriebe mit vier Vollrädern 39
γ) Vierrädriges Getriebe mit zwei Hohlrädern als Mittelräder 40
δ) Kegelräderumlauftriebe 40
d) Differentialtriebe 41
1. Stirnräderumlauftrieb 41
2. Kegelräderumlauftrieb 43

V. **Bearbeiten kegeliger Werkstücke.**
a) Drehen von Kegeln 44
1. Drehen eines Kegels mittels Oberschlittenverstellung 45
2. Drehen eines Kegels mittels Reitstockverstellung 47
3. Drehen eines Kegels mittels Kegelleitschiene (Leitlineal) 49
4. Drehen eines Kegels auf Sonderdrehbänken 49
5. Stahleinstellung beim Drehen eines Kegels 49
b) Schleifen von Kegeln 50

VI. **Allgemeine Grundlagen zum Wechselräderberechnen an Leitspindeldrehbänken.**
a) Schraubenlinie 50
b) Schraubengewinde 51
c) Maße für ein- und mehrgängiges Gewinde 52
1. Zylindrisches Gewinde 52
2. Kegeliges Gewinde 52
d) Anordnung der Wechselräder (Übersetzung) 53
e) Wechselrädersätze 54

VII. **Wechselräderberechnen an Leitspindeldrehbänken ohne Rädervorschubkasten.**
a) Leitspindel hat Zollsteigung 55
1. Fall: Arbeitsstück ist in Gang gegeben 55
2. Fall: Arbeitsstück ist in Zollsteigung gegeben 57
3. Fall: Arbeitstsück ist in Millimetersteigung gegeben 57
4. Fall: Arbeitsstück ist in Modulsteigung gegeben 58
5. Fall: Arbeitsstück ist in Diametral Pitch Steigung gegeben 60
b) Leitspindel hat Millimetersteigung 61

VIII. **Wechselräderberechnen mit Näherungswerten.**
a) Suchen von Näherungswerten unter Zuhilfenahme des Rechenstabes (Verfahren I) 63

Seite

b) Suchen von Näherungswerten durch Wahl eines gut kürzbaren Bruches, Wiedergutmachung der Veränderung und Vergrößern oder Verkleinern des zweiten Bruches (Verfahren II) . . . 64
c) Suchen von Näherungswerten unter Zuhilfenahme der Kettenbruchrechnung (Verfahren III) . . . 66
1. Umrechnen der echten Brüche zu Kettenbrüchen . . . 67
2. Umrechnen der Kettenbrüche zu Näherungswerten . . . 67
3. Einfacheres Verfahren zum Umrechnen der Kettenbrüche zu Näherungswerten . . . 69
4. Suchen von Haupt- und Zwischennäherungswerten . . . 70

IX. Wechselräderberechnen an Leitspindeldrehbänken mit Rädervorschubkasten.

a) Berechnen der Festübersetzung . . . 73
b) Berechnen der Schaltübersetzungen . . . 74
c) Berechnen der aufzusteckenden Wechselräder . . . 75

X. Wechselräderberechnen zum Schneiden von kegeligen, zylindrischen, steil- und mehrgängigen, sowie Plangewinden auf Leitspindeldrehbänken.

a) Wechselräderberechnen für kegelige Gewinde . . . 77
b) Wechselräderberechnen für Schneidwerkzeug-Gewinde . . . 79
c) Wechselräderberechnen für steilgängige Gewinde . . . 80
d) Wechselräderberechnen für mehrgängige Gewinde . . . 81
1. Ansetzen des Gewindestahles durch Ausschwenken der Schere . . . 82
2. Ansetzen des Gewindestahles durch Drehen des Leitspindelrades . . . 82
3. Ansetzen des Gewindestahles durch die Längsspindel des Werkzeugoberschlittens . . . 84
4. Ansetzen des Gewindestahles mittels Mehrfachwerkzeugen . . . 84
e) Wechselräderberechnen für Plangewinde . . . 84
f) Wechselräderberechnen nach der Räderformel der Maschine . . . 86

XI. Teilarbeiten mit mechanischem Teilkopf.

a) Unmittelbares Teilen . . . 88
b) Mittelbares Teilen . . . 89
c) Teilen mit Wechselrädern . . . 91
d) Ausgleichteilen auf Universalteilköpfen mit Wechselrädern und mit Teilscheiben . . . 92
1. Berechnen der Ausgleichwechselräder, wenn Teilzahl, Grundteilzahl und Übersetzung im Teilkopf gegeben sind . . . 93
2. Berechnen der Ausgleichwechselräder, wenn Teilzahl, Anzahl der Löcher des Lochkreises, Anzahl der Löcher des Lochkreises für eine Teilung und Übersetzung im Teilkopf gegeben . . . 95
3. Prüfung der Aufsteckung der Ausgleichwechselräder und der Teilkurbeleinstellung vor dem Fräsen . . . 96
e) Ausgleichteilen auf Universalteilköpfen mit Wechselrädern, jedoch ohne Teilscheiben . . . 97
f) Teilen bei ungleicher Teilung . . . 97
g) Werkstückverstellung nach Gradangabe . . . 99
h) Längenteilen auf Universalteilköpfen mit Wechselrädern und mit Teilscheiben 100
i) Längenteilen auf Zahnstangenteilgeräten . . . 101
k) Teilen mit selbsttätigen Schaltgeräten . . . 101
1. Berechnen der Wechselräder für den Antrieb des Tisches . . . 102
2. Berechnen der Wechselräder für den Antrieb der Teilspindel . . . 103

XII. Fräsen schraubenförmiger Nuten.

a) Fräsen schraubenförmiger Nuten mit großer Steigung (Rundschalten) . . . 103
b) Fräsen schraubenförmiger Nuten mit kleiner Steigung (Gewindefräsen) . . 109

Seite

XIII. Aufbau der mechanischen Teilköpfe.

a) Teilköpfe für unmittelbares Teilen mit Rastenscheiben 112
b) Teilköpfe für mittelbares Teilen mit Lochscheiben ohne Wechselräder . . 112
c) Universalteilköpfe mit Lochscheiben und mit Wechselrädern 112
1. Universalteilkopf der Fa. Wotan-Werke A.-G., Chemnitz 112
2. Universalteilkopf der Fa. Schuchardt & Schütte, Berlin 113
3. Universalteilkopf der Fa. Loewe-Gesfürel A.-G., Berlin 114
d) Universalteilköpfe ohne Lochscheiben, nur mit Wechselrädern. 116

XIV. Berechnen der Zahnräder mit genormter Verzahnung.

a) Abmessungen bei Stirnrädern mit Geradzähnen 118
1. Geradzahnstirnräder mit Außenverzahnung 119
2. Geradzahnstirnräder mit Innenverzahnung 120
b) Abmessungen bei Stirnrädern mit Schrägzähnen 120
1. Schrägzahnstirnräder für gleichlaufende Wellen 121
2. Schrägzahnstirnräder für sich kreuzende Wellen 122
c) Abmessungen bei Kegelrädern mit Geradzähnen 124
d) Abmessungen bei Schnecken 126
e) Abmessungen bei Schneckenrädern 127

XV. Zahnrad- und Zahnstangenbearbeitung auf Universalfräsmaschinen nach dem Teilverfahren (Teilfräsverfahren).

a) Fräsen der Geradzahnstirnräder (Formfräsen) 129
b) Fräsen der Schrägzahnstirnräder (Formfräsen) 130
c) Fräsen der Geradzahnkegelräder (Formfräsen) 133
d) Fräsen der Schnecken (Formfräsen) 133
e) Fräsen der Schneckenräder (Form- und Wälzfräsen) 134
f) Fräsen der Zahnstangen (Formfräsen) 135

XVI. Bearbeiten hinterdrehter Werkstücke.

a) Hinterdrehsteuerung, Bauart Loewe-Gesfürel 137
b) Hinterdrehsteuerung, Bauart Reinecker 138
1. Hinterdrehen scheibenförmiger Werkstücke 140
2. Hinterdrehen von Werkstücken mit geraden Längsnuten 141
3. Hinterdrehen von Werkstücken mit schraubenförmigen Längsnuten . . . 141
4. Hinterdrehen gewindeförmiger Werkstücke mit schraubenförmigen Längsnuten 143

XVII. Berechnungstafeln.

1. Umfangsgeschwindigkeit, Durchmesser und Umlaufzahl bei gleichförmiger drehender Bewegung 145
2. Beziehungen zwischen Diametral Pitch, Circular Pitch, Modul und Teilkreisdurchmesser 145
3. Bestimmungsgrößen bei Kegelberechnungen 145
4. Radabmessungen bei Geradzahnstirnrädern mit genormter Verzahnung (Räder mit Außenverzahnung) 146
5. Radabmessungen bei Schrägzahnstirnrädern mit genormter Verzahnung (Räder für gleichlaufende Wellen) 148
6. Radabmessungen bei Schrägzahnstirnrädern mit genormter Verzahnung (Räder der für gekreuzte Wellen) 149
7. Radabmessungen bei Geradzahnkegelrädern mit genormter Verzahnung (Räder für Achsenwinkel $\delta = 90°$) 151
8. Kegelwinkel δ_1 und δ_2 bei Geradzahnkegelrädern mit verschiedenem Achsenwinkel δ 153
9. Gewindeabmessungen bei Schnecken mit genormter Verzahnung 154
10. Radabmessungen bei Schneckenrädern mit hohlen Zähnen 155
11. Abmessungen bei Stirnradwälzfräsern mit genormter Verzahnung (Abwälzfräser zum Verzahnen von Stirnrädern) 157

XVIII. Faktorentafel 4 bis 5427 160

I. Geschwindigkeit bei Werkzeugmaschinen.

Werkzeugmaschinen sind Maschinen, die nur zur Betätigung von Werkzeugen dienen. Ihr Zweck ist die Formgebung der Werkstücke. Diese Formgebung kann unter Abtrennen von Spänen oder durch spanlose Verformung vor sich gehen. Nachfolgende Betrachtungen beschränken sich auf das große Gebiet der spanabhebenden Werkzeugmaschinen.

a) Gleichförmige, geradlinige Bewegung.

Legt ein Körper in gleichen Zeiteinheiten (Stunde, Minute, Sekunde) gleiche Wege zurück, so ist er gleichförmig bewegt. Das Maß für die Schnelligkeit, mit welcher eine Bewegung vor sich geht, ist die Geschwindigkeit. Die Geschwindigkeit eines sich gleichförmig bewegenden Körpers ergibt sich durch Division des ganzen von ihm zurückgelegten Weges durch die Anzahl der dazu gebrauchten Zeiteinheiten. Bedeutet s = zurückgelegter Weg, v = Geschwindigkeit und t = verbrauchte Zeit, so besteht die Beziehung:

Geschwindigkeit bei gleichförmig geradliniger Bewegung.

$$\boxed{v = \frac{s}{t}} \qquad (1)$$

Beispiel 1. In 6 Sekunden wird eine 18 Meter lange Wegstrecke zurückgelegt. Die Geschwindigkeit bestimmt sich zu:

$$v = \frac{s}{t} = \frac{18\ \text{Meter}}{6\ \text{Sek.}} = 3\ \frac{\text{Meter}}{\text{Sek.}} = 3\ \text{m je Sek.} = 3\ \text{m/s.}$$[1]

Je nach Wahl der Einheit für Weg und Zeit kann die Größenangabe der Geschwindigkeit verschiedenartig erfolgen. Mit Bezug auf Beispiel 1:

3 m/s = 180 m/min (Meter je Minute), 3 m/s = 10,8 km/h (Kilometer je Stunde),
3 m/s = 10800 m/h (Meter je Stunde), 3 m/s = 3000 mm/s (Millimeter je Sekunde).

Die Geschwindigkeitsgleichung $v = \frac{s}{t}$ dient bei Angabe zweier Größen zur Ausmittlung der dritten, z. B. bei gegebener Geschwindigkeit und gegebener Zeit zur Bestimmung des Weges aus:

Weg bei gleichförmig geradliniger Bewegung.

$$\boxed{s = v \cdot t} \qquad (2)$$

Oder zur Bestimmung der Zeit, die erforderlich ist, um einen Weg s mit der Geschwindigkeit v zu durchlaufen, aus:

Zeit bei gleichförmig geradliniger Bewegung.

$$\boxed{t = \frac{s}{v}} \qquad (3)$$

In den Gl. (1), (2) und (3) bedeutet: s = zurückgelegter Weg, v = Geschwindigkeit, t = verbrauchte Zeit bei gleichförmig geradliniger Bewegung.

Beispiel 2. In 2 min 45 sek erteilt der Tisch einer Einfachfräsmaschine dem Werkstück 825 mm Vorschub. Wie groß ist die Geschwindigkeit des Werkstückes in mm/min?

Lösung: [Gl. (1)] Mit s = 825 mm, t = 2 min 45 sek = 2,75 min wird: $v = \frac{s}{t} = \frac{825}{2,75} = 300$; Werkstückgeschwindigkeit v = 300 mm/min.

---

[1] Das Formelzeichen s für den Weg darf nicht mit dem Kurzzeichen für die Sekunde verwechselt werden!

Beispiel 3. Die Schleifscheibe einer Rundschleifmaschine verschiebt sich beim Außenrundschleifen minutlich um 350 mm. Wieviel sek. sind für 140 mm Schleiflänge (Schaltweg) erforderlich?

Lösung: [Gl. (3)] Mit $s = 140$ mm, $v = 350$ mm/min wird: $t = \frac{s}{v} = \frac{140}{350} = 0{,}4$; Zeit $t = 0{,}4$ min $= 24$ sek.

Weitere Beispiele für gleichförmige, geradlinige Bewegung: Werkzeugschlitten einer Drehbank bei selbsttätigem Längsvorschub, Planschlitten bei selbsttätigem Planvorschub usw.

b) Gleichförmige, drehende Bewegung.

Der Begriff Geschwindigkeit behält seine Bedeutung bei; nur wird die Geschwindigkeit hier Umfangsgeschwindigkeit genannt. Unter Umfangsgeschwindigkeit ist der Weg zu verstehen, den ein Punkt auf dem Umfange einer sich drehenden, kreisförmigen Scheibe in der Zeiteinheit (Sekunde oder Minute) zurücklegt. Bedeutet d = Durchmesser der Scheibe, n = Umlaufzahl in der Minute (U/min) (unter Umlaufzahl, Tourenzahl oder Drehzahl sind diejenigen Umdrehungen zu verstehen, die eine kreisrunde Scheibe oder Welle in einer Minute ausführt), v = Umfangsgeschwindigkeit, ausgedrückt in mm oder m je Sekunde oder Minute, so ergibt sich:

Weg des Punktes bei 1 Umdrehung (= Umfang) $= d \cdot \pi$, Weg des Punktes bei n-Umdrehungen $= d \cdot \pi \cdot n$, Weg des Punktes in 1 Minute (= Umfangsgeschwindigkeit) $= d \cdot \pi \cdot n$, Weg des Punktes in 1 Sekunde (= Umfangsgeschwindigkeit) $= \frac{d \cdot \pi \cdot n}{60}$.

Bei allen Bewegungsberechnungen ist auf Übereinstimmung der Maßeinheiten zu achten. Je nach Wahl der Einheit für Umfangsgeschwindigkeit und Durchmesser lassen sich verschiedene Gleichungen für Umfangsgeschwindigkeit, Durchmesser und Umlaufzahl zusammenstellen. Siehe Berechnungstafel 1, S. 145.

Beispiel 4. Die Welle eines Elektromotors ist mit einer Riemenscheibe zu versehen; dieselbe ist im Durchmesser so zu bemessen, daß die Riemengeschwindigkeit (= Umfangsgeschwindigkeit der Scheibe) 9,5 m/s erreicht. Die unveränderliche Motordrehzahl beträgt 1445 je Minute. Welcher Durchmesser (mm) ergibt sich für die Riemenscheibe?

Lösung: (Z. 8, B. T. 1, S. 145)[1] $d = \frac{60 \cdot v}{\pi \cdot n} = \frac{60 \cdot 9{,}5}{\pi \cdot 1445} = 0{,}125$; Durchmesser der Riemenscheibe $d = 0{,}125$ m $= 125$ mm.

Weitere Beispiele für gleichförmige, drehende Bewegung: Sämtliche Werkstücke beim Bearbeiten auf der Drehbank, Werkzeuge für Werkzeugmaschinen mit drehender Schnittbewegung, wie Fräser, Bohrer, Reibahlen, Schleifscheiben, Kreissägen usw.; weiterhin Zahnräder, Kettenräder u. dgl.

c) Arbeitsweise der Werkzeugmaschinen.

(Vgl. dazu Abb. 1 bis 19.)

Soll eine Werkzeugmaschine ein Werkstück selbsttätig durch Abtrennen von Spänen bearbeiten (zerspanen), so muß sie mindestens zwei selbsttätige Grundbewegungen hervorbringen: 1. Die **Schnittbewegung,** auch Haupt- oder Arbeitsbewegung genannt, durch die der Schnitt des Werkzeuges verursacht wird. 2. Die **Vorschubbewegung,** auch Schalt- oder Fortrückbewegung genannt, durch die das Werkzeug oder das Werkstück vorgeschoben wird und eine Wiederholung der Schnittbewegung an der benachbarten Stelle des Werkstückes zuläßt. Werkzeugmaschinen werden nach der Art der Schnittbewegung eingeteilt in Werkzeugmaschinen mit drehender Schnittbewegung (Drehbänke, Bohr-, Fräs- und Schleifmaschinen, Kreissägen) und Werkzeugmaschinen mit gerader Schnittbewegung

[1] Z. 8, B. T. 1, S. 145 bedeutet: Zeile 8, Berechnungstafel 1, Seite 145.

(Hobel-, Stoß- und Räummaschinen, Band- und Bügelsägen). Die verschiedenen Vorschubarten bei Werkzeugmaschinen sind nach dem Gesichtspunkt ihrer zeitlichen Folge zur Spanabnahme zu unterscheiden. Werkzeugmaschinen mit drehender Schnittbewegung arbeiten mit Dauervorschub, der sich ununterbrochen (stetig) auf die ganze Dauer der Spanabnahme erstreckt. Dabei sind wieder zwei Möglichkeiten zu unterscheiden. 1. Dauervorschub mit gleichbleibender Richtung (bei Drehbänken, Bohr-, Fräs- und Sägemaschinen, Anstellen der Schleifscheibe beim Einstechschleifen) und 2. Dauervorschub mit regelmäßig wechselnder Richtung (Tisch beim Vorschubschleifen an Rund- und Flächenschleifmaschinen). Werkzeugmaschinen mit gerader Schnittbewegung arbeiten mit Ruckvorschub, d. h. zeitweisem Vorschub, der beim Umsteuern aus dem Rücklauf in den Arbeitsgang, also vor jeder neuen Spanabnahme erfolgt.

d) Messen der Schnitt- und Vorschubbewegung.

Für die Berechnung der Größe der Schnitt- und Vorschubbewegung ist es belanglos, ob der Weg, den die Werkzeugschneide auf der Oberfläche des Werkstückes beschreibt, durch Bewegung des Werkstückes gegenüber dem Werkzeug oder umgekehrt durch Bewegung des Werkzeuges gegenüber dem Werkstück entsteht. Es können sogar beide Bewegungen, wie z. B. bei der Bohrmaschine, vom Werkzeug allein gegenüber dem stillstehenden Werkstück ausgeführt werden oder auch umgekehrt. Weiterhin ist es auch gleichgültig, ob der von der Werkzeugschneide zurückgelegte Weg eine kreisförmige oder geradlinige Bahn bildet. Doch ist bei drehender Schnittbewegung die Anzahl der minutlichen Umläufe und der Durchmesser des Werkstückes oder Werkzeuges von Bedeutung, während die Größe der geradlinigen Schnittbewegung von der Hublänge und der Anzahl der minutlichen Doppelhübe abhängig ist.

1. Schnittgeschwindigkeit bei Werkzeugmaschinen mit drehender Schnittbewegung.

Die Schnittbewegung, die den Schnitt verursacht, wird durch die Schnittgeschwindigkeit gemessen. Darunter ist der in der Zeiteinheit zwischen Werkzeug und Werkstück zurückgelegte Schnittweg zu verstehen. Bei allen Werkzeugmaschinen mit drehender Schnittbewegung ist unter Schnittgeschwindigkeit die Umfangsgeschwindigkeit des Werkzeuges oder Werkstückes zu verstehen, das jeweils die Schnittbewegung ausführt. So bedeutet v in m/min die Schnittgeschwindigkeit bei sich drehendem Werkstück (Drehbänke) am jeweils größten Schnittdurchmesser oder bei sich drehendem Werkzeug (Bohrer, Fräser) am Außendurchmesser des Werkzeuges. v in m/s bezeichnet meist die Schnittgeschwindigkeit bei Schleifscheiben am Außendurchmesser derselben. Weiterhin ist n die Drehzahl des Werkstückes oder Werkzeuges je Minute und d der für die Berechnung der Schnittgeschwindigkeit in Rechnung zu setzende Durchmesser.

Die in Berechnungstafel 1, S. 145, zusammengestellten Gleichungen zur Ermittlung der Geschwindigkeit, des Durchmessers und der Umlaufzahl gelten auch zur Ermittlung der Schnittgeschwindigkeitsverhältnisse für sämtliche Werkzeugmaschinen mit drehender Schnittbewegung.

Beispiel 5. Auf einer Hochleistungs-Tischschnellbohrmaschine läuft ein Spiralbohrer von 5 mm Durchmesser beim Bohren von Messing (Ms 58) minutlich mit 10 000 Umdrehungen. Mit welcher Schnittgeschwindigkeit (m/min) wird dieser Werkstoff gebohrt?

Lösung: (Z. 2, B. T. 1, S. 145) $v = d \cdot \pi \cdot n = 0{,}005 \cdot \pi \cdot 10\,000 = 157{,}0$; Schnittgeschwindigkeit $v = 157$ m/min.

Beispiel 6. Für die Bearbeitung einer Spritzgußlegierung wird ein 2,5 mm starkes Metallsägeblatt von 150 mm Durchmesser und 74 Zähnen benutzt. Der zum Antrieb verwendete Motor hat eine minutliche Drehzahl von 3000. Berechne die Schnittgeschwindigkeit der Säge a) in m/min, b) in m/s!

Lösung: a) $v = d \cdot \pi \cdot n$ (Z. 2, B. T. 1, S. 145) b) $v = \frac{d \cdot \pi \cdot n}{60}$ (Z. 4, B. T. 1, S. 145)

$v = 0{,}150 \cdot \pi \cdot 3000 = 1414$ m/min. $v = \frac{0{,}150 \cdot \pi \cdot 3000}{60} = 23{,}6$ m/s.

Schnittgeschwindigkeit $v = 1414$ m/min $= 23{,}6$ m/s.

2. Schnittgeschwindigkeit bei Werkzeugmaschinen mit gerader Schnittbewegung.

Schnittgeschwindigkeit und Durchzugskraft am Werkzeug bestimmen auch hier die Leistung der Maschine. Die Schnittgeschwindigkeit hängt ab vom Werkstück (Werkstoff und Form), vom Werkzeug (Schnellstahl oder Hartmetall) und von der Werkstoffabnahme (Schruppen oder Schlichten).

α) Langhobelmaschinen. Bei allen Langhobelmaschinen, also Hobelmaschinen mit großem Hub, ist unter Schnittgeschwindigkeit die Geschwindigkeit des Werkstückes zu verstehen (Abb. 17). Die geradlinige Schnittbewegung des Hobeltisches heißt Arbeitsgang oder Arbeitshub, seine ebenfalls geradlinige Rückwärtsbewegung heißt Rückgang, Rück- oder Leerhub. Ein Doppelhub besteht aus Arbeitshub und Rück- oder Leerhub.

Unabhängig von den verschiedenen Antriebsarten des Hobeltisches kann die Schnittgeschwindigkeit bei Maschinen mit gerader Schnittbewegung auf Grund der Hublänge und der Zeit eines Doppelhubes ermittelt werden. Bedeutet v_m = mittlere Schnittgeschwindigkeit[1] (m/min), L = Schaltlänge oder Hublänge (m), t = Zeit eines Doppelhubes (min) und n_L = Anzahl der Doppelhübe in der Minute, so folgt (nach der allgemeinen Begriffserklärung „Geschwindigkeit $= \frac{\text{Weg}}{\text{Zeit}}$" [Gl. (1)]) die mittlere Schnittgeschwindigkeit, also die mittlere Geschwindigkeit aus Arbeitsgang und Rücklauf zu $v_m = \frac{2 \cdot L}{t}$. Da sich n_L-Doppelhübe in 1 Minute vollziehen, braucht 1 Doppelhub $\frac{1}{n_L}$ Minute; damit wird $t = \frac{1}{n_L}$ und weiterhin $v_m = 2 \cdot L \cdot n_L$.

Mittlere Schnittgeschwindigkeit.
(Mittlere Tischgeschwindigkeit)

$$\boxed{v_m = 2 \cdot L \cdot n_L} \qquad (4)$$

v_m = mittlere Geschwindigkeit aus Arbeitsgang und Rücklauf für einen Doppelhub für die Hublänge L (m/min), L = Schaltlänge oder Hublänge (m), n_L = Anzahl der Doppelhübe in der Minute (1 Vorlauf und 1 Rücklauf = 1 Doppelhub).

Beispiel 7. Eine Langhobelmaschine ist auf 1000 mm Hublänge eingestellt und arbeitet minutlich mit 9,2 Doppelhüben. Wie groß ist die mittlere Schnittgeschwindigkeit in mm/s?

Lösung: [Gl. (4)] $v_m = 2 \cdot L \cdot n_L = 2 \cdot 1{,}0 \cdot 9{,}2 = 18{,}4$; $v_m = 18{,}4$ m/min $= \frac{18{,}4 \cdot 1000}{60}$ $= 306{,}66$ mm/s. Mittlere Schnittgeschwindigkeit $v_m \approx 307$ mm/s.

β) Querhobelmaschinen. Bei allen Querhobelmaschinen, also bei Hobelmaschinen mit kleinem Hub (auch Schnellhobler oder Shaping genannt) liegt im Gegensatz zu den Langhobelmaschinen das Werkstück still; das Werkzeug, der Hobelstahl führt die geradlinige Schnittbewegung aus (Abb. 18). Unter Schnittgeschwin-

[1] Bei Werkzeugmaschinen mit gerader Schnittbewegung, also bei Hobel-, Stoß- und Räummaschinen ist die Geschwindigkeit beim Rücklauf des Werkstückes oder Werkzeuges größer als beim Arbeitshub. Weiterhin ist die Geschwindigkeit in Hubmitte größer als gegen Hubende, wo sie für kurze Zeit zu Null wird. Deshalb ist zwischen Arbeitsgeschwindigkeit (v_a), Rücklaufgeschwindigkeit (v_r) und mittlerer Geschwindigkeit (v_m) zu unterscheiden.

digkeit ist hier die Geschwindigkeit des Werkzeuges zu verstehen. Die Schnittgeschwindigkeit errechnet sich wie bei der Langhobelmaschine nach Gl. (4).

Beispiel 8. Welche mittlere Schnittgeschwindigkeit (m/min) hat der Stößel einer Querhobelmaschine, der bei 520 mm Hublänge in 40 Sekunden 10 Doppelhübe ausführt?

Lösung: [Gl. (4)] $v_m = 2 \cdot L \cdot n_L = 2 \cdot 0{,}52 \cdot 15 = 15{,}6$; Schnittgeschwindigkeit $v_m =$ 15,6 m/min.

3. Vorschubgeschwindigkeit bei Werkzeugmaschinen mit drehender Schnittbewegung.

Die Vorschubbewegung, welche das Vorschieben des Werkzeuges oder Werkstückes besorgt, wird durch den Vorschub gemessen; sie ist stets senkrecht zum Schnitt gerichtet. (Die Schaltung kann geradlinig, kreisförmig oder nach einer Lehre [Schablone] erfolgen.) Bei allen Werkzeugmaschinen mit drehender Schnittbewegung ist der Vorschub gleich der Verschiebung des Werkzeuges oder Werkstückes je Umdrehung der Maschine (Dauervorschub). Vorschub- oder Schaltgeschwindigkeit ist der Vorschub in der Minute, also in der Zeiteinheit. Ist s und n gegeben, so folgt:

Vorschubgeschwindigkeit bei Maschinen mit drehender Schnittbewegung. $\boxed{s' = s \cdot n}$ (5)

s' = Vorschubgeschwindigkeit (mm/min), n = Anzahl der Umläufe des Werkzeuges oder Werkstückes in der Minute (U/min), s = Vorschub = Verschiebung des Werkzeuges oder Werkstückes je Umdrehung (mm/U) bei Werkzeugmaschinen mit drehender Schnittbewegung.

Die Größe des Vorschubes ist abhängig vom Werkstoff des Werkstückes und des Werkzeuges sowie von der Art der Bearbeitung. Je feiner die Oberläche hergestellt werden soll, desto kleiner ist der Vorschub. Er kann bei Feinstbearbeitung bis zu einigen tausendstel Millimeter sinken.

Beispiel 9. Ein grobzahniger, 18zähniger Fräser mit 130 mm Durchmesser soll bei 0,05 mm Vorschub je Zahn mit einer Schnittgeschwindigkeit von 20 m/min arbeiten. Welche Vorschubgeschwindigkeit bzw. welcher minutliche Vorschub (mm/min) ergibt sich?

Lösung: 20 m/min Schnittgeschwindigkeit bedeutet, daß eine Fräserschneide in einer Minute einen Weg von 20 Metern zurücklegt. Der Fräser hat 18 Zähne und je Zahn 0,05 mm Vorschub, also für alle 18 Zähne oder den ganzen Umfang $s = 0{,}05 \cdot 18 = 0{,}9$ mm/U Vorschub. (Vgl. Fußnote[1] S. 23.) Minutliche Umlaufzahl der Frässpindel (Z. 10, B.T. 1, S. 145): $n = \frac{v}{d \cdot \pi} = \frac{20}{0{,}130 \cdot \pi} = 49$ U/min; damit Gl. (5): $s' = s \cdot n = 0{,}9 \cdot 49 = 44{,}1$; minutlicher Vorschub $s' = 44{,}1$ mm. Der Fräsmaschinentisch und damit das Werkstück legt in einer Minute einen Weg von 44,1 mm zurück.

4. Vorschubgeschwindigkeit bei Werkzeugmaschinen mit gerader Schnittbewegung.

Bei allen Werkzeugmaschinen mit gerader Schnittbewegung ist der Vorschub oder die Schaltung gleich der ruckweisen Verschiebung des Werkzeuges oder Werkstückes nach jedem Rücklauf des Stößels oder Tisches (Augenblicks- oder Ruckvorschub). Vorschubgeschwindigkeit ist auch hier gleich Vorschub je Minute. Sinngemäß ergibt sich:

Vorschubgeschwindigkeit bei Maschinen mit gerader Schnittbewegung. $\boxed{s' = s \cdot n_L}$ (6)

s' = Vorschubgeschwindigkeit (mm/min), n_L = Anzahl der Doppelhübe des Werkzeuges oder Werkstückes in der Minute, s = Vorschub = Verschiebung des Werkzeuges oder Werkstückes nach jedem Rücklauf (mm) bei Werkzeugmaschinen mit gerader Schnittbewegung.

Beispiel 10. Eine Querhobelmaschine arbeitet minutlich mit 53 Doppelhüben. Die Vorschubsteuerung verdreht das Schaltrad je Doppelhub um zwei Zähne (Zweizahnsteuerung); das ergibt 0,5 mm Vorschub. Wie groß ist dabei die Vorschubgeschwindigkeit in mm/min?

Lösung: [Gl. (6)] $s' = s \cdot n_L = 0{,}5 \cdot 53 = 26{,}5$; minutlicher Vorschub $s' = 26{,}5$ mm.

5. Schnittgeschwindigkeit, Drehzahl und Durchmesser bei Werkzeugmaschinen mit drehender Schnittbewegung.

Wirtschaftliche, spanabhebende Metallbearbeitung ist nur bei Einhaltung der richtigen Schnittgeschwindigkeit gesichert. Nur dann können durch Ausnützung der leistungsfähigen Werkzeuge und Werkzeugmaschinen die Herstellungszeiten und Kosten auf das wirtschaftliche Mindestmaß gebracht werden. Überschreitungen der günstigsten Schnittgeschwindigkeiten durch zu hohe Drehzahlen verursachen einen schnellen Werkzeugverschleiß und beanspruchen die Maschinen mehr als notwendig. Unterschreitungen der richtigen Schnittgeschwindigkeit durch zu niedrige Drehzahlen verlängern die Bearbeitungszeit, erhöhen die Kosten und verringern die Gesamtleistung des Betriebes. Eine Drehbank ist so einzustellen, daß die verlangte Schnittgeschwindigkeit angenähert erreicht wird; dazu ist es notwendig, die Werkstück- bzw. Spindeldrehzahl zu bestimmen. Beim Bohren ist aus der Schnittgeschwindigkeitszahl je nach dem Bohrerdurchmesser die Umlaufzahl der Bohrspindel zu ermitteln und diese Drehzahl mit der Maschinendrehzahl zu vergleichen; die entsprechende oder naheliegende Maschinendrehzahl ist zu wählen und das Getriebe der Bohrspindel danach einzurichten. Für das Fräsen, Schleifen, Sägen usf. gilt sinngemäß das Gleiche.

Beispiel 11. Beim Innenrundschleifen soll mit einer Schleifscheibe von 20 mm Durchmesser eine Schnittgeschwindigkeit von 30 m/s eingehalten werden. Wieviel Umdrehungen macht die Schleifspindel in der Minute?

Lösung: (Z. 12, B,T. 1, S. 145) $n = \frac{60 \cdot v}{d \cdot \pi} = \frac{60 \cdot 30}{0{,}02 \cdot \pi} = 28\,662$; Drehzahl der Schleifspindel $n \approx 28\,660$ U/min.

6. Schnittgeschwindigkeit, Doppelhubzahl und Hublänge bei Werkzeugmaschinen mit gerader Schnittbewegung.

Bei Ausführung einer Hobelarbeit ist es wichtig zu wissen, wie, d.h. auf welche minutliche Doppelhubzahl ist die Maschine einzustellen, um die vorgeschriebene Schnittgeschwindigkeit nach Möglichkeit voll zu erreichen. Durch Umstellung der Gl. (4) ergibt sich:

Minutliche Doppelhubzahl bei gerader Schnittbewegung.

$$\boxed{n_L = \frac{v_m}{2 \cdot L}} \qquad (7)$$

n_L = Anzahl der Doppelhübe in der Minute (1 Vorlauf und 1 Rücklauf = 1 Doppelhub); v_m = mittlere Schnittgeschwindigkeit aus Arbeitsgang und Rücklauf (m/min); L = Schaltlänge oder Hublänge (m).

Beispiel 12. Auf einer Querhobelmaschine ist eine Fläche 120 mm breit, 450 mm lang zu hobeln. Für An- und Überlauf des Werkzeuges sind zusammen 50 mm anzunehmen. Die minutlich schaltbaren Doppelhubzahlen der Maschine sind 23, 34, 54 und 80. Auf welche Doppelhubzahl ist die Maschine einzustellen, wenn das Werkstück mit 24 m/min mittlerer Schnittgeschwindigkeit in einem Schruppschnitt zu bearbeiten ist?

Lösung: [Gl. (7)] Mit $v_m = 24$ m/min und $= L\ 450 + 50 = 500$ mm wird $n_L = \frac{v_m}{2 \cdot L} = \frac{24}{2 \cdot 0{,}5} = 24$. Minutliche Doppelhubzahl $n = 24$.

7. Standzeit der Werkzeugschneide.

Die Größe der Schnittgeschwindigkeit hängt vom Werkstoff des Arbeitsstückes und des Werkzeuges ab. Je härter und fester der Werkstoff des Arbeitsstückes ist, umso geringer muß die Schnittgeschwindigkeit gewählt werden. Denn die Arbeitswärme, die mit der Schnittgeschwindigkeit einerseits, aber auch mit der Härte, Festigkeit und Zähigkeit des Werkstoffes andererseits wächst, wird sonst zu groß. Zu große Arbeitswärme (Schneidentemperatur) aber setzt die Lebensdauer des Werkzeuges herab, indem sie die Schneiden erweicht und damit zerstört.

Richtunggebend für die Höhe der Schnittgeschwindigkeit ist heute die Standzeit der Werkzeugschneide. Unter Standzeit ist allgemein die Lebensdauer zu verstehen, welche beim Zerspanen eines bestimmten Werkstoffes bei einem bestimmten Spanquerschnitt (vgl. S. 21) und bei einer bestimmten Schnittgeschwindigkeit erreicht wird. Standzeit ist also die Zeit, die die Schneide bis zum Stumpfwerden braucht. Als Standzeitgeschwindigkeit wird die Schnittgeschwindigkeit für eine bestimmte Standzeit des Werkzeuges bezeichnet, z. B. ist v_{60} die Schnittgeschwindigkeit für eine Standzeit von 60 Minuten. Der Ausschuß für wirtschaftliche Fertigung (AWF) hat für bestimmte Schnittbedingungen für eine Reihe Stoffe die v_{60}-Werte ermittelt.

II. Hauptzeit bei Werkzeugmaschinen.

Nach den Begriffsbestimmungen des Reichsausschusses für Arbeitsstudien (Refa[1]) setzt sich die an spangebenden Werkzeugmaschinen für den ungestörten Ablauf der Bearbeitung notwendige Grundzeit t_g aus der sich bei jedem Werkstück wiederholenden Hauptzeit t_h für die eigentliche Spanabnahme während des Selbstganges der Maschine und den sich ebenfalls je Werkstück wiederholenden Nebenzeiten t_n zusammen. Es ist demnach $t_g = t_h + t_n$. Die Nebenzeiten sind Unterbrechungen des eigentlichen Schneidvorganges und damit Verluste; sie sind verschiedener Art und lassen sich wie folgt unterteilen:

Regelmäßig wiederkehrendes Ein-, Um- und Ausspannen der Werkstücke oder Werkzeuge. Anstellen von Werkstück oder Werkzeug und Messen. Regelmäßig wiederkehrende Bedienung der Werkzeugmaschine, also: Ein- und Ausrücken, Umstellen von Drehzahl oder Vorschub, Verstellen der gegenseitigen Lage von Werkstück und Werkzeug, Zurücklegen von Leerwegen.

Während nun die Ermittlung der benötigten Nebenzeiten durch Schätzung oder Zeitstudien, d. h. durch wiederholte Beobachtungen (Abstoppen) erfolgt, werden die Hauptzeiten mit Hilfe der Maschinenangaben berechnet.

Die eigentliche Hauptzeit, auch Maschinen-, Lauf- oder Schnittzeit genannt, ergibt sich bei Werkzeugmaschinen mit drehender und gerader Schnittbewegung für jeden Schnittgang nach der Beziehung:

$$\boxed{\text{Hauptzeit} = \frac{\text{Schaltung}}{\text{Vorschub je Minute}}} \qquad (8)^{2}$$

Je nach Art und Form des Werkstückes und nach dem benutzten Bearbeitungsverfahren dienen verschiedene Gleichungen [Gl. (9) bis (34)] zur Zeitbestimmung der Spanabnahme, also zur Berechnung der Hauptzeit bei Werkzeugmaschinen.

a) Drehbank.

1. Hauptzeit beim Langdrehen.

Langdrehen ist Abdrehen zylindrischer Arbeitsflächen an ihrem Umfang (Abb. 1). Die Vorschubbewegung erfolgt gleichlaufend zur Werkstückachse. Das Schneiden der Späne erfolgt dabei nach einer Schraubenlinie (vgl. S. 50), deren

[1] Das Ziel der Refa-Arbeit ist, anzuregen und mitzuhelfen, daß bei jeder Arbeitsleistung oder Gütererzeugung auf allen Gebieten der beste Erfolg mit geringstem Aufwand und bei günstigsten Arbeitsbedingungen für den arbeitenden Menschen erreicht wird.

[2] Gleichung (3) würde, als Wortgleichung geschrieben, lauten: „Zeit- $= \frac{\text{Weg}}{\text{Geschwindigkeit}}$“; dementsprechend bei Bearbeitungen mit spangebenden Werkzeugmaschinen „Hauptzeit $= \frac{\text{im Vorschub zurückgelegter Weg}}{\text{Vorschubgeschwindigkeit}}$“ oder „Hauptzeit $= \frac{\text{Schaltweg}}{\text{Vorschub je Minute}}$“.

Steigung gleich dem Vorschub ist. Bei i Schnittgängen berechnet sich die Hauptzeit zu:

Hauptzeit beim Langdrehen. $$t = i \cdot \frac{L}{s \cdot n} \tag{9}$$

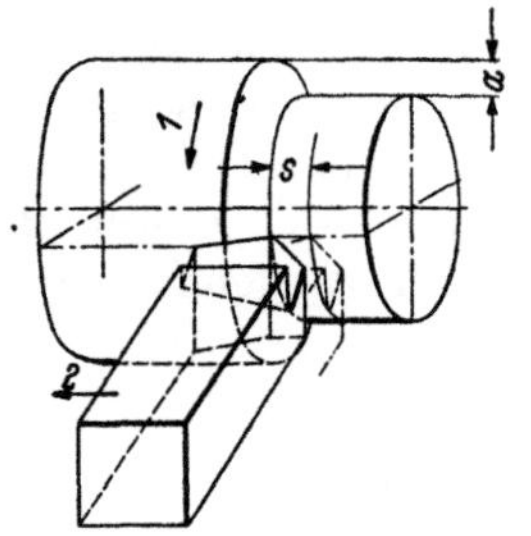

Abb. 1. Arbeitsweise beim Langdrehen (Außendrehen). Pfeilrichtung 1 = drehende Schnittbewegung des Werkstückes, Pfeilrichtung 2 = gerade Vorschubbewegung des Werkzeuges, gleichlaufend (Langdrehen) oder quer (Plan- und Planringdrehen) zur Werkstückachse; s = Vorschub des Drehstahles je Umdrehung der Drehspindel; a = Spantiefe (Spananstellung je Schnitt, senkrecht zur Vorschubrichtung gemessen).

Wird in Gl. (9) die Drehzahl n durch Durchmesser und Schnittgeschwindigkeit ausgedrückt, so ergibt sich für die Hauptzeit die Gesamtgl. (10).

Hauptzeit beim Langdrehen. $$t_h = i \cdot \frac{L \cdot d \cdot \pi}{s \cdot v \cdot 1000} \tag{10}$$

t_h = Hauptzeit beim Langdrehen (min), i = Anzahl der Schnitte, L = Schaltweg des Drehstahles (mm) = Fertigmaß des Werkstückes zuzüglich Werkstoffzugabe und Werkzeugan- und -auslauf, s = Vorschub des Drehstahles je Umdrehung der Drehspindel (mm/U), n = Umlaufzahl der Drehspindel (U/min), d = Werkstückdurchmesser (mm), v = Schnittgeschwindigkeit (m/min).

Anmerkung: Um die Rechenarbeit zur Bestimmung der Hauptzeit t_h nach Gl. 10 weitgehend zu erleichtern und Rechenfehler möglichst auszuschalten, hat man Linientafeln und Zahlentafeln entworfen, die bei gegebenemDurchmesser d, Schnittgeschwindigkeit v und Vorschub s den gesuchten Wert t_h geben. Die eine Gruppe der Gebrauchstafeln gibt den Wert t_h für die jeweils gegebene Länge L, die andere Gruppe je nach Erfordernis den Wert t_{h10} für eine Länge $L = 10$ mm oder t_{h100} für eine Länge $L = 100$ mm.

Beispiel 13. **60 Wellen (St 50.11) sind bei einem Durchmesser von 120 mm und 2 m Schaltlänge mit 31 m/min Schnittgeschwindigkeit und 2,4 mm/U Vorschub abzudrehen. Welche Hauptzeit ergibt sich je Schnittgang für diese 60 Wellen?**

Lösung: Minutlich erforderliche Umlaufzahl der Drehspindel (Z 10, B.T. 1, S. 145): $n = \frac{v}{d \cdot \pi} = \frac{31}{0{,}12 \cdot \pi} \approx 82$ U/min. Minutlicher Vorschub [Gl. (5)]: $s' = s \cdot n = 2{,}4 \cdot 82 = 196{,}8$; $s' = 197$ mm/min. Hauptzeit je Schnittgang für eine Welle [Gl. (9)]: $t_h = i \cdot \frac{L}{s \cdot n} = 1 \cdot \frac{2000}{197} = 10{,}13$; $t_h = 10{,}13$ min. Hauptzeit je Schnittgang für 60 Wellen, entsprechend einer Schaltlänge $= 2000 \cdot 60 = 120\,000$ mm ergibt $t_h = 10{,}13 \cdot 60 = 607{,}80$; Hauptzeit $t_h = 607{,}8$ min.

Die Berechnung der Hauptzeit ergibt sich auch aus der Gl. (10); es gilt:

$$t_h = i \cdot \frac{L \cdot d \cdot \pi}{s \cdot v \cdot 1000} = 1 \cdot \frac{120\,000 \cdot 120 \cdot \pi}{2{,}4 \cdot 31 \cdot 1000} = 607{,}8; \quad t_h = 607{,}8 \text{ min.}$$

Unter dieser Hauptzeit von 607,8 Min. ist also diejenige Zeit zu verstehen, welche unmittelbar für die Formänderung der Werkstücke durch die Maschine gebraucht wird.

2. Hauptzeit beim Plan- und Planringdrehen.

Plan- und Planringdrehen ist Abdrehen von Kreis- oder Kreisringflächen. Die Vorschubbewegung ist hierbei senkrecht zur Werkstückachse gerichtet, der Schneidstahl wird in Spiralform weitergeführt. Drehdurchmesser und Schnittgeschwindigkeit werden dabei immer kleiner. Bei Berechnung der Umlaufzahl n aus der Schnittgeschwindigkeitsgleichung (Z. 9—12, B. T. 1, S. 145) wird deshalb vielfach mit dem mittleren Durchmesser der Kreisfläche bzw. Kreisringfläche gerechnet[1]. Ein besseres Ergebnis läßt sich erzielen, wenn zunächst so gerechnet

[1] Bezeichnet d_a den äußeren und d_i den inneren Durchmesser einer Kreisringfläche, so ergibt sich der mittlere Durchmesser der Kreisringfläche zu $d_m = \frac{d_a + d_i}{2}$; z. B. für $d_a = 460$ mm und $d_i = 280$ mm wird $d_m = \frac{460 + 280}{2} = \frac{740}{2} = 370$ mm. Für eine volle Kreisfläche wird $d_i = 0$; somit $d_m = \frac{d_a + 0}{2} = \frac{d_a}{2}$.

wird, als sollte die ganze Fläche mit der ersten Drehzahl überdreht werden; die so erhaltene Hauptzeit wird dann mit $^2/_3$ vervielfacht. Bei einfachen, zylindrischen Achsen oder Wellen wird jedoch beim Plandrehen fast durchweg mit der gleichen Schnittgeschwindigkeit wie für Langdrehen gerechnet.

Beispiel 14. Eine Scheibe (Ge 22.91) von 762 mm Durchmesser ist bei 0,4 mm Vorschub mit 18 m/min Schnittgeschwindigkeit in zwei Schnitten plan zu drehen. Die zur Verfügung stehende Maschine gestattet 12, 26, 57, 124, 270 und 590 U/min zu schalten. Berechne die Hauptzeit (Anlaufweg bleibe unberücksichtigt).

Lösung: (Z. 10, B.T. 1, S. 145) $n = \frac{v}{d \cdot \pi} = \frac{18}{0{,}762 \cdot \pi} = 7{,}5$ U/min. Gewählt werde die kleinste Drehzahl $n = 12$ U/min der Maschine; zunächst gilt Gl. (9): $t_h = i \cdot \frac{L}{s \cdot n}$. Wird beim Plandrehen mit $\frac{2}{3}$ dieser Zahl gerechnet, so folgt: $t_h = i \cdot \frac{L}{s \cdot n} \cdot \frac{2}{3} = 2 \cdot \frac{381}{0{,}4 \cdot 12} \cdot \frac{2}{3} = 105{,}8$; $t_h = 105{,}8$ min.

Wird beim Plandrehen bis zum Durchmesser 0 herunter mit stufenloser Drehzahlregelung gearbeitet, so hat man die Planfläche in zwei Teile zu teilen (Abb. 2): in diejenige Planringfläche, welche mit gleichbleibender Schnittgeschwindigkeit bearbeitet werden kann und in die Restplanfläche, welche mit fallender Schnittgeschwindigkeit bearbeitet werden muß.

Diese Unterteilung der gesamten Planfläche ergibt sich in jedem Falle und zwar auch bei sehr kleinen Planflächen, weil es nicht möglich ist, eine Werkstückspindel mit unendlich hoher Drehzahl laufen zu lassen, was ja nötig wäre, wenn man bis auf den Durchmesser 0 herunter mit gleichbleibender Schnittgeschwindigkeit arbeiten wollte. Man spricht deshalb von dem sogenannten verfügbaren Regelbereich, in Abb. 2 also von $D - d$. Bezeichnet s = Vorschub in mm je Umdrehung und v = Schnittgeschwindigkeit in m/min, so ergibt sich die Anzahl z der nötigen Umdrehungen von D nach d zu $z = \frac{D - d}{2 \cdot s}$.

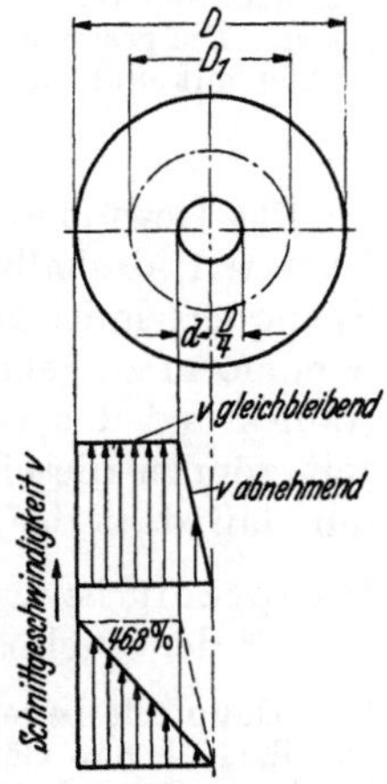

Abb. 2. Plandrehen mit stufenloser Drehzahlregelung.

Die mittlere Drehzahl beim Abdrehen der Planringfläche entspricht dem mittleren Durchmesser D_1 zwischen D und d. Es ist $D_1 = d + \frac{D - d}{2} = \frac{d + D}{2}$. Damit folgt die Hauptzeit zum Drehen der Planringfläche von D nach d zu $t_h = \frac{L}{v} = \frac{D_1 \cdot \pi \cdot z}{v} = \frac{d + D}{2 \cdot v} \cdot \pi \cdot \frac{D - d}{2 \cdot s} = \frac{\pi \cdot (D^2 - d^2)}{4 \cdot v \cdot s}$. Es gilt Gleichung (11):

Hauptzeit beim Planringdrehen mit stufenloser Drehzahlregelung.

$$t_h = \frac{\pi \cdot (D^2 - d^2)}{4 \cdot v \cdot s} \tag{11}$$

t_h = Hauptzeit beim Planringdrehen mit stufenloser Drehzahlregelung (min), D = äußerer Durchmesser (mm), d = innerer Durchmesser (mm), v = Schnittgeschwindigkeit (m/min), s = Vorschub des Drehstahles je Umdrehung der Drehspindel (mm).

Die Restplanfläche von d bis Durchmesser 0 muß bei gleichbleibender Drehzahl und fallender Schnittgeschwindigkeit bearbeitet werden. Die Hauptzeit hierfür ist die gleiche, als wenn ein Zylinder vom Durchmesser d und der Länge $d/2$ gedreht würde. Man erhält $t_h = \frac{L}{v}$; mit $L = d \cdot \pi \cdot \frac{d}{2 \cdot s} = \frac{d^2 \cdot \pi}{2 \cdot s}$. Es gilt Gl. (12):

Hauptzeit beim Drehen der Restplanfläche mit gleichbleibender Drehzahl (Abb. 2).

$$t_h = \frac{d^2 \cdot \pi}{2 \cdot v \cdot s} \tag{12}$$

t_h = Hauptzeit beim Drehen der Restplanfläche mit gleichbleibender Drehzahl (min), d = innerer Durchmesser (mm), v = Schnittgeschwindigkeit (m/min), s = Vorschub des Drehstahles je Umdrehung der Drehspindel.

Die Hauptzeit für die Gesamtplanfläche von D bis 0 (Abb. 2) ergibt sich als die Summe der Gleichungen (11) und (12); man erhält Gleichung (13):

Hauptzeit beim Plandrehen (Gesamtplanfläche) mit stufenloser Drehzahlregelung (Abb. 2).

$$t_h = \frac{\pi \cdot (D^2 + d^2)}{4 \cdot v \cdot s} \qquad (13)$$

t_h = Hauptzeit beim Plandrehen (Gesamtplanfläche) mit stufenloser Drehzahlregelung (min), D = äußerer Durchmesser (mm), d = innerer Durchmesser des Regelbereiches (mm), v = Schnittgeschwindigkeit (m/min), s = Vorschub je Umdrehung der Drehspindel (mm).

Anmerkung zum Regelbereich. Bei großen Planflächen ergibt sich die Notwendigkeit dieser Unterteilung, weil die gleichbleibende Leistung im allgemeinen das Verhältnis 1 : 4, in manchen Fällen auch das Verhältnis 1 : 6 oder gar 1 : 7 nicht überschreitet, so daß also im günstigsten Falle das Verhältnis $D : d = 7 : 1$ sein kann, wobei der Restdurchmesser 1 immer wieder mit fallender Schnittgeschwindigkeit bearbeitet werden muß. Bei einer verfügbaren Regelmöglichkeit der Drehspindel im Verhältnis 1 : 4 wird nach Abb. 2 eine Arbeitszeitersparnis von 46,8% (gegenüber 50% des theoretisch überhaupt möglichen bei Regelung 1 : ∞) erzielt. Die gestrichelt gezeichnete Fläche kennzeichnet dabei den Unterschied zwischen Plandrehen mit und ohne Regelung.

3. Hauptzeit beim Gewindeschneiden.

Das Gewindeschneiden auf der Drehbank ist von Anfang an als Paßarbeit zu bewerten; deshalb ist es nicht möglich, wie beim Langdrehen, einen bestimmten Spanquerschnitt vorauszusetzen. Vielmehr ist dem Werkstück allmählich die Gewindeform zu geben. Wird dies nicht beachtet, so leidet die Spitze des Gewindestahles und das Gewinde selbst wird verzerrt. Für die Berechnung der Hauptzeit können dieselben Gleichungen verwendet werden wie für das Langdrehen, nur daß statt des Vorschubes die Steigung des Gewindes einzusetzen ist.

Hauptzeit beim Gewindeschneiden auf der Drehbank[1].

$$t_h = i \cdot g \cdot \frac{L}{s \cdot n} \qquad (14)$$

t_h = Hauptzeit beim Gewindeschneiden auf der Drehbank (min), i = Anzahl der Schnitte [s. Gl. (15)], g = Gängigkeit des zu schneidenden Gewindes, L = Schaltweg des Gewindestahles = Gewindelänge plus Anlauf (der Anlauf ist beim Gewindeschneiden gleich einer Steigung zu wählen), s = Vorschub des Gewindestahles je Umdrehung des Werkstückes (mm/U), n = Umlaufzahl der Drehspindel (U/min).

Die Anzahl i der auszuführenden Schnitte, also die Schnittzahl, mit der das Gewinde paßfertig geschnitten werden kann, berechnet sich nach Gl. (15).

Anzahl der Schnitte beim Gewindeschneiden auf der Drehbank.

$$i = \frac{t}{a} \qquad (15)$$

i = Anzahl der Schnitte beim Gewindeschneiden auf der Drehbank, t = Gewindetiefe (mm), a = Spantiefe (mm). Spantiefe ist die Spananstellung je Schnitt, gemessen senkrecht zur Vorschubrichtung.

Während die Gewindetiefe des zu schneidenden Gewindes einer Zahlentafel zu entnehmen ist, bietet die Bestimmung der jedesmaligen Spantiefe bedeutende Schwierigkeiten. Je tiefer der Gewindestahl in den Werkstoff dringt, desto geringer wird die Spantiefe; bei den letzten Schnitten wird der Stahl überhaupt keine Zustellung mehr erhalten, sondern nur durch den Gewindegang laufen, um auch die letzten Unebenheiten zu beseitigen und die größte Feinheit zu erzielen. Wird für die Schnittzahl als Durchschnittswert eine Spantiefe von 0,1 mm angenommen, so berechnet sich für 2,033 mm Gewindetiefe (1 Zoll Whitworthgewinde) die Schnittzahl [Gl. (15)] zu $i = \frac{t}{a} = \frac{2{,}033}{0{,}1} = 20{,}33$; Schnittzahl $i = 21$.

[1] Die Hauptzeit ist reine Drehzeit; das Zurückdrehen und Weiterteilen bei mehrgängigen Gewinden, sowie das Auf- und Abspannen und Einrichten der Maschine nach jedem fertigen Werkstück sind nicht eingeschlossen.

Beispiel 15. Auf einen Verbindungsbolzen ist ein 50 mm langes, halbzölliges Whitworthgewinde (12 Gang auf 1 Zoll; 2,12 mm Steigung) auf der Drehbank zu schneiden. Berechne die Hauptzeit für den Fall, daß 16 Schnittgänge (Späne) erforderlich und das Schneiden mit 6 m/min Schnittgeschwindigkeit erfolgt.

Lösung: (Z. 9, B. T. 1, S. 145) $n = \frac{v}{d \cdot \pi} = \frac{6000}{\frac{25,4}{2} \cdot \pi} = 150$ U/min. Mit $i = 16$, $g = 1$, $L = 50 + 2,12 = 52,12$ mm, $s = 2,12$ mm/U (genauer Wert 2,1168 mm) und $n = 150$ U/min geht Gl. (14) über in: $t_h = i \cdot g \cdot \frac{L}{s \cdot n} = 16 \cdot 1 \cdot \frac{52,12}{2,12 \cdot 150} = 2,62$; Hauptzeit $t_h = 2,62$ min. (Die Zeit für den Rücklauf beträgt allgemein bei selbsttätiger Bewegung des Werkzeugschlittens rd. 75 v. H., bei Zurückkurbeln desselben von Hand rd. 30 v. H. des Vorlaufes). Die stufenlos regelbare Maschine gestattet dagegen, je nach Länge des Gewindes, durch Regelung eine mehr oder weniger stark erhöhte Rücklaufgeschwindigkeit zu wählen).

b) Bohrmaschine.

Die Berechnung der Hauptzeit für das Bohren erfolgt nach denselben Grundsätzen wie für das Drehen, nur wird statt der Drehlänge die Tiefe für das zu bohrende Loch eingesetzt.

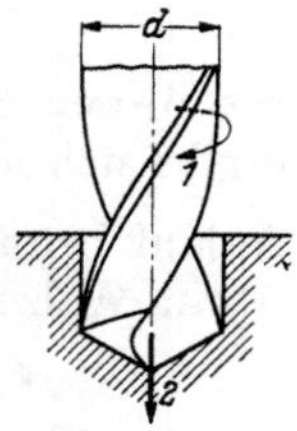

Abb. 3. Arbeitsweise der Bohrmaschine beim Bohren mit Spiralbohrer. Pfeilrichtung *1* = drehende Schnittbewegung des Werkzeuges; Pfeilrichtung *2* = gerade Vorschubbewegung des Werkzeuges. Der Bohrer hat also beide Bewegungen auszuführen.

Hauptzeit beim Bohren mit Spiralbohrer.

$$t_h = \frac{L}{s \cdot n} \qquad (16)$$

t_h = Hauptzeit für eine Bohrung beim Bohren mit Spiralbohrer (min), L = Schaltweg des Spiralbohrers (mm), s = Vorschub des Spiralbohrers je Umdrehung der Bohrspindel (mm/U), n = Umlaufzahl der Bohrspindel (U/min).

Beim Schalt- oder Arbeitsweg des Bohrers ist der Zuschlag für die Bohrerspitze mit $0,3 \cdot d$ (d = Durchmesser des Spiralbohrers) in Rechnung zu setzen. Die Zahl der Bohrungen ist hier gleichbedeutend mit der Anzahl i der Schnittgänge.

Beispiel 16. Eine einspindelige Bohrmaschine ergibt bei Selbstgang für Werkstoff St 60.11 folgende Leistung: Bohrerdurchmesser 75 mm, Spindelumdrehungen 190/min, Schnittgeschwindigkeit 44,8 m/min, Vorschub je Spindelumdrehung 0,5 mm. Berechne die sekundliche Bohrzeit für 100 mm Bohrtiefe.

Lösung: Minutliche Bohr- und Hauptzeit für 100 mm Bohrtiefe (Schaltlänge) ergibt sich nach Gl. (16) zu: $t_h = \frac{L}{s \cdot n} = \frac{100}{0,5 \cdot 190} = 1,05$; $t_h = 1,05$ min $= 1,05 \cdot 60 = 63$ sek. Bohrzeit für 100 mm Bohrtiefe $t_h = 63$ sek. Gl. (10) ergibt mit $i = 1$, $L = 100$ mm, $d = 75$ mm, $s = 0,5$ mm/U und $v = 44,8$ m/min für die Bohrmaschine das gleiche Ergebnis, es gilt: $t_h = i \cdot \frac{L \cdot d \cdot \pi}{s \cdot v \cdot 1000} = 1 \cdot \frac{100 \cdot 75 \cdot \pi}{0,5 \cdot 44,8 \cdot 1000} = 1,05$; $t = 1,05$ min $= 63$ sek.]. Mit Bezug auf die Anmerkung S. 8 könnte man schreiben $t_{h\,100} = 1,05$ min.

c) Fräsmaschine.

Ebene Flächen können entweder mit dem Walzenfräser oder mit dem Walzenstirnfräser, der bei größerem Durchmesser zum Messerkopf ausgebildet wird, gefräst werden. Von der Form dieser Fräswerkzeuge wird nun An- und Überlaufweg abhängig, für den Walzenfräser außerdem noch von der Schnittiefe.

1. Hauptzeit beim Waagerecht- und Senkrechtfräsen.

Die Hauptzeit beim Waagerechtfräsen mit Walzenfräser (Abb. 4) sowie beim Senkrechtfräsen mit Stirnfräser oder Messerkopf (Abb. 5) ergibt sich aus $t_h = i \cdot \frac{L}{s \cdot n}$ [Gl. (9)];

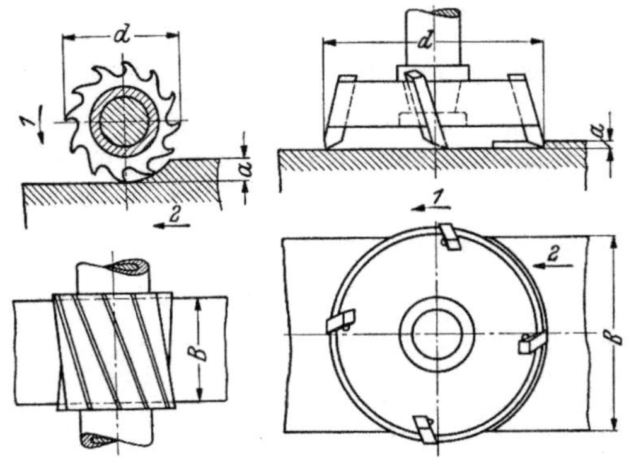

Abb. 4 und 5. Arbeitsweise beim Waagerecht- und Senkrechtfräsen. Pfeilrichtung *1* = drehende Schnittbewegung des Walzenfräsers. (Abb. 4) bzw. des Messerkopfes (Abb. 5); Pfeilrichtung *2* = gerade Vorschubbewegung des Werkstückes (Tischgeschwindigkeit); *a* = Spantiefe; *B* = Breite des Werkstückes.

t_h = Hauptzeit beim Waagerechtfräsen mit Walzenfräser, beim Senkrechtfräsen mit Stirnfräser oder Messerkopf (min), i = Anzahl der Schnitte, L = Schaltweg des Werkstückes (mm), s = Vorschub des Werkstückes je Umdrehung des Fräsers oder Messerkopfes (mm/U), n = Umlaufzahl der Frässpindel (U/min).

Wie Abb. 6 zeigt, beginnt der zur Bearbeitung eines Werkstückes notwendige Fräserweg, wenn der Walzenfräser vom Durchmesser d mit seinem Umfang die äußerste Kante des Werkstückes bei Punkt A berührt. Die Anlauflänge l_a steht in Beziehung zum Fräserdurchmesser d und zur Spantiefe a; sie bestimmt sich bei Walzenfräsern als Sehnenhälfte $\overline{AB}$ des Kreisabschnittes, dessen Bogenhöhe der Spantiefe a entspricht. An Hand des Dreieckes ABC ergibt sich nach Pythagoras die Gl. (17).

Anlauf beim Waagerechtfräsen mit Walzenfräser (Abb. 6)

$$\boxed{l_a = \sqrt{a \cdot (d - a)}} \qquad (17)$$

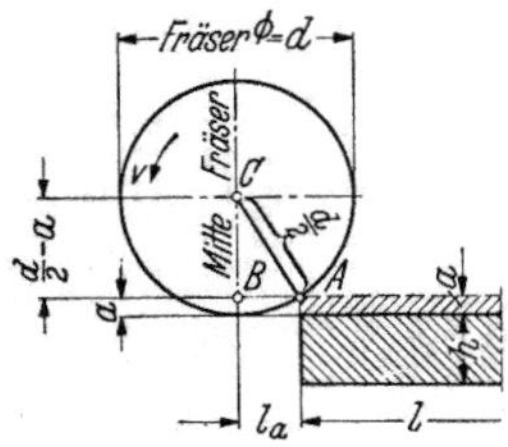

Abb. 6. Anlauf beim Waagerechtfräsen mit Walzenfräser.

d = Werkzeugdurchmesser; a = Spantiefe; l_a = Anlauflänge; h = Höhe des Werkstückes; l = Länge des Werkstückes; B = Breite des Werkstückes; v = Schnittgeschwindigkeit des Fräsers.

l_a = Anschnitt (mm); a = Spantiefe (mm); d = Durchmesser des Walzenfräsers (mm).

Gl. (17) besagt, daß unter Beachtung der jeweils vorliegenden, betrieblichen Verhältnisse der Werkzeugdurchmesser d so klein als möglich zu halten ist, um eine unnötige Vergrößerung der Anschnittlänge zu vermeiden; erst nach Zurücklegen der Anschnittlänge kommt der Walzenfräser auf volle Spantiefe. Je nach dem Verhältnis von Werkstücklänge zum Anschnitt kann das eine beträchtliche Vermehrung der Arbeitszeit bedeuten; in der Massenfertigung, bei der auch die geringsten Zeitunterschiede ins Gewicht fallen, ist dieser Verlust auf jeden Fall beachtlich.

Beim Stirnfräser oder Messerkopf ist die Spantiefe ohne Einfluß auf den Anlauf. Entspricht bei Stirnfräsern der Fräserdurchmesser der Werkstückbreite, so ist der erforderliche Mindestweg für den Anlauf gleich dem halben Fräserdurchmesser. Wird das Werkstück schmäler als der Fräserdurchmesser, so ist die Anlauflänge gleich der Bogenhöhe des der Schnittbreite B entsprechenden Bogens am Fräserumfang. Derselbe berechnet sich aus Dreieck ABC der Abb. 7 nach Pythagoras.

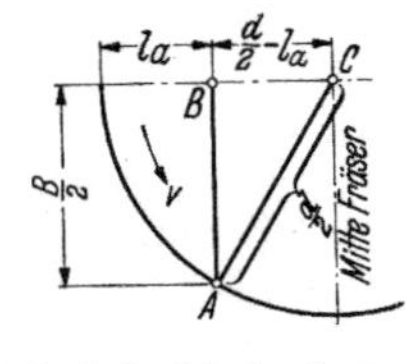

Abb. 7. Anlauf beim Senkrechtfräsen mit Stirnfräser.

Anlauf beim Senkrechtfräsen mit Stirnfräser (Abb. 7).

$$\boxed{l_a = \tfrac{1}{2} \cdot (d - \sqrt{d^2 - B^2})} \qquad (18)$$

l_a = Anschnitt (mm); d = Durchmesser des Stirnfräsers oder Messerkopfes (mm); B = Werkstückbreite (mm).

In der Massenfertigung ist sowohl beim Waagerecht- als auch beim Senkrechtfräsen eine Ersparnis an Anlaufwegen möglich, wenn an Stelle der Einzelspannung von Werkstücken die Blockspannung zur Anwendung gelangt.

Beispiel 17. Ein Walzenfräser von 80 mm Durchmesser hat in einem Schnitt 6 mm Werkstoffzugabe abzunehmen. Berechne die Größe des Anlaufes.

Lösung: Mit $d = 80$ mm und $a = 6$ mm geht Gl. (17) über in $l_a = \sqrt{a(d - a)}$ $= \sqrt{6(80 - 6)} = \sqrt{6 \cdot 74} = \sqrt{444} = 21{,}071$; Anlauf $l_a = 21{,}1$ mm.

Beispiel 18. Ein Stirnfräser von 90 mm Durchmesser hat eine Werkstückbreite von 64 mm (einschließlich beiderseitiger Werkstoffzugabe) abzufräsen. Berechne die Größe des Anlaufes.

Lösung: Mit $d = 90$ mm und $B = 64$ mm geht Gl. (18) über in $l_a = 1/2\,(d - \sqrt{d^2 - B^2})$ $= 1/2\,(90 - \sqrt{90^2 - 64^2}) = 1/2\,(90 - \sqrt{4004}) = 1/2\,(90 - 63{,}2) = 13{,}4$; Anlauf $l_a = 13{,}4$ *mm*.

Beispiel 19. An einem Aluminiumgehäuse ist eine Fläche mit dem Messerkopf in einem Schnittgang plan zu fräsen. Der Messerkopf hat 6 Messer und 310 mm Außendurchmesser. Die Frässpindel macht minutlich 600 Umdrehungen. Wieviele Sekunden sind für 100 mm Schaltlänge erforderlich, wenn mit 0,9 mm Vorschub gefräst wird?

Lösung: $i = 1$, $L = 100$ mm, $s = 0{,}9$ mm/U und $n = 600$ U/min; damit folgt [Gl. (9)] $t_h = i \cdot \dfrac{L}{s \cdot n} = 1 \cdot \dfrac{100}{0{,}9 \cdot 600} = 0{,}185$ min $= 11{,}1$ sek. Hauptzeit für 100 mm Schaltlänge $t_h = 11{,}1$ sek. Mit Bezug auf Anmerkung S. 8 könnte man schreiben $t_{h\,100} = 0{,}185$ min.

2. Hauptzeit beim Fräsen von Geradzahnstirnrädern mit Zahnformfräser nach dem Teilverfahren.

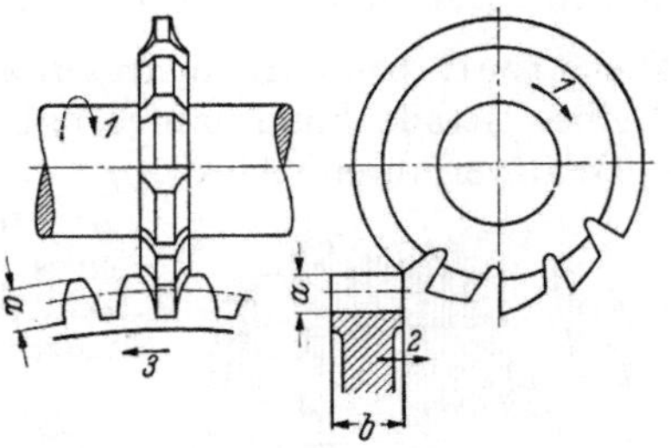

Abb. 8. Arbeitsweise beim Fräsen von Geradzahnstirnrädern mit Zahnformfräser nach dem **Teilverfahren.**

Pfeilrichtung 1 = drehende Schnittbewegung des Zahnformfräsers; Pfeilrichtung 2 = gerade Vorschubbewegung des Werkstückes (Tischgeschwindigkeit); Pfeilrichtung 3 = Teilbewegung, die das Werkstück nach Rücklauf um eine Teilung weiterteilt; a = Spantiefe, b = Breite des Werkstückes.

Das Fräsen von Geradzahnstirnrädern mittels scheibenförmiger Zahnformfräser auf einfachen Fräsmaschinen (Abb. 8) gleicht dem Waagerechtfräsen mittels Walzenfräser. Beim Fräsen der Geradzahnstirnräder nach dem Teilverfahren werden zuerst alle Zahnlücken vorgeschruppt und danach sämtliche Lücken nacheinander geschlichtet. Die Hauptzeit zum Herausfräsen einer Lücke ergibt sich aus $t_h = i \cdot \dfrac{L}{s \cdot n}$ [Gl. (9)]; es bedeutet hier:

t_h = Hauptzeit beim Herausfräsen einer Lücke eines Geradzahnstirnrades mit Zahnformfräser (min), i = Anzahl der Schnitte, L = Schaltweg des Werkstückes (mm), s = Vorschub des Werkstückes je Umdrehung des Zahnformfräsers (mm/U), n = Umlaufzahl der Frässpindel (U/min).

Es sei nochdarauf hingewiesen, daß hinsichtlich des Anschnittes selbst zwischen Schruppen und Schlichten ein beträchtlicher Unterschied besteht. Der Anschnitt beim Schruppen ist (Abb. 9) wesentlich größer als beim Schlichten. Die Summe beider ist um so kleiner, je kleiner die für den Schlichtschnitt belassene Frästiefe ist.

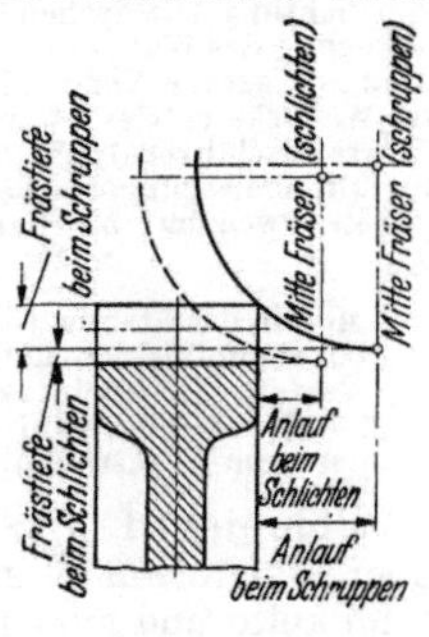

Abb. 9. Anlauf beim Schrupp- und Schlichtfräsen eines Geradzahnstirnrades.

Beispiel 20. Der Radkörper eines Geradzahnstirnrades (St 60.11) von 28 mm Zahnbreite soll 85 Zähne nach Modul 4 mm erhalten. Das Rad ist bei 24 m/min Schnittgeschwindigkeit mit einem scheibenförmigen Zahnformfräser 80 mm Durchmesser zu fräsen. Die Frästiefe von 8,66 mm (Z. 10, B.T. 4, S. 146) soll in zwei Schnitten (6/7 und 1/7 der Frästiefe) fertiggestellt werden. Bei beiden Schnitten betrage der Vorschub 0,5 mm, der Überlauf 2 mm. Welche Hauptzeit beansprucht das Verzahnen des Rades?

Lösung. Umlaufzahl der Frässpindel (Z. 10, B.T. 1, S. 145) $n = \dfrac{v}{d \cdot \pi} = \dfrac{24}{0{,}8 \cdot \pi} = 95{,}5$ U/min. Mit der Spantiefe $a = \dfrac{6 \cdot 8{,}66}{7}$ $= 7{,}42$ mm für Schruppen und $a' = \dfrac{1 \cdot 8{,}66}{7} = 1{,}24$ mm für Schlichten ergeben sich bei 80 mm Fräserdurchmesser nach Gl. (17) die

Anlaufwege zu: $l_a = \sqrt{a(d-a)} = \sqrt{7{,}42 \cdot (80-7{,}42)} = \sqrt{538{,}54} = 23{,}2$ mm (Schruppen) und $l_a' = \sqrt{a'(d-a')} = \sqrt{1{,}24(80-1{,}24)} = \sqrt{97{,}66} = 9{,}88$ mm (Schlichten). Die Hauptzeit zum Fräsen einer Lücke folgt mit $L = 23{,}2 + 28 + 2 = 53{,}2$ mm (Schruppen), $L' = 9{,}88 + 28 + 2 = 39{,}88$ mm (Schlichten), $s = 0{,}5$ mm und $n = 95{,}5$ U/min zu $t_h = \frac{L}{s \cdot n} + \frac{L'}{s \cdot n} = \frac{L + L'}{s \cdot n} = \frac{53{,}2 + 39{,}88}{0{,}5 \cdot 95{,}5} = \frac{93{,}08}{0{,}5 \cdot 95{,}5} = 1{,}95$ min. Zum Herausfräsen der 85 Lücken werden $85 \cdot 1{,}95 = 165{,}75$ min. benötigt. Hauptzeit $t_h \approx 166$ min.

3. Hauptzeit beim Fräsen von Geradzahnstirnrädern mit Wälzfräser nach dem Wälzverfahren.

Der Wälzfräser arbeitet in ähnlicher Weise wie der scheibenförmige Zahnformfräser die Zahnlücken in den Kranz hinein. Während jedoch der Zahnformfräser Lücke für Lücke vollendet, arbeitet der Wälzfräser an allen Lücken gleichzeitig und wandert um den Radkörper herum. Während außerdem beide Flanken des Scheibenfräsers gleichviel Werkstoff abzunehmen haben, ist die Spanabnahme beim Wälzfräser auf beiden Flanken verschieden; der Zahnkopf schneidet bei weitem das Meiste. Die Hauptzeit zum Herausfräsen sämtlicher Lücken folgt zu:

Hauptzeit beim Herausfräsen sämtlicher Lücken eines Geradzahnstirnrades mit Wälzfräser nach dem Wälzverfahren (Abb. 10).

$$t_h = i \cdot \frac{z}{g} \cdot \frac{L}{s_1 \cdot n} \qquad (19)$$

t_h = Hauptzeit beim Herausfräsen sämtlicher (z) Lücken eines Geradzahnstirnrades mit Wälzfräser (min), i = Anzahl der Schnitte, z = Zähnezahl des zu verzahnenden Geradzahnstirnrades, g = Gängigkeitszahl des Wälzfräsers, L = Schaltweg des Wälzfräsers (mm), s_1 = Vorschub des Wälzfräsers je Tischumdrehung (mm/U), n = Umlaufzahl des Wälzfräsers (U/min),

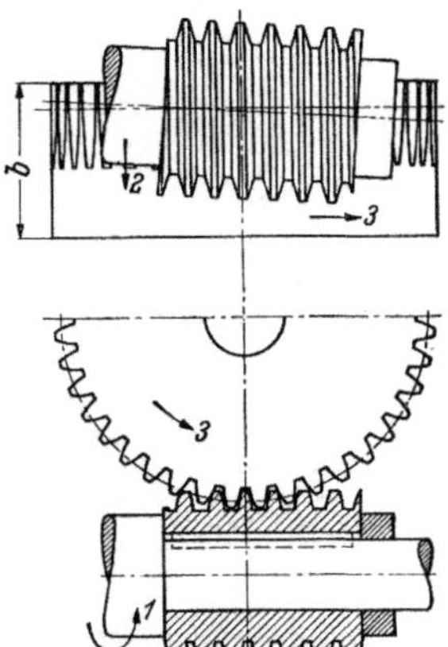

Abb. 10. Arbeitsweise beim Fräsen von Geradzahnstirnrädern mit Wälzfräser nach dem **Wälzverfahren**. Pfeilrichtung 1 = drehende Schnittbewegung des Wälzfräsers; Pfeilrichtung 2 = gerade Vorschubbewegung des Wälzfräsers (Geschwindigkeit des Fräserschlittens); Pfeilrichtung 3 = Drehbewegung des Werkstückes (Wälzbewegung); b = Zahnbreite.

In Gl. (19) ist s_1 = Vorschub des Wälzfräsers je Tischumdrehung. Dieser ergibt sich aus Vorschub s je Fräserumdrehung mal Zähnezahl des zu verzahnenden Geradzahnstirnrades, also $s_1 = s \cdot z$. (Bei einer vollen Umdrehung des zu verzahnenden Rades muß der eingängige Wälzfräser soviele Umdrehungen ausführen, als das Rad Zähne bekommen soll). Bei eingängigem Wälzfräser und einem Schnittgang gilt: $t_h = \frac{L}{s \cdot n} = \frac{z \cdot L}{s_1 \cdot n}$; bei g-gängigem Wälzfräser und i-Schnittgängen folgt: $t_h = i \cdot \frac{z}{g} \cdot \frac{L}{s_1 \cdot n}$.

Die **Schnittzahl** i, d. h. die Anzahl der Schnittgänge kann folgend gewählt werden. Bis Modul 6 mm = 1 Schnitt, über Modul 6 mm bis Modul 10 mm = 2 Schnitte, über Modul 10 mm bis Modul 14 mm = 3 Schnitte.

Der **Schaltweg** L des Wälzfräsers ist vom Anlauf abhängig; dieser ist durch geschickte Wahl der Fräserform und Aufspannung mehrerer Stücke gleichzeitig wesentlich zu beeinflussen. So halbiert sich bereits der Anlaufweg, wenn es möglich ist, zwei Räder auf einmal zu fräsen. Beim Fräsen von Wechselrädern, bei denen bis zu 10 Stück und mehr übereinander gespannt werden, wird der Anlauf sehr klein.

Der **Vorschub** s_1, der die Oberflächenbeschaffenheit und Genauigkeit der Zahnflanken bestimmt, hängt vom Werkstoff, vom Modul, der Starrheit der Maschine und nicht zuletzt von der Zähnezahl des zu verzahnenden Rades ab. Da bei einem kleinen Rad nur einige Fräserzähne im Eingriff stehen, kann der Vorschub größer genommen werden, als bei einem Rad mit größerer Zähnezahl, wo der ganze Fräser im Eingriff steht.

Die **Umlaufzahl** n des Wälzfräsers ist durch die zulässige Schnittgeschwindigkeit bestimmt, die wieder vom Werkstoff und der Form des Fräsers, des Werkstückes und der Starrheit der Maschine abhängt.

Beispiel 21. Zwei auf 167,34 mm Durchmesser vorgedrehte Geradzahnstirnräder sind auf einer Wälzfräsmaschine auf Dorn gespannt. Diese beiden 14zähnigen Räder haben je 110 mm Zahnbreite und sind mit einem eingängigen Wälzfräser Modul 10 mm bei 25 m/min Schnittgeschwindigkeit mit 1,5 mm/U Vorschub je Tischumdrehung zu fräsen. Es handelt sich um ein Vorfräsen in einem Schnitt zum Härten und Schleifen. Außendurchmesser des Wälzfräsers 132 mm. Welche Hauptzeit ergibt sich bei 258 mm Schaltlänge für das Verzahnen eines Rades?

Lösung: (Z. 10, B. T. 1, S. 145) $n = \frac{v}{d \cdot \pi} = \frac{25}{0{,}132 \cdot \pi} = 60{,}24$; $n = 60{,}24$ U/min. Mit $i = 1$, $z = 14$, $g = 1$, $L = 258$ mm (für beide Räder), $s_1 = 1{,}5$ mm/U und $n = 60{,}24$ U/min ergibt Gl. (19) $t_h = i \cdot \frac{z}{g} \cdot \frac{L}{s_1 \cdot n} = 1 \cdot \frac{14}{1} \cdot \frac{258}{1{,}5 \cdot 60{,}24} = 39{,}97$; Hauptzeit je Rad $t_h \approx$ 20 min.

4. Hauptzeit beim Gewindefräsen mit Gewindescheibenfräser (Langgewindefräsen).

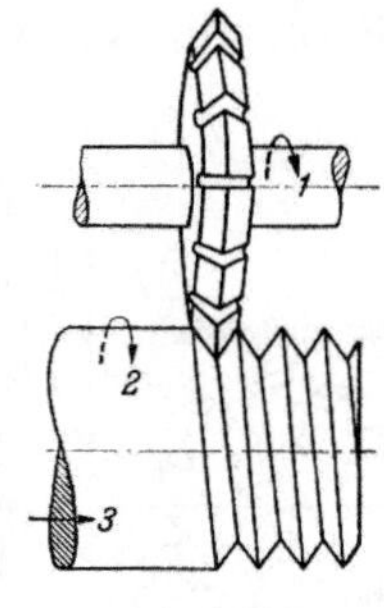

Abb. 11. Arbeitsweise beim Gewindefräsen mit Gewindescheibenfräser **(Langgewinde-Fräsen).** Pfeilrichtung 1 = drehende Schnittbewegung des Gewindefräsers; Pfeilrichtung 2 = langsame Drehbewegung des Werkstückes, damit der Gewindegang um die Spindel herumgeschnitten wird; Pfeilrichtung 3 = gerade Vorschubbewegung des Werkzeuges oder Werkstückes für die Steigung des Gewindes. (Der Fräser wird in die Steigungsrichtung des zu fräsenden Gewindes gestellt.)

Scheibenförmige Gewindefräser arbeiten den Gewindegang nach und nach in seiner ganzen Länge heraus. Deshalb können sie Gewinde beliebiger Länge, Art und Form herstellen. Bei der Gewindefräsmaschine werden die Maße der zu fräsenden Spindel, sowie der minutliche Vorschub des scheibenförmigen Fräsers zugrunde gelegt. Die Hauptzeit in Minuten ergibt sich nach der Gleichung $t_h = i \cdot g \cdot \frac{L}{s \cdot n}$ [Gl. (14)], worin bedeutet:

t_h = Hauptzeit beim Gewindefräsen mit Gewindescheibenfräsern (min), i = Anzahl der Schnitte, g = Gängigkeit des zu fräsenden Gewindes, L = Schaltweg des Gewindescheibenfräsers (mm) = Gewindelänge plus Anlaufweg (Fräseranschnittlänge), s = Vorschub des Gewindescheibenfräsers je Umdrehung des Werkstückes (mm/U) = Steigung des zu fräsenden Gewindes (mm), n = Umlaufzahl des Werkstückes (U/min).

Beispiel 22. Mittels Gewindescheibenfräser ist eine Spindel von 50 mm Außendurchmesser bei 250 mm Schaltlänge mit zweifachem Rechtsgewinde von 25,4 mm Steigung zu versehen. Die Umfangsgeschwindigkeit der Spindel beträgt 120 mm/min. Berechne die erforderliche Hauptzeit.

Lösung: (Z. 10, B.T. 1, Seite 128) $n = \frac{v}{d \cdot \pi} = \frac{120}{50 \cdot \pi} = 0{,}76$ U/min. Mit $i = 1$, $g = 2$, $L = 250$ mm, $s = 25{,}4$ mm und $n = 0{,}76$ U/min erhält man [Gl. (14)]: $t_h = i \cdot g \cdot \frac{L}{s \cdot n} = 1 \cdot 2 \cdot \frac{250}{25{,}4 \cdot 0{,}76} = 25{,}77$; Hauptzeit $t_h = 26$ min.

In Gleichung (14) ist s der Vorschub des Gewindescheibenfräsers je Umdrehung des Werkstückes und zwar gleichlaufend zur Werkstückachse gemessen. Die Hauptzeit t_h für Langgewindefräsen kann auch aus dem Vorschub s (mm/min), gemessen in der Gangrichtung, der Länge L (mm) des Gewindeganges und der Gangzahl g bestimmt werden.

Die Länge des Gewindeganges ist mit ausreichender Genauigkeit = Werkstückumfang mal Anzahl der Windungen; die Anzahl der Windungen $= \frac{\text{Gewindelänge}}{\text{Steigung}} = \frac{L}{h}$. Beim Vorschub von s mm/min in der Gangrichtung werden in 1 min s mm Gewindegang gefräst, 1 mm demnach in $\frac{1}{s}$ min und eine Windung $d \cdot \pi$ mm in $\frac{d \cdot \pi}{s}$ min. Die Hauptzeit für die ganze Gewindelänge beträgt also $t_h = \frac{d \cdot \pi}{s} \cdot \frac{L}{h}$ bei eingängigem, bzw. $t_h = \frac{d \cdot \pi}{s} \cdot \frac{L}{h} \cdot g$ bei mehrgängigen Gewinden. Man erhält die Gleichung (20).

Hauptzeit beim Langgewindefräsen.

$$t_h = \frac{d \cdot \pi}{s} \cdot \frac{L}{h} \cdot g \qquad (20)$$

t_h = Hauptzeit beim Gewindefräsen mit Gewindescheibenfräser nach Abb. 11 (min), $d \cdot \pi$ = Werkstückumfang (mm), s = Vorschub (Vorschubgeschwindigkeit) des Gewindefräsers in der Gangrichtung gemessen (mm/min), L = Länge des Gewindeganges = Gewindelänge + Anschnitt (mm), h = Steigung oder Ganghöhe des Gewindes (mm), g = Gängigkeit des zu fräsenden Gewindes.

5. Hauptzeit beim Gewindefräsen mit Gewinderillenfräser (Kurzgewindefräsen).

Noch günstiger als der scheibenförmige Gewindefräser arbeitet in Bezug auf Leistung der Gewinderillenfräser, welcher das Gewinde in seiner ganzen Länge bei einer einzigen Umdrehung des Arbeitsstückes fertigstellt. Das Werkzeug ist ein, mit der Gewindeform hinterdrehter, walzenförmiger Rillenfräser, der bei dem Arbeitsvorgang während einer Umdrehung des Werkstückes um die Gewindesteigung achsial verschoben wird. Der Schaltweg des Gewinderillenfräsers ist gleich dem Umfang des Gewindeteiles zuzüglich eines Betrages für das Überlaufen der Gänge ineinander, beträgt also stets $1^1/_6$ bis $1^1/_3$ des Werkstückumfanges. Zur Berechnung der Hauptzeit dient die Gleichung $t_h = \frac{L}{s \cdot n}$ [Gl. (16)]: es bedeutet:

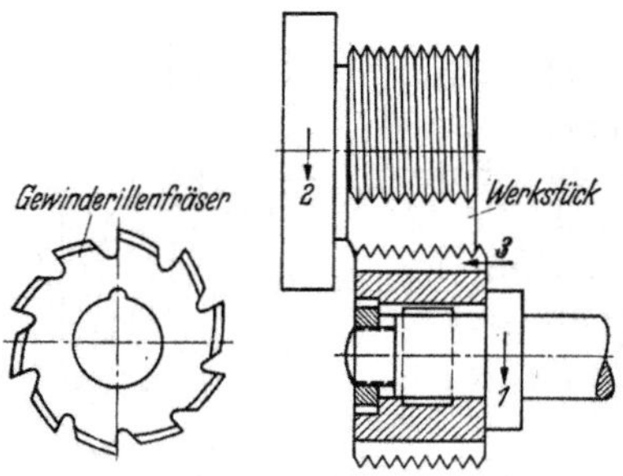

Abb. 12. Arbeitsweise beim Gewindefräsen mit Gewinderillenfräser (Kurzgewinde-Fräsen). Pfeilrichtung 1 = drehende Schnittbewegung des Gewinderillenfräsers; Pfeilrichtung 2 = langsame Drehbewegung des Werkstückes gleich oder entgegengesetzt mit dem Gewinderillenfräser; Pfeilrichtung 3 = gerade Vorschubbewegung des Gewinderillenfräsers um das Maß der Gewindesteigung parallel zur Werkstückachse.

t_h = Hauptzeit beim Gewindefräsen mit Gewinderillenfräser (min), L = Schaltweg des Gewinderillenfräsers (mm) = Gewindeumfang zuzüglich eines Betrages für das Überlaufen der Gänge ineinander, s = Vorschub des Gewinderillenfräsers je Umdrehung desselben (mm/U). n = Umlaufzahl des Gewinderillenfräsers (U/min).

Beispiel 23. Mit Gewinderillenfräser ist ein Gewinde von 35 mm Außendurchmesser mit 25 m/min Schnittgeschwindigkeit zu fräsen, was einer Fräserdrehzahl von 230 U/min entspricht. Welche Hauptzeit errechnet sich für diese Fräsarbeit, wenn der Vorschub je Fräserumdrehung 0,2 mm beträgt und berücksichtigt wird, daß das Arbeitsstück mit dem Auslauf des Fräsers etwas mehr als 1 Umdrehung, etwa $1^1/_3$ Umdrehungen macht?

Lösung: Mit $L = d \cdot \pi \cdot 1^1/_3 = 35 \cdot \pi \cdot 1^1/_3$ mm, $s = 0{,}2$ mm und $n = 230$ U/min folgt [Gl. (16)] $h = \frac{L}{s \cdot n} = \frac{35 \cdot \pi \cdot 1^1/_3}{0{,}2 \cdot 230} = 3{,}19$; Hauptzeit $t_h = 3{,}19$ min.

In Gleichung (16) ist s der Vorschub des Gewinderillenfräsers je Umdrehung desselben (mm/U). Rechnet man mit einem Vorschub in mm/min, so bestimmt sich die Hauptzeit beim Kurzgewindefräsen, da das Gewinde ja in seiner ganzen Breite gleichzeitig in Angriff genommen und während $1^1/_6$ Werkstückumdrehung fertig gefräst wird, nach Gleichung (21).

Hauptzeit beim Kurzgewindefräsen.

$$t_h = 1{,}16 \cdot \frac{d \cdot \pi}{s} \tag{21}$$

t_h = Hauptzeit beim Gewindefräsen mit Gewinderillenfräser (min), $d \cdot \pi$ = Werkstückumfang (mm), s = Vorschub (Vorschubgeschwindigkeit) in mm/min.

Die Vorschubgeschwindigkeit (= Umfangsgeschwindigkeit des gefrästen Gewindes) ergibt sich aus der Hauptzeit nach Gl. (21); man erhält durch Umstellung:

Vorschubgeschwindigkeit beim Kurzgewindefräsen (mm/min).

$$s = \frac{d \cdot \pi \cdot 1{,}16}{t_h} \tag{22}$$

Anmerkung: Nach den Angaben der Wanderer-Werke A.-G. Siegmar-Schönau kann die richtige Schnittgeschwindigkeit nach folgenden Faustformeln [Gl. (23) und Gl. (24)] bestimmt werden:

Schnittgeschwindigkeit für Stahl und Gußeisen jeder Festigkeit.

$$v = \frac{1000}{\text{Festigkeitszahl (kg/mm}^2)} \tag{23}$$

Schnittgeschwindigkeit für Bronze, Messing, Leichtmetall.

$$v = \frac{2000}{\text{Festigkeitszahl (kg/mm}^2)} \qquad (24)$$

Nach Gleichung (23) wird z. B. für Stahl St 50.11 von 50 kg/mm² Festigkeit $v = 1000/50 = 20$ m/min, für Stahl von 130 kg/mm² Festigkeit wird $v = 1000/130 = 7{,}5$ m/min. Nach Gl. (24) wird für Bronze von 40 kg/mm² Festigkeit $v = 2000/40 = 50$ m/min und für Leichtmetall von 20 kg/mm² Festigkeit wird $v = 2000/20 = 100$ m/min.

d) Schleifmaschine.

1. Hauptzeit beim Rundschleifen.

Die Rundschleifmaschine ist eine spanabhebende Werkzeugmaschine. Die Schleifscheibe ist ein spanabhebendes Werkzeug wie der Drehstahl oder der Fräser. Beim Rundschleifen ist zwischen Umfangsgeschwindigkeit v_u des Werkstückes und Umfangsgeschwindigkeit v der Schleifscheibe zu unterscheiden. Im letzteren Falle ist unter Umfangsgeschwindigkeit die Leerlaufgeschwindigkeit der Schleifscheibe zu verstehen, welche größer ist, als die Arbeitsgeschwindigkeit. (Beim Arbeiten findet eine gewisse Abbremsung statt!). Die Drehbewegung des Werkstückes ist nichts anderes als die drehende Vorschubbewegung. Beide Bewegungen haben den Zweck, dem Werkzeug stets neuen Werkstoff zuzuführen.

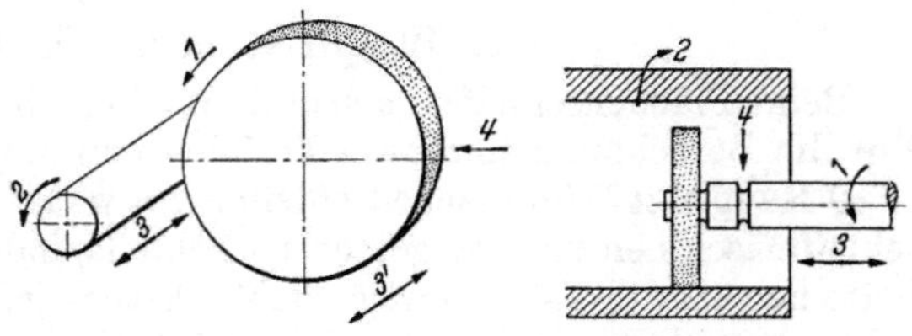

Abb. 13 und Abb. 14. Arbeitsweise beim Außen- und Innenrundschleifen.

Pfeilrichtung *1* = rasch drehende Schnittbewegung der Schleifscheibe; Pfeilrichtung *2* = langsam drehende Vorschubbewegung des Werkstückes (Werkstückvorschub); Pfeilrichtung *3* bzw. *3'* = hin- und herspielender gerader Längsvorschub des Werkstükkes (3) oder des Werkzeuges (3')[1]; Pfeilrichtung *4* = Tiefenvorschub.

Hauptzeit beim Außenrundschleifen.

$$t_h = i \cdot \frac{L}{s \cdot n_1} \qquad (25)$$

t_h = Hauptzeit beim Außenrundschleifen (min), i = Anzahl der Schnitte = Anzahl der einfachen Hübe, L = Schaltweg der Schleifscheibe (mm), n_1 = Umlaufzahl des Werkstückes (U/min), s = Gerader Längsvorschub der Schleifscheibe je Umdrehung des Werkstückes (mm/U).

Die Anzahl der Schnitte richtet sich nach der Bearbeitungszugabe; es gilt $i = \frac{\text{Schleifzugabe}}{\text{Zustellung}}$ oder:

Anzahl der Schnitte beim Außenrundschleifen.

$$i = \frac{D_a - d_a}{2 \cdot a} \qquad (26)$$

i = Anzahl der Schnitte beim Außenrundschleifen, D_a = Werkstück-Außendurchmesser vor dem Schleifen (mm), d_a = Werkstück-Außendurchmesser nach dem Schleifen (mm), a = Spantiefe (mm).

Für Innenrundschleifen ergibt sich sinngemäß die Anzahl der Schleifgänge zu:

Anzahl der Schnitte beim Innenrundschleifen.

$$i = \frac{d_i - D_i}{2 \cdot a} \qquad (27)$$

[1] Für das Außenrundschleifen stehen Maschinen zur Verfügung, bei denen entweder die drehende Schleifscheibe ortsfest ist und das ebenfalls drehende Werkstück an der Scheibe vorbeigeführt wird, oder bei denen umgekehrt die Schleifscheibe die hin- und hergehende Bewegung erhält und das Werkstück ortsfest ist.

i = Anzahl der Schnitte beim Innenrundschleifen, d_i = Werkstück-Innendurchmesser nach dem Schleifen (mm), D_i = Werkstück-Innendurchmesser vor dem Schleifen (mm), a = Spantiefe (mm).

Beispiel 24. Berechne die zum Schleifen einer (einschließlich doppelseitiger Werkstoffzugabe) 250 mm langen, gehärteten Stahlwelle notwendige Hauptzeit. Welle hat 80,80 mm Durchmesser und ist auf 80,0 mm bei einer Zustellung von 0,015 mm je Hub abzuschleifen. Geschwindigkeit des Werkstückes werde zu 10 m/min angenommen. Breite der Schleifscheibe 40 mm. Länge des Schaltweges 250 + 40 = 290 mm.

Lösung: Anzahl der Schnitte [Gl. (26)]: $i = \frac{D_a - d_a}{2 \cdot a} = \frac{80{,}80 - 80{,}0}{2 \cdot 0{,}015} = \frac{0{,}4}{0{,}015} = 26{,}66$; $i = 27$. Umdrehungen des Werkstückes (Z. 9, B. T. 1, S. 145): $n_1 = \frac{v_u}{d_a \cdot \pi} = \frac{10\,000}{80 \cdot \pi} = \frac{10\,000}{251{,}33} = 39{,}77$; $n_1 \approx 40$ U/min. Mit einem Längsvorschub von $\frac{1}{3}$ Schleifscheibenbreite, also von $s = b_s/3 = 40/3 \approx 13$ mm folgt die Hauptzeit [Gl. (25)] zu:

$$t_h = i \cdot \frac{L}{s \cdot n_1} = 27 \cdot \frac{290}{13 \cdot 40} = 15; \text{ Hauptzeit } t_h = 15 \text{ min.}$$

2. Hauptzeit beim Flächenschleifen.

Beim Flächenschleifen arbeitet die Schleifscheibe beim Vor- und Rücklauf. Für die Berechnung sind zwei Verfahren zu unterscheiden.

α) Hauptzeit beim Flächenschleifen mit waagerechter Schleifspindel. Bei Flächenschleifmaschinen mit waagerechten Schleifspindeln wird die Schleifscheibe von der Seite her über das sich bewegende Werkstück gebracht; es wird also mit einem seitlichen Vorschub gearbeitet. Dieser Arbeitsvorgang hat Ähnlichkeit mit dem des Hobelns; das Werkstück, auf der magnetischen Spannplatte festgehalten, bewegt sich unter der Schleifscheibe hinweg. Die Schleifscheibe wird durch einen selbsttätigen Vorschub bei jedem Hub über die Fläche hinweg bewegt.

Bei Flächenschleifmaschinen mit waagerechten Schleifspindeln kann die Hauptzeit gleichfalls nach Gl. (8) ermittelt werden. Der in dieser Gleichung in Betracht kommende Schaltweg ist hier gleichbedeutend mit der Schleifbreite B des Werkstückes.

Hauptzeit beim Flächenschleifen mit waagerechter Spindel.

$$t_h = i \cdot \frac{B}{s \cdot n} \tag{28}$$

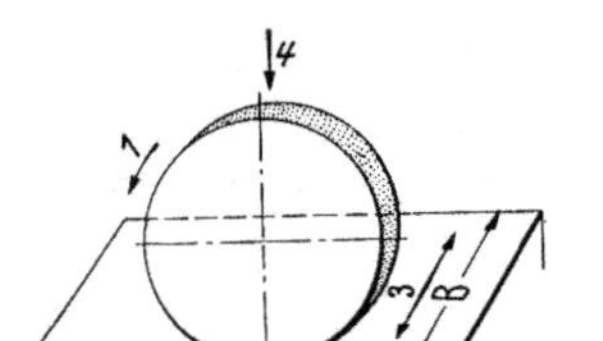

Abb. 15. Arbeitsweise beim Flächenschleifen mit waagerechter Spindel (Flächenschleifen mit dem Scheibenumfang). Pfeilrichtung 1 = drehende Schnittbewegung der Schleifscheibe; Pfeilrichtung 2 = geradlinige Vorschubbewegung des Werkstückes (Werkstückvorschub); Pfeilrichtung 3 = Vorschub des Werkstückes je Hub der Schleifscheibe; Pfeilrichtung 4 = Tiefenvorschub.

t_h = Hauptzeit beim Flächenschleifen mit waagerechter Schleifspindel (min), i = Anzahl der Schnitte (Anzahl der einfachen Hübe), B = Breite des Werkstückes (mm) = gesamte für die Berechnung der Hauptzeit in Rechnung zu setzende Breite, s = (Seitlicher) Vorschub je Hub der Schleifscheibe (mm), n = Anzahl der einfachen Hübe (nicht Doppelhübe!) in der Minute [siehe Gl. (29)].

Die Berechnung der Anzahl Hübe in der Minute in Gl. (28) erfolgt wie beim Hobeln; da jedoch beim Flächenschleifen bei jedem Hub, also beim Vor- und Rücklauf ein Span genommen wird, ist nicht mit Doppelhüben, sondern mit „Einfach-Hüben" zu rechnen. Es gilt:

Anzahl der minutlichen Hübe beim Flächenschleifen mit waagerechter Spindel.

$$n = \frac{v}{L} \tag{29}$$

n = Anzahl der einfachen Hübe in der Minute beim Flächenschleifen mit waagerechte Spindel, v = Geschwindigkeit der Schleifscheibe in Hubrichtung (m/min), L = Arbeitslänge bzw. Hublänge (m).

Beispiel 25. Auf einer Flächenschleifmaschine mit waagerechter Schleifspindel ist ein quadratischer Stempel von 56 mm Bearbeitungsbreite bei 87 mm Tischhublänge und 0,2 mm seitlichem Vorschub vierseitig abzuschleifen. Schleifzugabe 0,5 mm, Tischgeschwindigkeit 15 m/min. Berechne für den Fall, daß das Abschleifen der vier Flächen jeweils in einem Schnittgang erfolgt, die zum Abschleifen der vier Stempelflächen nötige Hauptzeit.

Lösung: Anzahl Hübe [Gl. (29)] $n = \frac{v}{L} = \frac{15\,000}{87} = 172/\text{min}$. Hauptzeit für eine Fläche [Gl. (28)] $t_h = i \cdot \frac{B}{s \cdot n} = 1 \cdot \frac{56}{0{,}2 \cdot 172} = 1{,}62$ min. Hauptzeit für 4 Flächen $t_h = 6{,}48$ min.

β) **Hauptzeit beim Flächenschleifen mit senkrechter Schleifspindel.** Im Gegensatz zu Flächenschleifmaschinen mit waagerechter Schleifspindel greift hier die Schleifscheibe meist über die ganze Breite des Werkstückes. Das Werkstück wird unter dem waagerecht liegenden Schleifrad hin- und herbewegt. Als Werkzeug dient entweder eine Flachscheibe, die mit der Stirnfläche schleift oder eine Topfscheibe, die mit der Ringfläche schleift. Die Klauenscheibe entsteht aus der Topfscheibe, indem dieselbe in einzelne Ringstücke aufgeteilt wird. Bei jedem Hube wird demnach die ganze Breite des Arbeitsstückes bearbeitet; ein Vorschub der Breite nach, ein seitlicher Vorschub (Pfeilrichtung *3* in Abb. 16) ist meist nicht notwendig. Die Spanabnahme erfolgt dann der Tiefe und Länge nach. Es ist eine Ähnlichkeit mit dem Senkrechtfräsen mit Stirnfräser oder Messerkopf festzustellen. Die Hauptzeit bei Flächenschleifmaschinen mit senkrechter Schleifspindel ergibt sich aus $t_h = i \cdot \frac{L}{s \cdot n}$ [Gl. (9)]; es bedeutet:

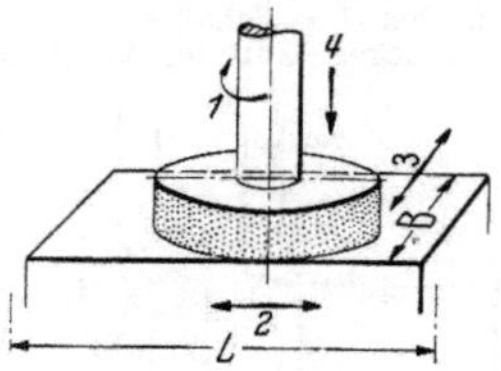

Abb. 16. Arbeitsweise beim Flächenschleifen mit senkrechter Spindel (**Flächenschleifen mit der Scheibenstirnfläche**). Pfeilrichtung *1* = drehende Schnittbewegung der Schleifscheibe; Pfeilrichtung *2* = geradlinige Vorschubbewegung des Werkstückes (Werkstückvorschub); Pfeilrichtung *3* = Vorschub des Werkstückes je Hub der Schleifscheibe; Pfeilrichtung *4* = Tiefenvorschub.

t_h = Hauptzeit beim Flächenschleifen mit senkrechter Schleifspindel (min), i = Anzahl der Schnitte (Anzahl der einfachen Hübe), L = Schaltweg der Schleifscheibe oder des Segmentringes (mm), n = Umlaufzahl der Schleifspindel (U/min), s = Vorschub des Werkstückes je Umdrehung der Schleifspindel (mm).

Die Anzahl der Schnitte richtet sich nach der Bearbeitungszugabe; es gilt auch hier $i = \frac{\text{Schleifzugabe}}{\text{Zustellung}}$ oder:

Anzahl der Schnitte beim Flächenschleifen mit senkrechter Spindel.

$$\boxed{i = \frac{Z_h}{a}} \qquad (30)$$

i = Anzahl der Schnitte (Anzahl der einfachen Hübe) beim Flächenschleifen mit senkrechter Spindel, Z_h = Werkstoffzugabe = Schleifzugabe (mm), a = Spantiefe (mm).

Beispiel 26. Auf einer Flächenschleifmaschine mit senkrechter Schleifspindel ist ein Werkstück mit einer Schleifscheibe von 180 mm Durchmesser bei 2 mm Werkstoffzugabe abzuschleifen. Spanstärke je Schnittgang 0,04 mm. Die Schleifspindel läuft minutlich mit 1000 Umdrehungen. Der Schleifmaschinentisch wird je Schleifspindelumdrehung um 0,5 mm weiterbewegt. Berechne bei 250 mm Schaltlänge die zum Abschleifen nötige Hauptzeit.

Lösung: Anzahl der Schnitte [Gl. (30)] $i = \frac{Z_h}{a} = \frac{2}{0{,}04} = 50$; $i = 50$; weiterhin erhält man [Gl. (9)]: $t_h = i \cdot \frac{L}{s \cdot n} = 50 \cdot \frac{250}{0{,}5 \cdot 1000} = 25$; Hauptzeit $t_h = 25$ min.

e) Hobelmaschine.

Bei Werkzeugmaschinen mit gerader Schnittbewegung[1] kann die Hauptzeit ebenfalls nach Gl. (8) berechnet werden. Der in dieser Gleichung in Frage

[1] Um kleinste Stückzeiten zu erzielen, wird hier die Rücklaufgeschwindigkeit erhöht; ihre Größe richtet sich nach der Hobellänge. Für kurze Hübe ist sie meist niedriger als für lange, weil ein Zeitgewinn nur gering oder überhaupt nicht vorhanden ist und andererseits das Umsteuergetriebe innerhalb sehr kurzer Zeitabstände hoch beansprucht wird.

kommende Schaltweg L ist hier gleichbedeutend mit der Hobelbreite B des Werkstückes; ist die Zahl der minutlichen Doppelhübe bekannt, so gilt mit Bezug auf Abb. 17:

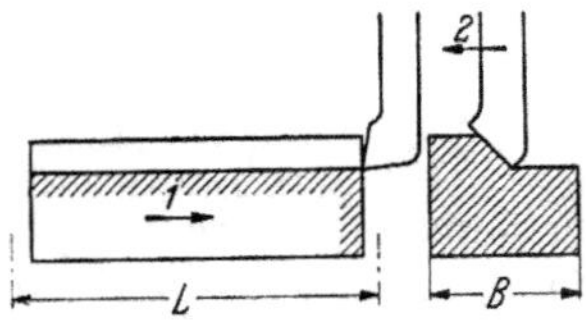

Abb. 17. Arbeitsweise der Langhobelmaschine. Pfeilrichtung 1 = gerade Schnittbewegung des Arbeitstisches mit dem Werkstück; Pfeilrichtung 2 = ruckweise Vorschubbewegung des Hobelstahles; B = Breite des Werkstückes; L = Schaltweg des Werkstückes (Hub der Maschine).

Hauptzeit beim Hobeln unter Zugrundelegung der minutlichen Doppelhubzahlen.

$$t_h = i \cdot \frac{B}{s \cdot n_L} \qquad (31)$$

t_h = Hauptzeit beim Hobeln unter Zugrundelegung der minutlichen Doppelhubzahlen (min), i = Anzahl der Schnitte, B = Arbeitsbreite bzw. Hobelbreite (mm) = Breite des Werkstückes, n_L = Anzahl der Doppelhübe in der Minute (Hubzahl), s = Vorschub des Werkzeuges oder Werkstückes je Doppelhub (mm).

Die Berechnung der Anzahl Doppelhübe in der Minute erfolgt nach Gl. (32), welche sich aus der Beziehung für die mittlere Schnittgeschwindigkeit [Gl. (4)] ergibt.

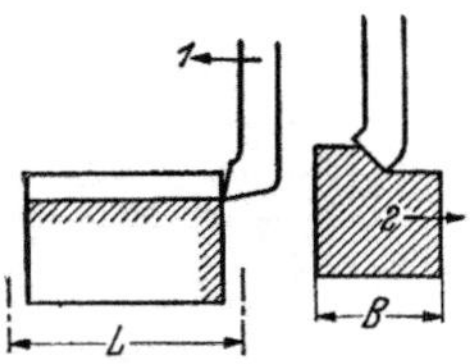

Abb. 18. Arbeitsweise der Querhobelmaschine und der Stoßmaschine. Pfeilrichtung 1 = gerade Schnittbewegung des Werkzeuges; Pfeilrichtung 2 = ruckweise Vorschubbewegung des Arbeitstisches mit dem Werkstück; B = Breite des Werkstückes; L = Schaltweg des Werkzeuges (Hub der Maschine).

Anzahl der minutlichen Doppelhübe beim Hobeln.

$$n_L = \frac{v_m}{2 \cdot L} \qquad (32)$$

n_L = Anzahl der Doppelhübe in der Minute beim Hobeln, v_m = mittlere Geschwindigkeit aus Arbeitsgang und Rücklauf (m/min), L = Schaltlänge oder Hublänge (m).

Nachstehend sei noch eine zweite Gleichung zur Berechnung der Hauptzeit bei Hobelmaschinen angeführt.

Hauptzeit beim Hobeln unter Zugrundelegung der minutlichen Tischgeschwindigkeiten[1].

$$t_h = i \cdot \frac{B \cdot L}{s \cdot v_a} \cdot \left(1 + \frac{v_a}{v_r}\right) \qquad (33)$$

t_h = Hauptzeit beim Hobeln (min), i = Anzahl der Schnitte, B = Arbeitsbreite bzw. Hobelbreite (m) = Breite des Werkstückes, L = Schaltweg des Werkzeuges oder Werkstückes (m), s = Vorschub des Werkzeuges oder Werkstückes je Doppelhub (m), v_a = durchschnittliche Arbeitsgeschwindigkeit (m/min), v_r = durchschnittliche Rücklaufgeschwindigkeit (m/min).

Beispiel 27. Auf einer Tischhobelmaschine ist eine rechteckige, gußeiserne Platte von 1500 mm Länge (Maschinenhub 1570 mm) und 800 mm Breite mit einem Schruppschnitt zu überhobeln. Welche Hauptzeit ist hierzu erforderlich, wenn die Arbeitsgeschwindigkeit 14,5 m/min beträgt und der Rücklauf 1,8fach beschleunigt ist? Vorschub 2 mm je Doppelhub.

Lösung: [Gl. (33)] $t_h = i \cdot \frac{B \cdot L}{s \cdot v_a} \cdot \left(1 + \frac{v_a}{v_r}\right) = 1 \cdot \frac{0{,}8 \cdot 1{,}57}{0{,}002 \cdot 14{,}5} \cdot \left(1 + \frac{1}{1{,}8}\right) = 67{,}47$;
Hauptzeit $t_h = 67{,}5$ min.

[1] Die durchschnittliche Arbeitsgeschwindigkeit v_a und die gleichfalls durchschnittliche Rücklaufgeschwindigkeit v_r (Umsteuern, Beschleunigung, Verzögerung usw. berücksichtigt) lassen sich durch Abstoppen der Hubzeiten und der Hublänge L bestimmen. Es ist dann: Zeit für einen Arbeitsgang $t_a = \frac{L}{v_a}$, Zeit für einen Rückgang $t_r = \frac{L}{v_r}$; Zeit für einen Doppelhub $t = t_a + t_r = \frac{L}{v_a} + \frac{L}{v_r}$. Anzahl der Vorhübe und damit der Doppelhübe bei B mm Breite der Schnittfläche (Gesamtbreite) $i = \frac{B}{s}$; damit Hauptzeit je Schnittgang $t_h = \frac{B}{s} \cdot \left(\frac{L}{v_a} + \frac{L}{v_r}\right) = \frac{B \cdot L}{s} \cdot \left(\frac{1}{v_a} + \frac{1}{v_r}\right) = \frac{B \cdot L}{s} \cdot \left(\frac{1}{v_a} + \frac{v_a \cdot 1}{v_a \cdot v_r}\right) = \frac{B \cdot L}{s \cdot v_a} \cdot \left(1 + \frac{v_a}{v_r}\right)$. Das Verhältnis Rücklaufgeschwindigkeit zu Arbeitsgeschwindigkeit wird mit q bezeichnet, so daß das Geschwindigkeitsverhältnis $q = \frac{v_r}{v_a}$ ist. Erfolgt die Hobelarbeit nur in einer Richtung, so ist die Rücklaufzeit gleich Leerlaufzeit. Dazu kommt als weiterer Nachteil, daß am Ende jeder Tischbewegung durch Verzögerung und Beschleunigung der Massen wesentliche Energieverluste eintreten.

f) Stoßmaschine.

Ist bei Stoßmaschinen die Geschwindigkeit für Arbeitsgang und Rücklauf gleich groß, so kann zur Berechnung der Hauptzeit Gl. (33) verwendet werden, wenn $v_a = v_r$ und damit $\frac{v_a}{v_r} = 1$ gesetzt wird. Wird der weiterhin in Gl. (33) verbleibende Wert der Arbeitsgeschwindigkeit v_a durch die mittlere Geschwindigkeit aus Arbeitsgang und Rücklauf, also durch die Schnittgeschwindigkeit v_m ersetzt, so ergibt sich:

Hauptzeit beim Stoßen.
$$t_h = i \cdot \frac{2 \cdot B \cdot L}{s \cdot v_m} \qquad (34)$$

t_h = Hauptzeit beim Stoßen (min), i = Anzahl der Schnitte, B = Arbeits- bzw. Stoßbreite (m) = Breite des Werkstückes, L = Schaltweg (Hublänge) des Werkzeuges (m), s = Vorschub des Werkstückes je Doppelhub (m), v_m = Schnittgeschwindigkeit (m/min) = mittlere Geschwindigkeit aus Arbeitsgang und Rücklauf.

In derselben Weise lassen sich für alle anderen mit selbsttätigem Vorschub arbeitenden, spanabhebenden Werkzeugmaschinen die Hauptzeiten aus den Maschinendaten rechnerisch ermitteln.

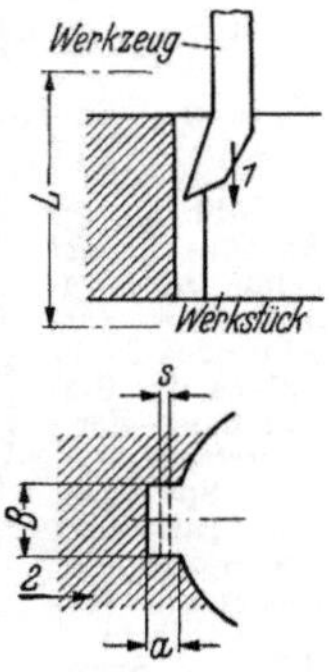

Abb. 19. Bewegungen bei der Arbeitsweise der Senkrechtstoßmaschine (Stoßen einer Nut). Pfeilrichtung 1 = geradlinige Schnittbewegung des Werkzeuges; Pfeilrichtung 2 = ruckweise geradlinige Vorschubbewegung (Schaltbewegung) des Arbeitstisches mit dem Werkstück senkrecht zur Schnittbewegung; B = Breite der auszustoßenden Nute; L = Schaltweg des Werkzeuges; s = Vorschub = Verschiebung des Werkstückes nach jedem Rücklauf; a = Schnitttiefe (Spantiefe).

III. Spanleistung bei Werkzeugmaschinen.

a) Spanquerschnitt.

Der Spanquerschnitt richtet sich nach dem zulässigen Schnittdruck und nach der vorhandenen Bearbeitungszugabe. Die Größe des Spanquerschnittes, als auch teilweise die Zusammensetzung desselben, ist bestimmend für die Schnittgeschwindigkeit, mit welcher der Span abgehoben werden kann. Erfahrungsgemäß läßt ein kleiner Spanquerschnitt eine höhere Schnittgeschwindigkeit zu als ein großer Spanquerschnitt. Der Spanquerschnitt setzt sich zusammen aus der Spantiefe und dem Vorschub; es gilt allgemein:

$$\text{Spanquerschnitt} = \text{Spantiefe} \cdot \text{Vorschub} \qquad (35)$$

Die Größe des Spanquerschnittes bestimmt sich bei den einzelnen Arbeitsvorgängen, wie Drehen, Bohren, Fräsen, Hobeln usw. wie folgt:

1. Drehen (einschneidiges Werkzeug).

Abb. 20 zeigt den Vorgang des Spanabhebens beim Langdrehen. Der Spanquerschnitt F_s ist, gleichgültig unter welchem Einstellwinkel ε die Schneidkante zur Arbeitsfläche steht, durch die Gl. (36) bestimmt.

Spanquerschnitt beim Langdrehen.
$$F_s = a \cdot s \qquad (36)$$

F_s = Spanquerschnitt beim Langdrehen (mm^2), a = Spantiefe (mm), s = Vorschub des Drehstahles je Umdrehung der Drehspindel (mm/U).

Da beim Drehen nur die Spitze des Stahles die ganze Spantiefe erreicht und diese Spitze auf dem Werkstück einen schraubenförmigen Weg von einer Ganghöhe gleich dem Vorschub ausführt, so entstehen Erhöhungen, auch Furchen oder Drehreifen genannt. Der Querschnitt dieser stehenbleibenden Reifen soll unberücksichtigt bleiben.

Beispiel 28. Einsatzstahl mit 45 kg je mm² Festigkeit (St C 16.61) wurde mit Schnellschnittstahl bei 77 m/min Schnittgeschwindigkeit langgedreht. Von 26 mm Durchmesser wurde auf einen solchen von 17 mm gedreht. Vorschub 0,2 mm je Umdrehung. Mit welchem Spanquerschnitt (mm²) erfolgte das Abdrehen?

Lösung: Spantiefe $a = \frac{26 - 17}{2} = \frac{9}{2} = 4{,}5$ mm; Vorschub $s = 0{,}2$ mm; damit Gl. (36): $F_s = a \cdot s = 4{,}5 \cdot 0{,}2 = 0{,}9$; Spanquerschnitt (Drehbank) $F_s = 0{,}9$ mm².

Abb. 20. Spanquerschnitt beim Langdrehen, s = Vorschub des Drehstahles je Umdrehung der Drehspindel, a = Spantiefe, g = Spanstärke, b = Spanbreite, ε = Einstellwinkel, Fläche $ABCD$ = Spanquerschnitt.

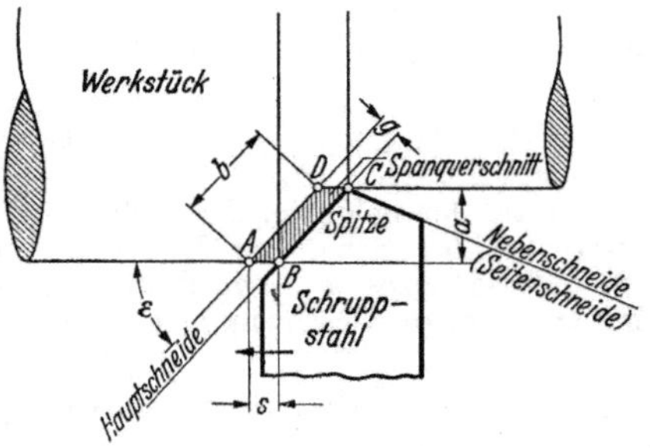

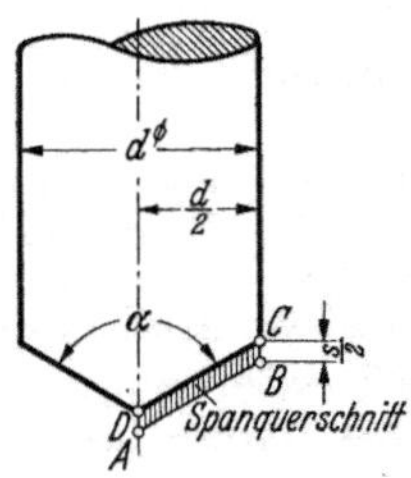

Abb. 21. Spanquerschnitt beim Bohren mit Spiralbohrer. s = Vorschub des Spiralbohrers je Umdrehung der Bohrspindel. d = Durchmesser des Spiralbohrers, Fläche $ABCD$ = Spanquerschnitt je Schneide.

2. Bohren (zweischneidiges Werkzeug).

Der Spiralbohrer ist ein zweischneidiges Werkzeug, d. h. der Bohrer schneidet mit zwei Schneiden. Ist der Bohrvorschub s mm und der Durchmesser des Spiralbohrers d mm, so nimmt jede Schneide einen Span von $F_s = \frac{d}{2} \cdot \frac{s}{2}$ mm² Querschnitt.

Spanquerschnitt je Schneide beim Bohren mit Spiralbohrer.

$$\boxed{F_s = \frac{d \cdot s}{4}} \tag{37}$$

F_s = Spanquerschnitt je Schneide beim Bohren mit Spiralbohrer (mm²), d = Durchmesser des Spiralbohrers (mm), s = Vorschub des Spiralbohrers je Umdrehung der Bohrspindel (mm/U).

Beispiel 29. In Gußeisen Ge 12.91 mit 12 bis 18 kg je mm² Festigkeit wurden mit einem Hochleistungsbohrer Löcher von 50 mm Durchmesser bei 1,5 mm Vorschub auf eine Umdrehung gebohrt. Das Bohren erfolgte mit 25 m/min Schnittgeschwindigkeit. Welcher Spanquerschnitt ergab sich?

Lösung: Gl. (37) ergibt mit $d = 50$ mm und $s = 1{,}5$ mm: $F_s = \frac{d \cdot s}{4} = \frac{50 \cdot 1{,}5}{4} = 18{,}75$; Spanquerschnitt je Schneide (Bohrmaschine) $F_s = 18{,}75$ mm².

3. Fräsen (mehrschneidiges Werkzeug).

Zwei grundsätzliche Fräsarten sind zu unterscheiden: Fräsen mit Umfangszähnen, wie es bei Walzen-, Schaft-, Formfräsern usf. der Fall ist und Fräsen mit Stirnzähnen bei Walzenstirnfräsern und Messerköpfen. Beim Fräsen mit Stirnzähnen hat der Zerspanungsvorgang große Ähnlichkeit mit dem Hobeln. Beim Hobeln erfolgt die Spanbildung mit einer Schneide, beim Fräsen mit Stirnzähnen sind fortwährend mehrere Schneiden in Tätigkeit bzw. Eingriff; für die Beanspruchung derselben ist dies von großem Vorteil. Während der Spanquerschnitt beim Fräsen mit Stirnzähnen, ähnlich wie beim Drehen und Bohren, ein Parallelogramm (Abb. 20 und 21) ergibt, hebt der Walzenfräser mit seinen Umfangszähnen kommaartige, nicht zusammenhängende Späne ab. Nach Abb. 22 schält ein Fräserzahn einen kommaförmigen Span OAB ab, dessen Querschnitt von Null bis zu einem Höchstwert anwächst. Hervorgerufen wird diese Eigentümlichkeit durch die Schaltrichtung des zu bearbeitenden Arbeitsstückes zum Fräser, welche stets der Umdrehungsrichtung des Fräsers entgegen erfolgt. Der Spanquerschnitt berechnet sich mit den Bezeichnungen der Abb. 22 zu:

Spanquerschnitt beim Waagerechtfräsen mit Walzenfräser.

$$\boxed{F_s = s_e \cdot B} \qquad (38)$$

F_s = Spanquerschnitt beim Waagerechtfräsen mit Walzenfräser (mm^2), s_e = tatsächliche (effektive) Spanstärke (mm je Zahn), B = Breite des Werkstückes = Arbeits- bzw. Fräsbreite (mm).

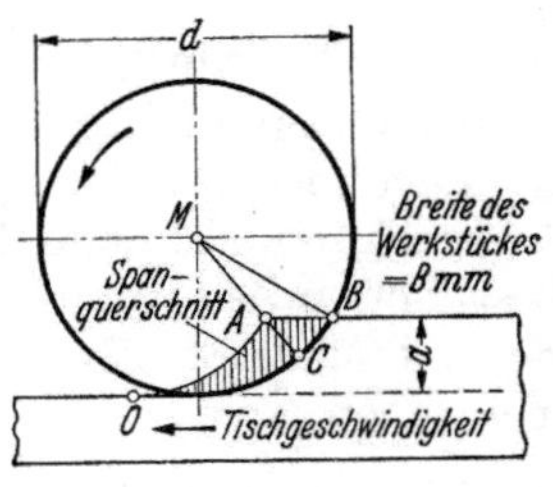

Abb. 22. Spanquerschnitt beim Waagerechtfräsen mit Walzenfräser. $AB = s_z$ = Vorschub je Fräserzahn[1], $AC = s_e$ = tatsächliche (effektive) Spanstärke, a = Schnittiefe, d = Durchmesser des Walzenfräsers.

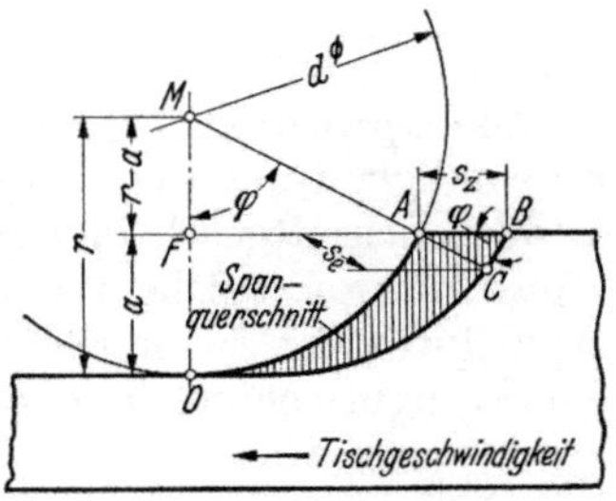

Abb. 23. Berechnungsskizze zur Bestimmung der tatsächlichen Spanstärke beim Waagerechtfräsen mit Walzenfräser.

In Gl. (38) für den Spanquerschnitt bleibt die Fräsbreite B unveränderlich, während die tatsächliche Spanstärke s_e veränderlich ist. Die Spanstärke s_e berechnet sich mit Bezug auf Abb. 23 folgend:

Tatsächliche Spanstärke beim Waagerechtfräsen mit Walzenfräser.

$$\boxed{s_e = 2 \cdot s_z \cdot \sqrt{\frac{a}{d}\left(1 - \frac{a}{d}\right)}} \qquad (39)$$

s_e = tatsächliche Spanstärke beim Waagerechtfräsen mit Walzenfräser (mm je Zahn), s_z = Vorschub je Fräserzahn (mm), a = Spantiefe (mm), d = Durchmesser des Walzenfräsers (mm).

Beispiel 30. Mit einem Walzenfräser von 120 mm Außendurchmesser wird eine 110 mm breite Stahlplatte (St 50.11) bei 10 mm Spantiefe abgefräst. Der 12zähnige Fräser arbeitet mit 22 m/min Schnittgeschwindigkeit und 0,2 mm Vorschub je Fräserzahn. Welcher Spanquerschnitt lag dieser Fräsarbeit zugrunde?

Lösung: Mit $s_z = 0{,}2$ mm, $a = 10$ mm und $d = 120$ mm berechnet sich die tatsächliche Spanstärke nach Gl. (39) zu: $s_e = 2 \cdot s_z \cdot \sqrt{\frac{a}{d}\left(1 - \frac{a}{d}\right)} = 2 \cdot 0{,}2 \cdot \sqrt{\frac{10}{120}\left(1 - \frac{10}{120}\right)} = 0{,}11$; $s_e = 0{,}11$ mm. Der Spanquerschnitt ergibt sich nach Gl. (38); mit $s_e = 0{,}11$ mm und B = 110 mm folgt: $F_s = s_e \cdot B = 0{,}11 \cdot 110 = 12{,}1$; Spanquerschnitt (Fräsmaschine) $F_s = 12{,}1\ mm^2$.

Für Leistungsberechnungen erwies sich die sogenannte **Mittenspanstärke** als geeignete Bezugsgröße. Nach Abb. 24 ist die Mittenspanstärke h_M diejenige Spanstärke, die sich beim mittleren Eingriffsbogen $\varphi/2$ einstellt; sie errechnet sich nach Gleichung (40):

Mittenspanstärke beim Waagerechtfräsen mit Walzenfräser.

$$\boxed{h_M = \frac{s'}{n \cdot z} \cdot \sqrt{\frac{a}{d}}} \qquad (40)$$

h_M = Mittenspanstärke (mm), s' = Vorschubgeschwindigkeit (mm/min), n = Drehzahl des Fräsers (U/min), z = Zähnezahl des Fräsers; a = Spantiefe (mm), d = Außendurchmesser des Fräsers (mm).

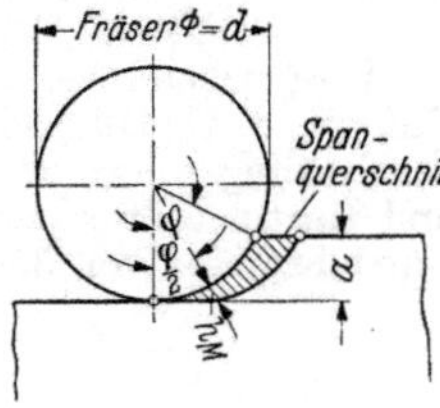

Abb. 24. Mittenspanstärke beim Waagerechtfräsen mit Walzenfräser.

In der Größe der Mittenspanstärke sind die wichtigsten Veränderlichen des Fräsvorganges enthalten.

Beispiel 31. Im Beispiel 30 ergab sich die tatsächliche Spanstärke zu $s_e = 0{,}11$ mm. Welchen Zahlenwert erhält man bei diesem Fräsvorgang für die Mittenspanstärke?

Lösung: Mit $n = \frac{v}{d \cdot \pi} = \frac{22\,000}{12 \cdot \pi} = 58{,}4$ U/min, $s = z \cdot s_z = 12 \cdot 0{,}2 = 2{,}4$ mm, $s' = n \cdot s = 58{,}4 \cdot 2{,}4 = 140{,}16 \approx 140$ mm/min, $z = 12$, $a = 10$ mm, $d =$

[1] Bezeichnet s_z = den Vorschub je Fräserzahn (mm/Zahn), so ist $s_u = s_z \cdot z$ der Vorschub je Fräserumdrehung (mm/U) und $s = s_u \cdot n$ die Vorschubgeschwindigkeit (mm/min).

120 mm ergibt Gl. (40) $h_M = \frac{s'}{n \cdot z} \cdot \sqrt{\frac{a}{d}} = \frac{140}{58{,}4 \cdot 12} \sqrt{\frac{10}{120}} = 0{,}2 \cdot 0{,}288 \approx 0{,}06$; Mittenspanstärke $h_M = 0{,}06$ mm.

b) Stündliches Spangewicht.

Die Spanbildung bei einer Werkzeugmaschine ist außer von der Schnittgeschwindigkeit und dem Vorschub auch noch von der Spantiefe abhängig. Die drei Größen Schnittgeschwindigkeit, Vorschub und Spantiefe geben Aufschluß über die Spanmenge, welche in einer bestimmten Zeit erzeugt wird. Das in kg gemessene Spangewicht in einer Stunde, als Maßstab für die Leistungsfähigkeit einer Werkzeugmaschine, läßt sich berechnen.

1. Drehen (Langdrehen).

Spangewicht beim Langdrehen.

$$\boxed{G_s = \left(\frac{D_a^2 \cdot \pi}{4} - \frac{d_a^2 \cdot \pi}{4}\right) \cdot s \cdot n \cdot 60 \cdot \gamma} \qquad (41)$$

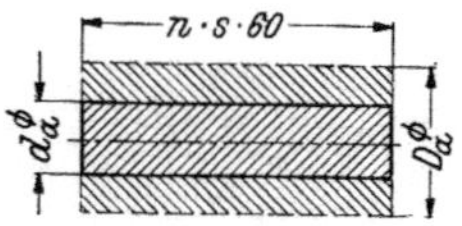

Abb. 25. Stündliches Spangewicht beim Langdrehen.

G_s = Spangewicht beim Langdrehen (kg/h), D_a = Außendurchmesser vor dem Drehen (dm), d_a = Außendurchmesser nach dem Drehen (dm), s = Vorschub des Drehstahles je Umdrehung der Drehspindel (dm/U), n = Umlaufzahl der Drehspindel (U/min), γ = Wichte[1] des zu zerspanenden Werkstoffes (kg/dm³).

Nach Gl. (41) ist das Spangewicht nichts anderes als das Gewicht einer abgedrehten Spansäule mit Außendurchmesser D_a, Innendurchmesser d_a und Länge $s \cdot n \cdot 60$.

Beispiel 32. 30 Achsen (St 60. 11) sind von 210 mm auf 180 mm Durchmesser mit v = 20 m/min vorzuschruppen. Vorschub je Umdrehung des Werkstückes 2 mm. Wie groß ist die Leistung dieser Maschine, ausgedrückt durch das stündliche Spangewicht in kg, wenn ein Kubikdezimeter des Werkstoffes ein Gewicht von 7,86 kg hat?

Lösung: $G_s = \left(\frac{D_a^2 \cdot \pi}{4} - \frac{d_a^2 \cdot \pi}{4}\right) \cdot s \cdot n \cdot 60 \cdot \gamma$. Mit $D_a = 210$ mm $= 2{,}1$ dm, $d_a = 180$ mm $= 1{,}8$ dm, $s = 2$ mm $= 0{,}02$ dm, $n = \frac{v}{D_m \cdot \pi} = \frac{20}{0{,}195 \cdot \pi} = 32{,}7$ U/min $\left(D_m = \frac{D_a + d_a}{2} = \frac{210 + 180}{2} = 195 \text{ mm} = 0{,}195 \text{ m}\right)$ und $\gamma = 7{,}86$ kg/dm³ folgt, nach Gl. (41):
$G_s = \left(\frac{2{,}1^2 \pi}{4} - \frac{1{,}8^2 \pi}{4}\right) \cdot 0{,}02 \cdot 32{,}7 \cdot 60 \cdot 7{,}86 = 283$; stündliches Spangewicht (Drehbank) $G_s = 283$ kg. Das Spangewicht je Stunde kann auch aus der Schnittgeschwindigkeit v (m/min) und dem Spanquerschnitt F_s (mm²) berechnet werden. Mit $F_s = \left(\frac{210 - 180}{2}\right) \cdot 2 = 15 \cdot 2 = 30$ mm², $v = 20$ m/min und $\gamma = 7{,}86$ kg/dm³ ergibt sich mit Gl. (44):
$G_s = \frac{F_s \cdot v \cdot 60 \cdot \gamma}{1000} = \frac{30 \cdot 20 \cdot 60 \cdot 7{,}86}{1000} = 282{,}96$; $G_s \approx 283$ kg/h.

Vergleichend sei die Leistung einer Großdrehbank angeführt, wie sie die Fa. Schieß-Defries, A.-G. Düsseldorf baut. Eine Schnellschruppdrehbank für die Vor- und Fertigbearbeitung schwerer Schmiedestücke bis 110 Tonnen Gewicht erzielt mit Hochleistungs- und Hartmetallwerkzeugen eine stündliche Spanmenge von 2400 kg. Diese Bank mit einem Antriebsmotor von 350 PS zerspant 2½ m³ Stahl in 8 Stunden.

2. Fräsen (Waagerechtfräsen).

Spangewicht beim Waagerechtfräsen mit Walzenfräser.

$$\boxed{G_s = B \cdot a \cdot s \cdot n \cdot 60 \cdot \gamma} \qquad (42)$$

G_s = Spangewicht beim Waagerechtfräsen mit Walzenfräser nach Abb. 26 (kg/h), B =

[1] Die „Wichte" ist für die frühere Bezeichnung „spezifisches Gewicht" eingeführt worden. Das Gewicht eines Körpers ergibt sich aus dem Rauminhalt V mal der Wichte γ, also $G = V \cdot \gamma$.

Arbeits- bzw. Fräsbreite (dm) = Breite des Werkstückes, a = Spantiefe (dm), s = Vorschub des Werkstückes je Umdrehung des Walzenfräsers (dm/U), n = Umlaufzahl der Frässpindel (U/min), γ = Wichte des zu zerspanenden Werkstoffes (kg/dm²).

Beispiel 33. Ein Walzenfräser wurde bei einer Fräsarbeit (Werkstoff St 37.11) auf 5 mm Spantiefe eingestellt. Schnittgeschwindigkeit 20 m/min. Vorschubgeschwindigkeit des Werkstückes 50 mm je Minute. Fräsbreite 300 mm. Berechne die in kg ausgedrückte, stündliche Spanleistung der Maschine; Wichte des Werkstoffes 7,85 kg/dm³.

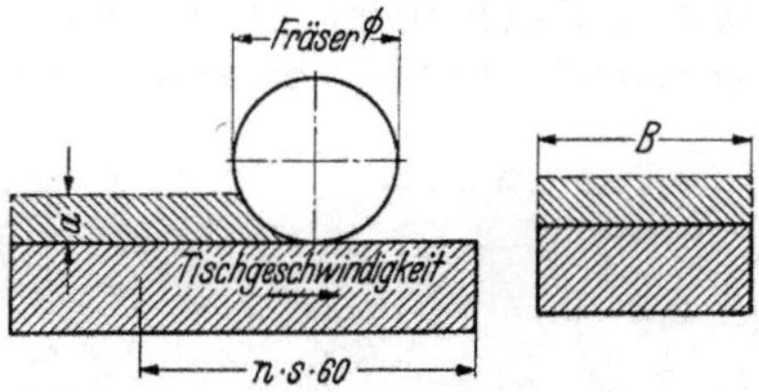

Abb. 26. Stündliches Spangewicht beim Waagerechtfräsen.

Lösung: Mit $B = 300$ mm $= 3$ dm, $a = 5$ mm $= 0{,}05$ dm, $s \cdot n = 50$ mm/min $= 0{,}5$ dm/min und $\gamma = 7{,}85$ kg/dm³ folgt nach Gl. (42): $G_s = B \cdot a \cdot s \cdot n \cdot 60 \cdot \gamma = 3 \cdot 0{,}05 \cdot 0{,}5 \cdot 60 \cdot 7{,}85 = 35{,}325$; stündliches Spangewicht (Fräsmaschine) $G_s = 35$ kg.

3. Hobeln und Stoßen.

Spangewicht beim Hobeln und Stoßen.

$$\boxed{G_s = l \cdot a \cdot s \cdot n \cdot 60 \cdot \gamma} \tag{43}$$

G_s = Spangewicht beim Hobeln und Stoßen nach Abb. 27 (kg/h), l = Länge des Werkstückes (dm), a = Spantiefe (dm), s = Vorschub des Werkzeuges oder Werkstückes je Doppelhub (dm), n = Anzahl der Doppelhübe in der Minute, γ = Wichte des zu zerspanenden Werkstoffes (kg/dm³).

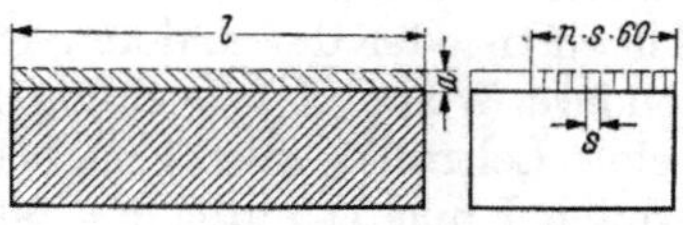

Abb. 27. Stündliches Spangewicht beim Hobeln und Stoßen.

Beispiel 34. Eine Langhobelmaschine arbeitet bei minutlich 3,12 Doppelhüben mit einem Spanquerschnitt in Grauguß (Wichte = 7,2 kg/dm³) von 62 mm². Werkstücklänge beträgt 3 m. Wie groß ist das in kg gemessene stündliche Spangewicht?

Lösung: [Gl. (43)] $G_s = l \cdot a \cdot s \cdot n \cdot 60 \cdot \gamma$. Mit $l = 30$ dm, $(a \cdot s) = 62$ mm² $= 0{,}0062$ dm², $n = 3{,}12$, $\gamma = 7{,}2$ kg/dm³ folgt: $G_s = 30 \cdot 0{,}0062 \cdot 3{,}12 \cdot 60 \cdot 7{,}2 = 252$; $G_s = 252$ kg; stündliches Spangewicht (Langhobelmaschine) $G_s = 252$ kg.

Das Spangewicht je Stunde kann auch aus der Schnittgeschwindigkeit v (m/min) und dem Spanquerschnitt (mm²) ermittelt werden.

Spangewicht, ausgedrückt durch Schnittgeschwindigkeit und Spanquerschnitt.

$$\boxed{G_s = \frac{F_s \cdot v \cdot 60 \cdot \gamma}{1000}} \tag{44}$$

G_s = Spangewicht, ausgedrückt durch Schnittgeschwindigkeit und Spanquerschnitt (kg/h), F_s = Spanquerschnitt (mm²), v = Schnittgeschwindigkeit (m/min), γ = Wichte des zu zerspanenden Werkstoffes (kg/dm³).

Beispiel 35. Der größte Spanquerschnitt beträgt für Werkstoff St 60.11 auf einer Querhobelmaschine bei 300 mm Hub $F_s = 8$ mm². Welches stündliche Spangewicht (kg) ergibt sich, wenn 18 m/min Schnittgeschwindigkeit zulässig sind? (Wichte 7,8 kg/dm³).

Lösung: Gl. (44) geht mit $F_s = 8$ mm², $v = 18$ m/min und $\gamma = 7{,}8$ kg/dm³ über in: $G_s = \frac{F_s \cdot v \cdot 60 \cdot \gamma}{1000} = \frac{8 \cdot 18 \cdot 60 \cdot 7{,}8}{1000} = 67{,}4$; stündliches Spangewicht (Querhobelmaschine) $G_s = 67{,}4$ kg.

IV. Übersetzung und Übersetzungsgleichung.

a) Riementriebe.

Einfacher Riementrieb. Zur Übertragung der Drehbewegung von einer Welle auf eine andere dienen bei größeren Entfernungen die Riemenscheiben, die mittels Riemen miteinander verbunden werden. Die Übertragung der Bewegung von einer Riemenscheibe auf die andere geschieht durch Reibung, welche durch Anpressung des Riemens auf dem Umfang der Scheiben erzeugt wird. Die Bewegungs- und Kraftübertragung findet in den meisten Fällen zwischen gleichlaufenden Wellen statt. Dabei kann ein offener Riemen (Abb. 28) oder ein gekreuzter Riemen (Abb. 29) verwendet werden. Bei offenem Riemen haben beide Riemenscheiben gleichen, bei gekreuztem Riemen verschiedenen Drehsinn. Außer dem offenen und gekreuzten Riementrieb für gleichlaufende Wellen wäre noch der geschränkte Riementrieb (Abb. 30) zu erwähnen, bei dem sich die Wellen I und II unter einem bestimmten Winkel kreuzen. E_1 und E_2 sind senkrechte Ebenen zu I bzw. II, welche sich in der Geraden AB schneiden, und die Umfänge der Leitrollen berühren. Der Riemen läuft dann gerade auf, gleichgültig, ob sich die Scheiben nach der einen oder der anderen Richtung drehen; dabei erhält jede Leitrolle eine besondere Welle. Ist Drehung nur nach einer Richtung erforderlich, so kann für beide Leitrollen eine gemeinsame Welle angeordnet werden. Kreuzen sich die Wellen I und II unter $\alpha = 90°$, so ergibt sich ein halbgeschränkter Trieb (Abb. 31). Bei $\alpha = 45°$ findet eine Viertelschränkung des Riemens statt. Die Bewegung ist in beiden Fällen nur in einem Sinne (siehe Pfeile) möglich. Für die Bewegungsübertragung durch Riemen gilt die Grundbedingung: Es soll kein Gleiten erfolgen. Das ist der Fall, wenn am Umfang der beiden Scheiben jeder Punkt in derselben Zeit gleiche Wege zurücklegt. Mit anderen Worten: Die Umfangsgeschwindigkeiten beider Scheiben müssen einander gleich sein; mit Bezug auf Abb. 28 und 29 muß demnach $v_1 = v_2$ oder (Z. 2, B. T. 1, S. 145) $d_1 \cdot \pi \cdot n_1 = d_2 \cdot \pi \cdot n_2$ sein; daraus:

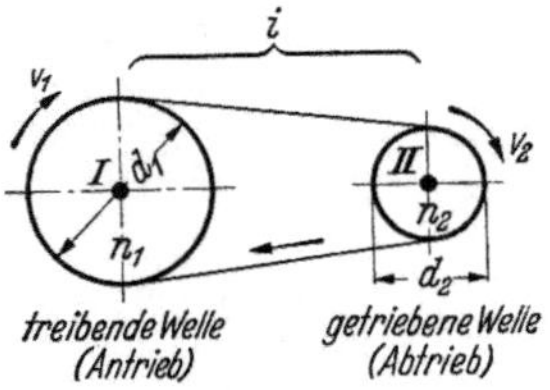

Abb. 28. Offener Riementrieb. Scheibe d_1 treibt Scheibe d_2. (Gleiche Drehrichtung der beiden Scheiben.)

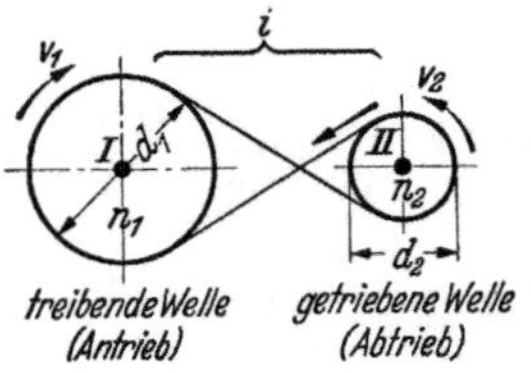

Abb. 29. Gekreuzter Riementrieb. Scheibe d_1 treibt Scheibe d_2. (Entgegengesetzte Drehrichtung der beiden Scheiben).

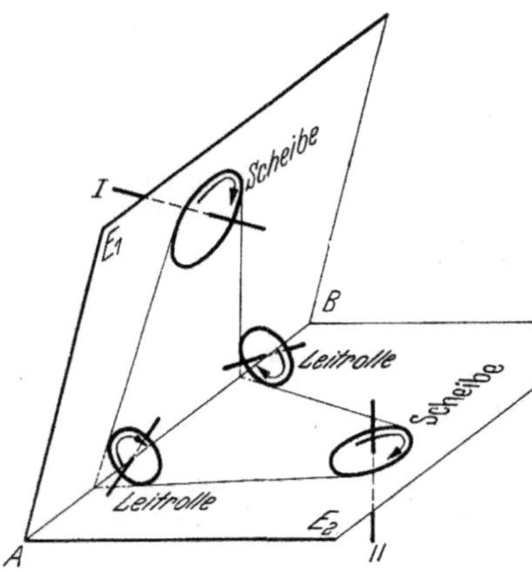

Abb. 30. Geschränkter Riementrieb.

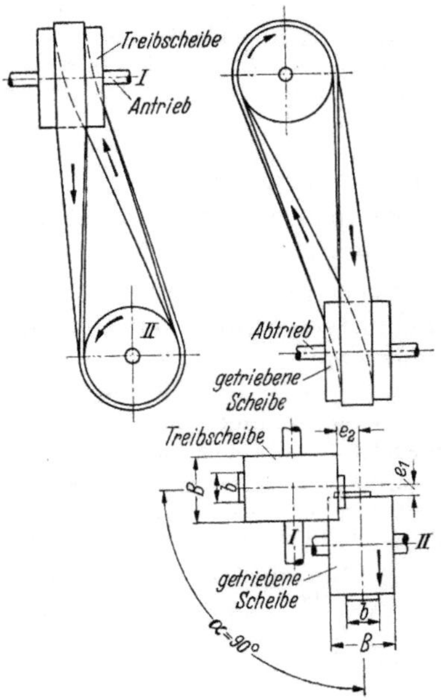

Abb. 31. Halbgeschränkter Riementrieb. $e_1 = 0{,}1$ bis $0{,}2$ b; $e_2 = 0{,}5$ b bis $0{,}6$ b; $B = 1{,}4$ b $+ 1$ cm.

Einfache Übersetzungsgleichung für Riementrieb (Abb. 28 u. 29).

$$d_1 \cdot n_1 = d_2 \cdot n_2 \qquad (45)$$

D. h. Die Produkte aus Durchmesser und Umlaufzahl sind für beide Scheiben gleich. Oder: Durchmesser des Treibers mal seine Umlaufzahl gleich Durchmesser des Getriebenen mal seine Umlaufzahl.

Einfache Übersetzung für Riementrieb, ausgedrückt durch Scheibendurchmesser (Abb. 28 u. 29).

$$i = \frac{d_1}{d_2} = \frac{\text{Durchmesser der \textbf{treibenden} Scheibe}}{\text{Durchmesser der \textbf{getriebenen} Scheibe}} \tag{46}$$

Einfache Übersetzung für Riementrieb, ausgedrückt durch Umlaufzahlen (Abb. 28 u. 29).

$$i = \frac{n_2}{n_1} = \frac{\text{Umlaufzahl der \textbf{getriebenen} Welle}}{\text{Umlaufzahl der \textbf{treibenden} Welle}} \tag{47}$$

In den Gl. (45) bis (47) bedeutet: d_1 = Durchmesser der treibenden Scheibe (Treiber), d_2 = Durchmesser der getriebenen Scheibe (Getriebene), n_1 = Umlaufzahl der treibenden Welle in der Minute (Antriebsdrehzahl), n_2 = Umlaufzahl der getriebenen Welle in der Minute (Abtriebsdrehzahl), i = einfache Übersetzung zwischen zwei Wellen, das ist eine Zahl, welche angibt, wievielmal schneller oder langsamer sich eine Welle gegenüber einer anderen dreht.

Beispiel 36. Bei dem Einfachtrieb Abb. 28 u. 29 sei $d_1 = 450$ mm und $n_1 = 120$ U/min. Die getriebene Welle soll minutlich $n_2 = 180$ Umdrehungen machen. a) Welcher Scheibendurchmesser d_2 ist zu wählen? b) Wie groß ist die Übersetzung?

Lösung: a) [Gl. (45)]. Mit $d_1 = 450$ mm, $n_1 = 120$ U/min und $n_2 = 180$ U/min folgt: $450 \cdot 120 = d_2 \cdot 180$; daraus $d_2 = \frac{450 \cdot 120}{180} = 300$; Durchmesser $d_2 = 300$ mm. b) Nach Gl. (46): $i = \frac{d_1}{d_2} = \frac{450}{300} = \frac{1{,}5}{1}$; nach Gl. (47): $i = \frac{n_2}{n_1} = \frac{180}{120} = \frac{1{,}5}{1} = 1{,}5$fach ins Schnelle.

Riemenschlupf. Gl. (45) ergibt, wie Beispiel 36 zeigt, theoretische Werte. In Wirklichkeit sind die Verhältnisse etwas ungünstiger, da beim Riementrieb ein Gleiten des Riemens während des Betriebes fast unvermeidlich ist. Man bezeichnet dasselbe als Riemenschlupf. Dieser hat zur Folge, daß die getriebene Scheibe stets eine etwas kleinere Geschwindigkeit und damit eine kleinere Drehzahl hat, als die Rechnung ergibt. Je nach der Spannung des Riemens, dem Alter und der Geschwindigkeit desselben ist der Gleitverlust verschieden. Bei genügender Vorspannung kann der entstehende Geschwindigkeitsverlust durch Dehnungs- und Gleitschlupf etwa zu 0,5 bis 1,5% angenommen werden. Beispiel 37 zeigt, wie dieser Geschwindigkeitsverlust rechnerisch berücksichtigt wird.

Beispiel 37. Welcher Scheibendurchmesser d_2 (mm) ergibt sich bei dem Einfachtrieb des Beispieles 36, wenn 1,5% Gleitverlust berücksichtigt werden?

1. Lösung: Nach Gl. (45) ergab sich $d_2 = 300$ mm. Dies wäre der theoretische Wert. Berücksichtigt man nun 1,5% für Gleiten des Riemens, so muß rechnerisch die getriebene Scheibe 1,5% mehr Umdrehungen machen. Jetzt macht die getriebene Scheibe 180 U/min; 1,5% von 180 sind 2,7. Rechnerisch muß demnach die getriebene Scheibe minutlich 2,7 Umdrehungen mehr machen, welche im Betrieb durch Gleiten des Riemens verloren gehen. In Gl. (45) ist also $n_2 = 180 + 2{,}7 = 182{,}7$ einzusetzen; damit: $d_2 = \frac{450 \cdot 120}{182{,}7} = 295{,}5$; abgerundet $d_2 = 295$ mm.

2. Lösung: Der gleiche Durchmesser ergibt sich auch, wenn man von der theoretischen Bestimmung nach Gl. (45) vom Ergebnis 1,5% abzieht. 1,5% von 300 sind 4,5, also rund 5. Damit wird gleichfalls $d_2 = 300 - 5 = 295$; $d_2 = 295$ mm.

Anmerkung: Die Riemengeschwindigkeit sollte durch Vergrößerung der Scheiben möglichst hoch, also größer als 10 m/s, bei gleichförmig dickem Riemen sogar 25 bis 45 m/s gewählt werden, da der Riemenschlupf bei größerer Geschwindigkeit später beginnt.

Mehrfacher Riementrieb. Sollen keine Spannrollen verwendet werden und liegt ein Übersetzungsverhältnis vor, dessen Wert 1 : 5 übersteigt, so kann man mit einem Scheibenpaar ohne nachteilige Folgen für das Getriebe nicht mehr auskommen. Es ist ein Zwischenvorgelege notwendig, welches das gegebene Übersetzungsverhältnis in Einzelübersetzungen zerlegt. Je nach Anordnung der Scheiben werden einfache, zweifache, dreifache und mehrfache Übersetzungen unterschieden. In dem Dreifachtrieb[1], Abb. 32, treibt Scheibe d_1 (Welle I) über einen Nebentrieb mit den Scheiben d_2 und d_3 (Welle II) das Vorgelege mit den Scheiben d_4 und d_5 (Welle III) und dieses die Scheibe d_6 (Welle IV). Der Dreifachtrieb besteht aus drei Teiltrieben; es ergeben sich demnach auch drei Teilübersetzungen:

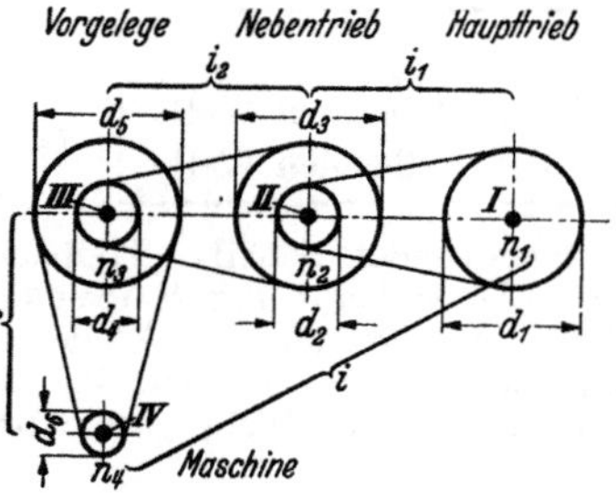

Abb. 32. Dreifachtrieb mit offenen Riemen.

Teilübersetzung 1 (zwischen Haupttrieb und Nebentrieb) $i_1 = \frac{d_1}{d_2} = \frac{n_2}{n_1}$.

Teilübersetzung 2 (zwischen Nebentrieb und Vorgelege) $i_2 = \frac{d_3}{d_4} = \frac{n_3}{n_2}$,

Teilübersetzung 3 (zwischen Vorgelege und Maschine) $i_3 = \frac{d_5}{d_6} = \frac{n_4}{n_3}$.

Die Gesamtübersetzung ist gleich dem Produkt der Teilübersetzungen, also für den Dreifachtrieb nach Abb. 32:

$$\text{Gesamtübersetzung: } i = i_1 \cdot i_2 \cdot i_3 \quad \text{oder} \quad i = \frac{d_1 \cdot d_3 \cdot d_5}{d_2 \cdot d_4 \cdot d_6} \quad \text{oder} \quad i = \frac{n_2 \cdot n_3 \cdot n_4}{n_1 \cdot n_2 \cdot n_3} = \frac{n_4}{n_1}.$$

Wird die Gleichung $\frac{d_1 \cdot d_3 \cdot d_5}{d_2 \cdot d_4 \cdot d_6} = \frac{n_4}{n_1}$ kreuzweise multipliziert, so folgt:

$$n_1 \cdot d_1 \cdot d_3 \cdot d_5 = n_4 \cdot d_2 \cdot d_4 \cdot d_6.$$

Diese letzte Gleichung stellt die allgemeine Übersetzungsgleichung dar, welche, in Worten ausgedrückt, lautet:

Allgemeine Übersetzungsgleichung für Riemen- und Rädertrieb.

Umlaufzahl der ersten treibenden Welle mal sämtl. Treiber gleich Umlaufzahl der letzten getriebenen Welle mal sämtliche Getriebene.	(48)

Unter Gesamtübersetzung ist demnach zu verstehen:

Gesamtübersetzung für Riementrieb,

ausgedrückt durch Scheibendurchmesser.

$$i = \frac{\text{Produkt der Durchmesser der } \textbf{treibenden} \text{ Scheiben}}{\text{Produkt der Durchmesser der } \textbf{getriebenen} \text{ Scheiben}} \qquad (49)$$

ausgedrückt durch Umlaufzahlen.

$$i = \frac{\text{Umlaufzahl der letzten } \textbf{getriebenen} \text{ Welle}}{\text{Umlaufzahl der ersten } \textbf{treibenden} \text{ Welle}} \qquad (50)$$

ausgedrückt durch die Teilübersetzungen.

$$i = \textbf{Produkt} \text{ der Einzelübersetzungen} \qquad (51)$$

Keilriementrieb[2]. Der Keilriementrieb (seit 1928 in Deutschland bekannt) verbindet die Vorteile der Flachriementriebe mit den Vorteilen der Seiltriebe, ohne ihre Nachteile zu übernehmen. Bei nicht zu großem Abstand zwischen treibender und getriebener Welle haben sich Übersetzungsverhältnisse bis 1 : 10 gut bewährt. Es werden bei etwa 15—25 m/s Riemengeschwindigkeit (Höchstgeschwindigkeit 35 m/s) Wirkungsgrade von nahezu 100 v. H. erreicht. Während der Flachriemen die Kraftübertragung mit der oberen oder unteren Seite übernimmt, erfolgt diese beim Keilriemen mit den Flanken (Abb. 33) Die Flanken des Riemens

[1] Ist beispielsweise zwischen Motor und Transmission, weiterhin zwischen Transmission und Vorgelege und zum Schluß zwischen Vorgelege und Werkzeugmaschine übersetzt, so ist die Übersetzung zwischen Motor und Werkzeugmaschine eine dreifache (Dreifachtrieb).

[2] Vgl. Blauri-Buch der Fa. A. Friedr. Flender & Co., Bocholt.

müssen voll an den Flanken der Rille anliegen. Der Keilriemen hat stets einen Winkel von 38°. Der Flachriemen liegt glatt auf der Kranzfläche der Riemenscheibe auf und besitzt ein Übertragungsvermögen, das durch Riemenvorspannung und Reibungszahl zwischen Riemen und Scheibe bedingt ist (Abb. 34). Die Haftkraft Q, die den Riemen an die Scheibe andrückt, ist auch bei dem in der Keilmitte liegenden Keilriemen vorhanden, sie wirkt hier jedoch nicht mehr senkrecht zur Welle, sondern ruft zwei seitlich gerichtete, auf den Flanken der Rille senkrecht stehende Kräfte (S) hervor, deren Größe sich aus dem Kräfteparallelogramm ermitteln läßt. Jede dieser beiden Kräfte S ist etwa 1,5 mal so groß, als die Kraft Q. Die beiden Kräfte S zusammen ergeben also die dreifache Wirkung der ursprünglichen Kraft Q. Das bedeutet, daß der Keilriemen dreimal so stark an der Scheibe haftet, als der Flachriemen und deshalb die Durchzugskraft etwa dreimal so groß ist als beim Flachriemen.

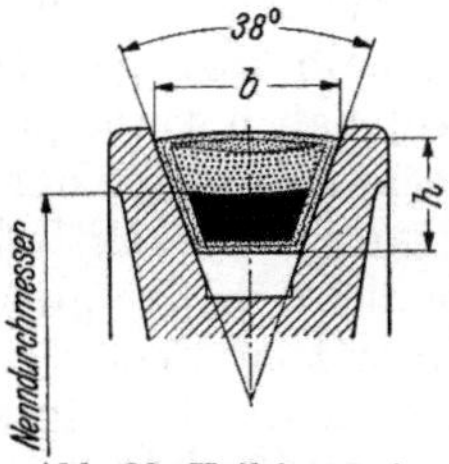

Abb. 33. Keilriemen in der Rille.

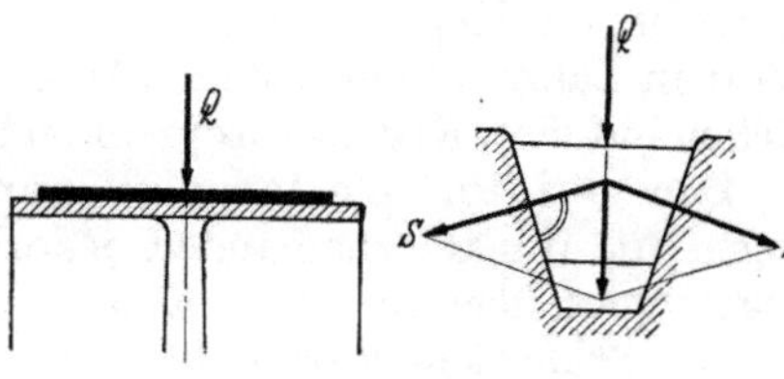

Abb. 34 und 35. Kräfteverteilung beim Flach- und Keilriemen.

Die Gleichungen (45) bis (51) gelten auch für Keilriementriebe; statt des Außendurchmessers bei Flachriemenscheiben ist hier bei Berechnungen der Nenndurchmesser (Abb. 33) der Keilriemenscheibe zugrunde zu legen. Nenndurchmesser bedeutet ähnlich dem Teilkreisdurchmesser bei Zahnrädern einen mittleren Durchmesser, der zwischen dem äußeren Durchmesser der Scheibe und dem auf dem Grund der Rille gemessenen Durchmesser liegt.

Spannrollenantrieb. Die Hauptaufgabe der Spannrolle besteht darin, die erforderliche Kraftübersetzung durch eine größere Umschlingung der Scheibe zu ermöglichen. Die Hauptvorteile der Spannrollenantriebe gegenüber dem normalen Flachriemenantrieb sind: Verringerung des Riemenschlupfes von 3% auf weniger als 1% und Verringerung der Belastung der Lagerwellen und Scheiben infolge Fortfalls der Riemenvorspannung. Außerdem wird der Wirkungsgrad um etwa 10% und das Übersetzungsverhältnis bei kurzen Wellenabständen bis auf 1 : 20 erhöht und eine Ersparnis an Raum und Riemenlänge erzielt. Weiter ermäßigen sich die Betriebsunkosten infolge erhöhter Betriebssicherheit, geringerer Wartung und Wegfall des Nachspannens und Kürzens der Riemen.

b) Rädertriebe, fest gelagert.

Riemen oder Seile können auf ihren Scheiben rutschen, sobald irgendein größerer Widerstand in der Übertragung auftritt. Im Gegensatz dazu arbeiten sämtliche Rädertriebe zwangsläufig, d. h. sie bilden eine feste Übertragung der Drehbewegung von einer Welle auf die andere. Die Zähne des einen Rades greifen in die Zähne des anderen Rades und zwingen dieses, an den Drehungen des ersten Rades teilzunehmen. Ein einfacher Zahnradtrieb besteht aus einem Paar gleichförmig verzahnter Räder, wobei jedes auf einer Welle sitzt. Die Lage, welche die beiden Wellen gegenseitig einnehmen, kann eine dreifache sein:

Die beiden Wellen sind gleichlaufend. Die Grundform dieser Räder ist ein Zylinder; man bezeichnet sie deshalb als zylindrische Räder oder Stirnräder. Sind die Zähne gerade und gleichlaufend zur Radachse, so erhält man **Geradzahnstirnräder** (Abb. 138). Zahnräder, deren Zähne in Schraubenlinie auf dem zylindrischen Radkörper verlaufen, heißen **Schrägzahnstirnräder** (Abb. 141). Schrägzahnstirnräder können zur Bewegungsübertragung sowohl zwischen gleichlaufenden, als auch zwischen sich kreuzenden Wellen (Abb. 143) verwendet werden.

Die beiden Wellen schneiden sich. Die Mittellinien der beiden Wellen liegen in einer Ebene, aber bilden einen Winkel zueinander. Die Grundform dieser Räder ist ein Kegel, man nennt sie deshalb kegelige Räder oder **Kegelräder.** Die geraden Zähne dieser Räder (Abb. 146) haben keine prismatische Form, sondern stehen auf dem Kegelmantel senkrecht und sind nach der Kegelspitze hin verjüngt.

Die beiden Wellen kreuzen sich. Die Mittellinien der beiden Wellen liegen im Winkel zueinander, jedoch nicht in der gleichen Ebene. Die Wellen liegen quer übereinander. Einen vollwertigen Ersatz für theoretisch genau verzahnte **Schneckentriebe** (Abb. 155) bieten die Schrägzahnstirnräder (Abb. 144) nicht, sie sind Getriebe mit verminderter Eingriffstätigkeit und ihr Anwendungsgebiet erstreckt sich auf Übersetzungen bis 1 : 6. Für größere Übersetzungen sind wegen des besseren Eingriffes die Schneckentriebe vorzuziehen.

1. Stirnräder und Kegelräder.

Einfacher Zahnradtrieb. Für Stirnräder (Abb. 138 u. 141) und Kegelräder (Abb. 148 bis 152) gelten die auf S. 28 angeführten Übersetzungsgleichungen ebenso. An Stelle der Scheibendurchmesser sind bei den Rädertrieben die Zähnezahlen der Übersetzungsräder einzusetzen. Je nach Anordnung der Räder werden einfache und mehrfache Übersetzungen unterschieden.

Einfache Übersetzungsgleichung für Rädertrieb.

$$\boxed{z_1 \cdot n_1 = z_2 \cdot n_2} \tag{52}$$

D. h. Die Produkte aus Zähnezahl und Umlaufzahl sind für beide Räder gleich. Oder: Zähnezahl des Treibers mal seine Umlaufzahl gleich Zähnezahl des Getriebenen mal seine Umlaufzahl.

Einfache Übersetzung für Rädertrieb, ausgedrückt durch Zähnezahlen.

$$\boxed{i = \frac{z_1}{z_2} = \frac{\text{Zähnezahl des \textbf{treibenden} Rades}}{\text{Zähnezahl des \textbf{getriebenen} Rades}}} \tag{53}$$

In den Gl. (52) und (53) bedeutet: z_1 = Zähnezahl des treibenden Rades, z_2 = Zähnezahl des getriebenen Rades, n_1 = Umlaufzahl der treibenden Welle in der Minute (Antriebsdrehzahl), n_2 = Umlaufzahl der getriebenen Welle in der Minute (Abtriebsdrehzahl), i = einfache Übersetzung.

Mehrfacher Zahnradtrieb. Bei Vorhandensein zweier Übersetzungsräder wird meist das wenigerzähnige Rad durch Fußzeichen 1, das mehrzähnige durch Fußzeichen 2 gekennzeichnet, falls nicht durch die Richtung des Kraftflusses die Reihenfolge der Kennzeichen gegeben ist. Sind mehrere Räderpaare vorhanden, so ist es zweckmäßig, die Zähnezahlen der treibenden Räder, der sogenannten Zählerräder der Rechnung, mit ungeraden und die der getriebenen Räder, der sogenannten Nennerräder, mit geraden Ziffern der Fußzeichen zu versehen, so daß also $i = \frac{z_1 \cdot z_3 \cdot z_5 \ldots\ldots z_{n-1}}{z_2 \cdot z_4 \cdot z_6 \ldots\ldots z_n}$ ist. Unter Gesamtübersetzung, ausgedrückt durch die Zähnezahlen sämtlicher Übersetzungsräder, ist das Verhältnis zu verstehen:

Gesamtübersetzung für Rädertrieb, ausgedrückt durch Zähnezahlen.

$$\boxed{i = \frac{\text{\textbf{Produkt} der Zähnezahlen der \textbf{treibenden} Räder}}{\text{\textbf{Produkt} der Zähnezahlen der \textbf{getriebenen} Räder}}} \tag{54}$$

Für die Gesamtübersetzung, ausgedrückt durch die Umlaufzahlen der ersten treibenden und der letzten getriebenen Welle, gilt demnach:

Die Gesamtübersetzung von Getrieben irgendwelcher Art ist stets gleich ihrem Drehzahlverhältnis, einem Bruchwert, dessen Zähler die Drehzahl der letzten getriebenen Welle und dessen Nenner die Drehzahl der ersten treibenden Welle enthält.

2. Schneckentrieb (Schnecke und Schneckenrad).

Schneckentriebe (Abb. 155), geeignet für große Übersetzungen an kreuzenden Wellen, bestehen aus der schraubenförmigen Schnecke und dem, mit Zähnen versehenen Schneckenrade und ermöglichen beim Übertragen der Drehbewegung von einer Welle auf eine andere vor allem eine starke Verminderung der Umlaufzahl der getriebenen Welle. Schneckentriebe werden nur zur Übersetzung ins Langsame (1 : 10 bis 1 : 30) verwendet, da beim Antrieb am Schneckenrade sehr starke Reibung und dadurch ein schlechter Wirkungsgrad eintreten würde. Ist die Schnecke eingängig, so wird das Schneckenrad bei jeder Umdrehung der Schnecke um einen Zahn weitergeschoben, ist sie zweigängig, um zwei usf. Allgemein gilt:

Übersetzung für Schneckentrieb, ausgedrückt durch Gängigkeit und Zähnezahl.

$$\boxed{i = \frac{g}{z} = \frac{\text{Gängigkeitszahl}^1 \text{ der Schnecke}}{\text{Zähnezahl des Schneckenrades}}} \qquad (55)$$

Übersetzungsgleichung für Schneckentrieb.

$$\boxed{g \cdot n_1 = z \cdot n_2} \qquad (56)$$

D. h. Das Produkt aus Gängigkeitszahl und Umlaufzahl der Schnecke ist gleich dem Produkt aus Zähnezahl und Umlaufzahl des Schneckenrades. Oder: Gängigkeitszahl mal Umlaufzahl der Schnecke gleich Zähnezahl mal Umlaufzahl des Schneckenrades.

In den Gl. (55) und (56) bedeutet: g = Gängigkeitszahl der Schnecke (z. B. bei doppelgängiger Schnecke $g = 2$, bei dreigängiger Schnecke $g = 3$), z = Zähnezahl des Schneckenrades, n_1 = Umlaufzahl der treibenden Welle (Schneckenwelle = Antriebsdrehzahl), n_2 = Umlaufzahl der getriebenen Welle (Schneckenradwelle = Abtriebsdrehzahl), i = Übersetzung.

Beispiel 38. Eine dreifach geschnittene, rechtsgängige Schnecke treibt ein 30zähniges Schneckenrad. Die Schnecke macht minutlich 600 Umdrehungen. Welche Umlaufzahl ergibt sich für die Schneckenradwelle während einer Minute?

Lösung: [Gl.(56)] $3 \cdot 600 = 30 \cdot n_2$; $n_2 = \frac{600 \cdot 3}{30} = 60$; Schneckenradwelle $n_2 = 60$ U/min.

3. Zwischen- oder Umkehrräder.

Bei der Bewegungsübertragung mittels Riementriebes ist zu berücksichtigen, daß ohne gekreuzten Riemen der Drehsinn beider Scheiben gleichgerichtet ist (Abb. 28). Bei außenverzahnten Rädertrieben tritt jedoch stets eine Umkehrung der Umlaufrichtung des getriebenen Rades gegenüber derjenigen des treibenden Rades ein. Will man gleichen Drehsinn erhalten, so muß ein Zwischenrad eingeführt werden. In den Abb. 36 und 37 sind die durch Schraffur gekennzeichneten Räder sog. Zwischen- oder Umkehrräder. Die Zahnräder z_1 und z_3 in Abb. 36 und die Zahnräder z_1 und z_4 in Abb. 37 sind die eigentlichen Übersetzungsräder und auf Wellen aufgekeilt. Zwischenräder unterscheiden sich ganz allgemein dadurch von den Übersetzungsrädern, daß sie keine Wellen antreiben, durch welche die Bewegung weitergeleitet wird.

Zwischen- oder Umkehrräder haben auf die Übersetzung keinen Einfluß. Sie vermitteln den Eingriff und beeinflussen die Drehrichtung des getriebenen Rades.

---

[1] Eine mehrgängige Schnecke ist äußerlich leicht an dem größeren Steigungswinkel (Abb. 154) zu erkennen. Zur Feststellung der Gängigkeitszahl ist eine vorhandene Schnecke zweckmäßig von der Stirnseite zu betrachten. Die Zahl der Anfänge der Schraubengänge ist gleichbedeutend mit der Gängigkeitszahl.

Anwendung beim Wechselräderantrieb der Leitspindel an Drehbänken, bei Herzgetrieben an Drehbänken, beim Teilen mit Wechselrädern, beim Differenzteilen auf Universalteilköpfen, beim Fräsen schraubenförmiger Nuten usw.

In Abb. 37 bleibt die Übersetzung zwischen dem treibenden Rad z_1 und dem getriebenen Rad z_4 erhalten, da zwischen Welle I und II : $i_1 = \frac{z_1}{z_2}$, zwischen Welle II und III: $i_2 = \frac{z_2}{z_3}$ und zwischen Welle III und IV : $i_3 = \frac{z_3}{z_4}$, also $i = i_1 \cdot i_2 \cdot i_3 = \frac{z_1 \cdot z_2 \cdot z_3}{z_2 \cdot z_3 \cdot z_4} = \frac{z_1}{z_4}$ ist.

Zwei Übersetzungsräder und ein Zwischenrad.

Zwei Übersetzungsräder und zwei Zwischenräder.

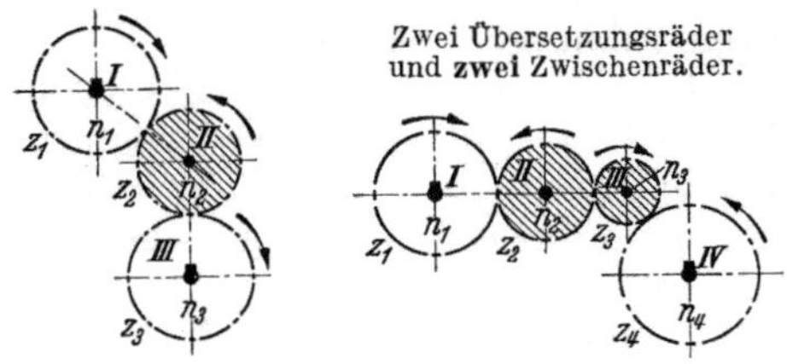

Abb. 36 u. 37. Stirnradtrieb mit Zwischenrad.

Beispiel 39. Abb. 38 zeigt den Innenzahnkranz mit Kegelschaft eines Hochleistungs-Schnellbohrkopfes für fünf Spindeln, Abb. 39 den Antrieb des Getriebes. Die Zahnräder z_2, z_3, z_4, z_5 sind Antriebsräder für die vier 6 mm-Bohrer und das Zahnrad z_7 Antriebsrad für den 4 mm-Bohrer. Die Drehrichtungen der Triebteile sind durch Pfeile gekennzeichnet. Der von der Bohrmaschinenspindel ausgehende Antrieb geht über den Kegelschaft zum Innenzahnkranz z_1 und von hier aus zu den vier Getriebespindeln I und mittels Zwischenwelle II zur Getriebespindel III. Berechne die Drehzahl der Bohrmaschinenspindel für den Fall, daß die fünf Schnellbohrer beim Schneiden von Rotguß mit 40 m/min Schnittgeschwindigkeit arbeiten.

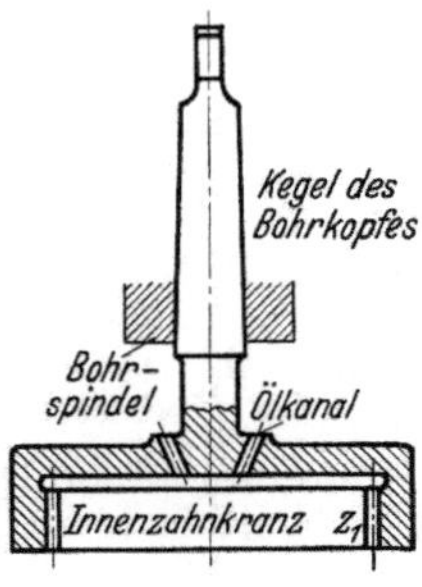

Abb. 38. Innenzahnkranz mit Kegelschaft für Schnellbohrkopf.

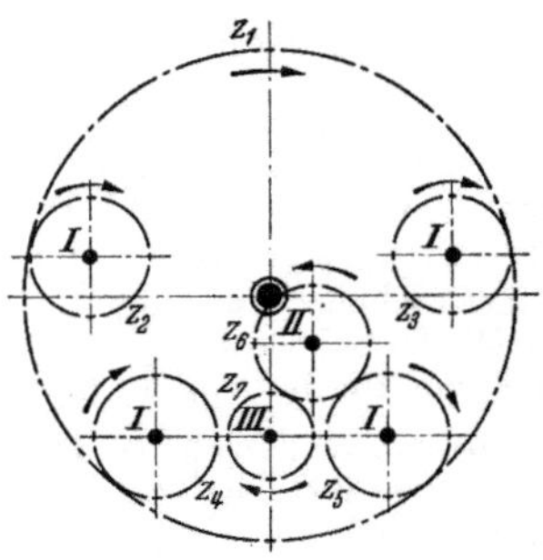

Abb. 39. Antrieb des Getriebes für Schnellbohrkopf. $z_1 = 80$; $z_2 = 20$; $z_3 = 20$; $z_4 = 20$; $z_5 = 20$; $z_6 = 20$; $z_7 = 13$. Modul z_1 mit $z_7 = 1$ mm.

Lösung: Für den Schnellbohrkopf kommen ein Bohrer von 4 mm und vier Bohrer von 6 mm Durchmesser in Frage. Für den 4 mm-Bohrer (Getriebespindel III) gilt nach Z. 9, B. T. 1, S. 145:

$n_3 = \frac{v}{d \cdot \pi} = \frac{40\,000}{4 \cdot \pi} = 3182$; Drehzahl der Getriebespindel III: $n_3 = 3182$ U/min.

Für den 6 mm-Bohrer (Getriebespindel I) gilt nach Z. 9, B. T. 1, S. 145:

$n_1 = \frac{v}{d \cdot \pi} = \frac{40\,000}{6 \cdot \pi} = 2122$; Drehzahl der vier Getriebespindeln I: $n_1 = 2122$ U/min.

Die Drehzahlen der Getriebespindeln sind weiterhin auf die Bohrmaschinenspindel (n U/min) umzurechnen. Die Bohrmaschinenspindel müßte an Drehzahlen aufweisen:

Für den 4 mm-Bohrer [Gl. (48)]: $n \cdot z_1 \cdot z_5 \cdot z_6 = n_3 \cdot z_5 \cdot z_6 \cdot z_7$; $n = n_3 \cdot \frac{z_5 \cdot z_6 \cdot z_7}{z_1 \cdot z_5 \cdot z_6} = n_3 \cdot \frac{z_7}{z_1} = 3182 \cdot \frac{13}{80} = 517$. Bohrmaschinenspindel $n = 517$ U/min.

Für die 6 mm-Bohrer [Gl. (48)]: $n \cdot z_1 = n_1 \cdot z_5$; $n = n_1 \cdot \frac{z_5}{z_1} = 2122 \cdot \frac{20}{80} = 530$. Bohrmaschinenspindel $n = 530$ U/min.

Zwecks Einhaltung einer Schnittgeschwindigkeit von 40 m/min für die 6 mm-Bohrer müßte die Bohrmaschinenspindel mit 530 U/min laufen. Der 4 mm-Bohrer würde bei dieser Drehzahl der Bohrmaschinenspindel mit einer etwas größeren Schnittgeschwindigkeit arbeiten.

4. Zahnrad und Zahnstange.

Als Sonderform und Grenzausführung der Stirnräder ist die Zahnstange hervorzuheben, bei der der Teilkreis unendlich groß, also zu einer Geraden wird. Zwischen Zahnrad und Zahnstange gibt es keine Übersetzung. Bei einer Umdrehung des Zahnstangenrades wird die Zahnstange um den Betrag des Teilkreisumfanges dieses Rades verschoben.

Beispiel 40. Beim Antrieb des Tisches einer Langhobelmaschine wird nach Abb. 40 von dem sich drehenden Triebrad z_4 die geradlinige Bewegung dadurch abgeleitet, daß an dem geradlinig zu bewegenden Tisch eine Zahnstange befestigt wird. Triebrad z_4, das seine Drehbewegung von der Antriebswelle über zwei Rädervorgelege erhält, muß dauernd seine Drehrichtung wechseln, um Tisch und Werkstück dem Werkzeug zuzuführen und wieder in die Anfangsstellung zurückzubringen. Wie groß ist der minutliche Weg des Tisches (Arbeitsgeschwindigkeit in m/min), wenn die Antriebswelle bei Arbeitsgang mit 51 U/min läuft?

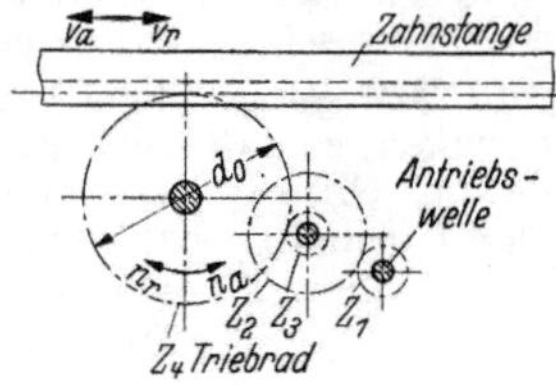

Abb. 40. Zahnrad und Zahnstange. $z_1 = 25, z_2 = 60, z_3 = 18, z_4 = 65$ Zähne, Modul = 10 mm.

Lösung: Bei einer Umdrehung verschiebt Zahnrad z_4 die Zahnstange um $z_4 = 65$ Zähne, also um $z_4 \cdot t = z_4 \cdot m \cdot \pi = 65 \cdot 10 \cdot \pi = 2042{,}0$ mm $= 2{,}04$ m. ($t = m \cdot \pi$; siehe Gl. [99].) Minutliche Umlaufzahl des Rades z_4 [Gl. (48)]: $n \cdot z_1 \cdot z_3 = n_a \cdot z_2 \cdot z_4$; $n_a = n \cdot \frac{z_1 \cdot z_3}{z_2 \cdot z_4} = 51 \cdot \frac{25 \cdot 18}{60 \cdot 65} = 5{,}88$. Umlaufzahl des Triebrades $n_a = 5{,}88$ U/min. Weg der Zahnstange $v_a = 5{,}88 \cdot 2{,}04 \approx 12{,}0$; Arbeitsgeschwindigkeit $v_a = 12$ m/min.

5. Zahnräder mit veränderlicher Übersetzung.

Bei unrunden, elliptischen und außermittig gelagerten Zahnrädern ist im Gegensatz zu den bisher erwähnten Getrieben die Übersetzung nicht gleichbleibend, sondern veränderlich. Derartige Zahnräder finden dort Verwendung, wo es bei gleichförmiger Drehung der treibenden Welle auf zeitlich wiederkehrende, verschiedene Geschwindigkeiten innerhalb eines Umlaufes ankommt.

Die Herstellung unrunder, ellipsenähnlicher Zahnräder ist schwierig und vor allem teuer. Deshalb sei besonders betont, daß die gleichen wechselnden Abtriebsgeschwindigkeiten jederzeit mit üblichen, einfachen Mitteln erreicht werden können. Es sei außerdem erwähnt, daß beispielsweise vier Geradzahnstirnräder wesentlich billiger sind als drei elliptische Zahnräder und trotzdem die gleiche Wirkung wie letztere erzielen.

c) Rädertriebe, umlaufend.

Man verwendet sie, um mit verhältnismäßig einfachen Mitteln und bei geringem Platzbedarf große Übersetzungen ins Langsame, Bewegungsumkehr und Zusatzbewegungen zu erreichen.

Als Umlaufrädertriebe (Planetentriebe) werden solche Rädertriebe bezeichnet, bei denen ein oder mehrere Räder außer ihrer Drehung um die eigene Achse noch eine zweite zusätzliche Bewegung um eine andere Achse ausführen. Das Rad, dessen Achse feststeht, heißt Mittelrad; das Rad, dessen Achse umläuft, heißt Umlaufrad. Das Glied, welches sich um die feste Achse dreht und in dem zugleich die umlaufende Achse befestigt oder gelagert ist, bildet den Steg (Planetenradträger). Dieser kann in der verschiedensten Weise ausgebildet sein, beispielsweise als Gehäuse, Antriebsrad, Riemenscheibe usw.

1. Einfacher Umlaufrädertrieb als Außenverzahnung.

Bei der Umlaufräderanordnung Abb. 41 (einfachste Form eines Umlauftriebes) sitzt Steg S drehbar auf Welle I des festgehaltenen Mittelrades z_1, trägt die Achse II des Umlaufrades z_2 und vollführt mit n_s-Umläufen seine Drehung um die Achse I

des Mittelrades z_1. Der Drehsinn des Steges S sei im Uhrzeigersinn[1] angenommen. Umlaufrad z_2 steht mit Mittelrad z_1 im Eingriff. Unter dem Einfluß des Rades z_1 und des Steges S kommt nun das Umlaufrad z_2 zum Umlauf um seine eigene Achse.

Zur Bestimmung der Drehzahlen ist die Gesamtbewegung des Getriebes in mehrere, nacheinander vor sich gehende Einzelbewegungen zu zerlegen, welche einer einfachen Berechnung zugänglich sind; die Einzelbewegungen werden daraufhin wieder zu der Gesamtbewegung zusammengesetzt. Dies geschieht folgendermaßen:

1. Bewegung. Zunächst sind die beiden Räder z_1 und z_2 mit dem Steg S fest verriegelt zu denken, so daß keine Bewegung zwischen den Rädern und dem Steg S stattfinden kann. Alle drei Glieder des Getriebes werden als Ganzes einmal nach rechts (+ Richtung) um Achse I gedreht. Es folgt:

1. Bewegung . . .	Rad z_1	Rad z_2	Steg S
Drehung	$+1$	$+1$	$+1$

2. Bewegung. Nun muß aber Rad z_1 in Wirklichkeit stillstehen, denn es ist fest mit dem Gestell verbunden. Als zweite Bewegung muß demnach Rad z_1, das eben eine Rechtsumdrehung, also eine Umdrehung zuviel ausgeführt hat, einmal nach links (— Richtung) zurückgedreht werden. Die Räder werden zu diesem Zwecke entriegelt. Damit heben sich die beiden Drehungen des Rades z_1 gegenseitig auf. Bei dieser Linksdrehung wird aber Rad z_2 weiter nach rechts um Achse II gedreht, und zwar im Verhältnis $\frac{z_1}{z_2}$. Steg S steht dabei still.

2. Bewegung . . .	Rad z_1	Rad z_2	Steg S
Drehungen . . .	-1	$+\frac{z_1}{z_2}$	0

Werden nun weiterhin die für jedes einzelne Glied bei den beiden Bewegungen erhaltenen Drehungen addiert, so ergibt sich:

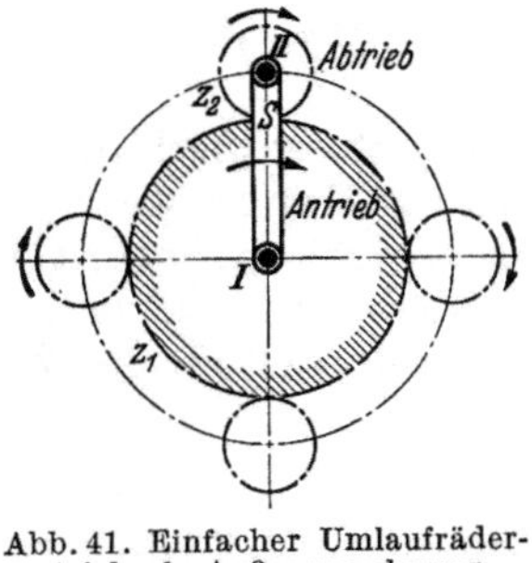

Abb. 41. Einfacher Umlaufrädertrieb als Außenverzahnung.

Bewegungstafel 1. Für einfachen Umlaufrädertrieb als Außenverzahnung (Abb. 41).

	Rad z_1	Rad z_2	Steg S
1. Bewegung (z_1, z_2, S zusammen nach rechts)	$+1$	$+1$	$+1$
2. Bewegung (z_1 nach links, Steg S fest) .	-1	$1+\frac{z_1}{z_2}$	0
Ergebnis	0	$1+\frac{z_1}{z_2}$ [2]	$+1$

Soll Steg S um Achse I nicht nur eine Umdrehung im Uhrzeigersinn ausführen, sondern allgemein $+ n_s$ Umdrehungen, so ergibt sich für die Drehzahl des Umlaufrades z_2 um Achse I die Gleichung: $n_2 = n_s \cdot \left(1 + \frac{z_1}{z_2}\right)$. Aus dieser Gleichung kann die Auflösung nach irgendeiner unbekannten Größe vorgenommen werden. Zusammenfassend ergeben sich für den einfachen Umlaufrädertrieb als Außenverzahnung nach Abb. 41 die Gl. (57) u. (58).

---

[1] Die Richtung der Drehbewegung wird gekennzeichnet durch den Drehsinn: die Drehung im Sinne des Uhrzeigers wird als positiv, also mit + bezeichnet, die entgegengesetzte als negativ, also mit —. Die Größe der Drehbewegung wird durch die Zahl der Umdrehungen angegeben.

[2] Wälzt sich Umlaufrad z_2 einmal auf dem stillstehenden Mittelrad z_1 nach rechts ab, so führt Rad z_2 **in Bezug auf Achse *I*** eine Umdrehung mehr aus, als die Übersetzung z_1/z_2 der beiden Räder ergibt. Die Drehung des Umlaufrades z_2 erfolgt nach rechts, also im Uhrzeigersinn, denn das Ergebnis für n_2 ergibt einen positiven Wert. **In Bezug auf Achse *II*** (Zapfen des Rades z_2) führt Rad z_2 jedoch nur z_1/z_2 Umdrehungen aus, weil Zapfen II selbst eine Umdrehung im gleichen Sinne des Rades z_2 macht. Letzteres gilt sinngemäß auch für die Umlaufräder der folgenden Getriebe.

Übersetzungs-gleichung.	$\frac{n_2}{n_S} = 1 + \frac{z_1}{z_2}$	Gilt für Getriebe Abb. 41 für den Fall:	(57)
Drehzahl des Umlaufrades z_2 um Achse I.	$n_2 = n_S \cdot \left(1 + \frac{z_1}{z_2}\right)$	Angetrieben wird Steg S (treibend); Umlaufrad z_2 (getrieben) ist auf ihm gelagert und rollt auf dem Mittelrad z_1 ab.	(58)

z_1 = Zähnezahl des Mittelrades z_1, n_2 = Drehzahl des Umlaufrades z_2 um Achse I,
z_2 = Zähnezahl des Umlaufrades z_2, n_S = Drehzahl des Steges S um Achse I.

Beispiel 41. Nach Abb. 41 macht Steg S um Achse I volle 15 Umdrehungen nach links. Mittelrad z_1 habe 60, Umlaufrad $z_2 = 45$ Zähne. Wieviele Umdrehungen führt dabei Umlaufrad z_2 um Achse I aus und in welcher Richtung erfolgen diese?

Lösung: Mit $n_S = -15$; $z_1 = 60$ und $z_2 = 45$ geht Gl. (58) über in:

$$n_2 = (-15) \cdot \left(1 + \frac{60}{45}\right) = -15 \cdot \left(\frac{45 + 60}{45}\right) = -\frac{15 \cdot 105}{45} = -35 \text{ Umdrehungen.}$$

Umlaufrad z_2 führt bei $n_S = 15$ Stegdrehungen um Achse I nach links $n_2 = 35$ Umdrehungen um Achse I nach links aus.

2. Einfacher Umlaufrädertrieb als Innenverzahnung.

Im Gegensatz zu Abb. 41 ist in Abb. 42 das Mittelrad z_1 mit Innenverzahnung (Hohlrad) ausgebildet. Mittelrad z_1 ist fest, Umlaufrad z_2 kreist in Mittelrad z_1. Angetrieben wird Steg S. Es werden auch hier die Bewegungen der Glieder einzeln festgestellt und dann addiert; also zuerst das ganze Getriebe verriegelt und einmal nach rechts gedreht, dann entriegelt, Steg S festgehalten und Mittelrad z_1 einmal zurückgedreht. Für eine Rechtsdrehung des Steges bei feststehendem Mittelrad z_1 ergibt sich:

Bewegungstafel 2. Für einfachen Umlaufrädertrieb als Innenverzahnung; Ausführung Abb. 42.

	Rad z_1	Rad z_2	Steg S
1. Bewegung (z_1, z_2, S zusammen nach rechts) .	$+1$	$+1$	$+1$
2. Bewegung (z_1 nach links, Steg S fest)	-1	$-\frac{z_1}{z_2}$	0
Ergebnis	0	$1 - \frac{z_1}{z_2}$	$+1$

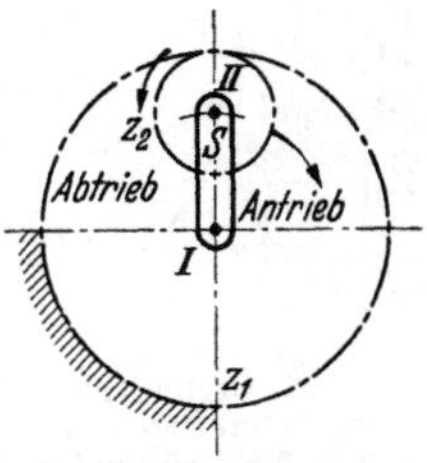

Abb. 42. Einfacher Umlaufrädertrieb als Innenverzahnung.

Beispiel 42. Nach Abb. 42 macht Steg S um Achse I volle 5 Umdrehungen nach rechts. Mittelrad z_1 habe 100, Umlaufrad z_2 habe 25 Zähne. Wieviele Umdrehungen führt dabei Umlaufrad z_2 um Achse I aus und in welcher Richtung erfolgen diese?

Lösung: Das Ergebnis der Bewegungstafel 2 bedeutet: Bei festgestelltem Rad z_1 und einer Rechtsumdrehung des Steges S führt Umlaufrad $z_2 = \left(1 - \frac{z_1}{z_2}\right)$ Umdrehungen nach links aus. Soll Steg S um Achse I nicht nur eine Umdrehung im Uhrzeigersinn ausführen, sondern allgemein $+n_S$ Umdrehungen, so ergibt sich die Drehzahl des Umlaufrades z_2 um Achse I zu: $n_2 = n_S \cdot \left(1 - \frac{z_1}{z_2}\right) = (+5) \cdot \left(1 - \frac{100}{25}\right) = (+5) \cdot (1 - 4) = (+5) \cdot (-3) = -15$ Umdrehungen. Umlaufrad z_2 führt bei $n_S = 5$ Stegumdrehungen um die Achse I nach rechts, $n_2 = 15$ Umdrehungen um Achse I nach links aus. (Infolge der stets größeren Zähnezahl des Mittelrades z_1 (Abb. 42) ergibt sich für das Umlaufrad z_2 auch stets der entgegengesetzte Drehsinn des Steges S.)

3. Rückkehrende Umlaufrädertriebe.

α) Dreirädriges Getriebe mit einem Voll- und einem Hohlrad als Mittelräder.

Rückkehrende Umlaufrädertriebe sind solche Umlaufrädertriebe, bei denen das

Mittelrad und das letzte getriebene Rad in der gleichen Achse liegen. Rückkehrende Umlaufrädertriebe besitzen demnach mindestens zwei Mittelräder.

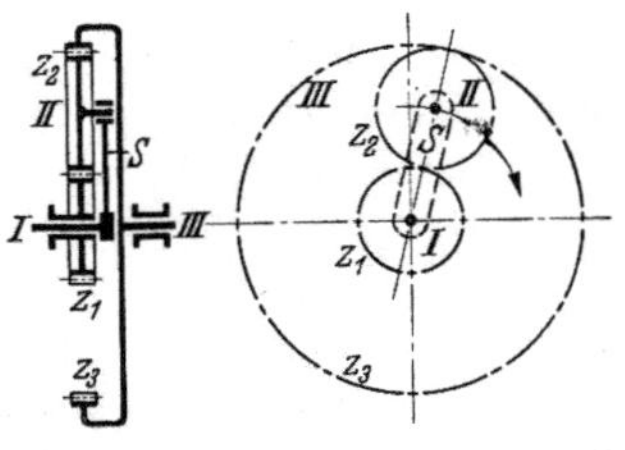

Abb. 43. Dreirädriger, rückkehrender Umlaufrädertrieb mit einem Voll- und einem Hohlrad als Mittelräder.

Wird dem Getriebe nach Abb. 42 noch ein zweites Mittelrad z_3 in der Weise hinzugefügt, daß das auf dem ersten Mittelrad z_1 abrollende Rad z_2 zugleich in dieses eingreift, so entsteht in der einfachsten Form ein rückkehrender Umlaufrädertrieb, wie Abb. 43 darstellt. Umlaufrad z_2, dessen Achse *II* im Steg *S* gelagert ist, steht also gleichzeitig mit dem Mittelrad z_3 im Eingriff. Die Bewegung des Umlaufrades z_2 wird an das in der ersten Achsrichtung liegende Mittelrad z_3 weitergeleitet (rückkehrender Umlaufrädertrieb). Ein Glied, z. B. Mittelrad z_1, Mittelrad z_3 oder Steg *S* kann festgehalten werden; dementsprechend sind sechs Fälle zu unterscheiden:

Fall I: Steg *S* treibt Rad z_3 bei feststehendem Rad z_1 (Abb. 44),
Fall II: Steg *S* treibt Rad z_1 bei feststehendem Rad z_3 (Abb. 45),
Fall III: Rad z_1 treibt Steg *S* bei feststehendem Rad z_3 (Abb. 46),
Fall IV: Rad z_3 treibt Steg *S* bei feststehendem Rad z_1,
Fall V: Rad z_1 treibt Rad z_3 bei feststehendem Steg *S* } Kein Umlauf-
Fall VI: Rad z_3 treibt Rad z_1 bei feststehendem Steg *S* } rädertrieb!

Fall I: Steg *S* treibt Rad z_3 bei feststehendem Rad z_1.

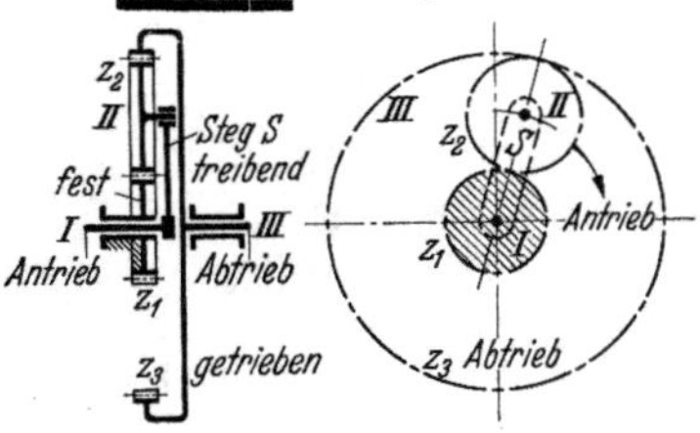

Abb. 44. Dreirädriger, rückkehrender Umlaufrädertrieb mit einem Voll- und einem Hohlrad als Mittelräder. **Fall I: Steg *S* treibt Rad z_3 bei feststehendem Rad z_1.**

Bewegungstafel 3. Für rückkehrenden Umlaufrädertrieb; Ausführung Abb. 44.

	Rad z_1	Rad z_2	Rad z_3	Steg *S*
1. Bewegung (z_1, z_2, z_3, *S* zusammen nach rechts) . .	$+1$	$+1$	$+1$	$+1$
2. Bewegung (z_1 nach links, Steg *S* fest)	-1	$+\frac{z_1}{z_2}$	$+\frac{z_1 \cdot z_2}{z_2 \cdot z_3}$	0
Ergebnis	0	$1+\frac{z_1}{z_2}$	$1+\frac{z_1}{z_3}$	$+1$

Fall II: Steg *S* treibt Rad z_1 bei feststehendem Rad z_3.

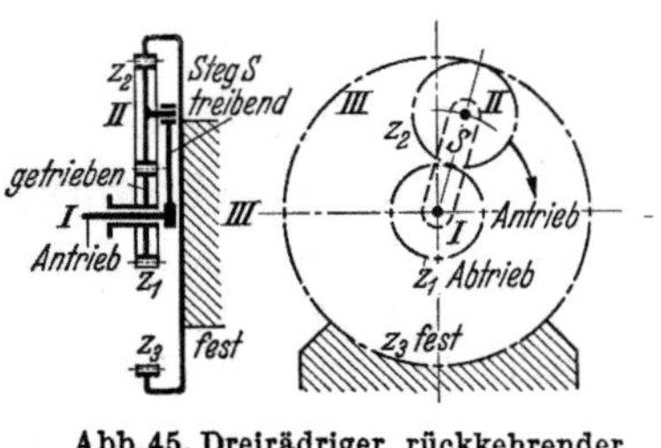

Abb. 45. Dreirädriger, rückkehrender Umlaufrädertrieb mit einem Voll- und einem Hohlrad als Mittelräder. **Fall II: Steg *S* treibt Rad z_1 bei feststehendem Rad z_3.**

Bewegungstafel 4. Für rückkehrenden Umlaufrädertrieb; Ausführung Abb. 45.

	Rad z_1	Rad z_2	Rad z_3	Steg *S*
1. Bewegung (z_1, z_2, z_3, *S* zusammen nach rechts) .	$+1$	$+1$	$+1$	$+1$
2. Bewegung (z_3 nach links, Steg *S* fest)	$+\frac{z_3 \cdot z_2}{z_2 \cdot z_1}$	$-\frac{z_3}{z_2}$	-1	0
Ergebnis	$1+\frac{z_3}{z_1}$	$1-\frac{z_3}{z_2}$	0	$+1$

Beispiel 43. In dem Getriebe Abb. 45 ($z_1 = 20$, $z_2 = 30$ und $z_3 = 80$ Zähne) mache Steg *S* um Achse *I* drei volle Umdrehungen nach rechts. a) Wie viele Umdrehungen macht Umlaufrad z_2 um Achse *I* und in welcher Richtung erfolgen diese? b) Wie viele Umdrehungen macht Mittelrad z_1 um Achse *I* und in welcher Richtung erfolgen diese?

Lösung: a) Führt Steg S um Achse I allgemein n_s Umdrehungen aus, so ergibt sich aus Bewegungstafel 4 die Drehzahl des Umlaufrades z_2 um Achse I zu: $n_2 = n_s \cdot \left(1 - \frac{z_3}{z_2}\right) = (+3) \cdot \left(1 - \frac{80}{30}\right) = (+3) \cdot \left(-\frac{8}{3}\right) = -8$ Umdrehungen. Umlaufrad z_2 führt bei $n_s = 3$ Stegumdrehungen um Achse I nach rechts $n_2 = 8$ Umdrehungen um Achse I nach links aus. b) Führt Steg S um Achse I allgemein n_s Umdrehungen aus, so ergibt sich aus Berechnungstafel 4 die Drehzahl des Mittelrades z_1 um Achse I zu: $n_1 = n_s \cdot \left(1 + \frac{z_3}{z_1}\right) = (+3) \cdot \left(1 + \frac{80}{20}\right) = (+3) \cdot (+5) = +15$ Umdrehungen. Mittelrad z_1 führt bei $n_s = 3$ Stegumdrehungen um Achse I nach rechts $n_1 = 15$ Umdrehungen um Achse I und zwar ebenfalls nach rechts aus.

Fall III: Rad z_1 treibt Steg S bei feststehendem Rad z_3.

Bewegungstafel 5. Für rückkehrenden Umlaufrädertrieb; Ausführung Abb. 46.

	Rad z_1	Rad z_2	Rad z_3	Steg S
1. Bewegung (z_1, z_2, z_3, S zusammen nach rechts) . .	$+1$	$+1$	$+1$	$+1$
2. Bewegung (z_3 nach links, Steg S fest)	$+\frac{z_3 \cdot z_2}{z_2 \cdot z_1}$	$-\frac{z_3}{z_2}$	-1	0
Ergebnis	$1 + \frac{z_3}{z_1}$	$1 - \frac{z_3}{z_2}$	0	$+1$

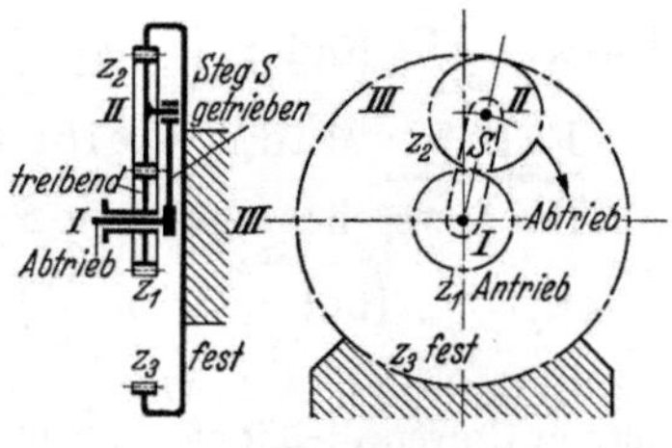

Abb. 46. Dreirädriger, rückkehrender Umlaufrädertrieb mit einem Voll- und einem Hohlrad als Mittelräder. Fall III: **Rad z_1 treibt Steg S bei feststehendem Rad z_3.**

Das Ergebnis in Bewegungstafel 5 ist das gleiche wie in Bewegungstafel 4. Dieses gibt jedoch nur an, wieviel Umdrehungen Rad z_1 machen muß, wenn Steg S eine Umdrehung ausführt. Meist ist es aber wichtig, zu wissen, wieviel Umdrehungen Rad z_2 und Steg S machen, wenn sich das treibende Rad z_1 einmal dreht.

Bewegungstafel 5 besagt, daß bei $\left(1 + \frac{z_3}{z_1}\right)$ Umdrehungen des Mittelrades z_1 um Achse I Umlaufrad z_2 $\left(1 - \frac{z_3}{z_2}\right)$ Umdrehungen um Achse I ausführt; die Umlaufzahl des Rades z_2 um Achse I berechnet sich demnach für eine Umdrehung des Rades z_1 zu:

$$n_2 = \frac{1 - \frac{z_3}{z_2}}{1 + \frac{z_3}{z_1}} = \frac{\frac{z_2 - z_3}{z_2}}{\frac{z_1 + z_3}{z_1}} = \frac{z_1 \cdot (z_2 - z_3)}{z_2 \cdot (z_1 + z_3)}$$

Bei einer Umdrehung des Mittelrades z_1 um Achse I macht Umlaufrad z_2 $\left(n_2 = \frac{z_1 \cdot (z_2 - z_3)}{z_2 \cdot (z_1 + z_3)}\right)$ Umdrehungen um Achse I.

Weiterhin besagt Bewegungstafel 5, daß bei $\left(1 + \frac{z_3}{z_1}\right)$ Umdrehungen des Mittelrades z_1 um Achse I der Steg S eine Umdrehung um Achse I ausführt; die Umlaufzahl des Steges S berechnet sich demnach für eine Umdrehung des Mittelrades z_1 zu:

$$n_s = \frac{+1}{1 + \frac{z_3}{z_1}} = \frac{+1}{\frac{z_1 + z_3}{z_1}} = \frac{z_1}{z_1 + z_3}$$

Bei einer Umdrehung des Mittelrades z_1 um Achse I macht Steg S $\left(n_s = \frac{z_1}{z_1 + z_3}\right)$ Umdrehungen um Achse I.

Zusammenfassend ergeben sich nach Vorstehendem bei n_1 Umdrehungen des Mittelrades z_1 für das Rad z_2 und für den Steg S die Gl. (59) und (60).

Drehzahl des Umlaufrades z_2 um Achse I.	$n_2 = n_1 \cdot \frac{z_1 \cdot (z_2 - z_3)}{z_2 \cdot (z_1 + z_3)}$	Gilt nur für Getriebe	(59)
Drehzahl des Steges S um Achse I.	$n_s = n_1 \cdot \frac{z_1}{z_1 + z_3}$	Abb. 46	(60)

z_1 = Zähnezahl des Mittelrades z_1, n_1 = Drehzahl des Mittelrades z_1 um Achse I,
z_2 = Zähnezahl des Umlaufrades z_2, n_2 = Drehzahl des Umlaufrades z_2 um Achse I,
z_3 = Zähnezahl des Mittelrades z_3, n_S = Drehzahl des Steges S um Achse I.

Fall IV: Rad z_3 treibt Steg S bei feststehendem Rad z_1.

Hierfür ist das Ergebnis von Fall I maßgebend, jedoch für eine Umdrehung des Hohlrades z_3 in derselben Weise wie unter Fall III umzurechnen.

Anschließend wären noch zwei weitere Fälle mit feststehendem Steg S zu erwähnen. Wird jedoch nach Abb. 43 Steg S festgehalten, so ergeben sich keine Umlaufräder mehr, sondern lediglich einfache Vorgelege.

Fall V: Rad z_1 treibt Rad z_3 bei feststehendem Steg S.

Bei feststehendem Steg S und $+ n_1$ Umdrehungen des Rades z_1 führt Rad z_2 $\left(- n_1 \cdot \frac{z_1}{z_2}\right)$, Rad z_3 $\left(- n_1 \cdot \frac{z_1}{z_3}\right)$ Umdrehungen aus.

Fall VI: Rad z_3 treibt Rad z_1 bei feststehendem Steg S.

Bei feststehendem Steg S und $+ n_3$ Umdrehungen des Rades z_3 führt Rad z_2 $\left(+ n_3 \cdot \frac{z_3}{z_2}\right)$, Rad z_1 $\left(- n_3 \cdot \frac{z_3}{z_1}\right)$ Umdrehungen aus.

Beispiel 44. Abb. 47 zeigt einen Umlaufrädertrieb, wie ihn J. E. Reinecker A.-G., Chemnitz in Universalteilköpfe einbaut. Welle C trägt an einem Ende das letzte, getriebene Teilwechselrad z_{IV} und ist am anderen Ende als Steg mit den beiden Zapfen D ausgebildet. Auf den Zapfen D sind die beiden Umlaufräder[1] z_1 bzw. z_1' lose drehbar. Die Umlaufräder z_1 und z_1' sind nach innen mit dem fest auf Welle E befindlichen Mittelrad z_2, nach außen mit der Innenverzahnung z_3 des großen Mittelrades in Eingriff. Dieses lose auf Welle E sitzende, große Mittelrad ist innen mit z_3 Zähnen und außen mit z_4 Zähnen verzahnt. Die Außenverzahnung z_4 greift dauernd in Rad z_{13} ein, dessen Welle J mittels Klemmschraube *11* stillgesetzt werden kann. Dadurch bleibt auch das große Mittelrad z_3, z_4 in Ruhe. Welche Übersetzung ergibt sich mit den angeführten Zähnezahlen zwischen Welle C und der mit ihr gleichachsig liegenden Welle E, wenn bei geöffneter Klemmschraube *12* Klemmschraube *11* angezogen wird?

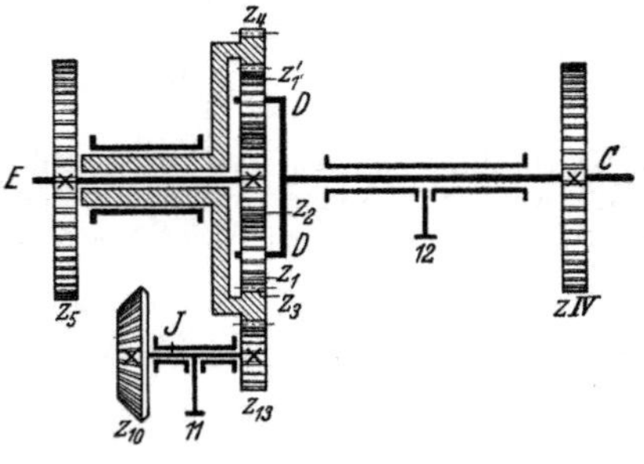

Abb. 47. Umlaufrädertrieb des Universalteilkopfes der Fa. J. E. Reinecker A.-G., Chemnitz. (Gesamttrieb des Universalteilkopfes siehe Abb. 82.)

Rad	z_1	z_1'	z_2	z_3	z_4	z_5	z_{10}	z_{13}
Zähnezahlen	20	20	20	60	75	39	18	25

Lösung: Der Umlaufrädertrieb ist als dreirädriger, rückkehrender Umlaufrädertrieb mit einem Voll- und einem Hohlrad als Mittelräder zu betrachten; außerdem liegt der Fall vor, daß Steg S bei feststehendem Mittelrad z_3 das mit Welle E festverbundene Mittelrad z_2 treibt. Die Drehzahl des Mittelrades z_2 berechnet sich für eine Rechtsumdrehung der Welle C und damit auch für eine Umdrehung des Steges D mit den Bezeichnungen der Abb. 47 zu:

$$n_E = n_C \cdot \left(1 + \frac{z_3}{z_2}\right). \quad \text{[Siehe Bewegungstafel 4, S. 36!]}$$

Mit den gegebenen Zähnezahlen und $n_C = +1$ folgt: $n_E = (+1) \cdot \left(1 + \frac{60}{20}\right) = 1 + 3 = 4.$

Übersetzung zwischen den gleichachsig liegenden Wellen E und C gleich 4 : 1. $\left(\frac{n_E}{n_C} = \frac{4}{1}\right)$.

Beispiel 45. Wird die in Beispiel 44 erwähnte Klemmschraube *11* gelöst und dafür Klemmschraube 12 angezogen, so wird in dem Umlaufrädergetriebe Abb. 47 die Bewegung von Rad

[1] Es empfiehlt sich bei allen Umlauftrieben, besonders aber bei solchen mit höheren Drehzahlen, die Zahl der umlaufenden Räder zu verdoppeln, um durch die gegenüberliegenden Räder einen Massenausgleich zu erreichen. Die Berechnung der Getriebe wird dadurch nicht beeinflußt.

z_{13} auf die Außenverzahnung z_4, die Innenverzahnung z_3 über die Umlaufräder z_1 und z_1' auf das kleine Mittelrad z_2 der Welle E übertragen. Welche Übersetzung ergibt sich mit den angeführten Zähnezahlen zwischen Welle J und der mit ihr gleichlaufend liegenden Welle E, wenn bei geöffneter Klemmschraube *11* Klemmschraube *12* angezogen wird?

Lösung: Gegenüber dem Beispiel 44 liegt der Fall hier so, daß Mittelrad z_3 bei feststehendem Steg D das mit Welle E fest verbundene Mittelrad z_2 treibt. Es handelt sich demnach um eine gewöhnliche Übersetzung, deren Größe sich aus folgender Übersetzungsgleichung [Gl. (48)] ergibt:

$$n_J \cdot z_{13} \cdot z_3 \cdot z_1 = n_E \cdot z_4 \cdot z_1 \cdot z_2;\; i = \frac{n_E}{n_J} = \frac{z_{13} \cdot z_3 \cdot z_1}{z_4 \cdot z_1 \cdot z_2} = \frac{z_{13} \cdot z_3}{z_4 \cdot z_2} = \frac{25 \cdot 60}{75 \cdot 20} = \frac{1}{1},$$

d. h. eine Umdrehung von Welle J ergibt eine Umdrehung von Welle E. Übersetzung zwischen den gleichlaufend liegenden Wellen E und J gleich 1 : 1. $\left(\frac{n_E}{n_J} = \frac{1}{1}\right)$.

ß) Vierrädriges Getriebe mit vier Vollrädern. Auch hier (Abb. 48) bestehen verschiedene Möglichkeiten, das Getriebe theoretisch und praktisch als Umlaufgetriebe zu gebrauchen.

Fall I: Steg S treibt Rad z_4 bei feststehendem Rad z_1.
Fall II: Steg S treibt Rad z_1 bei feststehendem Rad z_4.
Fall III: Rad z_1 treibt Steg S bei feststehendem Rad z_4.
Fall IV: Rad z_4 treibt Steg S bei feststehendem Rad z_1.

Von diesen vier Möglichkeiten soll nur Fall I ausführlich behandelt werden.

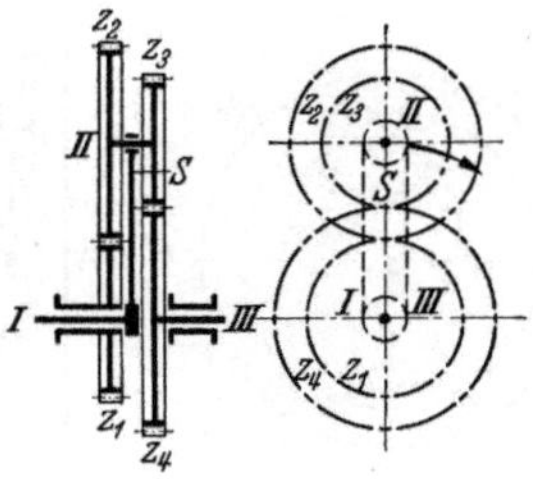

Abb. 48. Vierrädriger, rückkehrender Umlaufrädertrieb mit vier Vollrädern.

Steg S treibt Mittelrad z_4 bei feststehendem Mittelrad z_1 (Abb. 49).

Bei Aufstellung der Bewegungstafel wäre noch folgendes zu erwähnen: Da Rad z_3 mit Rad z_2 fest verbunden ist, führt Rad z_3 dieselben Drehungen wie Rad z_2 aus. Wird also Mittelrad z_1 einmal nach links zurückgedreht, so führt Umlaufrad z_2, als auch Umlaufrad z_3 nach Vorhergehendem $\frac{z_1}{z_2}$ Umdrehungen aus. Nun wird die Bewegung von Umlaufrad z_3 auf Mittelrad z_4 weiterhin im Verhältnis $\frac{z_3}{z_4}$ übersetzt, so daß sich Mittelrad z_4 bei einer Umdrehung des Rades z_1 bei feststehendem Steg $\frac{z_1 \cdot z_3}{z_2 \cdot z_4}$ mal drehen würde.

Bewegungstafel 6. Für rückkehrenden Umlaufrädertrieb; Ausführung Abb. 49.

	Rad z_1	Rad z_2	Rad z_3	Rad z_4	Steg S
1. Bewegung (z_1, z_2, z_3, z_4, S zusammen nach rechts) . .	$+1$	$+1$	$+1$	$+1$	$+1$
2. Bewegung (z_1 nach links, Steg S fest)	-1	$+\frac{z_1}{z_2}$	$+\frac{z_1}{z_2}$	$-\frac{z_1 \cdot z_3}{z_2 \cdot z_4}$	0
Ergebnis	0	$1+\frac{z_1}{z_2}$	$1+\frac{z_1}{z_2}$	$1-\frac{z_1 \cdot z_3}{z_2 \cdot z_4}$	$+1$

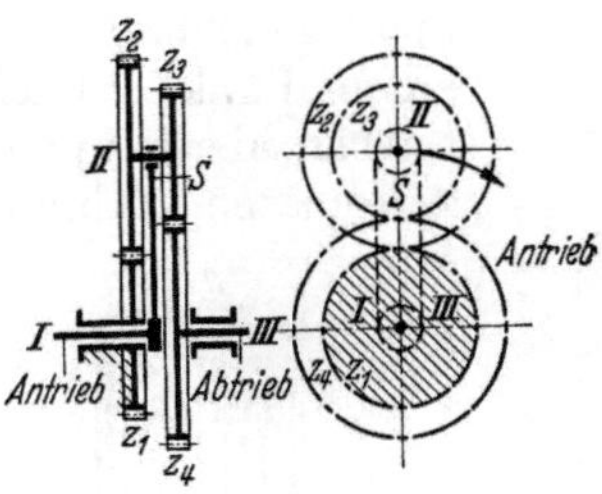

Abb. 49. Vierrädriger, rückkehrender Umlaufrädertrieb mit vier Vollrädern. Steg S treibt Mittelrad z_4 bei feststehendem Mittelrad z_1.

Der Drehsinn des Mittelrades z_4, ob rechts- oder linksdrehend, kann erst nach Auflösung des Klammerausdruckes $\left(1 - \frac{z_1 \cdot z_3}{z_2 \cdot z_4}\right)$ bestimmt werden. Folgende Fälle sind zu unterscheiden:

Fall 1: $\frac{z_1 \cdot z_3}{z_2 \cdot z_4}$ kleiner als 1. Es ergibt sich gleicher Drehsinn wie bei Steg S.

Fall 2: $\frac{z_1 \cdot z_3}{z_2 \cdot z_4}$ gleich 1. Es ergibt sich auf Rad z_4 überhaupt keine Bewegungsübertragung; Rad z_4 bleibt in Ruhe.

Fall 3: $\frac{z_1 \cdot z_3}{z_2 \cdot z_4}$ größer als 1. Es ergibt sich entgegengesetzter Drehsinn wie bei Steg S.

Man erhält eine um so größere Übersetzung, je mehr sich das Verhältnis $\frac{z_1 \cdot z_3}{z_2 \cdot z_4}$ dem Wert 1 nähert, also je weniger es größer oder kleiner ist als 1. Mit $z_1 = 21$, $z_2 = 20$, $z_3 = 19$ und $z_4 = 20$ ergibt sich für den Umlaufrädertrieb Abb. 49 bei einer Stegumdrehung:

$$n_3 = 1 \cdot \left(1 - \frac{z_1 \cdot z_3}{z_2 \cdot z_4}\right) = 1 \cdot \left(1 - \frac{21 \cdot 19}{20 \cdot 20}\right) = 1 - \frac{399}{400} = \frac{1}{400}.$$

Übersetzung zwischen den gleichachsig liegenden Wellen I und II gleich 1 : 400.

γ) Vierrädriges Getriebe mit zwei Hohlrädern als Mittelräder. Steg S treibt Mittelrad z_1 bei feststehendem Mittelrad z_4.

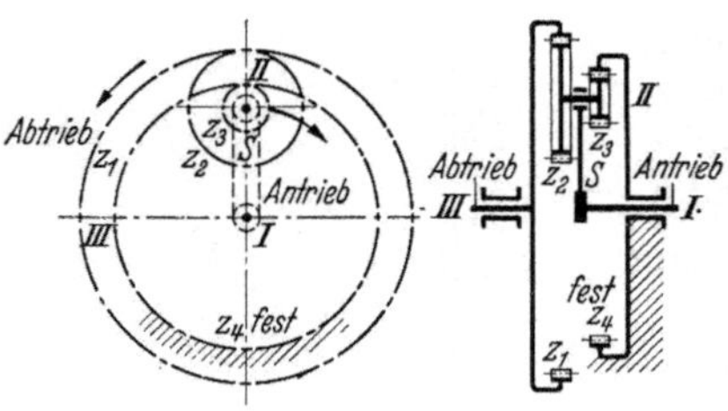

Abb. 50. Vierrädriger, rückkehrender Umlaufrädertrieb mit zwei Hohlrädern als Mittelräder.

Bewegungstafel 7. Für rückkehrenden Umlaufrädertrieb; Ausführung Abb. 50.

	Rad z_1	Rad z_2 u. z_3	Rad z_4	Steg S
1. Bewegung (z_1, z_2, z_3, z_4, S zusammen nach rechts) . . .	$+1$	$+1$	$+1$	$+1$
2. Bewegung (z_4 nach links, Steg S fest)	$-\frac{z_4 \cdot z_2}{z_3 \cdot z_1}$	$-\frac{z_4}{z_3}$	-1	0
Ergebnis	$1 - \frac{z_4 \cdot z_2}{z_3 \cdot z_1}$	$1 - \frac{z_4}{z_3}$	0	$+1$

Mit $z_1 = 50$, $z_2 = 36$, $z_3 = 48$ und $z_4 = 67$ ergibt sich für den Umlaufrädertrieb Abb. 50 bei einer Stegumdrehung: $n_3 = 1 \cdot \left(1 - \frac{z_4 \cdot z_2}{z_3 \cdot z_1}\right) = 1 \cdot \left(1 - \frac{67 \cdot 36}{48 \cdot 50}\right) = 1 - \frac{2412}{2400} = -\frac{1}{200}$. Übersetzung zwischen den gleichachsig liegenden Wellen I und III gleich 1 : 200.

δ) Kegelräderumlauftriebe. Die bisher behandelten Umlaufrädertriebe bestanden durchweg aus Stirnrädern; es lassen sich aber auch aus Kegelrädern derartige Getriebe zusammensetzen, wenn auch nicht in derselben großen Mannigfaltigkeit. Kegelräderumlauftriebe unterscheiden sich von Stirnräderumlauftrieben dadurch, daß die Achsen der umlaufenden Räder (Planetenräder) der Achse des Mittelrades nicht gleichlaufend sind, sondern sie, dem Wesen der Kegelräder entsprechend, in einem Punkt schneiden. Die weiteste Verbreitung wohl von allen Umlaufrädertrieben überhaupt hat der Kegelräderumlauftrieb im Werkzeugmaschinenbau bei Automaten, Zahnräderabwälzfräsmaschinen, Hinterdrehbänken usw. gefunden.

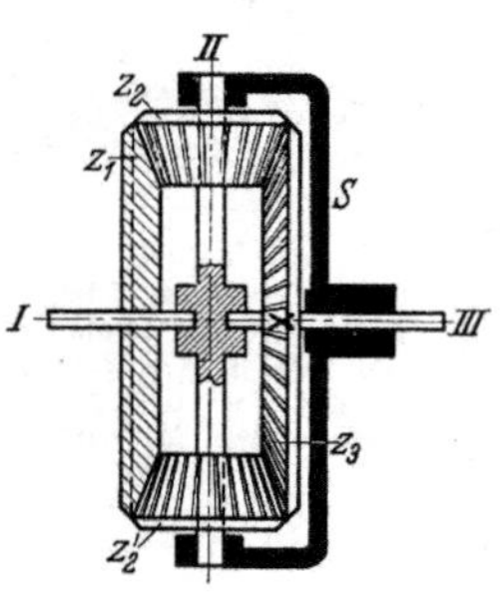

Abb. 51. Rückkehrender Kegelräderumlauftrieb.

Bewegungstafel 8. Für rückkehrenden Kegelräderumlauftrieb; Ausführung Abb. 51.

	Rad z_1	Rad z_2	Rad z_3	Steg S
1. Bewegung (z_1, z_2, z_3, S zusammen nach rechts)	$+1$	$+1$	$+1$	$+1$
2. Bewegung (z_1 nach links, Steg S fest)	-1	$+\frac{z_1}{z_2}$[1]	$+\frac{z_1}{z_3}$	0
Ergebnis	0	$1 + \frac{z_1}{z_2}$	$1 + \frac{z_1}{z_3}$	$+1$
Zahlenbeispiel mit $z_1 = z_3 = 45$ und $z_2 = z_2' = 15$ Zähnen . .	0	$+4$	$+2$	$+1$

[1] Siehe Seite 41.

Der rückkehrende Kegelräderumlauftrieb Abb. 51 besteht aus drei Rädern z_1, z_2 und z_3, denen meistens noch ein viertes Rad z_2' zum Massenausgleich (vgl. Fußnote [1], S. 38) beigefügt ist. Die beiden Mittelräder liegen in einer Achse und sind in ihren Zähnezahlen gleich. Mittelrad z_3 ist mit Welle *III* verkeilt und wird von dieser angetrieben. Da Mittelrad z_1 keine Drehung ausführt, bringt die Drehung von z_3 zwangsläufig eine Stegbewegung um Welle *III* mit sich.

Wird bei $z_1 = z_3$ und fest gehaltenem Steg S das Rad z_1 angetrieben, so macht Rad z_3 dieselbe Anzahl Umdrehungen. Wird aber Rad z_1 festgehalten und Steg S getrieben, so führt das getriebene Rad z_3 die zweifache Drehzahl des Steges aus.

Beispiel 46. Abb. 52 zeigt den aus vier Kegelrädern bestehenden Umlaufrädertrieb zum Antrieb der Nockenwelle eines Hinterdrehschlittens, wie ihn J. E. Reinecker A.-G., Chemnitz in Hinterdrehbänke einbaut. Bei stillstehendem Schneckengetriebe bleibt das mit dem Schneckenrad verkeilte Mittelrad z_3 in Ruhe und Welle *I* überträgt über die Umlaufräder z_2, z_2' (vgl. Fußnote [1], S. 38) die Bewegung auf Welle *III*. Die beiden Zapfen *II* des mit Welle *III* verkeilten Zwischenstückes tragen die Umlaufräder z_2 und z_2' und sind als Steg zu betrachten. Welche Übersetzung zwischen Welle *I* und der mit ihr gleichachsig gelagerten Welle *III* ergibt sich mit den angeführten Zähnezahlen?

Lösung:

Bewegungstafel 9. Für rückkehrenden Kegelräderumlauftrieb; Ausführung Abb. 52.

	Rad z_1	Rad z_2	Rad z_3	Steg S
1. Bewegung (z_1, z_2, z_3, S zusammen nach rechts) . .	$+1$	$+1$	$+1$	$+1$
2. Bewegung (z_3 nach links, Steg S fest)	$+\frac{z_3 \cdot z_2}{z_2 \cdot z_1}$	$+\frac{z_3}{z_2}$	-1	0
Ergebnis	$1+\frac{z_3}{z_1}$	$1+\frac{z_3}{z_2}$	0	$+1$

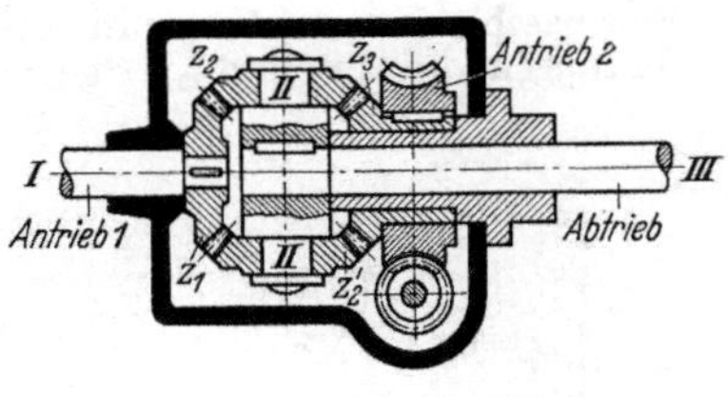

Abb. 52. Rückkehrender Kegelräderumlauftrieb zum Antrieb der Nockenwelle eines Hinterdrehschlittens.

Rad	z_1	z_2	z_2'	z_3
Zähnezahlen . .	22	22	22	22

Schnecke 3 gängig;
Schneckenrad 18 Zähne.

Mit den Zähnezahlen der Übersetzungsräder Abb. 52 und $n_1 = +1$ (1 Umdrehung der Welle *I*) folgt:

$$n_s = n_1 \cdot \frac{1}{1+\frac{z_3}{z_1}} = +1 \cdot \frac{1}{1+\frac{22}{22}} = +\frac{1}{2}; \quad n_s = +\frac{1}{2}.$$

Steg S und damit Welle *III* werden bei ruhendem Rade z_3 mit halber Drehzahl und gleichem Drehsinn des Antriebsrades z_1 getrieben.

Anmerkung: Bei schraubenförmig gewundenen Nuten des zu hinterdrehenden Werkstückes wird je nach deren Steigung und dem Vorschub des Drehstahles durch Kegelrad z_3 der Welle *III* eine entsprechende geringe Vor- bzw. Nacheilung erteilt. Siehe S. 141f.

d) Differentialtriebe.

Bei den bisher besprochenen Umlauftrieben wurde entweder der Steg oder ein Rad angetrieben, der Antrieb erfolgte also stets nur von einer Seite. Wird nun das Mittelrad, das bisher als feststehend angenommen wurde, selbst noch gedreht, so ergeben sich Differentialtriebe.

1. Stirnräderumlauftrieb.

Wird nach Abb. 41 Steg S mit einer beliebigen Drehzahl n_s angetrieben, so ist das in Bewegungstafel 1 S. 34 für Rad z_2 ermittelte Ergebnis mit n_s zu vervielfachen; es ergibt sich Gl. (58). Wenn nun außerdem noch Mittelrad z_1 zusätz-

---

[1] Bei festem Steg S dreht sich bei einer gedachten Umdrehung des im Getriebe festen Mittelrades z_1 nach links, Umlaufrad z_1 nach rechts und zwar im Verhältnis $\frac{z_1}{z_2}$. Vergleiche 2. Bewegung für das Grundgetriebe Abb. 41 in Bewegungstafel 1.

lich mit $+n_1$ Umdrehungen (Drehzahl des Mittelrades z_1 sei mit $+n_1$ bezeichnet) angetrieben wird, so sind die hierdurch sich ergebenden Drehzahlen als dritte Bewegung nochmals hinzuzuzählen und es ergibt sich bei Rechtsumdrehung des Mittelrades z_1:

Bewegungstafel 10. Für einfachen Umlaufrädertrieb als Differentialtrieb. Mittelrad z_1 in Abb. 41 erhält zusätzlichen Antrieb.

	Rad z_1	Rad z_2	Steg S
1. und 2. Bewegung bei $+n_s$ Umdrehungen des Steges S. .	0	$+n_s\cdot\left(1+\frac{z_1}{z_2}\right)$	$+n_s$
3. Bewegung (z_1 mit $+n_1$ nach rechts, Steg S fest)	$+n_1$	$-n_1\cdot\frac{z_1}{z_2}$	0
Ergebnis	$+n_1$	$+n_s+\frac{z_1}{z_2}\cdot(n_s-n_1)$[1]	$+n_s$

Der Wert für Umlaufrad z_2 in Bewegungstafel 10 für bei 3. Bewegung wird negativ, weil sich bei Drehung des Mittelrades z_1 nach rechts ($+n_1$), Umlaufrad z_2 nach links dreht.

Beispiel 47. Abb. 53 zeigt einen Antrieb für den Vorschub des Bohrkopfes auf der umlaufenden Bohrspindel, die von der Planscheibe einer Waagerecht-Bohr- und Fräsmaschine angetrieben wird; die Bohrspindel bildet den Steg S. Bei ganz einfachen Ausführungen wird Mittelrad z_5 festgehalten und Umlaufrad z_6 wickelt sich auf demselben ab. Bei der

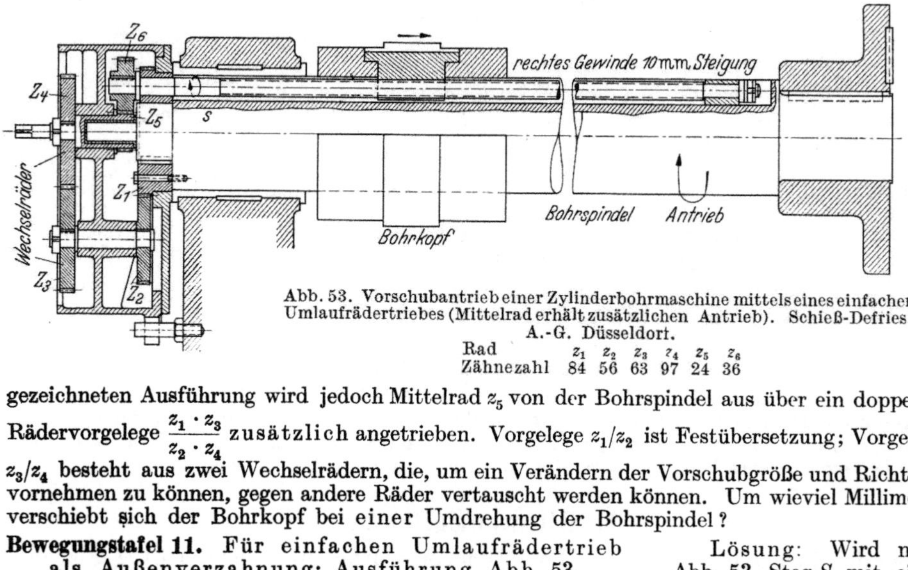

Abb. 53. Vorschubantrieb einer Zylinderbohrmaschine mittels eines einfachen Umlaufrädertriebes (Mittelrad erhält zusätzlichen Antrieb). Schieß-Defries. A.-G. Düsseldorf.

Rad	z_1	z_2	z_3	z_4	z_5	z_6
Zähnezahl	84	56	63	97	24	36

gezeichneten Ausführung wird jedoch Mittelrad z_5 von der Bohrspindel aus über ein doppeltes Rädervorgelege $\frac{z_1\cdot z_3}{z_2\cdot z_4}$ zusätzlich angetrieben. Vorgelege z_1/z_2 ist Festübersetzung; Vorgelege z_3/z_4 besteht aus zwei Wechselrädern, die, um ein Verändern der Vorschubgröße und Richtung vornehmen zu können, gegen andere Räder vertauscht werden können. Um wieviel Millimeter verschiebt sich der Bohrkopf bei einer Umdrehung der Bohrspindel?

Bewegungstafel 11. Für einfachen Umlaufrädertrieb als Außenverzahnung; Ausführung Abb. 53.

	Rad z_5	Rad z_6	Steg S
1. und 2. Bewegung bei n_s Umdrehungen des Steges S	0	$+n_s\cdot\left(1+\frac{z_5}{z_6}\right)$	$+n_s$
3. Bewegung . . .	$+n_5$	$-n_5\cdot\frac{z_5}{z_6}$	0
Ergebnis	$+n_5$	$n_s+\frac{z_5}{z_6}\cdot(n_s-n_5)$	$+n_s$

Lösung: Wird nach Abb. 53 Steg S mit einer beliebigen Drehzahl n_s angetrieben, so ist das in Bewegungstafel 1 S. 34 ermittelte Ergebnis mit n_s zu multiplizieren. Wenn nun außerdem noch Mittelrad z_5 zusätzlich mit n_5 Umdrehungen (Drehzahl des Rades z_5 sei mit n_5 bezeichnet) angetrieben wird, so sind die hierdurch sich ergebenden Drehzahlen als dritte Bewegung nochmals hinzuzuzählen und es ergibt sich bei Rechtsumdrehung des Mittelrades z_5 die Bewegungstafel 11.

[1] Addition: $+n_s\cdot\left(1+\frac{z_1}{z_2}\right)-n_1\cdot\frac{z_1}{z_2}=+n_s+n_s\cdot\frac{z_1}{z_2}-n_1\cdot\frac{z_1}{z_2}=+n_s+\frac{z_1}{z_2}\cdot(n_s-n_1)$.

Der Wert für Umlaufrad z_6 in Bewegungstafel 11 für die 3. Bewegung wird negativ, weil bei Drehung des Mittelrades z_5 nach rechts sich Umlaufrad z_6 nach links dreht. Nach Bewegungstafel 11 führt Umlaufrad z_6 (Drehzahl des Rades z_6 werde mit n_6 bezeichnet) in dem Getriebe Abb. 53 $n_6 = n_s + \frac{z_5}{z_6} \cdot (n_s - n_5)$ Umdrehungen aus. Umlaufzahl des Mittelrades z_5 ergibt sich zu: $n_5 = n_s \cdot \frac{z_1 \cdot z_3}{z_2 \cdot z_4}$. Damit $n_6 = n_s + \frac{z_5}{z_6} \cdot \left(n_s - n_s \cdot \frac{z_1 \cdot z_3}{z_2 \cdot z_4}\right)$.

Für $n_s = 1$, also einer Umdrehung der Bohrspindel, geht diese Gleichung für n_6 über in: $n_6 = 1 + \frac{z_5}{z_6} \cdot \left(1 - \frac{z_1 \cdot z_3}{z_2 \cdot z_4}\right)$. Der Wert für n_6 stellt die wirkliche Umdrehungszahl des Umlaufrades z_6 im Raume dar. Da jedoch für den Vorschub des Bohrkopfes auf der Bohrspindel nur die Drehung der Schraubenspindel, also nur die Relativbewegung des umlaufenden Rades z_6 gegen die Bohrspindel zur Wirkung kommt, so ist die eine Umdrehung der Bohrspindel abzuziehen und der so erhaltene Wert mit der Steigung h des Gewindes zu vervielfachen. Vorschub des Bohrkopfes bei einer Umdrehung der Bohrspindel folgt damit zu:

$$s = \left[1 + \frac{z_5}{z_6} \cdot \left(1 - \frac{z_1 \cdot z_3}{z_2 \cdot z_4}\right) - 1\right] \cdot h = \frac{z_5}{z_6} \cdot \left(1 - \frac{z_1 \cdot z_3}{z_2 \cdot z_4} -\right) \cdot h.$$

Bei Verwendung der in Abb. 53 eingetragenen Zähnezahlen und mit $h = 10$ mm folgt: $s = \frac{24}{36} \cdot \left(1 - \frac{84 \cdot 63}{56 \cdot 97}\right) \cdot 10 = +\,0{,}17$; Vorschub $s = +\,0{,}17$ mm.

2. Kegelräderumlauftrieb.

Wird nach Abb. 51 Rad z_1 festgehalten und Steg S mit $+\,n_s$ Umdrehungen angetrieben, so ergibt sich:

Bewegungstafel 12. Für rückkehrenden Kegelräderumlauftrieb als Differentialtrieb. Mittelrad z_1 in Abb. 51 erhält zusätzlichen Antrieb.

	Rad z_1	Rad z_2	Rad z_3	Steg S
1. und 2. Bewegung bei $+\,n_s$ Umdrehungen des Steges S	0	$+\,n_s \cdot \left(1 + \frac{z_1}{z_2}\right)$	$+\,n_s \cdot \left(1 + \frac{z_1}{z_3}\right)$	$+\,n_s$
3. Bewegung (z_1 mit $+\,n_1$ nach rechts, Steg S fest)	$+\,n_1$	$-\,n_1 \cdot \frac{z_1}{z_2}$	$-\,n_1 \cdot \frac{z_1}{z_3}$	0
Ergebnis	$+\,n_1$	$+\,n_s + \frac{z_1}{z_2} \cdot (n_s - n_1)$	$+\,n_s + \frac{z_1}{z_3} \cdot (n_s - n_1)$	$+\,n_s$
Zahlenbeispiel mit $z_1 = z_3 = 45$, $z_2 = z_2' = 15$, $n_s = +\,60$ und $n_1 = +\,100$ Umdrehungen	+100	− 60	+ 20	+ 60

Die Anzahl der Umläufe des Steges S ist stets gleich der halben Summe der Umdrehungen von Rad z_1 und Rad z_3 oder: Bei gleichzeitigem Antrieb von Rad z_1 und Steg S hat z. B. eine Voreilung von z_1 stets eine gleich große Nacheilung von z_3 hinter Steg S zur Folge.

Abschließend soll das Beispiel 48 zeigen, wie es mit zwei Schneckengetrieben, welche bei geringem Drehzahlunterschied entgegengesetzt umlaufen und auf ein Differential arbeiten, bei geringstem Platzbedarf möglich ist, sehr hohe Übersetzungen zu erreichen.

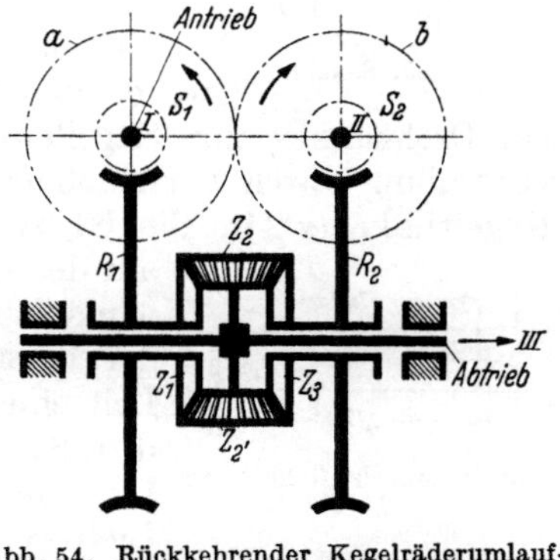

Abb. 54. Rückkehrender Kegelräderumlauftrieb als Differentialtrieb mit Übersetzung 1 : 7320. $a = 60$, $b = 61$ Zähne; S_1 und S_2 = eingängig; R_1 und R_2 = 60 Zähne.

Beispiel 48. Abb. 54 zeigt einen rückkehrenden Kegelräderumlauftrieb als Differentialtrieb für außergewöhnlich hohe Übersetzungen. Welle I treibt über

Stirnräder a, b auf Welle II. Die gleichen Schnecken S_1 und S_2 auf I und II treiben die gleichen (rechts- oder linksgängigen) Schneckenräder R_1 und R_2; letztere tragen die Kegelräder z_1 und z_3. Zwischen z_1 und z_3 liegen die Umlaufräder z_2 und z_2', die über Steg S die Welle III treiben. Wie ergibt sich zwischen Welle I und III die Übersetzung 1 : 7320?

Lösung: Mit Bezug auf Bewegungstafel 11 ergibt sich für Kegelrad z_3 bei $+ n_s$ Stegumdrehungen die Umlaufzahl $n_3 = + n_s + \frac{z_1}{z_3} \cdot (n_s - n_1)$. Mit $z_1 = z_3$ geht diese Gleichung über in: $n_3 = + n_s + n_s - n_1$ oder $n_3 = 2 \cdot n_s - n_1$. Nun dreht sich aber bei einer Umdrehung der Antriebswelle ($n_I = + 1$) Kegelrad $z_1 = + \frac{S_1}{R_1} = + \frac{1}{60}$ mal nach rechts und Kegelrad $z_3 = - \frac{a \cdot S_2}{b \cdot R_2} = - \frac{60 \cdot 1}{61 \cdot 60} = - \frac{1}{61}$ mal in entgegengesetzter Richtung, also nach links. Die Gleichung $n_3 = 2 \cdot n_s - n_1$ ergibt mit $n_3 = - \frac{1}{61}$ und $n_1 = + \frac{1}{60}$ die neue Gleichung:

$$- \frac{1}{61} = 2 \cdot n_s - \left(+ \frac{1}{60}\right) \text{ oder } 2 \cdot n_s = - \frac{1}{61} + \frac{1}{60} = \frac{-60 + 61}{61 \cdot 60} \text{ oder } 2 \cdot n_s = \frac{1}{3660}\text{; daraus:}$$

$n_s = \frac{1}{2 \cdot 3660} = \frac{1}{7320}$. Übersetzung $i = 1 : 7320$ (7320fach ins Langsame).

V. Bearbeiten kegeliger Werkstücke.

Nach den Deutschen Industrienormen wurde die früher übliche Bezeichnung „Konus“ in „Kegel“ verdeutscht. Das Normblatt DIN 254 läßt zahlreiche Beispiele für die Anwendung von Kegeln erkennen. Um einen Austausch der Kegel zu ermöglichen, erfordert vor allem die Werkzeugbefestigung Kegelnormen, d. h. die Festlegung allgemeiner einheitlicher Maße. Am verbreitetsten sind **„Metrische Kegel“**, aufgestellt vom Normenausschuß der Deutschen Industrie (DIN 254) und **„Morsekegel“**, aufgestellt von der amerikanischen Maschinenfabrik Morse Twist-Drill und Maschine Co., New Badford, Mass. USA.

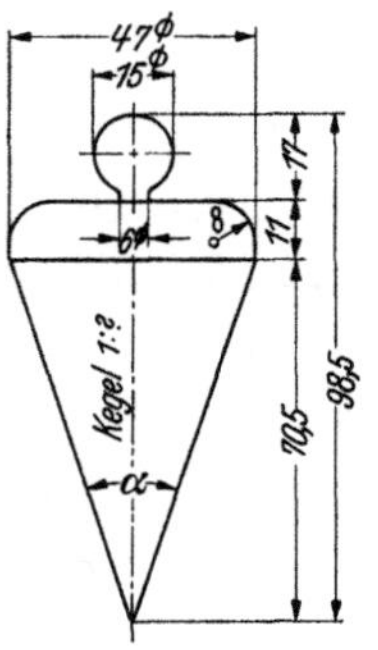

Abb. 55. Senkel.

Unter einem Kegel versteht man entweder einen vollständigen Kegel (Abb. 55) oder einen Kegelstumpf (Abb. 56). Ist ein Kegel sehr steil, dann nimmt der Durchmesser, wie Abb. 55 zeigt, schon bei geringer Entfernung rasch ab; bei einem schwachen Kegel dagegen nimmt der Durchmesser erst auf eine verhältnismäßig große Länge ab (Abb. 56). Die Kennzeichnung eines Kegels, ob steil oder schwach, erfolgt durch Eintragung der Kegelangabe, also des Kegels; die Angabe, z. B. „Kegel 1:50“ (Abb. 56) ist dabei gleichlaufend zur Mittellinie einzutragen.

a) Drehen von Kegeln.

Bei Bearbeitung eines Kegels auf der Drehbank ist entweder der Oberteil des Werkzeugschlittens (Abb. 57 u. 58), bei Drehbänken mit Kegelleitschiene die letztere (Abb. 61) oder bei Reitstockverstellung durch Verschiebung der Reitstockspitze das Werkstück um den halben Kegelwinkel ($\alpha/2$ in Abb. 60) zu verdrehen. Es ist also bei jeder Kegelbearbeitung auf der Drehbank die Kenntnis des jeweiligen halben Kegelwinkels notwendig. Der halbe Kegelwinkel $\alpha/2$ ist dann der Verstellwinkel für den Werkzeugoberschlitten, für die Leitschiene, oder, allgemein gesagt, Einstellwinkel an der Bearbeitungsmaschine.

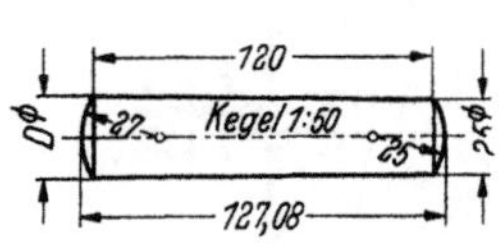

Abb. 56. Kegelstift 25 × 120 DIN 1.

Um die einzelnen Bestimmungsgrößen, welche bei Kegelberechnungen in Betracht kommen, rasch ermitteln zu können, ist es vorteilhaft, sich der Gleichungen der Berechnungstafel 3 S. 145 zu bedienen.

Beispiel 49. Der Schaft des Morsekegels 2 eines Spiralbohrers von 22 mm Durchmesser ist mit Mitnehmerlappen ausgeführt und hat folgende Abmessungen: Länge des Kegels = 78,5 mm; größter Kegeldurchmesser = 17,981 mm; Verjüngung = 0,04995. Berechne den Durchmesser des Kegelschaftes am schwächeren Ende.

Lösung: (Z. 3, B. T. 3, S. 145.) $b = a - V \cdot l = 17{,}981 - 0{,}04995 \cdot 78{,}5 = 17{,}981 - 3{,}921075 = 14{,}060$; Kegeldurchmesser am schwächeren Ende $b = 14{,}06$ mm.

Die Mehrzahl der Kegel wird auf der Drehbank hergestellt, die für diesen Sonderzweck gebaut wird oder mit entsprechenden Vorrichtungen ausgerüstet ist. Die Herstellung von Kegeln auf der Drehbank ist grundsätzlich nach vier Verfahren möglich.

1. Drehen eines Kegels mittels Oberschlittenverstellung.

Der Werkzeugoberschlitten, der bei den meisten Drehbänken auf der im Planschlitten drehbaren Drehscheibe sitzt und den Stahlhalter trägt, kann zum Kegeldrehen für steile und kurze Kegel unter dem halben Kegelwinkel (34° 30′ in Abb. 57 bzw. 60° in Abb. 58) gegen die Fluchtlinie (durch die Spindel- und Reitstockspitze gedachte Linie) verstellt und in dieser Lage mittels zweier Klemmschrauben festgeklemmt werden. Die Werkstückachse bleibt dabei in der Spitzen-

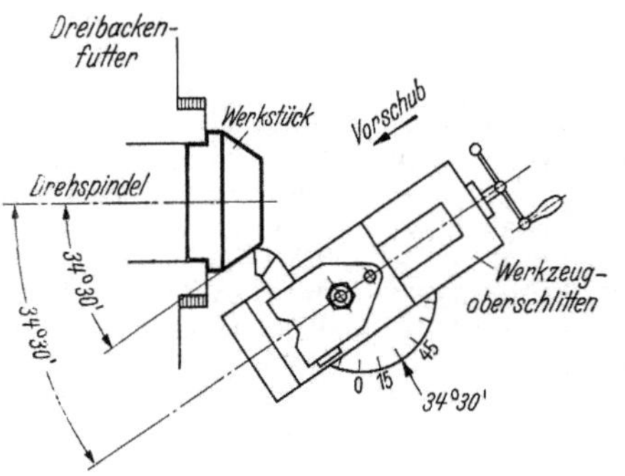

Abb. 57. Drehen eines Außenkegels mittels Oberschlittenverstellung. (Einstellwinkel $\alpha/2 = 34°30′$.)

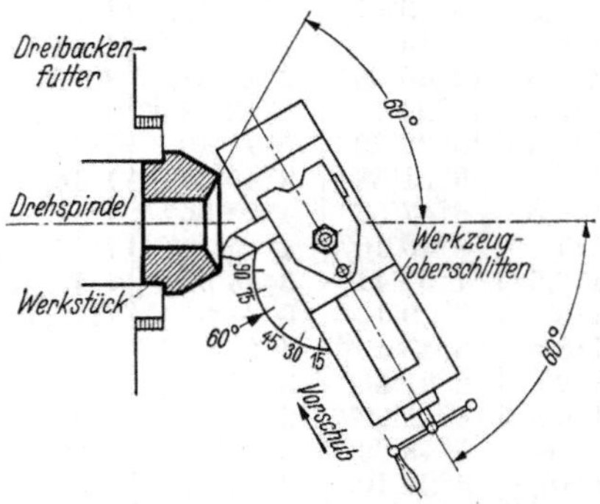

Abb. 58. Drehen eines Innenkegels mittels Oberschlittenverstellung. (Einstellwinkel $\alpha/2 = 60°$.)

linie. Zur genauen Einstellung des Oberschlittens auf die verschiedenen Winkel ist die Drehscheibe (Flansch) mit Gradeinteilung versehen. Beim Kegeldrehen mittels Oberschlittenverstellung kommt lediglich die Länge des Drehkegels für die Berechnung der Verstellung in Betracht. Die ganze Länge des Arbeitsstückes, wie es bei Teilkegeln der Fall ist, bleibt unberücksichtigt. Das Arbeitsstück wird seiner Länge nach nicht verändert, sondern es erfolgt eine Verdrehung des Oberschlittens nach einer Gradskala im Neigungswinkel $\alpha/2$. Die Verschiebung des Drehstahles kann hierbei nur von Hand erfolgen. Dieses Verfahren ist deshalb nur für kurze Kegel anwendbar; die Länge hängt von dem Schaltweg ab, den der Oberschlitten auf dem Führungsteil ausführen kann. Der Winkel, um den der Oberschlitten zu verstellen ist, wird ausgedrückt durch das Verhältnis $\frac{\text{Halbe Kegelsteigung}}{\text{Kegellänge}}$. Die Berechnung der Größe dieses Winkels erfolgt nach Gl. (61).

Halber Kegelwinkel oder Einstellwinkel an der Bearbeitungsmaschine. (Kegeldrehen mittels Oberschlittenverstellung.)

$$\boxed{\operatorname{tg}\frac{\alpha}{2} = \frac{a-b}{2 \cdot l}} \qquad (61)$$

$\alpha/2$ = Halber Kegelwinkel = Einstellwinkel an der Bearbeitungsmaschine, a = größter Kegeldurchmesser, b = kleinster Kegeldurchmesser, l = Kegellänge.

Beispiel 50. Welcher Kegel entspricht dem Senkel Abb. 55 und um welches Grad- und Minutenmaß ist der Werkzeugoberschlitten zur Erreichung der Verjüngung zu verstellen?

Lösung: (Z. 9, B. T. 3, S. 145) $V = \frac{a-b}{l} = \frac{47-0}{70,5} = \frac{47}{70,5} = \frac{1}{1,5}$; Kegel 1 : 1,5. Der Einstellwinkel $\alpha/2$ berechnet sich nach Gl. (61) bzw. nach Z. 7, B. T. 3, S. 145); es gilt: $tg\,\alpha/2 = \frac{a-b}{2\cdot l} = \frac{47-0}{2\cdot 70,5} = \frac{47}{2\cdot 70,5} = 0,3333$; $\alpha/2 = 18°\ 26'\ 6''$. Einstellwinkel des Werkzeugoberschlittens $\alpha/2 = 18°\ 26'\ 6''$.[1]

Zahlentafel 1. Kegelwinkel α und Einstellwinkel $\alpha/2$ an der Bearbeitungsmaschine.

Metrische Kegel

Kegel 1 : k	Kegelwinkel α	Einstellwinkel an der Bearbeitungsmaschine $\alpha/2$	Kegel 1 : k	Kegelwinkel α	Einstellwinkel an der Bearbeitungsmaschine $\alpha/2$
1:1,5	36°52′12″	18°26′ 6″	1:12	4° 46′ 19″	2° 23′ 9,5″
1:2	28° 4′21″	14° 2′10,5″	1:12,5	4° 34′ 52″	2° 17′ 26″
1:2,5	22°37′12″	11°18′36″	1:13	4° 24′ 19″	2° 12′ 9,5″
1:3	18°55′29″	9°27′44,5″	1:13,5	4° 14′ 32″	2° 7′ 16″
1:3,5	16°15′37″	8° 7′48,5″	1:14	4° 5′ 27″	2° 2′ 43,5″
1:4	14°15′	7° 7′30″	1:14,5	3° 57′	1° 58′ 30″
1:4,5	12°40′49″	6°20′24,5″	1:15	3° 49′ 6″	1° 54′ 33″
1:5	11°25′17″	5°42′38,5″	1:15,5	3° 41′ 43″	1° 50′ 51,5″
1:5,5	10°23′20″	5°11′40″	1:16	3° 34′ 47,4″	1° 47′ 23,7″
1:6	9°31′38″	4°45′49″	1:16,5	3° 28′ 17″	1° 44′ 8,5″
1:6,5	8°47′52″	4°23′56″	1:17	3° 22′ 10″	1° 41′ 5″
1:7	8°10′16″	4° 5′ 8″	1:17,5	3° 16′ 23″	1° 38′ 11,5″
1:7,5	7°37′41″	3°48′50,5″	1:18	3° 10′ 56″	1° 35′ 28″
1:8	7° 9′10″	3°34′35″	1:18,5	3° 5′ 47″	1° 32′ 53,5″
1:8,5	6°43′59″	3°21′59,5″	1:19	3° 0′ 52″	1° 30′ 26″
1:9	6°21′35″	3°10′47,5″	1:19,5	2° 56′ 15″	1° 28′ 7,5″
1:9,5	6° 1′32″	3° 0′46″	1:20	2° 51′ 50,9″	1° 25′ 55,45″
1:10	5°43′29″	2°51′44,5″	1:25	2° 17′ 30″	1° 8′ 45″
1:10,5	5°27′10″	2°43′35″	1:30	1° 54′ 35″	0° 57′ 17,5″
1:11	5°12′18″	2°36′ 9″	1:40	1° 25′ 56″	0° 42′ 58″
1:11,5	4°58′45″	2°29′22,5″	1:50	1° 8′ 45″	0° 34′ 27,5″

Morsekegel

Bezeichnung	Verjüngung	Kegelwinkel α	Einstellwinkel $\alpha/2$ an der Bearbeitungsmaschine
0	1 : 19,212 = 0,05205	2° 58′ 54″	1° 29′ 27″
1	1 : 20,048 = 0,04988	2° 51′ 26″	1° 25′ 43″
2	1 : 20,020 = 0,04995	2° 51′ 41″	1° 25′ 50,5″
3	1 : 19,922 = 0,050196	2° 52′ 32″	1° 26′ 16″
4	1 : 19,254 = 0,051938	2° 58′ 30″	1° 29′ 15″
5	1 : 19,002 = 0,0526265	3° 0′ 52″	1° 30′ 26″
6	1 : 19,180 = 0,052138	2° 59′ 12″	1° 29′ 36″
7	1 : 19,231 = 0,05199	2° 58′ 43″	1° 29′ 21,5″

„Kegel 1 : k“ für häufig vorkommende Kegelwinkel

Kegelwinkel α	Einstellwinkel an der Bearbeitungsmaschine $\alpha/2$	Kegel 1 : k
30°	15°	1 : 1,870
45°	22°30′	1 : 1,210
60°	30°	1 : 0,866
75°	37°30′	1 : 0,652
90°	45°	1 : 0,500
110°	55°	1 : 0,350
120°	60°	1 : 0,289

Anmerkung: Das Aufsuchen des Winkels in Beispiel 50 für den Zahlenwert 0,3333 des Tangens in der mit dieser Funktion überschriebenen Tafel fällt bei Benutzung der Zahlentafel 1 fort. Einem Kegel 1 : 1,5 entspricht nach Zahlentafel 1 der Einstellwinkel $\alpha/2 = 18°26'\ 6''$. Dieser Winkelwert ergibt sich aus der Bedeutung der Angabe „Kegel 1 : 1,5“. Der Kegel 1 : 1,5 verjüngt sich auf die Länge von 1,5 mm im Durchmesser um 1 mm. Es gilt also $tg\ \alpha/2 = 0,5/1,5 = 1/3 = 0,3333$; daraus $\alpha/2 = 18°26'\ 6''$. Werkstattblatt 82 (C. Hanser Verlag, München) enthält eine 7-stellige Funktionstafel zum Berechnen von Kegelgrößen.

Beispiel 51. Zu drehen ist ein Kegel 7 : 19 mit einer Länge von 160 mm. Berechne den Einstellwinkel.

---

[1] Der halbe Kegelwinkel wird im Gradmaß angegeben und gemessen; die Winkelsumme um einen Punkt wird hier gleich 360° oder vier rechten Winkeln (= 4 R) gesetzt, so daß also bei der 360°-Teilung auf einen rechten Winkel 90° kommen. Jeder Winkelgrad (°) wird in 60 Minuten (′), jede Minute in 60 Sekunden (″) geteilt. Also: $1' = (1/60)° = 0,0167°$; $1'' = 0,0167' = 0,0002777°$.

Lösung: [Gl. (61)] $tg\,\frac{\alpha}{2} = \frac{a-b}{2\cdot l} = \frac{7}{2\cdot 19} = \frac{7}{38} = 0{,}1841$; Einstellwinkel $\frac{\alpha}{2} = 10^0\,26'$.

Beispiel 52. Kreuzkopfzapfen Abb. 59 (Kegel *I* und Kegel *II*). Berechne die Einstellwinkel.

Lösung: Gl. (61) lautet für

Kegel *I*: $\operatorname{tg}\frac{\alpha}{2} = \frac{a-b}{2\cdot l} = \frac{50-46}{2\cdot 34} = \frac{4}{68} = 0{,}0588$; Einstellwinkel $\alpha/2 = 3^0\,22'$.

Kegel *II*: $\operatorname{tg}\frac{\alpha}{2} = \frac{a-b}{2\cdot l} = \frac{55-51}{2\cdot 35} = \frac{4}{70} = 0{,}0571$; Einstellwinkel $\alpha/2 = 3^0\,16'$.

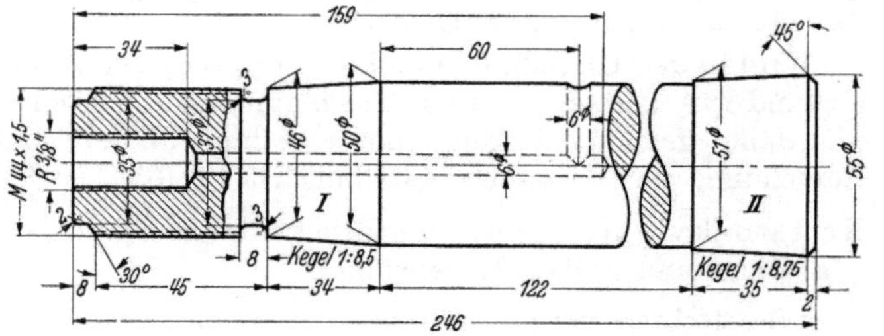

Abb. 59. Kreuzkopfzapfen.

2. Drehen eines Kegels mittels Reitstockverstellung.

Können bei sehr langen, mit Kegeln zu versehenden Werkstücken die Kegel infolge ihrer Länge weder durch Verstellung des Schlittenoberteiles noch mit Hilfe einer Kegelleitschiene (Abb. 61) hergestellt werden, so wird mit Reitstockverstellung gearbeitet. In solchen Fällen erfolgt das Kegeldrehen durch seitliche Verstellung des ganzen Reitstockoberteiles. In den weitaus meisten Fällen der Kegelbearbeitung wird der Kegel nur einen Teil der Länge des eingespannten Werkstückes ausmachen; es wird von einem Teilkegel gesprochen. An Hand der Abb. 60 ergibt sich: Dreieck *DEF* ähnlich Dreieck *ABC*, also $x_1 : L = \frac{a-b}{2} : l$; daraus:

Reitstockverstellung, ausgedrückt durch Werkstücklänge und Kegelmaße (Abb. 60).

$$\boxed{x_1 = \frac{L\cdot(a-b)}{2\cdot l}} \tag{62}$$

x_1 = Reitstockverstellung, ausgedrückt durch Werkstücklänge und Kegelmaße für den Fall, daß der Kegel inmitten der Werkstücklänge liegt, L = Werkstücklänge, a = größter Kegeldurchmesser, b = kleinster Kegeldurchmesser, l = Kegellänge.

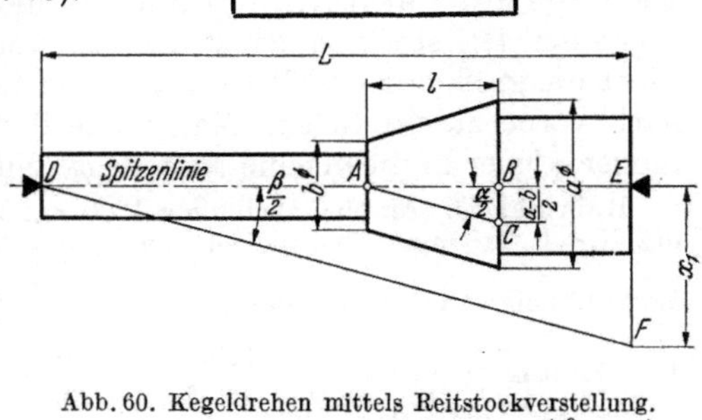

Abb. 60. Kegeldrehen mittels Reitstockverstellung. Kegel liegt inmitten der Werkstücklänge $\left(\frac{\beta}{2} = \frac{\alpha}{2}\right)$.

Für den Sonderfall, daß der Kegel eines Werkstückes zwischen den Spitzen endet, daß also die Kegellänge gleich der Spitzenweite ist, wird $L = l$. Die Gl. (62) geht damit über in $x_1 = \frac{a-b}{2}$; die Reitstockverstellung erfolgt um die halbe Differenz der Kegeldurchmesser.

Wird in Gl. (62) für $\frac{a-b}{2\cdot l} = N$ gesetzt (Z. 13, B.T. 3, S. 145), so ergibt sich Gl. (63).

Reitstockverstellung, ausgedrückt durch Werkstücklänge und Neigung.

$$\boxed{x_2 = L\cdot N} \tag{63}$$

x_2 = Reitstockverstellung, ausgedrückt durch Werkstücklänge und Neigung, für den Fall, daß der Kegel inmitten der Werkstücklänge liegt, L = Werkstücklänge, N = Neigung (Z. 13 oder 14, B. T. 3, S. 145).

Wird in Gl. (63) für $N = \frac{1}{2}\cdot V$ gesetzt (Z. 14, B.T. 3, S. 145), so ergibt sich Gl. (64).

Reitstockverstellung, ausgedrückt durch Werkstücklänge und Verjüngung. $\boxed{x_3 = 0{,}5 \cdot L \cdot V}$ (64)

x_3 = Reitstockverstellung, ausgedrückt durch Werkstücklänge und Verjüngung, für den Fall, daß der Kegel inmitten der Werkstücklänge liegt, L = Werkstücklänge, V = Verjüngung (Z. 9, 10 oder 11, B. T. 3, S. 145).

Wird in den Gl. (62), (63) und (64) an Stelle der Werkstücklänge L der Spitzenabstand SpA[1] gesetzt, so ergeben sich günstigere Werte für die Reitstockverstellung und damit genauere Kegel. Eine noch brauchbarere und genauere Gleichung zur Berechnung der Reitstockverstellung ist Gl. (65).

Reitstockverstellung, ausgedrückt durch Spitzenabstand und halben Kegelwinkel. $\boxed{x_4 = SpA \cdot \sin \frac{\alpha}{2}}$ (65)

x_4 = Reitstockverstellung, ausgedrückt durch Spitzenabstand und halben Kegelwinkel, für den Fall, daß der Kegel inmitten der Werkstücklänge liegt, SpA = Spitzenabstand, $\frac{\alpha}{2}$ = halber Kegelwinkel [Berechnung desselben nach Gl. (61)].

Als Höchstmaß der Verstellung darf nur mit ungefähr $\frac{1}{50}$ der ganzen Werkstücklänge gerechnet werden. Bei Überschreitung dieses Maßes vergrößern die Körnerspitzen rasch die Zentrierbohrungen und bewirken starkes Unrundlaufen des Werkstückes.

Beim Kegeldrehen mittels Reitstockverstellung können die geringsten Verjüngungen an langen Werkstücken mit meist praktisch genügender Genauigkeit erzeugt werden; weiterhin ist der selbsttätige Langzug einschaltbar, was für die Beschaffenheit der Arbeitsfläche von Bedeutung ist. Die Größe der Verstellung, d. h. die Größe der Verschiebung des Reitstockoberteiles aus der Fluchtlinie kann entweder von der Reitstockaußenseite an Hand von Strich und Marke nebst Millimetereinteilung eingestellt werden oder es wird der Reitstock möglichst nahe an den Spindelstock herangebracht und der seitliche Abstand der Körnerspitzen gemessen. Die Lage der Verstellung kann verschieden sein. Liegt die kleinere Kegelfläche gegen den Reitstock zu, so ist das Reitstockoberteil nach rückwärts zu verstellen. Liegt die größere Kegelfläche gegen den Reitstock zu, so ist das Reitstockoberteil nach vorne zu verstellen. Man achte darauf, daß Reitstockober- und Unterteil immer wieder in die genaue Mittellage (Nullstrich) gebracht werden.

Beispiel 53. An eine Welle von 1200 mm Länge ist ein Kegel 1 : 30 zu drehen. Länge des Kegels 340 mm. Um wieviel mm ist das Reitstockoberteil zu verstellen?

Erste Lösung: In der Gleichung $x_1 = \frac{L \cdot (a - b)}{2 \cdot l}$ [Gl. (62)] wird $\frac{a-b}{l} = V = \frac{1}{30}$, $l = 340$ und $L = 1200$ mm; damit: $x_1 = \frac{1200 \cdot 1}{2 \cdot 30} = \frac{1200}{60} = 20$; Reitstockverstellung $x_1 = 20$ mm.

Zweite Lösung: Vorteilhafter kann nach Gl. (63) oder Gl. (64) gerechnet werden. Mit $L = 1200$ mm und $N = \frac{1}{2} \cdot V = \frac{1}{2} \cdot \frac{1}{30} = \frac{1}{60}$ folgt $x_2 = L \cdot N = 1200 \cdot \frac{1}{60} = 20$ oder x_3 $0{,}5 \cdot L \cdot V = 0{,}5 \cdot 1200 \cdot \frac{1}{30} = 20$; Reitstockverstellung = 20 mm.

Beispiel 54. Ein Werkstück ist mit einem Kegel 1 : 50 (halber Kegelwinkel nach Zahlentafel 1 = 0° 34′ 22″) zu versehen. Der größte Kegeldurchmesser beträgt 23,4 mm, die Länge des Kegels 45 mm. Berechne die Reitstockverstellung bei 360 mm Spitzenabstand.

[1] Die Einspannung zwischen den gehärteten Spitzen des Spindelstockes und des Reitstockes verlangt an beiden Enden des Werkstückes Zentrierbohrungen in Form kegeliger Vertiefungen. Die Drehbankspitzen ragen also in die Körnerlöcher des Arbeitsstückes um ein ganz bestimmtes Maß hinein. Dieses Maß, auf beiden Seiten von der eigentlichen Werkstücklänge abgezogen, ergibt den Spitzenabstand, welcher in die Gl. (65) zur Berechnung der Reitstockverstellung einzusetzen ist.

Lösung: Gl. (65): $x_4 = SpA \cdot \sin\alpha/2 = 360 \cdot \sin 0^\circ\, 34'\, 22'' = 360 \cdot 0{,}0100007 = 3{,}6002520$; Reitstockverstellung $x_4 = 3{,}6$ mm.

Der Nachteil des Kegeldrehens mittels Reitstockverstellung liegt in der äußerst ungünstigen Beanspruchung der Körnerlager und der möglichen Verformung der Körnerspitzen. Die Möglichkeit der Nachbearbeitung der nach diesem Verfahren hergestellten Kegel ist in Frage gestellt, da die Ankörnungen und Zentrierbohrungen an den Werkstücken verdorben sind. Auch werden die Kegelneigungen ungünstig beeinflußt, da die Zentrierbohrungen an sonst gleichartigen Werkstücken verschieden tief sind und die Körnerspitzen dementsprechend mehr oder weniger tief eindringen.

3. Drehen eines Kegels mittels Kegelleitschiene (Leitlineal).

Die Kegelleitschiene (Abb. 61), angebaut an der Rückseite der Drehbank, dient zum Innen- und Außendrehen von kegeligen Arbeitsstücken mit schlanken Kegeln. Das Kegeldrehen mittels Kegelleitschiene ist eine Art Formdrehen nach einer Lehre, bei dem der Längsvorschub durch Leit- und Zugspindel und der Planvorschub durch die Leitschiene (Leitlineal) hervorgebracht wird.

Abb. 61. Kegelleitschiene zum Kegeldrehen mit selbsttätigem Langvorschub. (Gebr. Boehringer G. m. b. H., Göppingen.)

Das Kegeldrehen mit Hilfe des Leitlineals verlangt stets eine Verstellung des Leitlineals. Es ist auf einer Unterlage derart angebracht, daß es um einen Mittelpunkt im vorgeschriebenen Einstellwinkel $\alpha/2$ gedreht werden kann. Wie Abb. 61 erkennen läßt, wird das Führungslineal, auf dem sich das Gleitstück entlang bewegt, von zwei am Bett der Drehbank befestigten Aufspannwinkeln getragen. Der auf der hinteren Bettwange festgeklemmte Lagerbock hält mit seiner Spindel das Leitlineal in der jeweiligen Arbeitsstellung fest. Die Einstellung des Leitlineals kann gewöhnlich bis zu 11° erfolgen, so daß mit ihm Kegel von der geringsten Neigung bis zur Neigung 1:6 hergestellt werden können.

4. Drehen eines Kegels auf Sonderdrehbänken.

Bei diesen sitzen sowohl der Reitstock als auch der Spindelstock verschiebbar auf einer drehbaren Bettplatte, welche auf die Neigung des zu drehenden Kegels einzustellen ist. Zu berechnen ist auch der halbe Kegelwinkel $\alpha/2$ als Einstellwinkel der Bettplatte. Die auf solchen Sonderdrehbänken für die Massenfertigung hergestellten Kegel sind außerordentlich genau und völlig einwandfrei.

5. Stahleinstellung beim Drehen eines Kegels.

Auf die genaue Mitteneinstellung des Stahles beim Drehen von Außen- und Innenkegeln sei noch besonders hingewiesen. Bei der Herstellung eines Kegels auf der Drehbank ergeben sich zuweilen Schwierigkeiten bei der Abnahme, insofern, als der Kegel oder die Hülse nicht genau auf der ganzen Länge in der Gegenlehre zur Anlage kommt. Selbst bei ganz genauer Einstellung des halben Kegelwinkels und sauberster Arbeit kann ein unbrauchbares Werkstück entstehen, nämlich dann, wenn beim Einstellen des Stahles nicht darauf geachtet wird, daß die **Stahlschneide genau auf der Höhe der Spitzenlinie** steht. Während beim Zylindrischdrehen der Stahl gewöhnlich etwas außer Mitte gestellt wird, darf dies beim Kegeldrehen keinesfalls stattfinden. Der wirklich genaue Kegel wird im Achsenschnitt von geraden Linien begrenzt, der mit überhöhter Stahlschneide erzeugte Drehkörper dagegen von gekrümmten Linien. Es wird also kein Kegel gebildet, sondern ein Körper, den man als „Hyperboloid" bezeichnet.

Abb. 62. Meßplatte mit Teilung nach Winkelgraden und Kegelverhältnissen. (Fortuna-Werke, Stuttgart.)

b) Schleifen von Kegeln.

Für das Schleifen kegeliger Werkstücke auf Rundschleifmaschinen trägt der Tisch, ähnlich den Sonderdrehbänken, eine drehbare Tischplatte. Mit ihr kann das Werkstück auf den halben Kegelwinkel schräg zur Längsbewegungsrichtung gestellt werden. Der Obertisch wird dabei nach Anheben eines Schnappstiftes geschwenkt und mit Hilfe einer Feingewindeschraube nach einer Meßplatte genau eingestellt. Die Meßplatte trägt nach Abb. 62 eine Teilung nach Winkelgraden und Kegelverhältnissen. Die Winkelgrade entsprechen dem Einstellwinkel, also dem halben Kegelwinkel, wie er sich nach Gl. (61) berechnet; die von der Mitte aus nach beiden Seiten angegebenen Zahlen sind als Verjüngungen 1 : 5, 1 : 10, 1 : 15 usf. aufzufassen.

Meist können hierbei jedoch nur schlanke Kegel mit kleinem Einstellwinkel geschliffen werden. Bei Universalschleifmaschinen kann man den Schleifbock mit dem Schleifrad um beliebige Winkel bis 90° zur Bettachse einstellen. Auf diesen Maschinen können beliebige Kegel, wie sie an Kolbenstangen oder ringförmigen ebenen Flächen vorkommen, geschliffen werden.

VI. Allgemeine Grundlagen zum Wechselräderberechnen an Leitspindeldrehbänken.

a) Schraubenlinie.

Wird ein rechtwinkeliges Dreieck *ABC* (Abb. 63) auf einem geraden Kreiszylinder *1 2 3 4* aufgewickelt, so wird die auf dem Umfang des Zylinders entstehende Kurve *a*—*b*—*c* Schraubenlinie genannt. In der abgewickelten Zylinderfläche *ACBD* erscheint die Schraubenlinie als gerade Linie *AB*, welche unter dem Winkel φ gegen die waagerechte Linie *AC* geneigt liegt. Erwähnte Schraubenlinie kann auch dadurch entstehen, daß sich ein Punkt *P* am Umfange eines geraden, sich gleichförmig um seine Achse drehenden Kreiszylinders *1 2 3 4* gleichlaufend zu dieser Achse fortbewegt (Achse gleich Mittellinie des Zylinders). Tritt an Stelle des Punktes *P* ein Schneidwerkzeug in Form eines Gewindestahles und an Stelle des geraden Kreiszylinders irgendein mit einer Schraubenlinie zu versehendes Arbeitsstück von rundem Querschnitt, so ergibt sich Abb. 64.

Die in Abb. 63 gleichlaufend zur Zylinderachse gemessene Entfernung BC heißt Höhe eines Schraubenganges oder kurz Ganghöhe. Der Begriff Ganghöhe ist gleichbedeutend mit dem Begriff Steigung einer Schraubenlinie. Also: Steigung ist jene Höhe h, um die die Schraubenlinie ansteigt, während sie einmal um den ganzen Zylinder herumläuft.

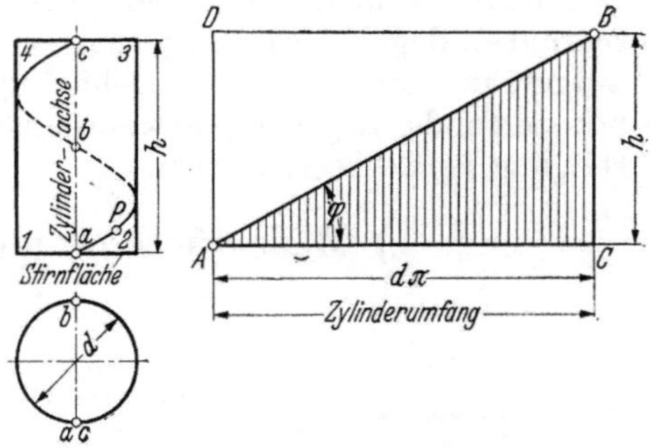

Abb. 63. Rechtsgängige Schraubenlinie mit Abwicklung.

Kathete $BC = h =$ Steigung oder Ganghöhe der Schraubenlinie, Kathete $AC = d \cdot \pi =$ Zylinderumfang, Hypotenuse $AB = L =$ gestreckte Länge eines Schraubenganges, Winkel $BAC = \varphi =$ Steigungswinkel der Schraubenlinie (Winkel, den die Schraubenlinie mit der Stirnfläche des Zylinders bildet). Die Berechnung des Steigungswinkels φ erfolgt nach Gl. (66).

Windet sich eine Schraubenlinie von links nach rechts aufwärts um den geraden (senkrechten) Kreiszylinder, so ergibt sich eine rechtsgängige Schraubenlinie. Soll rechtsgängiges Gewinde auf der Drehbank geschnitten werden, so bewegt sich der Werkzeugschlitten und damit auch der Gewindestahl während den Umdrehungen des mit Gewinde zu versehenden Werkstückes in der Richtung vom Reitstock zum Spindelstock. Windet sich eine Schraubenlinie von rechts nach links aufwärts um den geraden (senkrechten) Kreiszylinder, so ergibt sich eine linksgängige Schraubenlinie. Soll ein linksgängiges Gewinde auf der Drehbank geschnitten werden, so bewegt sich der Werkzeugschlitten in der Richtung vom Spindelstock zum Reitstock.

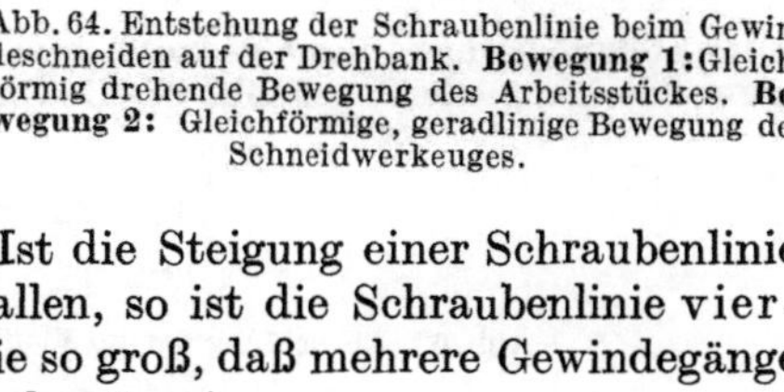

Abb. 64. Entstehung der Schraubenlinie beim Gewindeschneiden auf der Drehbank. **Bewegung 1:** Gleichförmig drehende Bewegung des Arbeitsstückes. **Bewegung 2:** Gleichförmige, geradlinige Bewegung des Schneidwerkeuges.

Ist die Steigung einer Schraubenlinie so groß wie die Höhe eines Schraubenganges, so ist die Schraubenlinie eingängig (vgl. Abb. 71). Ist die Steigung einer Schraubenlinie so groß, daß zwei Gewindegänge auf sie entfallen, so ist die Schraubenlinie zweigängig (vgl. Abb. 72). Ist die Steigung einer Schraubenlinie so groß, daß vier Gewindegänge auf sie entfallen, so ist die Schraubenlinie viergängig. Ist die Steigung einer Schraubenlinie so groß, daß mehrere Gewindegänge auf sie entfallen, so ist die Schraubenlinie mehrgängig.

b) Schraubengewinde.

Bewegt sich eine Fläche auf dem Zylindermantel nach einer Schraubenlinie fort, so entsteht ein Schraubengewinde. Als Flächen kommen in Betracht das Dreieck, das Rechteck, das Quadrat, das Trapez, der Halbkreis. Wird beispielsweise als Fläche ein Dreieck verwendet, so würde ein um den Zylindermantel nach einer Schraubenlinie gewundenes Prisma mit Dreieckquerschnitt entstehen (Abb. 65). Der Zylinder, um dessen Mantel sich das Profil schraubenförmig schlingt, wird als Grund-, Innen- oder Kernzylinder bezeichnet. Der Durchmesser dieses Zylinders heißt Kerndurchmesser. Der den Mantel des Grundzylinders überragende Windungskörper heißt das Gewinde. Sein Durchmesser heißt Bolzendurchmesser, Außendurchmesser oder Gewindedurchmesser. (Zwischen diesen beiden Durchmessern liegt der sog. Flankendurchmesser). Grundzylinder und Gewinde zusammen bilden eine Schraubenspindel oder kurz eine Schraube.

Ähnlich wie bei den Schraubenlinien ist auch bei den Schraubengewinden zwischen ein- und mehrgängigen Gewinden zu unterscheiden. **Befestigungsschrauben sind meistens rechtsgängig, spitz und immer eingängig. Bewegungsschrauben dagegen werden rechts- oder linksgängig und meist mit Trapezgewinde ausgeführt.** Bei zwei- und mehrgängigen Gewinden darf die Entfernung zweier **nebeneinander liegender Gewindegänge, die sog. Teilung nicht mit der Gewindesteigung verwechselt werden.**

c) Maße für ein- und mehrgängige Gewinde.

1. Zylindrisches Gewinde.

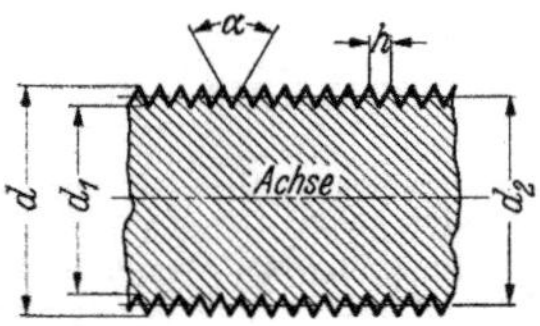

Abb. 65. Bolzengewinde.

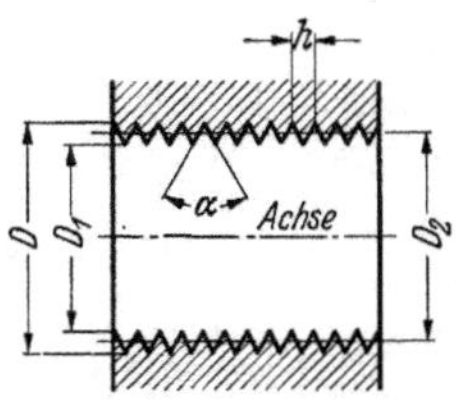

Abb. 66. Muttergewinde.

d = Außendurchmesser des Bolzengewindes, D = Außendurchmesser des Muttergewindes, d_1 = Kerndurchmesser des Bolzengewindes, D_1 = Kerndurchmesser des Muttergewindes, d_2 = Flankendurchmesser des Bolzengewindes, D_2 = Flankendurchmesser des Muttergewindes, h = Gewindesteigung (Steigung oder Ganghöhe des Bolzens und der Mutter), α = Flankenwinkel des Bolzens und der Mutter, φ = Steigungswinkel des Gewindes (Abb. 67), bezogen auf den Flankendurchmesser.

Im Bereich der Werkstätte hat man es beim Messen und Prüfen von Gewinden mit fünf Bestimmungsgrößen zu tun: Außendurchmesser, Kerndurchmesser, Flankendurchmesser, Flankenwinkel und Steigung. Diese Größen sind außerdem noch voneinander abhängig. Abb. 65 zeigt ein eingängiges Bolzengewinde, Abb. 66 ein eingängiges Muttergewinde im Längsschnitt. Der Flankendurchmesser d_2 bzw. D_2 eines Gewindes ist der senkrecht zur Achse gemessene Abstand der Flanken. Der Steigungswinkel des Gewindes folgt aus der Abwicklung eines Gewindeganges Abb. 67 zu:

Steigungswinkel eines Gewindes, bezogen auf den Flankendurchmesser (Abb. 67).

$$\boxed{\operatorname{tg} \varphi = \frac{h}{d_2 \cdot \pi}} \qquad (66)$$

φ = Steigungswinkel des Gewindes, bezogen auf den Flankendurchmesser, h = Gewindesteigung (Steigung oder Ganghöhe des Gewindes), d_2 = Flankendurchmesser des Bolzengewindes.

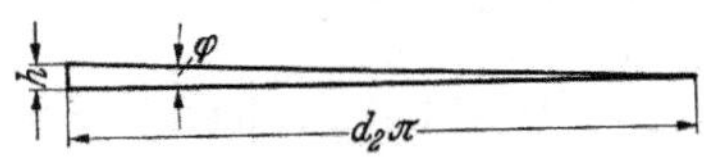

Abb. 67. Abwicklung der im Flankendurchmesser verlaufenden Schraubenlinie.

Aus Gl. (66) ist zu ersehen, daß der Steigungswinkel um so kleiner wird, je kleiner die Steigung h bei gleichbleibendem Flankendurchmesser d_2 ist.

2. Kegeliges Gewinde.

Während das zylindrische Gewinde in fast allen Zweigen der Technik Anwendung findet, hat sich in der Röhrenindustrie aus Zweckmäßigkeitsgründen mehr das kegelige Gewinde durchgesetzt. Kegeliges Gewinde ist beispielsweise an Pumpen-, Leitungs-, Bohrrohren usw. zu finden. Beim zylindrischen Gewinde sind die Gewindegänge um einen Zylinder, beim kegeligen Gewinde um einen Kegel gewunden. Die kegeligen Gewinde besitzen gegenüber den zylindrischen zwei weitere Bestimmungsgrößen, nämlich die Steigung des Kegels und die Lage des Gewindeprofiles zur Achse. Hinsichtlich der Lage des Gewindeprofiles ist zu unterscheiden zwischen dem kegeligen Gewinde, Profil senkrecht zum Kegelmantel und dem kegeligen Gewinde, Profil senkrecht zur Achse. Beim kegeligen Gewinde senkrecht zum Kegelmantel (Abb. 68) steht die Winkelhalbierende des Gewindedreiecks senkrecht auf dem Kegelmantel. Beim kegeligen Gewinde senkrecht zur Achse (Abb. 69) steht die Winkelhalbierende senkrecht auf der Achse.

Beim kegeligen Gewinde senkrecht zum Kegelmantel (Abb. 68) ist die Steigung h gleichlaufend zum Kegelmantel gemessen. Neuerdings wird jedoch die Steigung vielfach gleichlaufend zur Achse gemessen. Nach Abb. 68 ist der Flankendurchmesser des kegeligen Gewindes senkrecht zum Kegelmantel der Abstand der Mitten zweier einander gegenüberliegender Mittellinien des scharf ausgezogen gedachten Profiles. Beim kegeligen Gewinde senkrecht zur Achse (Abb. 69) ist die Steigung h gleichlaufend zur Achse gemessen. Der Flankendurchmesser ist hier der Abstand der Mitten zweier gegenüberliegender Flanken des scharf ausgezogen gedachten Profiles.

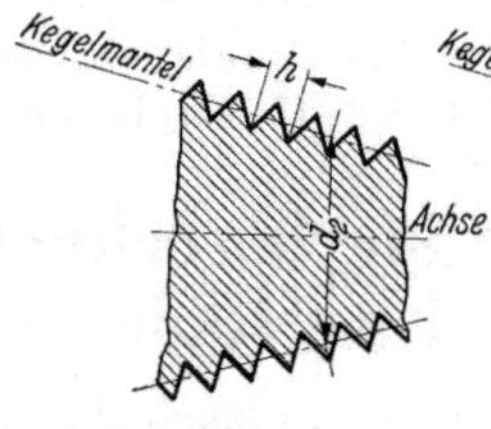

Abb. 68. Kegeliges Gewinde mit einem Profil senkrecht zum Kegelmantel.

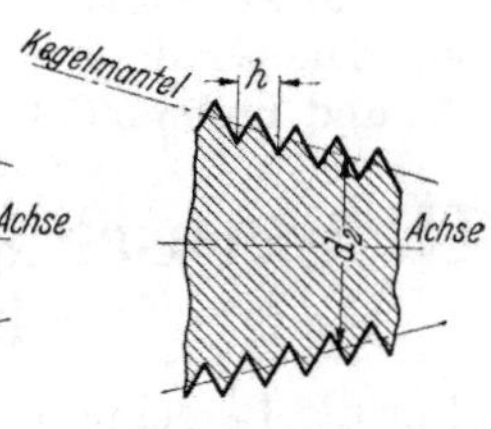

Abb. 69. Kegeliges Gewinde mit einem Profil senkrecht zur Achse.

d) Anordnung der Wechselräder.

Um auf einer Leitspindeldrehbank Gewinde schneiden zu können, ist entsprechend der Steigung oder der auf eine gewisse Länge bezogenen Gangzahl des zu schneidenden Gewindes auf der linken Stirnseite der Drehbank eine Zahnradübersetzung anzubringen. Durch diese Übersetzung wird die Umlaufzahl der Drehspindel und diejenige der Leitspindel in ein ganz bestimmtes Verhältnis gebracht; dieses Räderverhältnis kommt durch Wechselräder zustande, welche die Drehbewegung von der Arbeitsspindel auf die Leitspindel übertragen. Als Wechselräder gelten nur die wirklich auswechselbaren Zahnräder für den Antrieb der Leitspindel, in Abb. 70 also die Räder z_I, z_{II}, z_{III} und z_{IV}; Wechselrad z_I sitzt dabei auf der Wechselradantriebswelle. Die Räder z_1, z_2, z_3 und z_4 bilden das Herzgetriebe. Dieses Getriebe ist ein Wendegetriebe und dient dazu, die Leitspindel entweder still zu setzen, oder ihre Bewegungsrichtung auf Rechtsgewinde oder Linksgewinde einzustellen. Bei Hebelstellung B sind die Räder z_2 und z_3 ganz außer Eingriff mit dem Rad z_1 auf der Arbeitsspindel. Bei Hebelstellung C treibt Rad z_1 über z_3 und z_2 auf das Rad z_4. Bei Hebelstellung A treibt z_1 über z_2 und z_3 auf z_4. Durch diese Wendung kann Rad z_4 nach beiden Richtungen gedreht und mithin die Leitspindel ebenfalls in ihrer Drehrichtung entsprechend geändert werden.

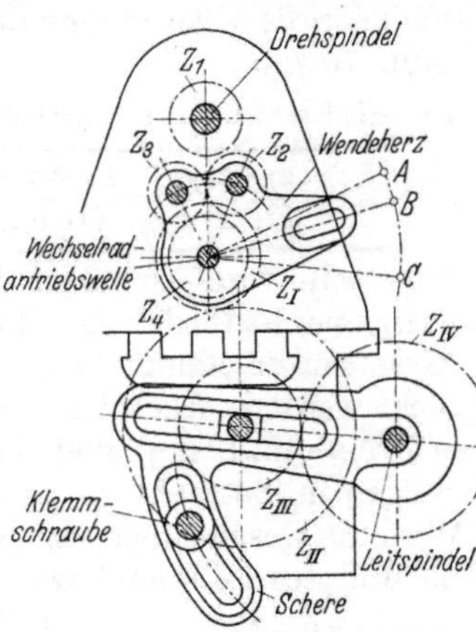

Abb. 70. Vorschubantrieb einer Leitspindeldrehbank.

Hierbei haben gewöhnlich die Räder z_1 und z_4 die gleichen Zähnezahlen, so daß eine Übersetzung von z_1 auf z_4 nicht stattfindet. Rad z_1 und z_4 haben gleiche Drehzahlen, jedoch mit veränderlicher Drehrichtung. Die Wechselräderübersetzung von der Drehspindel auf die Leitspindel ist einfach oder zweifach. Bei zweifacher Wechselräderübersetzung (Abb. 70) greifen zwei Räderpaare ineinander, so daß vier Wechselräder (z_I, z_{II}, z_{III} und z_{IV}) erforderlich und zu berechnen sind.

e) Wechselrädersätze.

Jeder Leitspindeldrehbank ist ein Satz Wechselräder beigegeben, deren Zahl ist sehr verschieden ist; sie schwankt bei gewöhnlichen Leitspindeldrehbänken ischen 15 und 25. Normblatt DIN 781 sieht für Leitspindeldrehbänke einen chselrädersatz von insgesamt 45 Rädern vor. Dieser Norm-Wechselrädersatz nmt für Zoll- und Millimeter-Leitspindeln in Betracht (Satz Nr. 5, Zahlentafel 2, 56). Die Größe der Wechselräder ist durch den verfügbaren Raum zwischen eh- und Leitspindel und die Größe und Lage der Stellschere bestimmt.

II. Wechselräderberechnen an Leitspindeldrehbänken ohne Rädervorschubkasten.

Für die Berechnung der aufzusteckenden Wechselräder zum Gewindeschneiden es gleichgültig, ob es sich um Spitz-, Flach-, Trapez-, Rund- oder anderes Gende handelt. Hier spielt lediglich die Gewindesteigung, nicht aber die Geideform eine Rolle. Beim Gewindeschneiden auf Leitspindeldrehbänken sind das ngverhältnis, das Steigungsverhältnis und das Gesamtübersetzungsverhältnis ı Bedeutung.

Das Gangzahlenverhältnis oder kurz das **Gangverhältnis** stellt das Verhältnis Gangzahlen des zu schneidenden Gewindes (Gangzahl des Werkstückgewindes) l derjenigen des Leitspindelgewindes dar. Es wird kurz von Drehspindelgängen l Leitspindelgängen gesprochen. Das Steigungszahlenverhältnis oder kurz das **igungsverhältnis** stellt das Verhältnis der Steigungszahlen des zu schneidenı Gewindes (Steigung des Werkstückgewindes) und des Leitspindelgewindes dar. wird kurz von Drehspindelsteigung und Leitspindelsteigung gesprochen. Das echselräderverhältnis oder die **Wechselräderübersetzung** (i_w) ist das Vertnis oder die Übersetzung der außen aufzusteckenden Wechselräder. Mit Bezug Abb. 70 gilt:

echselräderübersetzung.

$$i_w = \frac{z_I \cdot z_{III}}{z_{II} \cdot z_{IV}} = \frac{\text{Produkt der Zähnezahlen der \textbf{treibenden} Wechselräder}}{\text{Produkt der Zähnezahlen der \textbf{getriebenen} Wechselräder}} \tag{67}$$

Allgemein wird zwischen Drehspindel und Leitspindel vom Gesamtüberzungsverhältnis oder kürzer von der **Gesamtübersetzung** (i_g) gesprochen: Gesamtübersetzung kann nun durch verschiedenartige Rechenelemente ausrückt werden. Als solche kommen die Zähnezahlen der Übersetzungsräder zwien Dreh- und Leitspindel, die Gangzahlen von Gewinden oder auch die Gewindeigungen in Betracht.

Wird die Gesamtübersetzung ausgedrückt durch die Gewindesteigung des Werkck- und des Leitspindelgewindes, so gilt:

esamtübersetzung teigungsgleichung)

$$i_g = \frac{DSt}{LSt} = \frac{\text{Drehspindelsteigung (\textbf{treibende} Seite)}}{\text{Leitspindelsteigung (\textbf{getriebene} Seite)}} \tag{68}$$

= Gesamtübersetzung = Übersetzung sämtlicher im Eingriff sich befindender Übersetgsräder, die zwischen Drehspindel und Leitspindel liegen, DSt = Drehspindelsteigung Steigung des herzustellenden Gewindes, LSt = Leitspindelsteigung.

Wird die Gesamtübersetzung ausgedrückt durch die Gangzahl des Werkstückl des Leitspindelgewindes, so gilt:

esamtübersetzung (Ganggleichung)

$$i_g = \frac{LG}{DG} = \frac{\text{Leitspindelgänge (\textbf{getriebene} Seite)}}{\text{Drehspindelgänge (\textbf{treibende} Seite)}} \tag{69}$$

i_g = Gesamtübersetzung = Übersetzung sämtlicher im Eingriff sich befindender Übersetzungsräder, die zwischen Drehspindel und Leitspindel liegen, LG = Leitspindelgänge, DG = Drehspindelgänge = Gangzahl des herzustellenden Gewindes.

Das Berechnen der aufzusteckenden Wechselräder muß für alle nur denkbaren Fälle stets von der Ermittlung der Gesamtübersetzung zwischen Drehspindel und Leitspindel ausgehen. Ob nun diese zum Wechselräderberechnen jeweils erforderliche Gesamtübersetzung als Gangverhältnis oder als Steigungsverhältnis, d. h. also nach der Ganggleichung (69) oder Steigungsgleichung (68) ermittelt wird, ist gleich. Es kommt lediglich darauf an, wie am bequemsten und zugleich am raschesten das Ergebnis erreicht werden kann.

Für die Wechselräderberechnung an Leitspindeldrehbänken ist außer der Steigung des zu schneidenden Gewindes die Größe der Steigung bzw. die Gangzahl des Leitspindelgewindes unerläßlich. Die Angabe über Gewindesteigung des herzustellenden Gewindes kann verschieden sein; sie wird durch die Zeichnung oder den vorliegenden Auftrag angegeben. Die Steigung eines Gewindes kann durch die verschiedensten Maßeinheiten ausgedrückt werden. Für die Angabe der Gewindesteigung der Leitspindel gibt es nur zwei Möglichkeiten. Das Leitspindelgewinde kann nach Gang bzw. Zollsteigung oder nach Millimetersteigung gegeben sein. Für die nachstehenden Rechnungsbeispiele seien die in Zahlentafel 2, S. 56 festgelegten Wechselrädersätze verwendet. Satz Nr. 3 dieser Tafel gibt die Zähnezahlen der Wechselräder für Leitspindeldrehbänke an, wie sie in Normblatt DIN 781 festgelegt sind. Die Steigung der Leitspindel kann dabei ¼″, ½″ oder 3, 6, 12 und 24 mm betragen.

a) Leitspindel hat Zollsteigung.

1. Fall: Arbeitsstück ist in Gang gegeben.

Beispiel 55. Auf 4 Gang Leitspindel sind 10 Gang [Whitworth-Gewinde ¾″ nach DIN 11] zu schneiden. (Wechselräder, Satz Nr. 1, Zahlentafel 2, S. 56).

Lösung: Drsp. = 10 Gg. a. 1″, Ltsp. = 4 Gg. a. 1″ [Gl. (69)] $i_g = \frac{LG}{DG} = \frac{4}{10} = \frac{2}{5}$.

Sofort mit Aufstellung des Verhältnisses von gleichbenanntem Zähler und Nenner verschwindet die Benennung und es verbleibt eine reine Verhältniszahl als Gesamtübersetzung. Die Wechselräder werden durch Erweiterung der Wechselräderübersetzung i_w gefunden, das bei Drehbänken ohne Herzgetriebe und ohne Rädervorschubkasten gleich der Gesamtübersetzung ist, also $i_w = i_g = \frac{2}{5}$. Die Erweiterung dieses Bruches hat derart zu erfolgen, daß sich brauchbare, also im Wechselrädersatze vorhandene Zähnezahlen ergeben. Ein Bruch wird erweitert, indem Zähler und Nenner mit ein- und derselben Zahl multipliziert wird, ohne daß sich der Wert des Bruches ändert.

$$\frac{2}{5} = \frac{2 \cdot (20)}{5 \cdot (20)} = \frac{40}{100}.$$

Damit wäre 40 (Zähler) das treibende, 100 (Nenner) das getriebene Wechselrad. Es wäre also ein 40er Rad auf die Drehspindel und ein 100er Rad auf die Leitspindel zu stecken. Ist der Abstand der beiden Wellen zu groß, wird ein Zwischenrad mit beliebiger Zähnezahl eingeschaltet. Zwischenräder (vgl. Abb. 36 und 37) haben auf die Übersetzung keinen Einfluß; sie vermitteln den Eingriff und beeinflussen die Drehrichtung des getriebenen Rades. Das verlangte Gewinde läßt sich außer mit zwei auch mit vier Wechselrädern[1] schneiden; es wird dann eine Zerlegung des Wechselräderverhältnisses in zwei Brüche nötig.

[1] Beim Arbeiten mit zwei Wechselrädern muß das kleine Rad durch den erheblichen Unterschied zwischen treibendem und getriebenen Rad zuviel Kraft anwenden, um das große Wechselrad zu treiben. Daher laufen die Räder nicht ruhig und erzeugen ein zittriges und in der Steigung ungenaues Gewinde. Die genannten Fehler werden vermieden, wenn das Gewinde mit vier Wechselrädern geschnitten wird. Ferner haben hohe Zähnezahlen und genaue Teilung der Wechselräder großen Einfluß auf die Erreichung eines glatten und in der Steigung genauen Gewindes.

$$\frac{2}{5} = \frac{1 \cdot 2}{2 \cdot 2{,}5} = \frac{30 \cdot 40}{60 \cdot 50} \quad \text{oder:} \quad \frac{2}{5} = \frac{1 \cdot 2}{2 \cdot 2{,}5} = \frac{45 \cdot 40}{90 \cdot 50} = \frac{45 \cdot 40}{50 \cdot 90}.$$

Mit Bezug auf Abb. 70 erhält $z_I = 30$ oder 45, $z_{II} = 60$ oder 50, $z_{III} = 40$ und $z_{IV} = 50$ oder 90 Zähne.

Prüfung: Zur Vergewisserung, ob sämtliche, aufzusteckende Wechselräder richtig errechnet sind, ist eine Prüfung unerläßlich. Unumgänglich nötig wird sie beim Rechnen mit Näherungswerten: hier ist auf jeden Fall zu prüfen, welche wirkliche Steigung sich bei den gewählten Wechselrädern ergibt bzw. wie groß der auftretende Fehler ist. Die Prüfung auf Richtigkeit soll zeigen, daß sich mit den errechneten Wechselrädern die gewünschte Gewindesteigung ergibt. Ist Drehspindel- und Leitspindelgewinde nach Gängen bekannt, so ist zweckmäßig die Ganggleichung [Gl. (69)] nach den Drehspindelgängen aufzulösen.

Zahlentafel 2.
Wechselräder für Leitspindeldrehbänke.

Satz Nr.	Zähnezahlen der Wechselräder
1	25, 30 35, 40, 45, 50, 55, 60, 65, 70, 80, 90, 97, 100, 110, 127
2	25, 30, 35, 40, 45, 50, 60, 65, 70, 75, 80, 85, 95, 100, 110, 112, 127
3 Normwechselrädersatz	20, 22, 24, 25, 26, 30, 32, 34, 35, 36, 40, 42, 44, 45, 48, 50, 51, 54, 55, 57, 60, 65, 68, 70, 72, 75, 76, 80, 84, 85, 89, 90, 95, 96, 97, 100, 105, 110, 112, 114, 115, 120, 125, 127, 140

Drehspindelgänge, ausgedrückt durch Leitspindelgänge und Gesamtübersetzung. (**Prüfung**)

$$\boxed{DG = \frac{LG}{i_g}} \qquad (70)$$

DG = Drehspindelgänge = Gangzahl des herzustellenden Gewindes, LG = Leitspindelgänge, i_g = Gesamtübersetzung = Übersetzung sämtlicher im Eingriff sich befindender Übersetzungsräder, die zwischen Drehspindel und Leitspindel liegen.

Ist Drehspindel- und Leitspindelgewinde nach Steigung bekannt, so ist zweckmäßig die Steigungsgleichung [Gl. (68)] nach der Drehspindelsteigung aufzulösen.

Drehspindelsteigung, ausgedrückt durch Leitspindelsteigung und Gesamtübersetzung. (**Prüfung**)

$$\boxed{DSt = LSt \cdot i_g} \qquad (71)$$

DSt = Drehspindelsteigung = Steigung des herzustellenden Gewindes, LSt = Leitspindelsteigung, i_g = Gesamtübersetzung = Übersetzung sämtlicher im Eingriff sich befindender Übersetzungsräder, die zwischen Drehspindel und Leitspindel liegen.

Für Beispiel 55 ist die Prüfung zweckmäßig nach Gl. (70) durchzuführen. Mit $LG = 4$ und $i_g = i_w = \frac{45 \cdot 40}{50 \cdot 90}$ ergibt sich:

$$DG = \frac{LG}{i_g} = \frac{4}{\frac{45 \cdot 40}{50 \cdot 90}} = \frac{4 \cdot 50 \cdot 90}{45 \cdot 40} = 10; \text{ Werkstückgewinde 10 Gang auf 1''.}$$

Zur „Ausrechnung der Wechselräder“ des Beispieles 55 sei noch erwähnt, daß es nicht möglich ist, jeden errechneten Wechselrädersatz an der Drehbank aufzustecken; dies gilt selbst dann, wenn nach ausgeführter Prüfung ein vollkommen richtiges Ergebnis vorliegt. Beim Aufstecken der Wechselräder ergeben sich Hindernisse, die eine Begrenzung einzelner Wechselräder in ihrer Zähnezahl bedingen. Es kann vorkommen, daß das Wechselrad z_{III} gegen den Bolzen des Wechselrades z_I oder das Wechselrad z_{II} gegen die Leitspindel stößt (Abb. 70). Dies wird meist vermieden, wenn die errechneten Wechselräder die Bedingungen der Gl. (72) erfüllen.

Möglichkeit des Aufsteckens errechneter Wechselräder.

$z_I + z_{II}$ um mindestens 15 Zähne größer als z_{III}. $z_{III} + z_{IV}$ um mindestens 15 Zähne größer als z_{II}.	(72)

z_I = Zähnezahl des ersten treibenden Wechselrades, z_{II} = Zähnezahl des getriebenen Wechselrades auf dem Scherenbolzen, z_{III} = Zähnezahl des treibenden Wechselrades auf dem Scherenbolzen, z_{IV} = Zähnezahl des letzten getriebenen Wechselrades.

Die in Beispiel 55 errechneten Wechselräder erfüllen die Bedingungen der Gl. (72); für $i_w = \frac{45 \cdot 40}{50 \cdot 90}$ gilt: $45 + 50 = 95$; das ist mehr wie 15 größer als 40, $40 + 90 = 130$; das ist mehr wie 15 größer als 50.

Beispiel 56. Auf 2½ Gang Leitspindel sind 2¾ Gang [Whitworth-Gewinde 5″ nach DIN 11] zu schneiden! (Wechselräder, Satz Nr. 2 Zahlentafel 2, S. 56).

Lösung: Drsp. = $2\frac{3}{4}$ Gg. a. 1″, Ltsp. = $2\frac{1}{2}$ Gg. a. 1″ [Gl. (69)] $i_g = \frac{LG}{DG} = \frac{2\frac{1}{2}}{2\frac{3}{4}} = \frac{\frac{5}{2}}{\frac{11}{4}} = \frac{5 \cdot 4}{2 \cdot 11} = \frac{10}{11}$.

Wechselräder: $i_w = i_g = \frac{10}{11}$; $\frac{10}{11} = \frac{2 \cdot 5}{1 \cdot 11} = \frac{80 \cdot 50}{40 \cdot 110}$ | Mit Bezug auf Abb. 70 erhält $z_I = 80$, $z_{II} = 40$, $z_{III} = 50$ und $z_{IV} = 110$ Zähne.

2. Fall: Arbeitsstück ist in Zollsteigung gegeben.

Da Drehspindel und Leitspindel in zwei verschiedenen Einheiten gegeben sind, ist zu beachten, daß nur Gleichnamiges ins Verhältnis gesetzt werden kann; die Gesamtübersetzung kann also nicht mehr aus reinen Zahlenwerten, wie beispielsweise Gang und Gang, gebildet werden. Bei Aufstellung des Verhältnisbruches sind demnach die gegebenen benannten Zahlen auf gleiche Benennung, Zoll oder Millimeter zu prüfen. Beim Gleichbenanntmachen der gegebenen Verhältnisglieder selbst ist es vollständig einerlei, ob Zoll oder Millimeter bevorzugt wird; vielmehr ist dies vom Standpunkt des praktischen Rechnens von Fall zu Fall zu unterscheiden. Zwischen Gangzahl und Zollsteigung besteht hinsichtlich des Gleichbenanntmachens die in Zahlentafel 3 angegebene Maß und Zahlenbeziehung.

Zahlentafel 3. Maß- und Zahlenbeziehung zwischen Gangzahl und Zollsteigung.

3	Gang auf 1″ = $\frac{1}{3}$″ Steigung,
$3\frac{1}{4}$	Gang auf 1″ = $\frac{4}{13}$″ Steigung,
$4\frac{1}{2}$	Gang auf 1″ = $\frac{2}{9}$″ Steigung
	usw.

Beispiel 57. Auf 4 Gang Leitspindel sind $\frac{8}{21}$″ Steigung [Whitworth-Gewinde $5\frac{1}{4}$″ nach DIN 11] zu schneiden. (Wechselräder, Satz Nr. 1, Zahlentafel 2, S. 56).

Erste Lösung (Leitspindelgewinde in Zollsteigung umgerechnet):

Drsp. = $\frac{8}{21}$″ Stg.

Ltsp. = 4 Gg. a. 1″ = $\frac{1}{4}$″ Stg.

$$[\text{Gl. (68)}]\ i_g = \frac{DSt}{LSt} = \frac{8 \cdot 4}{21 \cdot 1} = \frac{32}{21}.$$

Es sei betont, daß die Bildung der Gesamtübersetzung aus dem Steigungsverhältnis nach Gl. (68) in den meisten Fällen die beste und sicherste Lösung darstellt.

Wechselräder: $i_w = i_g = \frac{32}{21}$; $\frac{32}{21} = \frac{4 \cdot 8}{3 \cdot 7} = \frac{40 \cdot 80}{30 \cdot 70} = \frac{80 \cdot 40}{30 \cdot 70}$.

Prüfung: [Gl. (71)] $DSt = LSt \cdot i_g = \frac{1}{4} \cdot \frac{80 \cdot 40}{30 \cdot 70} = \frac{8}{21}$; Werkstückgewinde $\frac{8}{21}$″ Steigung.

Zweite Lösung (Werkstückgewinde in Gang umgerechnet):

Drsp. = $\frac{8}{21}$″ Stg. = $\frac{21}{8}$ Gg. a. 1″. Ltsp. = 4 Gg. a. 1″. [Gl. (69)] $i_g = \frac{LG}{DG} = \frac{4 \cdot 8}{21} = \frac{32}{21}$.

Wechselräder: wie bei der ersten Lösung.

Prüfung: [Gl. (70)] $DG = \frac{LG}{i_g} = \frac{4}{\frac{80 \cdot 40}{30 \cdot 70}} = \frac{4 \cdot 30 \cdot 70}{80 \cdot 40} = \frac{21}{8}$ Gg. a. 1″ = $\frac{8}{21}$″ Steigung.

3. Fall: Arbeitsstück ist in Millimetersteigung gegeben.

Drehspindel und Leitspindel sind ebenfalls in verschiedenen Einheiten gegeben. Zweckmäßig wird in derartigen Fällen die Gangzahl der Leitspindel zu Millimetersteigung verwandelt. Zwischen Gangzahl und Millimetersteigung besteht hinsichtlich des Gleichbenanntmachens die in Zahlentafel 4 angegebene Maß- und Zahlenbeziehung.

Zahlentafel 4. Maß- und Zahlenbeziehung zwischen Gangzahl und Millimetersteigung[1].

2 Gang auf 1″ = $\frac{1}{2}$″ Steigung = $\frac{25{,}4}{2} = \frac{127}{10}$ mm Steigung,

$3\frac{1}{2}$ Gang auf 1″ = $\frac{2}{7}$″ Steigung = $\frac{25{,}4 \cdot 2}{7} = \frac{127 \cdot 2}{35}$ mm Steigung.

usw.

Wie aus Zahlentafel 4 ersichtlich, ergibt sich bei Verwandlung von Gang zu Millimetersteigung stets die Zahl 127. Aus diesem Grunde ist den meisten Drehbänken ein 127er Umrechnungsrad beigegeben.

Beispiel 58. Auf 4 Gang Leitspindel sind 2,25 mm Steigung zu schneiden. (Wechselräder, Satz Nr. 2, Zahlentafel 2, S. 56).

Lösung:

Drsp. = 2,25 mm Stg.

Ltsp. = 4 Gg. a. 1″ = $\frac{25{,}4}{4} = \frac{127}{20}$ mm Stg. | [Gl. (68)] $i_g = \frac{DSt}{LSt} = \frac{2{,}25 \cdot 20}{127} = \frac{45}{127}$.

Wechselräder: $i_w = i_g = \frac{45}{127}$; $\frac{45}{127} = \frac{3 \cdot 15}{1 \cdot 127} = \frac{60 \cdot 30}{40 \cdot 127}$; mit Bezug auf Abb. 70 erhält $z_I = 30$, $z_{II} = 40$, $z_{III} = 30$ und $z_{IV} = 127$ Zähne.

Prüfung: [Gl. (71)] $DSt = LSt \cdot i_g = \frac{127}{20} \cdot \frac{60 \cdot 30}{40 \cdot 127} = 2{,}25$. Werkstückgewinde 2,25 mm Steigung.

Das Schneiden metrischer Gewinde auf Drehbänken mit einer Zollgewindeleitspindel kann auch ohne 127er Wechselrad vorgenommen werden; dieses 127er Wechselrad kann durch geeignete andere Wechselräder ersetzt werden. Allerdings wird es nicht möglich sein, vollständig mathematisch genaue Übersetzungen zu erreichen. Die bei dem Gebrauch dieser Hilfsmittel gemachten Fehler sind jedoch so verschwindend gering, daß sie für den Betrieb gänzlich ohne Bedeutung sind. Dies um so mehr, wenn es sich um die Herstellung von kurzen Gewinden handelt. In Zahlentafel 11, S. 62 sind fünf der besten Übersetzungsverhältnisse für 1 Zoll angeführt.

4. Fall: Arbeitsstück ist in Modulsteigung gegeben.

Die Steigung des Gewindes, hier also der Schnecke, die sog. Modulsteigung ist in Millimetern auszudrücken. Damit ergibt sich, wenn an Stelle des genauen Wertes (vgl. Zahlentafel 6) vorerst mit $\pi = 3{,}14$ mm gerechnet wird, zwischen Modul und Millimetersteigung hinsichtlich des Gleichbenanntmachens die in Zahlentafel 5 angegebene Maß- und Zahlenbeziehung.

Zahlentafel 5. Maß- und Zahlenbeziehung zwischen Modul und Millimetersteigung.

Modul 1 mm = 1 $\cdot \pi$ mm = 3,14 mm Steigung,
Modul 3 mm = 3 $\cdot \pi$ mm = 9,42 mm Steigung,
Modul $5\frac{1}{2}$ mm = 5,5 $\cdot \pi$ mm = 17,27 mm Steigung.
usw.

Wird nun die zu schneidende Steigung in Millimetern genannt, so muß auch die Steigung der Leitspindel in Millimetern ausgedrückt werden. Ist die Leitspindel nach Gang bzw. Zollsteigung gegeben, so erhält man bei allen aufzustellenden Über-

[1] Nach DIN 4890 gilt für Werkstücke und Meßgeräte für den englischen und für den amerikanischen Zoll die Beziehung 1″ = **25,400 0000 mm.** (Nur für Maße und Messungen allerhöchster Genauigkeit ist der gesetzlich festgelegte Wert zugrunde zu legen und zu rechnen: 1″engl. = 25,399 956 mm und 1″ amerik. = 25,400 051 mm).

[2] Man dividiert eine Zahl durch einen Bruch, indem man sie mit dem umgekehrten (reziproken) Wert des Bruches multipliziert.

setzungsverhältnissen stets den Wert $\frac{\pi \text{ mm}}{1''}$. Bei Berechnung der Wechselräder müssen für diesen Bruch $\frac{\pi}{1''}$ angenäherte Werte benutzt werden. In Zahlentafel 7 sind einige der besten Näherungswerte angeführt. Um die Größe der Fehler übersehen und ihre Zulässigkeit prüfen zu können, ist es stets zweckmäßig, sie auf 1000 zu beziehen. In der Zahlentafel 7 und in den folgenden Zahlentafeln 9, 11 und 12 sind für die einzelnen Übersetzungsverhältnisse die jeweils entstehenden Fehler angegeben. Die Fehlerangabe beispielsweise 0,606‰ (Zahlentafel 11) bedeutet, daß ein unter Zuhilfenahme des Zahlenwertes $\frac{11 \cdot 30}{13}$ für 1″ geschnittenes Gewinde in seiner Steigung auf 1000 mm = 1 m Länge um 0,606 mm abweicht. Als **zulässige Fehlergrenze** gilt im allgemeinen ein Steigungsunterschied von 0,2 mm auf 1000 mm Länge. Für kurze Befestigungsgewinde sind noch größere Abweichungen, bis 0,5 mm auf 1000 mm Drehlänge, angängig.

Zahlentafel 6. Vielfache von $\pi = 3{,}1415927$.

$0{,}3 \cdot \pi = 0{,}9424778$	$3 \cdot \pi = 9{,}4247781$
$0{,}4 \cdot \pi = 1{,}2566371$	$3{,}25 \cdot \pi = 10{,}2101763$
$0{,}5 \cdot \pi = 1{,}5707964$	$3{,}5 \cdot \pi = 10{,}9955745$
$0{,}6 \cdot \pi = 1{,}8849556$	$3{,}75 \cdot \pi = 11{,}7809726$
$0{,}7 \cdot \pi = 2{,}1991149$	$4 \cdot \pi = 12{,}5663708$
$0{,}8 \cdot \pi = 2{,}5132742$	$4{,}5 \cdot \pi = 14{,}1371672$
$0{,}9 \cdot \pi = 2{,}8274334$	$5 \cdot \pi = 15{,}7079635$
$1 \cdot \pi = 3{,}1415927$	$5{,}5 \cdot \pi = 17{,}2787599$
$1{,}25 \cdot \pi = 3{,}9269909$	$6 \cdot \pi = 18{,}8495562$
$1{,}5 \cdot \pi = 4{,}7123891$	$6{,}5 \cdot \pi = 20{,}4203526$
$1{,}75 \cdot \pi = 5{,}4977872$	$7 \cdot \pi = 21{,}9911489$
$2 \cdot \pi = 6{,}2831854$	$8 \cdot \pi = 25{,}1327416$
$2{,}25 \cdot \pi = 7{,}0685836$	$9 \cdot \pi = 28{,}2743343$
$2{,}5 \cdot \pi = 7{,}8539818$	$10 \cdot \pi = 31{,}4159270$
$2{,}75 \cdot \pi = 8{,}6393799$	$11 \cdot \pi = 34{,}5575197$

Beispiel 59. Auf 4 Gang Leitspindel ist ein eingängiges Schneckengewinde von 1 Modul Steigung zu schneiden. (Wechselräder, Satz Nr. 2, Zahlentafel 2, S. 56).

Lösung:

$$\left.\begin{array}{l}\text{Drsp.} = 1 \cdot \pi \text{ mm Stg.}\\ \text{Ltsp.} = 4 \text{ Gg. a. } 1'' = \frac{1}{4}'' = \frac{25{,}4}{4} \text{ mm Stg.}\end{array}\right\} \text{[Gl. (68)] } i_g = \frac{DSt}{LSt} = \frac{1 \cdot \pi}{\frac{25{,}4}{4}} = \frac{\pi}{25{,}4} \cdot \frac{4}{1}.$$

Statt $\frac{\pi}{25{,}4} = \frac{\pi}{1''}$ wird ein Näherungswert gesetzt. Da im vorhandenen Wechselrädersatz ein 127er Wechselrad zur Verfügung steht, werde aus Zahlentafel 7 als Näherungswert $\frac{\pi}{1''} \approx \frac{22 \cdot 5}{7 \cdot 127}$ (Wert Nr. 4) gewählt; damit: $i_w = i_g = \frac{\pi}{25{,}4} \cdot \frac{4}{1}$; $i_w = \frac{22 \cdot 5}{7 \cdot 127} \cdot \frac{4}{1} = \frac{440}{889}$.

Wechselräder: $\frac{440}{889} = \frac{22 \cdot 20}{7 \cdot 127} = \frac{110 \cdot 20}{35 \cdot 127} = \frac{110 \cdot 40}{70 \cdot 127}$. Mit Bezug auf Abb. 70 erhält z_I = 110, $z_{II} = 70$, $z_{III} = 40$ und $z_{IV} = 127$ Zähne.

Prüfung: [Gl. (71)] $DSt = LSt \cdot i_g = \frac{1}{4} \cdot \frac{110 \cdot 40}{70 \cdot 127} = \frac{110}{889} = 0.123735''$. Die Steigung des Werkstückgewindes beträgt $0{,}123735 \cdot 25{,}4 = 3{,}1428690$ mm.

Beispiel 60. Wie groß ist der in Beispiel 59 entstandene Steigungsfehler?

Lösung:

Geschnittene Gewindesteigung	= 3,1428690 mm
Verlangte Gewindesteigung = $1 \cdot \pi$	= 3,1415927 mm
Steigungsfehler	= 0,0012763 mm = 1,3 μ[1].

Beispiel 61. Um wieviel Millimeter weicht das in Beispiel 59 geschnittene Näherungsgewinde in seiner Steigung auf 1000 mm Länge vom genauen Gewinde ab?

Lösung: Fehler auf 3,1415927 mm Länge = 3,1428690 − 3,1415927 = 0,0012763 mm.,

$$\text{Fehler auf 1000 mm Länge} = \frac{0{,}0012763 \cdot 1000}{3{,}1415927} = 0{,}402 \text{ mm}.$$

[1] Die Einheit für Längenmaße ist der Millimeter (mm). Der 1000. Teil eines Millimeters ist das Mikron (μ).

Die Fehlerangabe 0,402‰ in Zahlentafel 7 bedeutet, daß das Gewinde in seiner Steigung auf 1000 mm Länge um 0,402 mm abweicht.

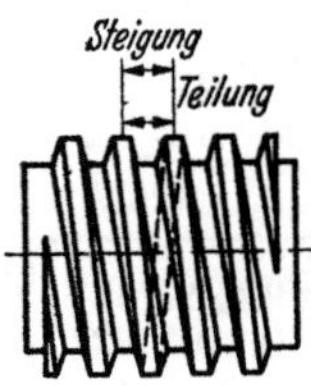

Abb. 71. Schneckengewinde eingängig.

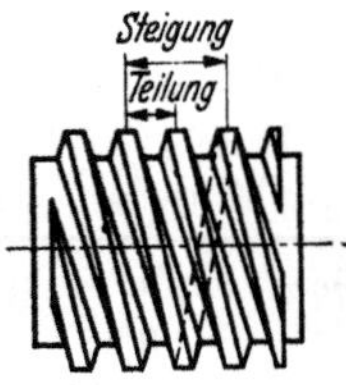

Abb. 72. Schneckengewinde zweigängig.

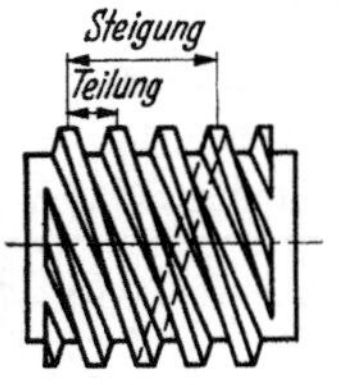

Abb. 73. Schneckengewinde dreigängig.

Beim Schneiden mehrfacher Schneckengewinde ist der Modul außerdem mit der Gängigkeitszahl zu multiplizieren. Es würde sich also ergeben die Steigung einer Schnecke nach Modul 6 mm, wenn sie eingängig ist, zu $h = 1 \cdot 6 \cdot \pi$ mm, wenn sie zweigängig ist, zu $h = 2 \cdot 6 \cdot \pi$ mm, wenn sie dreigängig ist, zu $h = 3 \cdot 6 \cdot \pi$ mm usf. Vgl. Abb. 71 bis 73,

Zahlentafel 7. Näherungswerte.

Für $\frac{\pi}{1''} = 0{,}1236848 \left(\frac{1}{\text{mm}}\right)$.

Nr.	Näherungswert	Fehler
1	$\frac{\pi}{1''} \approx 0{,}1236842 = \frac{47}{4 \cdot 95}$	− 0,005‰
2	$\frac{\pi}{1''} \approx 0{,}1236979 = \frac{5 \cdot 19}{32 \cdot 24}$	+ 0,106‰
3	$\frac{\pi}{1''} \approx 0{,}1237113 = \frac{12}{97}$	+ 0,214‰
4	$\frac{\pi}{1''} \approx 0{,}1237345 = \frac{22 \cdot 5}{7 \cdot 127}$	+ 0,402‰
5	$\frac{\pi}{1''} \approx 0{,}1238095 = \frac{13}{7 \cdot 15}$	+ 1,008‰
6	$\frac{\pi}{1''} \approx 0{,}1236559 = \frac{23}{6 \cdot 31}$	− 0,234‰
7	$\frac{\pi}{1''} \approx 0{,}1236264 = \frac{5 \cdot 9}{26 \cdot 1}$	− 0,472‰

5. Fall: Arbeitsstück ist in Diametral Pitch[1] Steigung gegeben.

Die Steigung des Schneckengewindes ist im Zollmaß auszudrücken. Wird an Stelle des genauen Wertes mit $\pi = 3{,}14''$ gerechnet, so folgt Circular Pitch $= \frac{3{,}14}{\text{Diametral Pitch}}$ (Z. 2, B.T. 2, S. 145.) Für Wechselräderberechnungen ist nur die Steigung des Schneckengewindes, also die Größe des Circular Pitch von Bedeutung.

Zahlentafel 8. Maß- und Zahlenbeziehung zwischen Diametral Pitch und Zollsteigung.

Diametral Pitch 1	$= \frac{\pi''}{1} = \frac{3{,}14''}{1} = 3{,}14''$ Steigung,
Diametral Pitch 3	$= \frac{\pi''}{3} = \frac{3{,}14''}{3} = 1{,}047''$ Steigung,
Diametral Pitch $5\frac{1}{2}$	$= \frac{\pi''}{5{,}5} = \frac{3{,}14''}{5{,}5} = 0{,}5709''$ Steigung
	usw.

Damit ergibt sich, wenn an Stelle des genauen Wertes vorerst mit $\pi = 3{,}14''$ gerechnet wird, zwischen Diametral Pitch und Zollsteigung hinsichtlich des Gleichbenanntmachens die in Zahlentafel 8 angegebene Maß- und Zahlenbeziehung.

Ist die Leitspindel nach Gang bzw. Zollsteigung gegeben, so ergibt sich bei allen aufzustellenden Übersetzungsverhältnissen stets der Wert $\frac{\pi}{DP}$. Bei Berechnung der Wechselräder müssen für den Wert π ebenfalls angenäherte Werte benutzt werden. In Zahlentafel 9 sind einige der besten Näherungswerte für den Wert π angeführt.

Beispiel 62. Auf 2 Gang Leitspindel ist ein eingängiges Schneckengewinde von 9 Diametral Pitch zu schneiden. (Wechselräder, Satz Nr. 2, S. 56).

[1] In den Ländern der englischen Maßordnung werden die Zahnräder nach Diametral- und Circular Pitch berechnet. Wird der Teilkreis in soviele gleiche Teile geteilt, als das Rad Zähne erhalten soll, so wird jeder solche Teil als Circular Pitch bezeichnet. Aus demselben Grunde, wie die Modulteilung entstanden ist (vgl. S. 117), ergab sich die Diametral Pitch Teilung. Der Teilkreisdurchmesser in Zoll ergibt sich dann zu $d_0 = \frac{z}{DP}$. B. T. 2, S. 145 läßt die Beziehungen zwischen Diametral Pitch, Circular Pitch und Modul erkennen.

Lösung: Drsp. $= 9\,DP = \frac{\pi''}{9}$ Stg.

Ltsp. $= 2$ Gg. a. 1″ $= \frac{1}{2}''$ Stg.

$$[\text{Gl. (68)}]\; i_g = \frac{DSt}{LSt} = \frac{\frac{\pi}{9}}{\frac{1}{2}} = \frac{\pi \cdot 2}{9 \cdot 1} = \frac{2}{9} \cdot \pi.$$

Statt π wird ein Näherungswert gesetzt. Da für die Maschine ein 127er Wechselrad vorhanden ist, werde (aus Zahlentafel 9) als Näherungswert $\pi = \frac{19 \cdot 21}{127}$ (Wert Nr. 3) gesetzt; damit:

$$i_w = i_g = \frac{2}{9} \cdot \pi; \quad i_w = \frac{2 \cdot 19 \cdot 21}{9 \cdot 127} = \frac{266}{381}.$$

Wechselräder: $\frac{266}{381} = \frac{14 \cdot 19}{3 \cdot 127} = \frac{70 \cdot 95}{75 \cdot 127}$.

Prüfung: [Gl. (71)] $DSt = LSt \cdot i_g = \frac{1}{2} \cdot \frac{70 \cdot 95}{75 \cdot 127} = \frac{133}{381} = 0{,}3490813$.

Zahlentafel 9. Näherungswerte.

Für $\pi = 3{,}1415927$

Nr.	Näherungswert[1]	Fehler
1	$\pi \approx 3{,}1428571 = \frac{22}{7}$	$+ 0{,}402\text{‰}$
2	$\pi \approx 3{,}1418181 = \frac{32 \cdot 27}{25 \cdot 11}$	$+ 0{,}072\text{‰}$
3	$\pi \approx 3{,}1417322 = \frac{19 \cdot 21}{127}$	$+ 0{,}044\text{‰}$
4	$\pi \approx 3{,}1417112 = \frac{25 \cdot 47}{22 \cdot 17}$	$+ 0{,}038\text{‰}$
5	$\pi \approx 3{,}1417004 = \frac{8 \cdot 97}{13 \cdot 19}$	$+ 0{,}034\text{‰}$
6	$\pi \approx 3{,}1416666 = \frac{13 \cdot 29}{4 \cdot 30}$	$+ 0{,}024\text{‰}$
7	$\pi \approx 3{,}1415929 = \frac{5 \cdot 71}{113}$	$+ 0{,}000\text{‰}$
8	$\pi \approx 3{,}1410256 = \frac{5 \cdot 49}{6 \cdot 13}$	$- 0{,}181\text{‰}$
9	$\pi \approx 3{,}1400000 = \frac{157}{50}$	$- 0{,}507\text{‰}$

Werkstückgewinde 0,3490813″ Steigung.

Beim Schneiden mehrfacher Schneckengewinde ist der Circular Pitch außerdem mit der Gängigkeitszahl zu multiplizieren. Es würde sich also ergeben die Steigung einer Schnecke nach Diametral Pitch 6, wenn sie eingängig ist, zu $h = 1 \cdot \pi/6''$, wenn sie zweigängig ist, zu $h = 2 \cdot \pi/6''$, wenn sie dreigängig ist, zu $h = 3 \cdot \pi/6''$ usf.

b) Leitspindel hat Millimetersteigung.

Auch hier kann das Arbeitsstück in Millimetersteigung, in Gang, in Zollsteigung, in Modulsteigung oder in Diametral Pitch Steigung gegeben sein. Einige Beispiele seien angeführt.

Zahlentafel 10. Maß- und Zahlenbeziehung zwischen Millimetersteigung und Gangzahl.

3 mm Steigung	$= \frac{25{,}4}{3} = \frac{254}{30} = \frac{127}{15}$ Gang auf 1″
6 mm Steigung	$= \frac{25{,}4}{6} = \frac{254}{60} = \frac{127}{30}$ Gang auf 1″
12 mm Steigung	$= \frac{25{,}4}{12} = \frac{254}{120} = \frac{127}{60}$ Gang auf 1″
usw.	

Beispiel 63. Auf 6 mm Leitspindel sind 11 Gang [Whitworth-Gewinde 5/8″ nach DIN 11] zu schneiden. (Wechselräder, Satz Nr. 2, S. 56).

Lösung: Da Millimetersteigung und Gang gegeben, sind zunächst gleiche Einheiten zu schaffen. Zwischen Millimetersteigung und Gangzahl gilt die in Zahlentafel 10 angegebene Maß- und Zahlenbeziehung.

Lösung: Drsp. $= 11$ Gg. a. 1″.
Ltsp. $= 6$ mm Stg. $= \frac{127}{30}$ Gg. a. 1″.

$$[\text{Gl. (69)}]\; i_g = \frac{LG}{DG} = \frac{127}{30 \cdot 11} = \frac{127}{330}.$$

Wechselräder: $i_w = i_g = \frac{127}{330}$; $\frac{127}{330} = \frac{1 \cdot 127}{3 \cdot 110} = \frac{25 \cdot 127}{75 \cdot 110} = \frac{127 \cdot 25}{75 \cdot 110}$.

Prüfung: $[\text{Gl. (70)}]\; DG = \frac{LG}{i_g} = \frac{\frac{127}{30}}{\frac{127 \cdot 25}{75 \cdot 110}} = \frac{127 \cdot 75 \cdot 110}{30 \cdot 127 \cdot 25} = 11.$ Werkstückgewinde 11 Gang a. 1″.

[1] Ermittlung dieser Werte s. Beispiel 75, S. 71.

Zahlentafel 11. Näherugswerte.
Für 1'' = 25,4000000 mm.

Nr.	Näherungswert	Fehler
1	$1'' \approx 25{,}4000000 = \frac{127}{5}$	0,000‰
2	$1'' \approx 25{,}4117647 = \frac{18 \cdot 24}{17}$	+0,463‰
3	$1'' \approx 25{,}3968254 = \frac{40 \cdot 40}{7 \cdot 9}$	—0,125‰
4	$1'' \approx 25{,}3846154 = \frac{11 \cdot 30}{13}$	—0,606‰
5	$1'' \approx 25{,}399543 = \frac{89 \cdot 125}{73 \cdot 6}$.	—0,018‰

Zahlentafel 12. Näherungswerte.
Für π'' = 79,7964546 mm

Nr.	Näherungswert	Fehler
1	$\pi'' \approx 79{,}8285714 = \frac{22 \cdot 127}{7 \cdot 5}$	+0,402‰
2	$\pi'' \approx 79{,}8000000 = \frac{21 \cdot 19}{5}$	+0,044‰
3	$\pi'' \approx 79{,}7959184 = \frac{10 \cdot 17 \cdot 23}{7 \cdot 7}$	—0,007‰
4	$\pi'' \approx 79{,}7922078 = \frac{48 \cdot 128}{7 \cdot 11}$	—0,053‰
5	$\pi'' \approx 79{,}7872340 = \frac{30 \cdot 125}{47}$	—0,116‰
6	$\pi'' \approx 79{,}7802198 = \frac{22 \cdot 330}{7 \cdot 13}$	—0,203‰
7	$\pi'' \approx 79{,}7727273 = \frac{27 \cdot 65}{2 \cdot 11}$	—0,297‰

Ist ein 127er Wechselrad im Rädersatz nicht vorhanden, so können auch hier Wechselräder gefunden werden, welche der gewünschten Steigung möglichst nahe kommen und praktisch genügen. In Zahlentafel 11 sind einige der besten Übersetzungsverhältnisse für 1 Zoll angeführt, mit deren Hilfe leicht im Wechselrädersatz vorhandene Räder zu finden sind.

Beispiel 64. Auf 6 mm Leitspindel ist ein eingängiges Schneckengewinde von 7 Diametral Pitch Steigung zu schneiden. (Wechselräder, Satz Nr. 2, S. 56).

Lösung:

$$\text{Drsp.} = 7\,DP = \frac{\pi}{7}''\ \text{Stg.} = \frac{\pi \cdot 25{,}4}{7}\ \text{mm Stg.}$$

$$\text{Ltsp.} = 6\ \text{mm Stg.}$$

$$[\text{Gl. (68)}]\ i_g = \frac{DSt}{LSt} = \frac{\pi \cdot 25{,}4}{7 \cdot 6} = \pi \cdot 25{,}4 \cdot \frac{1}{42}.$$

Für $\pi \cdot 25{,}4$, also $\pi \cdot 1''$ oder π'' werde als Näherungswert (aus Zahlentafel 12) $\pi'' \approx \frac{21 \cdot 19}{5}$ mm (Wert Nr. 2) eingesetzt und erhält dann:

Wechselräder: $i_w = i_g = \pi \cdot 25{,}4 \cdot \frac{1}{42}$; $i_w = \frac{21 \cdot 19}{5 \cdot 42} = \frac{19}{10} = \frac{95}{50}$.

Prüfung [Gl. (71)]: $DSt = LSt \cdot i_g = 6 \cdot \frac{95}{50} = 11{,}40$. Werkstückgewinde 11,40 mm Steigung. (Verlangte Steigung $= \pi'' : 7 = 73{,}7964546 : 7 = 11{,}3994935$ mm).

VIII. Wechselräderberechnen mit Näherungswerten.

Bei Ausrechnung der aufzusteckenden Wechselräder beim Gewindeschneiden auf Leitspindeldrehbänken ergibt es sich vielfach, daß die gefundene Übersetzung des Wechselräderverhältnisses nicht durch vorhandene Wechselräder hergestellt werden kann. Es müssen in einem derartigen Fall entweder besondere Wechselräder neu angefertigt oder das Gewinde mit den, im Rädersatz zur Verfügung stehenden, also vorhandenen Wechselrädern angenähert geschnitten werden. Die Berechnung selbst geht bis zur Aufstellung des Gesamtübersetzungsverhältnisses in der üblichen Weise vor sich. Die einzige Schwierigkeit besteht darin, für das erhaltene Übersetzungsverhältnis i_w diejenigen Wechselräder aufzusuchen, die seinem Wert am nächsten kommen. Die auftretenden Schwierigkeiten können einerseits in der Bedingung liegen, daß nur vier Wechselräder angewandt werden sollen und andererseits darin, daß nur Wechselräder mit bestimmten Zähnezahlen zur Verfügung stehen. Wie aus den nachstehend angeführten Beispielen zu ersehen ist, ergeben sich beim Näherungswertrechnen vielfach größere Primzahlen[1], besonders dann, wenn hohe Genauigkeit erreicht werden soll. Um nun den Rechnungsgang abzukürzen, empfiehlt es sich, für Maschinen, bei denen Näherungswertberechnungen **häufiger** durchzuführen sind, von vornherein einige Wechselräder anzuschaffen, deren Zähnezahlen größere Primzahlen oder Vielfache davon sind.

[1] Primzahlen sind solche Zahlen, die sich nicht durch eine andere Zahl teilen, d. h. nicht in Faktoren zerlegen lassen; z. B. 47, 53, 59, 61, 67, 71, 79 usw.

Bei den Berechnungen für schwierige Steigungen erhält man nur in den seltensten Fällen ein Ergebnis, das ohne Fehler ist. Mit Hilfe der verschiedenen nachfolgenden Berechnungsverfahren I bis IV erhält man stets auch verschiedene Annäherungswerte. Einmal ist das eine, das andere Mal das andere Verfahren günstiger.

a) Suchen von Näherungswerten unter Zuhilfenahme des Rechenstabes. (Verfahren I.)

Ein häufiges Verfahren zur Ermittlung von Wechselrädern für schwierige Übersetzungsverhältnisse ist das sog. Rechenstabverfahren. Soll beispielsweise der Bruch $\frac{8}{31}$ durch das Verhältnis der Zähnezahlen von Wechselrädern ausgedrückt werden, so lassen sich unter Zuhilfenahme des Rechenstabes diese Zähnezahlen durch Einstellen desselben nach Abb. 74 finden.

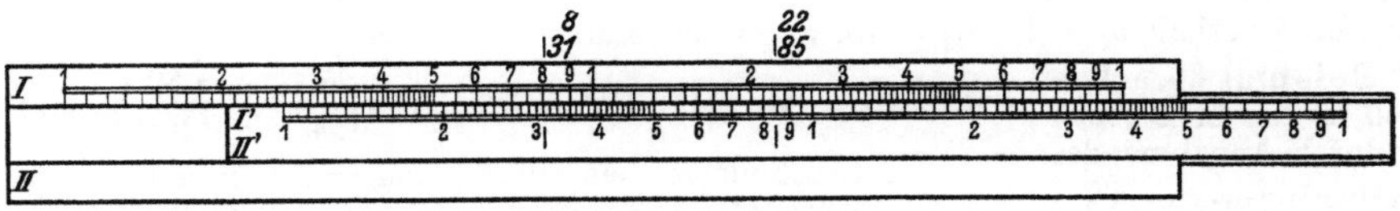

Abb. 74. Suchen von Näherungswerten unter Zuhilfenahme des Rechenstabes.

Die Zahlen 8 und 31 werden auf der oberen Teilung des Rechenstabes aufeinander eingestellt, d. h. unter die Zahl 8 (Dividend) auf der Stabskala I wird die Zahl 3,1 (Divisor) der Schieberskala I′ gestellt. Der Läuferstrich wird nun der Reihe nach über die als Zähnezahlen brauchbaren Zahlen 20, 22, 25, 30 usw. der Stabskala I angebracht und nachgesehen, ob sich bei einer derartigen Stellung auf der Schieberskala I′ eine vorhandene, ebenfalls als Zähnezahl ausdrückbare Zahl möglichst genau mit der auf Stabskala I eingestellten Zahl deckt. Nach Abb. 74 würden sich die beiden Zahlen 22 und 85 am besten eignen; also $\frac{8}{31} \approx \frac{22}{85}$.

Soll statt eines aus Zähler und Nenner bestehenden Bruches ein Dezimalbruch angenähert durch einen echten Bruch ersetzt werden, so kann zum Aufsuchen eines solchen Bruches ebenfalls der Rechenstab zu Hilfe genommen werden; hierbei ist dann der Quotient der beiden Zahlen durch Division zu bestimmen. Der linke Endstrich der Schieberskala I′ eines Rechenstabes wird unter die Zahl 0,392 eingestellt. Es ist nun leicht zu erkennen, daß die Zahl 0,392 angenähert gleich dem Bruch $\frac{9}{23}$ ist.

Soll beispielsweise der Wert 0,734 durch eine aus vier Wechselrädern bestehende Zahnradübersetzung ausgedrückt werden, so kann zunächst ein aus zwei Wechselrädern bestehendes Räderpaar willkürlich gewählt und mit diesem unter Berücksichtigung des gegebenen Dezimalbruches die beiden restlichen Wechselräder rechnerisch bestimmt werden. Wird der erste aus zwei Wechselrädern bestehende Bruch versuchsweise zu $\frac{50}{60}$ gewählt, so folgt: $0{,}734 = x \cdot \frac{50}{60}$ und demgemäß $x = \frac{0{,}734 \cdot 60}{50} = 0{,}881$.

Der Wert 0,881 kann nun in gleicher Weise, wie bereits beschrieben, mittels des Rechenstabes durch Wechselräderzähnezahlen ausgedrückt werden. Der rechte Endstrich 100 der Schieberskala I′ wird unter die Zahl 0,881 eingestellt und der Wert $\frac{75}{85}$ abgelesen. Demnach ergeben sich die Wechselräder zu $\frac{50 \cdot 75}{60 \cdot 85}$; die

$$\text{Prüfung ergibt: } \frac{50 \cdot 75}{60 \cdot 85} = 0{,}7352.$$

Durch willkürliche Wahl des ersten Wechselräderpaares besteht demnach vielfach die Möglichkeit dazu ein passendes zweites Wechselräderpaar zu finden. Erweist sich die erste willkürlich getroffene Wahl als nicht sehr günstig, so wird an

Stelle desselben ein anderes Räderpaar gewählt und weiter auf die bisher beschriebene Weise das restliche zweite Wechselräderpaar gesucht.

Beispiel 65. Die Steigung einer vorhandenen Gewindespindel wurde durch Messen bestimmt. Es ergaben sich auf 60,5 mm Länge 53 Gänge. Auf einer Drehbank mit 4 Gang Leitspindel ist eine Ersatzspindel zu fertigen. (Wechselräder, Satz Nr. 2, S. 56.)

Lösung: Drsp. $\frac{60{,}5}{53} = 1{,}1415$ mm Stg.; Ltsp. $\frac{25{,}4}{4} = 6{,}35$ mm Stg.; [Gl. (68)] $i_g = \frac{DSt}{LSt} = \frac{1{,}1415}{6{,}35}$.

Dieses Verhältnis wird nach Abb. 74 im Rechenstab so genau als möglich eingestellt. Dann sucht man Zahlen, die sich auf dem Rechenstab gegenüberstehen und gleichzeitig in Faktoren zerlegbar sind; man findet als gleichwertiges Verhältnis

$\frac{1{,}1415}{6{,}35} \approx \frac{135}{750} = \frac{27}{150} = \frac{9}{50}$. Wechselräder: $i_w = i_g = \frac{9}{50} = \frac{3 \cdot 3}{5 \cdot 10} = \frac{45 \cdot 30}{75 \cdot 100}$. Mit Bezug auf Abb. 70 erhält $z_I = 45$, $z_{II} = 75$, $z_{III} = 30$ und $z_{IV} = 100$ Zähne.

Beispiel 66. Wie groß ist der in Beispiel 65 durch Annahme des Näherungswertes $\frac{9}{50}$ entstandene Steigungsfehler?

Lösung: [Gl. (71)] $DSt = LSt \cdot i_g = \frac{25{,}4}{4} \cdot \frac{45 \cdot 30}{75 \cdot 100} = 1{,}14300.$

Geschnittene Gewindesteigung	= 1,1430 mm
Verlangte Gewindesteigung	= 1,1415 mm
Steigungsfehler	= 0,0015 mm = 1,5 μ.

Beispiel 67. Wie groß ist der in Beispiel 65 durch Annahme des Näherungswertes $\frac{9}{50}$ entstandene Fehler auf 1000 mm Länge?

Lösung:

Fehler auf 1,1430 mm Länge = 0,0015 mm,

Fehler auf 1000 mm Länge $= \frac{0{,}0015 \cdot 1000}{1{,}1430} = 1{,}3$ mm.

b) Suchen von Näherungswerten durch Wahl eines gut kürzbaren Bruches, Wiedergutmachung der Veränderung und Vergrößern oder Verkleinern des zweiten Bruches[1]. (Verfahren II.)

Beispiel 68. Auf 6 Gang Leitspindel sind 34 Gang zu schneiden. (Wechselrädersatz: 24 24, 30, 36, 42, 48, 54, 56, 60, 66, 72, 78, 84, 96, 127).

Lösung: Drsp. = 34 Gg. a. 1″; Ltsp. = 6 Gg. a. 1″; [Gl. (69)] $i_g = \frac{LG}{DG} = \frac{6}{34} = \frac{3}{17}$; $i_w = i_g = \frac{3}{17}$.

Es zeigt sich, daß für die Primzahl 17 Wechselräder nicht gefunden werden können. Irgendwelches Erweitern ist hier zwecklos, es müßte denn ein 17er, 34er, 51er, 68er oder 85er Wechselrad im Rädersatz vorhanden sein. Auf diese Weise ergeben sich also keine passenden Wechselräder; es müßte eines der eben angeführten Wechselräder neu angefertigt werden. Soll das verlangte Gewinde **ohne** Anfertigung eines neuen Wechselrades geschnitten werden, so ist für den Bruch $\frac{3}{17}$ irgendein anderer Bruch zu suchen, der dem Wert $\frac{3}{17}$ so gut wie gleich ist, der sich jedoch durch Erweitern oder Kürzen in vorhandenen Wechselrädern ausdrücken läßt. **Suchen eines gut kürzbaren Bruches,** dessen Nenner in der Nähe des gegebenen Nenners liegt. Gewählt sei beispielsweise $\frac{3}{18} = \frac{1}{6}$. Dadurch, daß statt $\frac{3}{17}$ der Bruch $\frac{3}{18}$ gewählt wird, ist eine Wertveränderung des Verhältnisses eingetreten; der Wert des Bruches ist ein anderer, das Verhältnis ist falsch geworden. **Wiedergutmachung der Veränderung:** $\frac{3}{17} = \frac{x}{18}$; $x = \frac{3 \cdot 18}{17}$; diesen Wert für x als Zähler eingesetzt, ergibt: $\frac{3}{17} = \frac{3 \cdot 18}{18 \cdot 17} = \frac{1}{6} \cdot \frac{18}{17}$.

Durch diese Wiedergutmachung der Veränderung wurde also das Wechselräderverhältnis $\frac{3}{17}$ in die zwei Brüche $\frac{1}{6}$ und $\frac{18}{17}$ zerlegt. Während der Bruch $\frac{1}{6}$ das Zahlenverhältnis grob angenähert wiedergibt, nimmt der zweite Bruch $\frac{18}{17}$ die noch verbleibenden Unterschiede auf. Die unbrauchbare Zahl 17, für die im Rädersatz kein Wechselrad enthalten ist, ist immer noch vorhanden. Es kann nun für den zweiten Bruch $\frac{18}{17}$ ein angenähertes Zahlenverhältnis gefunden werden, indem dieser Bruch vergrößert oder verkleinert wird; das kann

[1] Dieses Verfahren und die Faktorentafel auf Seite 160 sind im wesentlichen dem Werkstattbuch Heft 4, „Wechselräderberechnung“ von Georg Knappe, Springer-Verlag, 1921, entnommen.

geschehen, indem im Zähler und im Nenner je die möglichst gleiche und möglichst kleine Zahl hinzugezählt oder abgezogen wird. Dies wird solange fortgesetzt, bis ein in Wechselrädern ausdrückbarer Bruch erscheint. Wird hier beispielsweise die Zahl 2 im Zähler als auch im Nenner des Bruches $\frac{18}{17}$ abgezogen, so ergibt sich durch dieses

Verkleinern des zweiten Bruches: $\frac{3}{17} = \frac{1}{6} \cdot \frac{18}{17} \approx \frac{1}{6} \cdot \frac{16}{15}$; $\frac{1}{6} \cdot \frac{16}{15} = \frac{8}{3 \cdot 15} = \frac{8}{45}$.

Durch Verkleinern des zweiten Bruches war es möglich, die unliebsame Zahl 17 zu beseitigen. Es wird durch dieses Verfahren bewußt ein kleiner Fehler gemacht, weshalb sich das verlangte Gewinde auch nur annähernd genau ergibt. Ob der durch Vergrößern oder Verkleinern des zweiten Bruches gefundene Näherungswert brauchbar ist, hängt von der erforderlichen Genauigkeit des Gewindes ab bzw. von der zulässigen Fehlergrenze. Das Nachprüfen der Genauigkeit geschieht folgend:

Genauer Wert	3 : 17	= 0,176471,
Näherungswert	8 : 45	= 0,177778.
Unterschied		= 0,001307.

Der Fehler wird um so größer, je stärker korrigiert wird oder je kleiner der zu korrigierende Bruch ist.

$\frac{8}{45} = 0{,}177778$,

$\frac{8+1}{45+1} = 0{,}195652$; Unterschied $= 0{,}01787$,

$\frac{8+2}{45+2} = 0{,}212766$; Unterschied $= 0{,}034988$,

$\frac{8+3}{45+3} = 0{,}229167$; Unterschied $= 0{,}051389$.

$\frac{2}{3} = 0{,}666667$;

$\frac{2+1}{3+1} = 0{,}750000$; Unterschied $= 0{,}083333$,

$\frac{2+2}{3+2} = 0{,}800000$; Unterschied $= 0{,}133333$,

$\frac{2+3}{3+3} = 0{,}833333$; Unterschied $= 0{,}1666666$.

Deshalb ist es vielfach vorteilhaft, Zähler und Nenner des zu verändernden Bruches mit einer beliebig großen Zahl zu erweitern und dann erst durch Hinzuzählen oder Abziehen möglichst gleicher und möglichst kleiner Zahlen im Zähler und Nenner ein Vergrößern oder Verkleinern des Bruches vorzunehmen. Es beruht dies auf der Tatsache, daß ein und derselbe Fehler sich bei großen Werten weniger bemerkbar macht, als bei kleinen Werten.

Um einen besseren Näherungswert als $\frac{8}{45}$ zu erhalten, werde das genaue, gegebene Wechselräderverhältnis $\frac{3}{17}$ im Zähler und Nenner z. B. mit 448 erweitert; es folgt: $\frac{3}{17} = \frac{3 \cdot 448}{17 \cdot 448} = \frac{1344}{7616}$.

Der so erhaltene Zähler und Nenner ist nun mit Hilfe der Faktorentafel, S. 160, zu zerlegen. Ist die Zerlegung nicht unmittelbar möglich, so ist Zähler und Nenner (oder auch einer allein) um die möglichst gleiche Zahl zu vergrößern oder zu verkleinern; dies hat unter Benutzung der Faktorentafel so lange zu erfolgen, bis sich ein zerlegbares Zahlenverhältnis ergibt.

Vergrößerung des Nenners um 4:

$$\frac{1344}{7616} \approx \frac{1344}{7620}; \quad \frac{1344}{7620} = \frac{112}{635}.$$

Genauer Wert	3 : 17	= 0,176471,
Näherungswert	112 : 635	= 0,176377.
Unterschied		= 0,000094.

Wechselräder: $\frac{112}{635} = \frac{7 \cdot 16}{5 \cdot 127} = \frac{56 \cdot 16}{40 \cdot 127} = \frac{56 \cdot 24}{60 \cdot 127} = \frac{24 \cdot 56}{60 \cdot 127}$.

Prüfung: [Gl. (70)] $DG = \frac{LG}{i_g} = \frac{60 \cdot 127 \cdot 6}{56 \cdot 24} = \frac{45720}{1344} = 34{,}017856$.

Werkstückgewinde 34,017856 Gang a. 1''. (Geschnittene Gangzahl = 34,017856 Gg. a. 1'', d. h. es werden 34,017856—34,00000 = 0,017856 Gänge a. 1'' zu viel geschnitten.)

Beispiel 69. Wie groß ist der in Beispiel 68 durch Annahme des Näherungswertes $\frac{1}{6}\frac{1}{3}\frac{2}{5}$ entstandene Steigungsfehler?

Lösung:	Geschnittene Gewindesteigung	= 25,4 : 34,017856	= 0,746667 mm,
	Verlangte Gewindesteigung	= 25,4 : 34	= 0,747059 mm.
	Steigungsfehler		= 0,000392 mm = 0,39 μ.

Beispiel 70. Wie groß ist der in Beispiel 68 durch Annahme des Näherungswertes $\frac{1}{6}\frac{1}{3}\frac{2}{5}$ entstandene Fehler auf 1000 mm Länge?

Lösung: Fehler auf 0,747059 mm Länge = 0,000392 mm,

Fehler auf 1000 mm Länge $= \frac{0{,}000392 \cdot 1000}{0{,}747056} = 0{,}525$ mm.

Beispiel 71. Das in Beispiel 63 angeführte Gewinde soll auf der gleichen Drehbank ohne 127 Rad als Näherungsgewinde geschnitten werden.

1. **Lösung:** Drsp. = 11 Gg. a. 1″ $= \frac{25{,}4}{11}$ mm Stg.
Ltsp. = 6 mm Stg. } [Gl. (68)] $i_g = \frac{DSt}{LSt} = \frac{25{,}4}{11 \cdot 6}$.

Mit $25{,}4 = 1'' \approx \frac{11 \cdot 30}{13}$ (Wert Nr. 4) nach Zahlentafel 11 ergibt sich: $i_w = i_g = \frac{11 \cdot 30}{13 \cdot 11 \cdot 6} = \frac{5}{13} = \frac{25}{65}$. Das Gewinde läßt sich als Näherungsgewinde mit diesen beiden Rädern und einem beliebig großem Zwischenrad schneiden. Laut Zahlentafel 11 beträgt der entstehende Fehler 0,606 ‰.

2. **Lösung:** $i_w = \frac{127}{330}$; dieser Bruch, im Zähler und Nenner mit 23 erweitert, ergibt $\frac{127 \cdot 23}{330 \cdot 23} = \frac{2921}{7590}$. Durch Vergrößerung des Zählers um 4 und des Nenners um 10 erhält man den Näherungswert $\frac{2921}{7590} \approx \frac{2925}{7600}$. Wechselräder: $\frac{2925}{7600} = \frac{3^2 \cdot 5^2 \cdot 13}{2^4 \cdot 5^2 \cdot 19} = \frac{9 \cdot 13}{16 \cdot 19} = \frac{45 \cdot 65}{80 \cdot 95}$. Mit Bezug auf Abb. 70 erhält $z_I = 45$, $z_{II} = 80$, $z_{III} = 65$ und $z_{IV} = 95$ Zähne.

Prüfung: [Gl. (70)] $DG = \frac{LG}{i_g} = \frac{\frac{127}{30}}{\frac{45 \cdot 65}{80 \cdot 95}} = \frac{127 \cdot 80 \cdot 95}{30 \cdot 45 \cdot 65} = 10{,}999430.$ } Werkstückgewinde 10,999430 Gang a. 1″.

Beispiel 72. Wie groß ist bei dem in Beispiel 71 (zweite Lösung) geschnittenem Näherungsgewinde der Steigungsfehler?

Lösung [Gl. (71)]: $DSt = LSt \cdot i_g = \frac{6 \cdot 45 \cdot 65}{80 \cdot 95} = 2{,}30921052.$

Geschnittenes Gewinde	= 2,30921052 mm Steigung
Verlangtes Gewinde = 25,4 : 11	= 2,30909091 mm Steigung
Steigungsfehler	= 0,00011961 mm = 0,12 μ.

Beispiel 73. Wie groß ist bei dem Näherungsgewinde in Beispiel 71 (zweite Lösung) der Fehler auf 1000 mm Länge?

Lösung: Fehler auf 2,30909091 mm Länge = 0,00011961 mm

Fehler auf 1000 mm Länge $= \frac{0{,}00011961 \cdot 1000}{2{,}30909091} = 0{,}051$ mm.

c) Suchen von Näherungswerten unter Zuhilfenahme der Kettenbruchrechnung[1]. (Verfahren III.)

Wenn es gilt, ein bestimmtes Übersetzungsverhältnis durch im Wechselrädersatz vorhandene Zähnezahlen zu verwirklichen, so kann dies nach den bisher ausgeführten Verfahren vielfach ohne größere Schwierigkeiten durchgeführt werden. Handelt es sich aber um Übersetzungsverhältnisse, welche durch mehrstellige Zahlen ausgedrückt werden, also um Brüche, deren Zähler und Nenner aus sehr großen Zahlen bestehen, so ist das folgende Verfahren unter Zuhilfenahme der Kettenbruchrechnung das gegebenste. Diese Rechnungsart führt in nahezu allen Fällen schneller und genauer zum Ziele als die bisher erwähnten Verfahren.

---

[1] Vgl. H. v. Schmude: Wechselräderberechnung mit Hilfe des Kettenbruches, Masch.-Bau Bd. 11 (1932). S. 184.

1. Umrechnen der echten Brüche zu Kettenbrüchen.

Der echte Bruch $\frac{289}{600}$ wird folgend in einen Kettenbruch verwandelt:

600 : 289 = **2** 578 1. Rest = 22	Die größere Zahl 600 wird durch die kleinere 289 dividiert; das geht 2mal und 22 bleibt Rest.
289 : 22 = **13** 22 69 66 2. Rest = 3	Die größere Zahl 289 wird durch die kleinere 22 dividiert; das geht 13mal und 3 bleibt Rest.
22 : 3 = **7** 21 3. Rest = 1	Die größere Zahl 22 wird durch die kleinere 3 dividiert; das geht 7mal und 1 bleibt Rest.
3 : 1 = **3** 3 4. Rest = 0	Die größere Zahl 3 wird durch die kleinere 1 dividiert; das geht 3mal, es verbleibt kein Rest.

Eine noch kürzere und doch übersichtliche Darstellung des nebenstehend durchgeführten Rechnungsganges ist folgende:

600 : 289 = **2**
578
289 : 22 = **13**
22
69
66
22 : 3 = **7**
21
3 : 1 = **3**.

Der Kettenbruch für $\frac{289}{600}$ lautet damit:

$$\frac{289}{600} = \cfrac{1}{\mathbf{2} + \cfrac{1}{\mathbf{13} + \cfrac{1}{\mathbf{7} + \cfrac{1}{\mathbf{3}}}}}$$

Durch diese Rechnungsweise ergeben sich die durch **Starkdruck** hervorgehobenen Teilnenner des Kettenbruches. Der Wert eines einfachen Kettenbruches ist stets kleiner als 1. Um daher einen gegebenen, unechten Bruch, dessen Wert gleich oder größer als 1 Ganzes ist, in einen einfachen Kettenbruch zu verwandeln, werden zweckmäßig die Ganzen abgesondert und der übrigbleibende echte Bruch verwandelt.

Die Umwandlung beispielsweise des Bruches $\frac{157}{120}$ in einen einfachen Kettenbruch erfordert zunächst, da ja der Wert eines einfachen Kettenbruches stets kleiner als 1 ist, die Ganzen abzusondern. Es gilt: $\frac{157}{120} = 1\,\frac{37}{120}$; der übrigbleibende echte Bruch $\frac{37}{120}$ ist, wie nebenstehend gezeigt, zu verwandeln:

120 : 37 = **3**
111
37 : 9 = **4**
36
9 : 1 = **9**.

Der Kettenbruch für $\frac{37}{120}$ lautet damit:

$$\cfrac{1}{\mathbf{3} + \cfrac{1}{\mathbf{4} + \cfrac{1}{\mathbf{9}}}}$$

2. Umrechnen der Kettenbrüche zu Näherungswerten.

Es sei nochmals betont, daß sich beispielsweise der Bruch $\frac{197}{254}$ bei Fehlen eines 127er Wechselrades nicht ohne weiteres durch Wechselräder verwirklichen läßt. Der Zähler 197 ist Primzahl, der Nenner 254 enthält die Primzahl 127 als Faktor, setzt also ein 127er Umrechnungsrad als gegeben voraus. Die beiden Zahlen sind vielmehr durch kleinere zu ersetzen, die als Zähnezahlen des Wechselrädersatzes ausführbar sind, sich aber dem gegebenen Wert $\frac{197}{254}$ soweit als möglich nähern. Für den echten Bruch $\frac{197}{254}$ errechnet sich der vollständige Kettenbruch:

254 : 197 = **1**
197
197 : 57 = **3**
171
57 : 26 = **2**
52
26 : 5 = **5**
25
5 : 1 = **5**.

$$\frac{197}{254} = \cfrac{1}{\mathbf{1} + \cfrac{1}{\mathbf{3} + \cfrac{1}{\mathbf{2} + \cfrac{1}{\mathbf{5} + \cfrac{1}{\mathbf{5}}}}}}$$

Das genau umgekehrte Verfahren, d. h. die Verwandlung des Kettenbruches in einen echten h, würde die beiden ursprünglichen Zahlen 197 und 254, also den Ausgangsbruch $\frac{197}{254}$ folgt ergeben:

usgangsbruch:

$$\cfrac{1}{1+\cfrac{1}{3+\cfrac{1}{2+\cfrac{1}{5+\cfrac{1}{5}}}}} = \cfrac{1}{1+\cfrac{1}{3+\cfrac{1}{2+\cfrac{5}{26}}}} = \cfrac{1}{1+\cfrac{1}{3+\cfrac{26}{57}}} = \cfrac{1}{1+\cfrac{57}{197}} = \mathbf{\frac{197}{254}}.$$

Wird die Reihe vorher, beispielsweise durch Streichung des letzten les $\frac{1}{5}$ abgebrochen, so ergibt sich ein Bruch, der dem Wert des Ausgangsbruches sehr kommt und deshalb als Näherungsbruch oder Näherungswert bezeichnet wird. ı Streichung des letzten Gliedes $\frac{1}{5}$ würde sich für diesen Fall ergeben:

rster Näherungswert:

$$\cfrac{1}{1+\cfrac{1}{3+\cfrac{1}{2+\cfrac{1}{5}}}} = \cfrac{1}{1+\cfrac{1}{3+\cfrac{5}{11}}} = \cfrac{1}{1+\cfrac{11}{38}} = \mathbf{\frac{38}{49}}.$$

veiter Näherungswert: Wird außer dem letzten ed $\frac{1}{5}$ auch noch das vorte Glied $\frac{1}{5}$ gestrichen, olgt:

$$\cfrac{1}{1+\cfrac{1}{3+\cfrac{1}{2}}} = \cfrac{1}{1+\cfrac{2}{7}} = \frac{7}{9}.$$

Dritter Näherungswert: Nach Streichung der drei letzten Glieder, also der Glieder $\frac{1}{5}$, $\frac{1}{5}$ und $\frac{1}{3}$, ergibt sich:

$$\cfrac{1}{1+\cfrac{1}{3}} = \cfrac{1}{\cfrac{4}{3}} = \frac{3}{4}.$$

Vierter Näherungswert: Nach Streichung der vier letzten Glieder, also der Glieder $\frac{1}{5}$, $\frac{1}{5}$, $\frac{1}{2}$ und $\frac{1}{3}$, ergibt sich: $\frac{1}{1} = 1$.

Es ist daraus zu ersehen, daß sich auch durch Fortlassung mehr Glieder der Teilbrüche Näherungswerte ergeben, die jedoch mit jeder wein Streichung eines Gliedes immer ungenauer werden. Von den errechneten ten sind die Brüche $\frac{38}{49}$, $\frac{7}{9}$, $\frac{3}{4}$, $\frac{1}{1}$ Hauptnäherungswerte, während der Bruch $\frac{197}{254}$ genauen und mathematisch richtigen Wert, d. h. den Ausgangsbruch angibt.

Prüfung der Genauigkeit.

Erster Näherungswert: $\frac{197}{254} \approx \frac{38}{49}$.

Genauer Wert	197 : 254	= 0,77559
Näherungswert	38 : 49	= 0,77551
Unterschied		= 0,00008
		= − 0,01%.

Zweiter Näherungswert: $\frac{197}{254} \approx \frac{7}{9}$.

Genauer Wert	197 : 254	= 0,77559
Näherungswert	7 : 9	= 0,77778
Unterschied		= 0,00219
		= + 0,28%.

Dritter Näherungswert: $\frac{197}{254} \approx \frac{3}{4}$.

Genauer Wert	197 : 254	= 0,77559
Näherungswert	3 : 4	= 0,75000
Unterschied		= 0,02559
		= − 3,29%.

Vierter Näherungswert: $\frac{197}{254} \approx \frac{1}{1}$.

Genauer Wert	197 : 254	= 0,77559
Näherungswert	1 : 1	= 1,00000
Unterschied		= 0,22441
		= + 28,93%.

, gegebenenfalls leicht durch Wechselräder zu verwirklichende, erste Näheswert $\frac{38}{49}$ weicht vom wahren Wert nur um −0,01% ab. Der zweite Näheswert $\frac{7}{9}$ weicht vom wahren Wert bereits um +0,28% ab, der dritte Näıngswert $\frac{3}{4}$ um −3,29%, der vierte, ungenaueste und deshalb auch nur für ergeordnete Zwecke brauchbare Näherungswert $\frac{1}{1}$ ergibt gegenüber dem gen Wert einen Unterschied von +28,93%.

Zu diesen Hauptnäherungswerten wäre zu bemerken, daß sie sich vom wahren t um so mehr entfernen, je kleiner Zähler und Nenner des Bruches werden. Auch ist aus dem angeführten Beispiel zu erkennen, daß die Näherungswerte stets abwechselnd größer und kleiner als der Wert des Ausgangsbruches sind.

3. Einfacheres Verfahren zum Umrechnen der Kettenbrüche zu Näherungswerten.

Auch die Umrechnung des Kettenbruches zu brauchbaren Näherungswerten läßt sich bedeutend rascher und einfacher durchführen. Zunächst sind die errechneten Teilnenner nebeneinander auf einen Strich, und zwar von rechts nach links zu schreiben, also:

$$\underline{5\;\;5\;\;2\;\;3\;\;1}\,.$$

Unter die letzte, ganz links befindliche Zahl, hier demnach unter die Zahl 5, ist dieselbe Zahl noch einmal zu setzen und links daneben in jedem Falle die Zahl 1; damit ergibt sich nachstehendes Zahlenbild:

$$\begin{array}{cccccc} & 5 & 5 & 2 & 3 & 1 \\ \hline 1 & 5 & & & & \end{array}\,.$$

In diesem Zahlenbild bilden die beiden unten links stehenden Zahlen das letzte Glied des Kettenbruches, also $\frac{1}{5}$. Oben rechts daneben steht der vorhergehende Teilnenner 5, der zusammen mit dem letzten Glied eine gemischte Zahl ergibt. Diese wird in einen unechten Bruch aufgelöst: $5 + \frac{1}{5} = \frac{26}{5}$. Der Zähler 26 des so gefundenen, unechten Bruches wird unter die zur Bildung dieses Bruches benutzte ganze Zahl 5 geschrieben, also:

$$\begin{array}{cccccc} & 5 & 5 & 2 & 3 & 1 \\ \hline 1 & 5 & 26 & & & \end{array}\,.$$

Die dritte, unten rechts stehende Zahl 26 kann auch einfacher ermittelt werden: $(5 \cdot 5) + 1 = 25 + 1 = 26$.

Zu dem aus der Multiplikation $5 \cdot 5$ sich ergebenden Produkt ist die unten links unmittelbar danebenstehende Zahl 1 zu addieren. Aus dem Kehrwert $\frac{5}{26}$ des unechten Bruches, der sich aus den unter dem Strich stehenden Zahlen 5 und 26 ergibt, und aus der, über dem Strich befindlichen, ganzen Zahl 2 ist ein neuer unechter Bruch $2 + \frac{5}{26} = \frac{57}{26}$ zu errechnen. Der Zähler 57 dieses Bruches wird ebenso unter dem Strich wie folgt angeschrieben:

$$\begin{array}{cccccc} & 5 & 5 & 2 & 3 & 1 \\ \hline 1 & 5 & 26 & 57 & & \end{array}\,.$$

Die vierte, unten rechts stehende Zahl 57 ermittelt sich gleichfalls einfacher, man erhält: $(2 \cdot 26) + 5 = 52 + 5 = 57$.

Aus dem Kehrwert $\frac{26}{57}$ des unechten Bruches, der sich jetzt wieder aus den untenstehenden Zahlen 26 und 57 ergibt, und aus der über dem Strich befindlichen ganzen Zahl 3 erhält man den neuen unechten Bruch $3 + \frac{26}{57} = \frac{197}{57}$. Der Zähler 197 dieses Bruches wird wiederum unter den Strich geschrieben:

$$\begin{array}{cccccc} & 5 & 5 & 2 & 3 & 1 \\ \hline 1 & 5 & 26 & 57 & 197 & \end{array}\,.$$

Die fünfte, unten rechts stehende Zahl 197 ermittelt sich aus folgendem, vereinfachtem Rechnungsgang: $(3 \cdot 57) + 26 = 171 + 26 = 197$.

Aus dem Kehrwert $\frac{57}{197}$ des unechten Bruches, der sich aus den unter dem Strich stehenden Zahlen 57 und 197 ergibt, und aus der über dem Strich befindlichen letzten Zahl 1 folgt ein neuer unechter Bruch zu $1 + \frac{57}{197} = \frac{254}{197}$. Der Zähler 254 dieses Bruches wird gleichfalls unter den Strich, geschrieben:

$$\begin{array}{cccccc} & 5 & 5 & 2 & 3 & 1 \\ \hline 1 & 5 & 26 & 57 & \mathbf{197} & \mathbf{254} \end{array}\,.$$

Die sechste, unten rechts stehende Zahl 254 kann gleichfalls einfacher ermittelt werden: $(1 \cdot 197) + 57 = 197 + 57 = 254$.

Die beiden letzten, unten rechts stehenden Zahlen bilden nunmehr Zähler und Nenner des gegebenen Ausgangsbruches. (Vergleiche diese Zahlen mit der Auflösung des Kettenbruches in der ausführlichen Schreibweise S. 67.)

$$\cfrac{1}{1+\cfrac{1}{3+\cfrac{1}{2+\cfrac{1}{5}}}}$$

Wird in dem vollständigen Kettenbruch beispielsweise das letzte Glied gestrichen, so läßt sich für den nebenstehend restlichen Kettenbruch der folgende Rechenplan a) aufstellen:

Rechenplan a): $\begin{array}{ccccc} & 5 & 2 & 3 & 1 \\ \hline 1 & 5 & 11 & \mathbf{38} & \mathbf{49} \end{array}\,.$

Die untenstehenden Zahlen 11, 38 und 49 ermitteln sich wie folgt:
die Zahl 11: $(2 \cdot 5) + 1 = 10 + 1 = 11$,
die Zahl 38: $(3 \cdot 11) + 5 = 33 + 5 = 38$,
die Zahl 49: $(1 \cdot 38) + 11 = 38 + 11 = 49$.

Die beiden letzten, unten rechts im Rechenplan a) stehenden Zahlen 38 und 49 (siehe Starkdruck) bilden bereits den Näherungswert: $\frac{197}{254} \approx \frac{38}{49}$. Werden in dem vollständigen Kettenbruch beispielsweise die beiden letzten Glieder $\frac{1}{5}$ und $\frac{1}{5}$ gestrichen, so läßt sich für den nebenstehend restlichen Kettenbruch

$$\cfrac{1}{1+\cfrac{1}{3+\cfrac{1}{2}}}$$

der Rechenplan b) aufstellen:

Rechenplan b): $\frac{2\;\;3\;\;1}{1\;\;2\;\;\mathbf{7}\;\;\mathbf{9}}$.

Die untenstehenden Zahlen 7 und 9 ermitteln sich wie folgt:
die Zahl 7: $(3 \cdot 2) + 1 = 6 + 1 = 7$,
die Zahl 9: $(1 \cdot 7) + 2 = 7 + 2 = 9$.

Die beiden letzten, unten rechts im Rechenplan b) stehenden Zahlen 7 und 9 (siehe Starkdruck) bilden den Näherungswert: $\frac{197}{254} \approx \frac{7}{9}$. Werden in dem vollständigen Kettenbruch die drei letzten Glieder gestrichen, so läßt sich für den nebenstehend restlichen Kettenbruch der Rechenplan c) aufstellen:

$$\cfrac{1}{1 + \cfrac{1}{3}}$$

Rechenplan c): $\frac{3\;\;1}{1\;\;\mathbf{3}\;\;\mathbf{4}}$.

Die unten rechts stehende Zahl 4 ermittelt sich zu:
$(1 \cdot 3) + 1 = 3 + 1 = 4$.

Die beiden letzten, unten rechts im Rechenplan c) stehenden Zahlen 3 und 4 (siehe Starkdruck) bilden den Näherungswert: $\frac{197}{254} \approx \frac{3}{4}$.

Für das Errechnen von Hauptnäherungswerten in der Wechselräderberechnung ist also durch ständig abwechselnde Division nach den beschriebenen vereinfachten Verfahren für das vorliegende Übersetzungsverhältnis in jedem Falle zunächst der vollständige Kettenbruch zu entwickeln. Damit werden die Teilnenner des Kettenbruches bekannt. Nun wird das letzte Glied dieses vollständigen Kettenbruches gestrichen, die verbleibende Zahlenreihe ausgerechnet und versucht, ob der erhaltene Näherungsbruch durch die Zähnezahlen der vorhandenen Wechselräder ausdrückbar ist. Ist dies nicht der Fall, so ist ein weiteres Glied zu streichen und die neuerdings übrigbleibende Reihe auszurechnen. Dieses Verfahren, d. h. die schrittweise Verkürzung der Teilnennerreihe, ist solange durchzuführen, bis sich schließlich ein Näherungswert durch Zähnezahlen der vorhandenen Wechselräder darstellen läßt. Zu beachten ist hierbei, wie bereits erwähnt, daß bei jeder weiteren Streichung eines Teilbruches das Ergebnis immer ungenauer wird. Die Berechnung der mit den gewählten Wechselrädern erzielten Steigung bzw. des entstehenden Fehlers ist somit unerläßlich.

4. Suchen von Haupt- und Zwischennäherungswerten.

Um eine noch raschere und trotzdem übersichtliche Handhabung des zur Ermittlung von Hauptnäherungswerten notwendigen Rechnungsganges zu ermöglichen, kann weiterhin auch das Anschreiben des vollständigen Kettenbruches unterbleiben. Es werde nochmals der Bruch $\frac{197}{254}$ gewählt.

Beispiel 74. Für das Wechselräderverhältnis $i_w = \frac{197}{254}$ ist ein brauchbarer Hauptnäherungswert zu suchen für den Fall, daß Wechselräder Satz Nr. 1, Zahlentafel 2, S. 56 zur Verfügung steht.

Lösung:

$$\begin{array}{l}
254 : 197 = \mathbf{1} \\
197 \\
\hline
197 : 57 = \mathbf{3} \\
171 \\
\hline
57 : 26 = \mathbf{2} \\
52 \\
\hline
26 : 5 = \mathbf{5} \\
25 \\
\hline
5 : 1 = \mathbf{5}.
\end{array}$$

Zahlentafel 13. Hauptnäherungswerte für den Bruch $\frac{197}{254}$ (Beispiel 74).

Näherungswerte	Faktoren der Näherungswerte	Wechselräder	Fehler
$\frac{5\;\;5\;\;2\;\;3\;\;1}{1\;\;5\;\;26\;\;57\;\;\mathbf{197}\;\;\mathbf{254}}$	$\frac{197}{2 \cdot 127}$	—	0%
$\frac{5\;\;2\;\;3\;\;1}{1\;\;5\;\;11\;\;\mathbf{38}\;\;\mathbf{49}}$	$\frac{2 \cdot 19}{7 \cdot 7}$	—	−0,01%
$\frac{2\;\;3\;\;1}{1\;\;2\;\;\mathbf{7}\;\;\mathbf{9}}$	$\frac{7}{9}$	$\frac{70}{90}$	+0,28%
$\frac{3\;\;1}{1\;\;\mathbf{3}\;\;\mathbf{4}}$	$\frac{3}{4}$	$\frac{60}{80}$	−3,29%
$\frac{1}{\mathbf{1}\;\;\mathbf{1}}$	$\frac{1}{1}$	—	+28,93%

Das äußere Kennzeichen der für den Bruch $\frac{197}{254}$ gefundenen vier verschiedenen Hauptnäherungswerte ist die Eigenschaft, daß sie sich in verhältnismäßig großen Sprüngen vom wahren Wert entfernen. Die Anwendung eines guten Hauptnäherungswertes wird in vielen Fällen genügen. Ergibt es sich jedoch, daß Zähler oder Nenner des gefundenen

Hauptnäherungswertes eine Primzahl bilden, also nicht weiter in Faktoren zerlegbar sind, so müßte zum nächsten, jedoch stets sehr viel ungenaueren Hauptnäherungswert gegriffen werden. In derartigen Fällen kann durch **Suchen von Zwischenwerten** eine feinere Differenzierung ermöglicht werden. Würde in dem Beispiel 74 die mit den beiden Wechselräderzähnezahlen 70 und 90 erreichte Genauigkeit von $+0{,}28\%$ nicht genügen, so müßten weitere Näherungswerte und damit auch neue Wechselräder gesucht werden.

Beispiel 75. Das Verhältnis des Kreisumfanges zum Durchmesser, die sog. Ludolfsche Zahl ist π. Die in Zahlentafel 9, S. 61 für π angeführten neun Näherungswerte sind unter Zuhilfenahme der Kettenbruchrechnung rechnerisch zu ermitteln. Für π ist der auf sieben Dezimalstellen errechnete Wert 3,1415927 (Zahlentafel 6, S. 59) zugrunde zu legen.

Lösung: $3{,}1415927 = 3\,\frac{1415927}{10000000}$. Für den echten Bruch $\frac{1415927}{10000000}$ berechnen sich die Glieder des Kettenbruches folgend:

```
                             10000000 : 1415927 = 7
                              9911489
                     1415927 :  88511 = 15
                       88511
                      530817
                      442555
                88511 : 88262 = 1
                88262
           88262 : 249 = 354
           747
           1356
           1245
            1112
             996
         249 : 116 = 2
         232
      116 : 17 = 6
      102
   17 : 14 = 1
   14
 14 : 3 = 4
 12
3 : 2 = 1
2
2 : 1 = 2.
```

Die Hauptnäherungswerte für den echten Bruch $\frac{1\,415\,927}{10\,000\,000}$ ergeben sich damit:

	2	1	4	1	6	2	354	1	15	7
1	2	3	14	17	116	249	88262	88511	**1415927**	**10000000**
		1	4	1	6	2	354	1	15	7
	1	1	5	6	41	88	31193	31281	**500408**	**3534137**
			4	1	6	2	354	1	15	7
		1	4	5	34	73	25876	25949	**415111**	**2931726**
				1	6	2	354	1	15	7
			1	1	7	15	5317	5332	**79980**	**565192**
					6	2	354	1	15	7
				1	6	13	4608	4621	**73936**	**522173**
						2	354	1	15	7
					1	2	710	712	**11390**	**80442**
							354	1	15	7
						1	354	355	**5679**	**40108**
								1	15	7
							1	1	**16**	**113**
									15	7
								1	**15**	**106**
										7
									1	**7**.

Für den Wert $\pi = 3{,}1415927$ ergeben sich bereits zwei (in Zahlentafel 9 angeführte) Hauptnäherungswerte.

$3 + \frac{1}{7} = \frac{22}{7}$; Näherungswert $\pi \approx \frac{\mathbf{22}}{\mathbf{7}}$ (Wert Nr. 1).

$3 + \frac{16}{113} = \frac{355}{113}$; Näherungswert $\pi \approx \frac{\mathbf{5 \cdot 71}}{\mathbf{113}}$ (Wert Nr. 7).

Der für das gegebene Beispiel nächst bessere Hauptnäherungswert $\frac{5679}{40108}$ würde im Zähler und Nenner bereits sehr große Zahlenwerte ergeben; um dies zu vermeiden, werden zweckmäßig Zwischennäherungswerte gesucht. Mit dem Hauptnäherungswert $\frac{16}{113}$ als Ausgangsbruch ergeben sich durch zweimalige Addition der Zahlen 1 und 7 zu 16 und 113 folgende zwei Näherungswerte:

16 113
17 120 | $3 + \frac{17}{120} = \frac{377}{120} = \frac{13 \cdot 29}{2^3 \cdot 3 \cdot 5} = \frac{13 \cdot 29}{4 \cdot 30}$; Näherungswert $\pi \approx \frac{\mathbf{13 \cdot 29}}{\mathbf{4 \cdot 30}}$ (Wert Nr. 6)

18 127 | $3 + \frac{18}{127} = \frac{399}{127} = \frac{3 \cdot 7 \cdot 19}{127} = \frac{19 \cdot 21}{127}$; Näherungswert $\pi \approx \frac{\mathbf{19 \cdot 21}}{\mathbf{127}}$ (Wert Nr. 3).

Durch ständige Subtraktion der Zahlen 1 und 7 von den Zahlen 16 und 113 ergeben sich zwei weitere Näherungswerte; man erhält 16 u. 113, 15 u. 106, 14 u. 99, 13 u. 92, 12 u. 85 und endlich:

11 78 | $3 + \frac{11}{78} = \frac{245}{78} = \frac{5 \cdot 7^2}{2 \cdot 3 \cdot 13} = \frac{5 \cdot 49}{6 \cdot 13}$; Näherungswert $\pi \approx \frac{\mathbf{5 \cdot 49}}{\mathbf{6 \cdot 13}}$ (Wert Nr. 8)

Weiterhin folgen die Zahlen 10 u. 71, 9 u. 64, 8 u. 57 und:

7 50 | $3 + \frac{7}{50} = \frac{157}{50} = \frac{157}{2 \cdot 5^2} = \frac{157}{50}$; Näherungswert $\pi \approx \frac{\mathbf{157}}{\mathbf{50}}$ (Wert Nr. 9).

Durch Vervielfachen des Zählers und Nenners des Ausgangsbruches 16:113 mit 2 und ständige Addition der Zahlen 1 und 7 zu den Zahlen 32 und 226 ergeben sich zwei weitere Näherungswerte; man erhält 16 u. 113, 32 u. 226, 33 u. 233, 34 u. 240 und:

35 247 | $3 + \frac{35}{247} = \frac{776}{247} = \frac{2^3 \cdot 97}{13 \cdot 19} = \frac{8 \cdot 97}{13 \cdot 19}$; Näherungswert $\pi \approx \frac{8 \cdot 97}{13 \cdot 19}$ (Wert Nr. 5).

Weiterhin folgen die Zahlen 36 u. 254, 37 u. 261, 38 u. 268 und:

39 275 | $3 + \frac{39}{275} = \frac{864}{275} = \frac{2^5 \cdot 3^3}{5^2 \cdot 11} = \frac{32 \cdot 27}{25 \cdot 11}$; Näherungswert $\pi \approx \frac{32 \cdot 27}{25 \cdot 11}$ (Wert Nr. 2).

Der letzte Näherungswert wird durch Vervielfachen des Zählers und Nenners des Ausgangsbruches 16:113 mit 3 und ständige Addition der Zahlen 1 und 7 zu den Zahlen 48 und 339 gefunden; man erhält 16 u. 113, 48 u. 339, 49 u. 346, 50 u. 353, 51 u. 360, 52 u. 367 und endlich:

53 374 | $3 + \frac{53}{374} = \frac{1175}{374} = \frac{5^2 \cdot 47}{2 \cdot 11 \cdot 17} = \frac{25 \cdot 47}{22 \cdot 17}$; Näherungswert $\pi \approx \frac{25 \cdot 47}{22 \cdot 17}$ (Wert Nr. 4)

IX. Wechselräderberechnen an Leitspindeldrehbänken mit Rädervorschubkasten.

Alle bisherigen Berechnungen zur Ermittlung der aufzusteckenden Wechselräder bezogen sich auf Leitspindeldrehbänke, bei welchen eine Übersetzung der Herzräder von z_1 auf z_4 (Abb. 70) nicht stattfand. Ist jedoch die Herzradübersetzung einer Maschine nicht 1:1, so ist dieses selbstverständlich in der Berechnung der Wechselräder entsprechend zu berücksichtigen. Die Übersetzung eines Herzgetriebes kann gleich, größer oder kleiner als 1 sein.

Weiterhin sind neuere Leitspindeldrehbänke meist mit einem Rädervorschubkasten versehen, in welchem eine Anzahl Räderübersetzungen enthalten sind. Um auch auf Leitspindeldrehbänken mit Rädervorschubkasten Gewinde schneiden zu können, die auf der beigegebenen Maschinentafel nicht angeführt sind, muß für jede Hebelstellung die im Rädervorschubkasten eingerückte Übersetzung bekannt sein, bzw. berechnet werden. Die Aufbauelemente einer neueren Drehbank bedingen also, daß die Gesamtübersetzung zwischen Drehspindel und Leitspindel nicht (wie im VII. Abschnitt) aus der Zähnezahl von zwei oder vier Wechselrädern gebildet werden kann, sondern daß sie vielmehr aus einzelnen Faktoren gebildet werden muß. Diese Faktoren sind Einzelübersetzungen und die Gesamtübersetzung ist demnach das Produkt dieser Einzelübersetzungen. Bei allen Leitspindeldrehbänken neuerer Bauart können nach Abb. 75 drei Gruppen von Einzelübersetzungen scharf unterschieden werden[1]. Diese sind:

Übersetzung der festeingebauten Räderpaare (**Festübersetzung** i_f),
Übersetzung der einschaltbaren Räderpaare (**Schaltübersetzung** i_s),
Übersetzung der auswechselbaren Räderpaare (**Wechselräderübersetzung** i_w).

Die Gesamtübersetzung zwischen Drehspindel und Leitspindel ergibt unter Zugrundelegung der festen, einschaltbaren und auswechselbaren Übersetzungen die allgemeine Gleichung:

Gesamtübersetzung, ausgedrückt durch Fest-, Schalt- und Wechselräderübersetzung.

$$\boxed{i_g = i_f \cdot i_s \cdot i_w} \qquad (73)$$

i_g = Gesamtübersetzung = Übersetzung sämtlicher im Eingriff sich befindender Übersetzungsräder, die zwischen Drehspindel und Leitspindel liegen, i_f = Festübersetzung = Übersetzung sämtlicher zwischen Drehspindel und Leitspindel festeingebauter Räderpaare, i_s = Schalt-

[1] Vgl. A. Scheid: Praktisches Wechselradberechnen als Normungsproblem. Werkzeugmasch. 1931, H. 22, S. 449 und F. Riegel: Erweiterung des Arbeitsbereiches an Leitspindeldrehbänken mit Rädervorschubkasten. Werkzeugmasch. 1936, H. 5, S. 115.

übersetzung = Übersetzung sämtlicher zwischen Drehspindel und Leitspindel einschaltbarer Räderpaare, i_w = Wechselräderübersetzung = Übersetzung der (außen) aufzusteckenden Wechselräder.

Jede der drei in Gl. (73) angeführten Gruppen kann natürlich ihrerseits wieder aus verschiedenen Einzelübersetzungen bestehen. Werden diese festen, schaltbaren oder wechselbaren Übersetzungen selbst wieder in Einzelübersetzungen zerlegt und diese durch Fußzeichen gekennzeichnet, so folgt:

Festübersetzung $i_f = i_{f_1} \cdot i_{f_2} \cdot i_{f_3} \cdots$

Schaltübersetzung $i_s = i_{s_1} \cdot i_{s_2} \cdot i_{s_3} \cdots$

Wechselräderübersetzung $i_w = i_{w_1} \cdot i_{w_2} \cdot i_{w_3} \cdots$

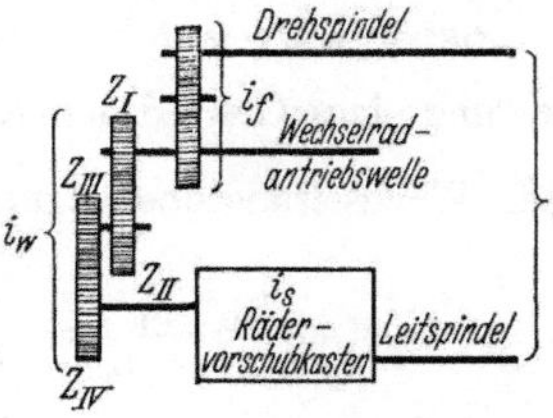

Abb. 75. Einzelübersetzungen im Vorschubantrieb einer Leitspindeldrehbank.

Jeder Einzelübersetzung, also beispielsweise i_{f_1}, i_{f_2} oder i_{f_3} entspricht je ein Zahnräderpaar, bestehend aus treibendem und getriebenem Rad. Dabei können sich zwischen treibendem und getriebenem Rad kein oder beliebig viele Zwischenräder befinden, da sie stets für die Übersetzung belanglos sind. Das Einzelübersetzungsverhältnis kann weiterhin gleich, größer oder kleiner als 1 sein. Ist die Zähnezahl beider Räder gleich, so ist die Übersetzung $1:1 = 1$, sie wird in Bezug auf die Gesamtübersetzung unwirksam.

a) Berechnen der Festübersetzung.

Es wurde bereits betont, daß das Übersetzungsverhältnis der fest eingebauten Räderpaare, gleichgültig wieviel Räderpaare es sind, für eine gegebene Maschine ein für allemal festliegend ist. Meistens ist die Festübersetzung i_f, also die Übersetzung zwischen Dreh- und Leitspindel fest eingebauter Räderpaare aus deren Zähnezahlen infolge verdeckten Einbaues nicht zu ermitteln. Fehlt auch ein Schaltplan mit eingetragenen Zähnezahlen der Getriebezahnräder, so ist die Festübersetzung zunächst aus der Gewindeschneidtabelle zu entnehmen und nachträglich rechnerisch zu prüfen. Sucht man in der Gewindeschneidtabelle ein Gewinde gleich dem Leitspindelgewinde und ist für diese Schaltstellung die Wechselradübersetzung $i_w = 1:1$, so ist wohl in den meisten Fällen die Festübersetzung $i_f = 1:1$.

Die Festübersetzung einer Leitspindeldrehbank kann auch durch **Versuch** festgestellt werden. Nach Aufstecken einer Wechselräderübersetzung von $i_w = 1:1$ und Einstellen des Hebels für die verschiedenen Schaltstellungen auf $i_s = 1:1$ (Schneiden eines Gewindes gleich dem Leitspindelgewinde) wird mit Hilfe eines Spitzgewindestahles die Gewindesteigung, welche die aufgesteckten Wechselräder ergeben, ganz leicht auf ein Arbeits- oder Probestück eingeritzt. Die auf diese Weise erhaltene Gewindesteigung ist nun mit der Gewindesteigung der Leitspindel zu vergleichen. Ist die Festübersetzung der Maschine $1:1$, so stimmen die beiden Gewindesteigungen ihrer Größe nach genau überein. Bei Nichtübereinstimmen der beiden Gewindesteigungen ist eine Festübersetzung vorhanden, deren Größe sich aus dem Steigungsunterschied feststellen läßt. Dabei empfiehlt es sich, am Probestück stets eine längere Strecke als die Gewindesteigung zu messen. Die Festübersetzung selbst kann dann aus Gl. (74) berechnet werden, welche eine Auflösung der Gl. (73) nach i_f darstellt.

Festübersetzung, ausgedrückt durch Gesamtübersetzung, Schalt- und Wechselräderübersetzung.

$$\boxed{i_f = \frac{i_g}{i_s \cdot i_w}} \qquad (74)$$

i_f = Festübersetzung = Übersetzung sämtlicher zwischen Drehspindel und Leitspindel fest eingebauter Räderpaare, i_g = Gesamtübersetzung = Übersetzung sämtlicher im Eingriff sich befindender Übersetzungsräder, die zwischen Drehspindel und Leitspindel liegen, i_s = Schaltübersetzung = Übersetzung sämtlicher zwischen Drehspindel und Leitspindel einschaltbarer

Räderpaare, i_w = Wechselräderübersetzung = Übersetzung der (außen) aufzusteckenden Wechselräder.

Beispiel 76. Zwecks Ermittlung der Festübersetzung einer Leitspindeldrehbank mit 10 mm Steigung der Leitspindel werden bei einer Wechselräderübersetzung von 1:1 auf dem Probestück auf eine Länge von 100 mm fünf Gewindegänge eingeritzt. Schaltübersetzung im Rädervorschubkasten ebenfalls 1:1. Berechne auf Grund dieser Angaben die Größe der Festübersetzung.

Lösung: Da laut Versuch auf 100 mm Länge fünf Gewindegänge entfallen, beträgt die Steigung eines Gewindeganges $\frac{100}{5} = 20$ mm. Damit nach Gl. (68) $i_g = \frac{DSt}{LSt} = \frac{20}{10} = \frac{2}{1}$. Mit einer Wechselräderübersetzung $i_w = \frac{1}{1}$ und der Schaltübersetzung $i_s = \frac{1}{1}$ lautet Gl. (74):

$$i_f = \frac{i_g}{i_s \cdot i_w} = \frac{\frac{2}{1}}{\frac{1}{1} \cdot \frac{1}{1}} = \frac{2 \cdot 1 \cdot 1}{1 \cdot 1 \cdot 1} = \frac{2}{1}; \quad \text{Festübersetzung } i_f = \frac{2}{1}.$$

b) Berechnen der Schaltübersetzungen.

An Hand der jeder Leitspindeldrehbank beigegebenen Gewindetabellen für englische, metrische und Modulgewinde lassen sich die Schaltübersetzungen der Maschine rechnerisch ermitteln. Die Gesamtübersetzung setzt sich zusammen aus der Festübersetzung i_f, aus der Schaltübersetzung i_s und aus der Wechselräderübersetzung i_w, und zwar derart, daß [Gl. (73)] $i_g = i_f \cdot i_s \cdot i_w$; daraus:

Schaltübersetzung, ausgedrückt durch Gesamt-, Fest- und Wechselräderübersetzung.

$$\boxed{i_s = \frac{i_g}{i_f \cdot i_w}} \qquad (75)$$

i_s = Schaltübersetzung = Übersetzung sämtlicher zwischen Drehspindel und Leitspindel einschaltbarer Räderpaare, (In den meisten Fällen ist unter i_s die Übersetzung der im Rädervorschubkasten durch Schaltung eines oder mehrerer Hebel in Eingriff gebrachten Räder zu verstehen), i_g = Gesamtübersetzung = Übersetzung sämtlicher im Eingriff sich befindender Übersetzungsräder, die zwischen Drehspindel und Leitspindel liegen, i_f = Festübersetzung = Übersetzung sämtlicher zwischen Drehspindel und Leitspindel fest eingebauter Räderpaare, i_w = Wechselräderübersetzung = Übersetzung der (außen) aufzusteckenden Wechselräder.

Beispiel 77. Maschinentafel 1 zeigt (der Einfachheit halber) lediglich den Ausschnitt eines Metallschildes und zwar die Gewindeschneidetabelle für die üblichen Whitworth-Gewindesteigungen einer einfachen Leitspindeldrehbank. Nach den Angaben dieser Tafel lassen sich 5 · 9 = 45 verschiedene Whitworth-Gewindesteigungen erzielen. Berechne an Hand dieser Maschinentafel die im Rädervorschubkasten schaltbaren 36 verschiedenen Schaltübersetzungen, entsprechend der Stellung der Nortonschschwinge in Stellung 1 mit 9 bei Hebelstellung *A* mit *D*.

Maschinentafel 1. Ausschnitt (Whitworth-Gewindetabelle) aus einer Gewindeschneidetabelle.

	Spindelstock	Schere		Leitspindel	Hebelstellung	Nortonschwinge in Stellung								
		hinten	vorne			1	2	3	4	5	6	7	8	9
						Anzahl der Gänge auf 1″ engl.								
Whitworth-Gewinde	40	—	—	40	*A*	2	2¼	2½	2¾	2⅞	3	3¼	3⅜	3½
					B	4	4½	5	5½	5¾	6	6½	6¾	7
					C	8	9	10	11	11½	12	13	13½	14
					D	16	18	20	22	23	24	26	27	28
	40	—	—	80	*D*	32	36	40	44	46	48	52	54	56

Leitspindel: 4 Gang auf 1 Zoll

Wechselräder: 40, 40, 45, 50, 55, 60, 65, 70, 75, 80, 127.

Lösung: In Schaltstellung $B/1$ (Hebelstellung B und Nortonschwinge in Stellung 1) wird ein Gewinde gleich dem Leitspindelgewinde geschnitten; da laut Gewindeschneidtabelle die zugehörige Wechselräderübersetzung $i_w = \frac{1}{1}$, so ist die Festübersetzung $i_f = \frac{1}{1}$. Für die durchgehende Reihe mit 2, $2\frac{1}{4}$, $2\frac{1}{2}$, $2\frac{3}{4}$, $2\frac{7}{8}$, 3, $3\frac{1}{4}$, $3\frac{3}{8}$ und $3\frac{1}{2}$ Gängen auf 1″ ergibt sich unter Anwendung der Gl. (69):

Gewinde mit 2 Gg. a. 1″ hat $i_g = \frac{4}{2} = \frac{2}{1}$; Gewinde mit 2¼ Gg. a. 1″ hat $i_g = \frac{4}{2\frac{1}{4}} = \frac{16}{9}$;

Gewinde mit 2½ Gg. a. 1″ hat $i_g = \frac{4}{2\frac{1}{2}} = \frac{8}{5}$ usw.

Die vollständige Reihe der Gesamtübersetzungen lautet: $\frac{2}{1}$, $\frac{16}{9}$, $\frac{8}{5}$, $\frac{16}{11}$, $\frac{32}{23}$, $\frac{4}{3}$, $\frac{16}{13}$, $\frac{32}{27}$ und $\frac{8}{7}$. Da für diese neun Gesamtübersetzungen laut vorliegender Gewindeschneidtabelle die gleiche Wechselräderübersetzung $i_w = \frac{40}{40} = \frac{1}{1}$ und die gleiche Festübersetzung $i_f = \frac{1}{1}$ zugrunde liegt, ergeben sich für die Schaltübersetzungen die gleichen Werte wie für die Gesamtübersetzungen. Dies gilt für Hebelstellung A. Für die Hebelstellung B kommen Gewinde in Betracht, deren Gangzahlen genau das Doppelte der Gangzahlen entsprechend Hebelstellung A sind. Da die Wechselräderübersetzung für die neun Stellungen des Hebels B gleichfalls 1:1 ist, ergeben sich als Schaltübersetzungen für Hebelstellung B die halben Werte der unter Hebelstellung A errechneten Schaltübersetzungen. Für die Hebelstellung C und D gilt sinngemäß das gleiche. Sämtliche schaltbare Übersetzungen sind in Zahlentafel 14 übersichtlich zusammengestellt.

Zahlentafel 14. Schaltübersetzungen, gehörig zur Leitspindeldrehbank mit Gewindeschneidtabelle nach Maschinentafel 1.

Hebelstellung	Schaltübersetzungen — Nortonschwinge in Stellung								
	1	2	3	4	5	6	7	8	9
A	$\frac{2}{1}$	$\frac{16}{9}$	$\frac{8}{5}$	$\frac{16}{11}$	$\frac{32}{23}$	$\frac{4}{3}$	$\frac{16}{13}$	$\frac{32}{27}$	$\frac{8}{7}$
B	$\frac{1}{1}$	$\frac{8}{9}$	$\frac{4}{5}$	$\frac{8}{11}$	$\frac{16}{23}$	$\frac{2}{3}$	$\frac{8}{13}$	$\frac{16}{27}$	$\frac{4}{7}$
C	$\frac{1}{2}$	$\frac{4}{9}$	$\frac{2}{5}$	$\frac{4}{11}$	$\frac{8}{23}$	$\frac{1}{3}$	$\frac{4}{13}$	$\frac{8}{27}$	$\frac{2}{7}$
D	$\frac{1}{4}$	$\frac{2}{9}$	$\frac{1}{5}$	$\frac{2}{11}$	$\frac{4}{23}$	$\frac{1}{6}$	$\frac{2}{13}$	$\frac{4}{27}$	$\frac{1}{7}$

c) Berechnen der aufzusteckenden Wechselräder.

(Zum Schneiden aller Arten von Gewinden, die auf der Wechselrädertabelle nicht enthalten sind.)

Die Berechnung der aufzusteckenden Wechselräder hat derart zu erfolgen, daß nach Feststellung der Gesamtübersetzung und etwa wirksamer Einzelübersetzungsverhältnisse fest eingebauter oder schaltbarer Räderpaare die noch fehlenden Einzelübersetzungen aus dem Wechselräderverhältnis i_w ermittelt und weiterhin in Zähnezahlen verfügbarer Wechselräder ausgedrückt werden. Als Wechselräder im engeren Wortsinn gelten wie bisher nur die wirklich auswechselbaren Zahnräder für den Antrieb der Leitspindel.

Die Lösung kann mit jeder beliebigen Hebelstellung, also auch mit jeder Schaltübersetzung, versucht werden. Zweckmäßig ist natürlich als Schaltübersetzung einen Bruch zu wählen, welcher in der folgenden Berechnung der Wechselräder zum Kürzen führt. Weiterhin ist beim Wechselradberechnen stets zu beachten, daß die Gruppe der Wechselräderübersetzung i_w nur **ein** Faktor neben den beiden anderen Faktoren i_f und i_s ist. Aus der allgemeinen Gl. (73) folgt die Wechselräderübersetzung i_w zu:

Wechselräderübersetzung, ausgedrückt durch Gesamtübersetzung, Fest- und Schaltübersetzung.

$$\boxed{i_w = \frac{i_g}{i_f \cdot i_s}} \qquad (76)$$

i_w = Wechselräderübersetzung = Übersetzung der (außen) aufzusteckenden Wechselräder,
i_g = Gesamtübersetzung = Übersetzung sämtlicher im Eingriff sich befindender Übersetzungs-

er, die zwischen Drehspindel und Leitspindel liegen, i_f = Festübersetzung = Übersetzung ıtlicher zwischen Drehspindel fest eingebauter Räderpaare, i_s = Schaltübersetzung = Über- ʒung sämtlicher zwischen Drehspindel und Leitspindel einschaltbarer Räderpaare. (In den isten Fällen ist unter i_s die Übersetzung der im Rädervorschubkasten durch Schaltung eines ɪr mehrerer Hebel in Eingriff gebrachten Räder zu verstehen.)

Anmerkung: Gl. (76) könnte auch folgend geschrieben werden: $i_w = i_g \cdot \frac{1}{i_f} \cdot \frac{1}{i_s}$.

Diese Schreibweise der Gl. (76) besagt, daß sich die Wechselräderübersetzung ·hältnismäßig bequem dadurch finden läßt, daß die Gesamtübersetzung mit den ıgekehrten Bruchwerten, also den Kehrwerten der beiden restlichen Verhältnis- ıppen i_f und i_s malgenommen wird.

Beispiel 78. Der Gewindetabelle (Zahlentafel 13) zufolge könnte ein Gewinde mit bei- ılsweise 25 Gg. a. 1″ auf dieser Maschine nicht geschnitten werden. Wie berechnen sich die zusteckenden Wechselräder?

Lösung: Drsp. = 25 Gg. a. 1″, Ltsp. = 4 Gg. a. 1″ } [Gl. (68)] $i_g = \frac{LG}{DG} = \frac{4}{25}$.

rd für die gegebene Aufgabe $i_s = \frac{1}{5}$ gewählt, was (laut Zahlentafel 14) einer Schaltüber- ʒung bei Hebelstellung D und Nortonschwinge in Stellung 3 entspricht, so ergibt sich mit $= \frac{4}{25}$, $i_f = \frac{1}{1}$ und $i_s = \frac{1}{5}$ die Wechselräderübersetzung nach Gl. (76) zu: $i_w = \frac{i_g}{i_f \cdot i_s}$

$$\frac{\frac{4}{25}}{\frac{1}{1} \cdot \frac{1}{5}} = \frac{4 \cdot 5}{25 \cdot 1} = \frac{4}{5}; \; i_w = \frac{4}{5}.$$

Wechselräder: $\frac{4}{5} = \frac{40}{50}$; Rad am Spindelstock 40, Rad an der Leitspindel 50 Zähne: dazu ein beliebiges Zwischenrad.

Es sei erwähnt, daß der Einfluß des gesamten Rädervorschubkastens bei Schaltstellung B_i 1 ısgeschaltet ist. In diesem Falle treibt der Rädervorschubkasten stets mit 1:1 auf die Leit- indel. Man wird bei der Wechselräderberechnung für eine auf der Gewindeschneidtabelle cht enthaltene Gewindesteigung natürlich als erstes versuchen, mit der Schaltübersetzung 1 zurecht zu kommen. Doch wird dies, wie auch im vorliegenden Beispiel, infolge der ınigen vorhandenen Wechselräder nur in den allerseltensten Fällen gelingen.

Prüfung [Gl. (70)]: $DG = \frac{LG}{i_g} = \frac{LG}{i_f \cdot i_s \cdot i_w}$. Mit den Zahlenwerten des Beispiels 78, also $LG = 4$, $i_f = \frac{1}{1}$, $i_s = \frac{1}{5}$ und $i_w = \frac{40}{50}$ folgt: $DG = \frac{4}{\frac{1}{1} \cdot \frac{1}{5} \cdot \frac{40}{50}} = \frac{4 \cdot 1 \cdot 5 \cdot 50}{1 \cdot 1 \cdot 40} = 25$; rkstückgewinde 25 Gg. a. 1″.

Beispiel 79. In Zahlentafel 15 sind die möglichen Schaltübersetzungen einer Leitspindel- hbank mit 4 mm Leitspindelsteigung zusammengestellt. Es ist ein Gewinde mit 26 Gg. a. 1″ schneiden. Berechne die aufzusteckenden Wechselräder. (Wechselrädersatz: 20, 21, 24, 27, 40, 44, 56, 57, 60, 80, 90, 120, 127.)

Zahlentafel 15. Schaltübersetzungen einer Leitspindeldrehbank mit 4 mm Leitspindelsteigung (Festübersetzung $i_f = {}^1/_1$).

Hebelstellung	A	B	C	D	E	F	G	H
Schaltübersetzung	$\frac{4}{5}$	$\frac{11}{15}$	$\frac{2}{3}$	$\frac{3}{5}$	$\frac{8}{15}$	$\frac{7}{15}$	$\frac{2}{5}$	$\frac{1}{3}$

Lösung: Drsp. = 26 Gg. a. 1″ = $\frac{25{,}4}{26}$ mm Stg., Ltsp. = 4 mm Stg. } [Gl. (68)] $i_g = \frac{DSt}{LSt} = \frac{25{,}4}{26 \cdot 4} = \frac{25{,}4}{104}$.

Mit $i_f = \frac{1}{1}$ und gewählter Schaltübersetzung $i_s = \frac{1}{3}$ (Hebelstellung H) ergibt sich [Gl. (76)]

$$= \frac{i_g}{i_f \cdot i_s} = \frac{\frac{25{,}4}{104}}{\frac{1}{1} \cdot \frac{1}{3}} = \frac{25{,}4 \cdot 3}{104} = \frac{76{,}2}{104}.$$

Vergrößerung des Zählers um 0,8 und des Nen- s um 1 ergibt als Näherungswert $\frac{76{,}2}{104} \approx \frac{77}{105}$; damit $i_w = \frac{77}{105} = \frac{11}{15} = \frac{44}{60}$. Mit Bezug Abb. 70 erhält $z_I = 44$ und $z_{IV} = 60$ Zähne.

Beispiel 80. Wie groß ist bei dem in Beispiel 79 geschnittenen Näherungsgewinde der Steigungsfehler?

Lösung: [Gl. (71)] $DSt = LSt \cdot i_g = 4 \cdot \frac{1 \cdot 44}{1 \cdot 60} \cdot \frac{1}{3} = 0{,}97778.$

Geschnittenes Gewinde		= 0,97778 mm Steigung
Verlangtes Gewinde	= 25,4 : 26	= 0,97692 mm Steigung
Steigungsfehler		= 0,00086 mm = 0,86 μ.

Beispiel 81. Wie groß ist bei dem Näherungsgewinde in Beispiel 79 der Fehler auf 1000 mm Länge?

Lösung: Fehler auf 0,97692 mm Länge = 0,00086 mm

$$\text{Fehler auf 1000 mm Länge} = \frac{0{,}00086 \cdot 1000}{0{,}97692} = 0{,}87 \text{ mm}.$$

Aus den Beispielen 78 bis 81 ist unschwer zu ersehen, daß durch Bekanntsein der Schaltübersetzungen des Rädervorschubkastens einer Leitspindeldrehbank der Arbeitsbereich der Maschine in Bezug auf das Gewindeschneiden um ein Vielfaches erhöht und eine Neuanfertigung von Wechselrädern erspart werden kann. Diese erweiterte Ausnutzungsmöglichkeit ist um so mehr der Fall, als auch den meisten Leitspindeldrehbänken mit Rädervorschubkasten noch verschiedene Wechselräder, ja vielfach sogar der übliche Fünfersatz an Wechselrädern beigegeben ist.

X. Wechselräderberechnen zum Schneiden von kegeligen, zylindrischen, steil- und mehrgängigen, sowie Plangewinden auf Leitspindeldrehbänken.

a) Wechselräderberechnen für kegelige Gewinde.

Am häufigsten erfolgt das Schneiden von Kegelinnen- und Außengewinden mit Kegeldrehvorrichtung, also mit verstellbarem **Leitlineal.** Ähnlich dem Kegeldrehen mittels Leitlineales (Abb. 61) wird auch beim Schneiden kegeliger Gewinde unter Benutzung der Leitspindel dem Werkzeugschlitten der selbsttätige Längsvorschub erteilt; der in dem schräggestellten Leitlineal geführte Querschlitten wird zwecks Herstellung des Kegels plan bewegt. Die Verstellung des Leitlineales hat wie beim Drehen glatter Kegel um den halben Kegelwinkel zu erfolgen. Die Leitlinealverstellung hat den Nachteil, daß mit größer werdender Kegelsteigung bzw. mit zunehmendem Kegelwinkel α auch die unvermeidlichen Eckmomente immer ungünstiger werden. Steht einer Leitspindeldrehbank ein Leitlineal nicht zur Verfügung, so wird Kegelaußengewinde auch vielfach mittels **Reitstockverstellung** geschnitten. Die Reitstockverstellung selbst kann nach Gl. (62) bis (65) in gleicher Weise wie bei Herstellung glatter Kegel berechnet werden. Eine weitere Möglichkeit, kegelige Innen- und Außengewinde auf Leitspindeldrehbänken herzustellen, zeigt die aus einem schwenkbaren, mechanisch angetriebenen Oberschlitten bestehende **Sondereinrichtung**, wie sie den Schaerer Schnelldrehbänken beigegeben wird. Der Oberschlitten F (Abb. 76) wird der Kegelsteigung entsprechend eingestellt. Die an der Maschine hinten angebrachte Kegeldrehvorrichtung mit Leitschiene wird bei Vorhandensein einer Sondereinrichtung lediglich zum Drehen der Außen- und Innenkegel und teilweise zum Vorschneiden kegeliger Gewinde benutzt, so daß die Schlittenleitspindel lediglich zum Fertigschneiden der Gewindeflanken angewendet wird. Der Kraftfluß geht, wie üblich, von der Drehspindel über ein Wendegetriebe im Spindelstock, über Wechselräder und Rädervorschubkasten unmittelbar auf die Zugspindel und von dieser über ein Stirnräderpaar auf die Leitspindel.

Werden kegelige Gewinde mit Selbstgang im Oberschlitten nach Abb. 76 geschnitten, wird die Nennsteigung stets gleichlaufend zum Kegelmantel erzeugt.

Obwohl der Längenunterschied zwischen einer Kegelmantelerzeugenden und der zugehörigen Achsenlänge verhältnismäßig gering ist, ist er doch zu groß, als daß er vernachlässigt werden könnte. Dies insbesondere bei größeren Kegelsteigungen, wo sich der Unterschied rasch vergrößert. Zwischen den beiden Gewindesteigungen h und h_1 besteht laut Dreieck ABC (Abb. 77) die Gleichung: $\cos\frac{\alpha}{2} = \frac{h}{h_1}$; daraus:

Gewindesteigung für Kegelgewinde, gleichlaufend zur Werkstückachse gemessen (Abb. 77).

$$\boxed{h = h_1 \cdot \cos\frac{\alpha}{2}} \qquad (77)$$

Gewindesteigung für Kegelgewinde, gleichlaufend zum Kegelmantel gemessen (Abb. 77).

$$\boxed{h_1 = \frac{h}{\cos\frac{\alpha}{2}}} \qquad (78)$$

h = Gewindesteigung für Kegelgewinde, gleichlaufend zur Werkstückachse gemessen, h_1 = Gewindesteigung für Kegelgewinde, gleichlaufend zum Kegelmantel gemessen, $\frac{\alpha}{2}$ = halber Kegelwinkel [Berechnung s. Gl. (61)].

Abb. 76. Herstellung kegeliger Genauigkeitskaliber durch Selbstgang im Oberschlitten. Ansicht von oben. (Schaerer & Co., Karlsruhe.)

B = Vorgearbeiteter Kaliberdorn,
C = Hauptschlitten, auf den tiefliegenden, geschützten Schaerer-Führungen gleitend,
D = Langer Querschieber mit
E = Kegeldrehvorrichtung für Vordrehen und Gewindeschruppen,
F = Sonderschlitten für Fertigschneiden des Gewindes,
d = Zugspindel,
g = Verschiebbares Rad, um das Getriebe des Sonderschlittens F ein- und auszuschalten,
h = Querschaftwelle für Antrieb des Sonderschlittens F,
n = Genauigkeit-Schlittenspindel des Sonderschlittens F,
t, u = Mikrometerringe,
w = Schneckenwelle für die Winkeleinstellung des Sonderschlittens F,
x = Grad-Nonius,
y = Mikrometer an der Querspindelkurbel.

Beispiel 82. Auf einer Schaerer Schnelldrehbank mit Sonderschlitten zum Drehen kegeliger Gewinde nach Abb. 76 ist für einen Rohrkaliber auf einen Kegel 1:32 ein Gewinde zu schneiden, bei dem 8 Gänge auf die Länge von 1″ entfallen. Die Steigung dieses Kegelgewindes ist auf die Achse bezogen, also gleichlaufend zur Achse gemessen. Berechne die aufzusteckenden Wechselräder für den Fall, daß bei Herzhebelübersetzung 1:1 im Rädervorschubkasten die Übersetzung 2:1 geschaltet wird. Zur Bestimmung der Millimetersteigung des Gewindes ist für 1″ der Umrechnungswert 25,40095 mm zu setzen. (Wechselrädersatz: 24, 30, 40, 45, 45, 46, 46, 48, 50, 58, 60, 65, 68, 85, 86, 89, 90, 91, 94.)

Lösung: Wird kegeliges Gewinde mit Selbstgang im Oberschlitten nach Abb. 76 geschnitten, so ergibt sich die Nennsteigung stets gleichlaufend zum Kegelmantel. Demnach sind die aufzusteckenden Wechselräder für die gleichlaufend zum Kegelmantel gemessene Steigung h_1 [Gl. (78)] zu berechnen. $h = \frac{25{,}40095}{8} = 3{,}175118$; $h = 3{,}175118$ mm. Dem Kegel 1:32 entspricht ein halber Kegelwinkel $\frac{\alpha}{2} = 0°\,53'\,43''$; damit:

$$h_1 = \frac{h}{\cos\frac{\alpha}{2}} = \frac{3{,}175118}{\cos 0°\,53'\,43''} = \frac{3{,}175118}{0{,}999878} = 3{,}175505; \quad h_1 = 3{,}175505 \text{ mm}.$$

Aus Herstellungsgründen kann also nicht mit der üblichen Steigung $h = 3{,}175118$ mm, sondern nur mit der Mantelsteigung $h_1 = 3{,}175505$ mm gerechnet werden; die Wechselräder sind also für die Steigung $h_1 = 3{,}175505$ mm zu berechnen.

Drsp. = 3,175505 mm Stg.

Ltsp. = 4 Gg. a. 1″ = $\frac{25{,}40095}{4}$ mm Stg.

[Gl. (68)] $i_g = \frac{DSt}{LSt} = \frac{3{,}175505 \cdot 4}{25{,}40095} = \frac{12{,}702020}{25{,}40095}$.

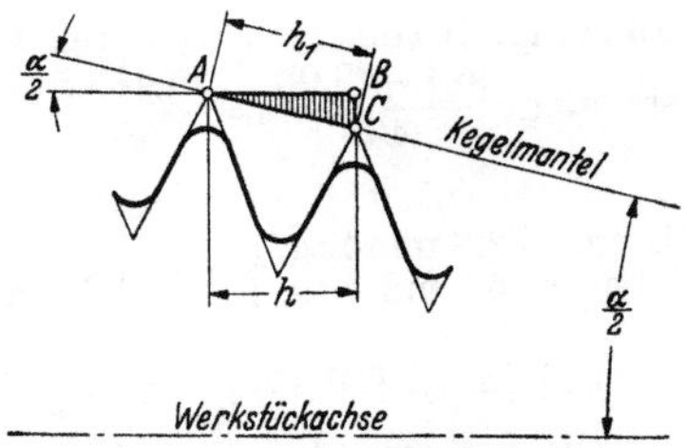

Abb. 77. Gewindesteigung bei Kegelgewinden.

Die zum Schneiden des Kegelgewindes aufzusteckenden Wechselräder berechnen sich mit $i_g = \frac{12{,}702020}{25{,}40095}$, $i_f = \frac{1}{1}$ und $i_s = \frac{2}{1}$ zu: $i_w = \frac{i_g}{i_f \cdot i_s} = \frac{12{,}702020}{25{,}40095 \cdot \frac{1}{1} \cdot \frac{2}{1}} = \frac{12{,}702020}{50{,}80190}$.

Da $4 \cdot 12{,}702020 = 50{,}80808$, so kann für den die Wechselräderübersetzung darstellenden Bruch $\frac{12{,}70202}{50{,}80190}$ zunächst angenähert $\frac{1}{4}$ gesetzt werden, womit sich ergibt: $\frac{1}{4} = \frac{1 \cdot 1}{2 \cdot 2} = \frac{45 \cdot 45}{90 \cdot 90}$.

Dem Wechselrädersatz entsprechend, werde statt des ersten getriebenen Rades 90 ein solches mit 89 Zähnen und an Stelle des zweiten getriebenen Wechselrades 90 ein solches mit 91 Zähnen gewählt. Damit $i_w = \frac{45 \cdot 45}{89 \cdot 91}$. Rad am Spindelstock = 45, Rad an der Schere innen = 89, Rad an der Schere außen = 45, Rad am Nortonkasten = 91 Zähne.

Der zwischen der Kegelmantelerzeugenden und der zugehörigen Achsenlänge entstehende Unterschied (0,002 $^0/_{00}$) ist damit durch Wechselräder ausgeglichen.

b) Wechselräderberechnen für Schneidwerkzeug-Gewinde.

Da alle Werkzeugstähle beim Härten etwas schrumpfen, so ergibt sich, daß die Steigungen der Gewindeschneidwerkzeuge infolge Zusammenziehens nach dem Härten kleiner als die auf der Maschine geschnittenen Steigungen sind. Dieser Vorgang kann wohl durch Wahl von Sonderstählen, als auch durch besonders sorgfältiges, mehrmaliges Glühen gemildert, aber niemals ganz vermieden werden. So liegt es im Interesse genauer Werkzeuge nahe, die durch den sog. Härteverzug verursachten Fehler, insbesondere also die unvermeidliche Steigungsveränderung zu beseitigen. Sollen diese durch Härteverziehungen auftretenden Schwierigkeiten vollständig behoben werden, so bleibt nichts weiter übrig, als die Gewindegänge nachträglich zwangsläufig mit genau geformten Schmirgelscheiben an den Flanken nachzuschleifen oder das Gewinde überhaupt erst nach dem Härten der genuteten Werkzeuge einzuschleifen. Wird ein derartiges Gewinde auf der Drehbank geschnitten, so sind die aufzusteckenden Wechselräder so zu wählen, daß sich nach dem Fertigschneiden auf der Drehbank eine um das Schrumpfmaß größere Gewindesteigung als die verlangte „Sollsteigung" ergibt. Angenommen, es wurde durch Erfahrung und Versuche festgestellt, daß der benutzte Stahl nach dem Härten um 0,04 mm auf die Länge von 1 Zoll schrumpft und der herzustellende Gewindebohrer auf 1 Zoll beispielsweise 14 Gang erhalten soll, so ist er mit einer Steigung von $\frac{25{,}4 + 0{,}04}{14} = \frac{25{,}44}{14}$ mm zu schneiden.

Beispiel 83. Auf 5 mm Leitspindel sind $9\frac{4}{5}$ Gang [Gewindebohrer für Sondergewinde] zu schneiden. Versuche ergaben, daß der Werkstoff für die Gewindebohrer beim Härten auf 1 Zoll Länge um 0,08 mm schrumpft. (Wechselräder-Satz Nr. 2, Zahlentafel 2, S. 56.)

Lösung: Das verlangte Gewinde besitzt $9\frac{4}{5} = \frac{49}{5}$ Gg. a. 1″, das sind $\frac{25{,}4 \cdot 5}{49} = 2{,}5918$ mm

Steigung. Bei einem Schrumpfmaß von 0,08 mm auf 1 Zoll beträgt die zu schneidende Gewindesteigung $\frac{25{,}4 + 0{,}08}{\frac{49}{5}} = \frac{25{,}48 \cdot 5}{49} = 2{,}6$ mm; damit:

Drsp. = 2,6 mm Stg. } [Gl. (68)] $i_g = \frac{DSt}{LSt} = \frac{2{,}6}{5}$ | Wechselräder: $i_w = i_g = \frac{2{,}6}{5} = \frac{40 \cdot 65}{50 \cdot 100}$.
Ltsp. = 5 mm Stg. }

Prüfung: [Gl. (71)] $DSt = LSt \cdot i_g = \frac{5 \cdot 40 \cdot 65}{50 \cdot 100} = 2{,}6$; Werkstückgewinde 2,6 mm Stg.

Die Steigung dieses geschnittenen Gewindes beträgt demnach vor dem Härten 2,6 mm. Es entfallen nach Angabe auf die Länge von 1 Zoll, also auf $9\frac{4}{5}$ Gang 0,08 mm Schwindmaß; auf die Länge eines Gewindeganges, d. h. auf die Gewindesteigung entfallen $\frac{0{,}08 \cdot 5}{49} = 0{,}0082$ mm Schwindmaß; damit:

Werkstückgewinde vor dem Härten	= 2,6000 mm Steigung.
Schwindmaß auf 1 Gewindegang	= 0,0082 mm Steigung.
Werkstückgewinde nach dem Härten	= 2,5918 mm Steigung.

In sehr vielen Fällen wird die Anwendung eines Näherungswertes notwendig, um den in der Gewindesteigung durch Härteverzug entstehenden Unterschied durch Wechselräder ausgleichen zu können. Ist das Gesamtübersetzungsverhältnis für ein derartig zu schneidendes Gewinde ermittelt, so kann das Näherungswertrechnen nach einer der drei im Abschnitt VIII angeführten Verfahren durchgeführt werden.

c) Wechselräderberechnen für steilgängige Gewinde.

Das Bestreben, durch wenige Umdrehungen einer Spindel eine möglichst große Längsbewegung der zugehörigen Mutter hervorzubringen, führt zur Wahl besonders großer Gewindesteigungen. Schnecken, besonders aber Spindeln für Pressen und Stanzen, haben meist sehr steiles, stark ansteigendes Gewinde. Für solche Gewinde ist es vielfach schwer, die notwendigen Wechselräder zum Schneiden derselben zu berechnen, weil das Wechselräderübersetzungsverhältnis zu groß wird. Um letzteres herabzumindern, kann bei neueren Leitspindeldrehbänken das Rädervorgelege am Spindelstock in die Wechselradübersetzung eingeschaltet werden.

Eine **Steilgewindeeinrichtung** besteht darin, daß ein auf der Drehspindel sitzendes Stirnrad durch Verschieben entweder mit der Stufenscheibe oder mit der Drehspindel gekuppelt werden kann. Wird das Rad mit der Drehspindel gekuppelt, so ergeben sich Normgewinde, wird es mit der Stufenscheibe gekuppelt, so ergeben sich Steilgewinde, die je nach der Größe der jeweils eingerückten Vorgelegeübersetzung ein Vielfaches der Normsteigungen betragen. In der Wechselräderberechnung, die im übrigen in der früher beschriebenen Weise vorzunehmen ist, sind diese Übersetzungsverhältnisse zu berücksichtigen.

Wechselräderübersetzung, ausgedrückt durch Gesamtübersetzung, Vorgelege-, Herzhebel- und Schaltübersetzung.

$$i_w = i_g \cdot i_{f_2} \cdot \frac{1}{i_{f_1}} \cdot \frac{1}{i_s} \qquad (79)$$

i_w = Wechselräderübersetzung = Übersetzung der (außen) aufzusteckenden Wechselräder. i_g = Gesamtübersetzung = Übersetzung sämtlicher im Eingriff sich befindender Übersetzungsräder, die zwischen Drehspindel und Leitspindel liegen, i_{f_2} = Vorgelegeübersetzung, i_{f_1} = Herzhebelübersetzung = Übersetzung sämtlicher zwischen Drehspindel und Wechselradantriebswelle sich befindender Übersetzungsräder, i_s = Schaltübersetzung = Übersetzung sämtlicher zwischen Drehspindel und Leitspindel einschaltbarer Räderpaare. (In den meisten Fällen ist unter i_s die Übersetzung der im Rädervorschubkasten durch Schaltung eines oder mehrerer Hebel in Eingriff gebrachten Räder zu verstehen.)

Beispiel 84. Auf 4 Gang Leitspindel ist eine dreigängige Schnecke für ein Schneckenrad Modul 5,5 mm zu schneiden. Die Herzhebelübersetzung der Drehbank beträgt 1:1, das Übersetzungsverhältnis der Vorgelegeräder 1:8 und die im Rädervorschubkasten gestellte Schalübersetzung 1:1. (Wechselräder Satz Nr. 1, Zahlentafel 2, S. 56.)

Lösung: Drsp. $= 3 \cdot 5{,}5 \cdot \pi$ mm Stg.
Ltsp. $= 4$ Gg. a. $1'' = \frac{25{,}4}{4}$ mm Stg. [Gl. (68)] $i_g = \frac{DSt}{LSt} = \frac{3 \cdot 5{,}5 \cdot \pi \cdot 4}{25{,}4} = \frac{\pi}{25{,}4} \cdot 66$.

Mit $\frac{\pi}{25{,}4} = \frac{\pi}{1''} \approx \frac{12}{97}$ (Zahlentafel 7) erhält man die Gesamtübersetzung $i_g = \frac{12 \cdot 66}{97}$; Gl. (79) ergibt mit $i_g = \frac{12 \cdot 66}{97}$, $i_{f_2} = \frac{1}{8}$, $i_{f_1} = \frac{1}{1}$ und $i_s = \frac{1}{1}$: $i_w = i_g \cdot i_{f_2} \cdot \frac{1}{i_{f_1}} \cdot \frac{1}{i_s} = \frac{12 \cdot 66}{97} \cdot \frac{1}{8} \cdot \frac{1}{\frac{1}{1}} \cdot \frac{1}{\frac{1}{1}} = \frac{12 \cdot 66}{97 \cdot 8} = \frac{99}{97} = \frac{9 \cdot 11}{1 \cdot 97} = \frac{9 \cdot 55}{5 \cdot 97} = \frac{90 \cdot 55}{50 \cdot 97}$.

Mit Bezug auf Abb. 70 erhält $z_I = 90$, $z_{II} = 50$, $z_{III} = 55$, $z_{IV} = 97$ Zähne.

Auch bei Vorhandensein einer Steilgewindeeinrichtung kann die zwischen Drehspindel und Leitspindel fest eingebaute Übersetzung einer Leitspindeldrehbank durch **Versuch** bestimmt werden. Nach Aufstecken einer Wechselräderübersetzung von $i_w = 1:1$ und Einstellen des Hebels für die verschiedenen Schaltstellungen auf $i_s = 1:1$ wird bei eingerückter Steilgewindeeinrichtung mit Hilfe eines Spitzgewindestahles die Gewindesteigung, welche die aufgesteckten Wechselräder ergeben, ganz leicht auf ein Arbeits- oder Probestück eingeritzt. Die auf diese Weise erhaltene Gewindesteigung ist mit derjenigen der Leitspindel zu vergleichen. (Um bei großen Steigungen ein einwandfreies Messen der eingeritzten Gewindesteigung zu gewährleisten, ist es vorteilhaft, mit dem Spitzgewindestahl der Länge nach einen feinen Riß in das Probestück einzuhobeln und dann von der Stelle, an welcher sich dieser Riß mit dem der Gewindesteigung kreuzt, bis zur nächsten Kreuzung zu messen.)

Beispiel 85. Zwecks Ermittlung der Festübersetzung zwischen Drehspindel und Leitspindel (4 Gg. a. 1″) einer Leitspindeldrehbank wurde bei einer Wechselräderübersetzung von 1:1, einer eingestellten Schaltübersetzung von 1:1 und eingerückter Steilgewindeeinrichtung auf dem Probestück ein Gewinde mit 2 Zoll Steigung eingeritzt. Berechne auf Grund dieser Angaben die Größe der Festübersetzung der Maschine.

Lösung: Drsp. $= 2''$ Stg.
Ltsp. $= 4$ Gg. a. $1'' = \frac{1''}{4}$ Stg. [Gl. (68)] $i_g = \frac{DSt}{LSt} = \frac{8}{1}$.

Mit $i_w = \frac{1}{1}$ und $i_s = \frac{1}{1}$ lautet Gl. (74): $i_f = \frac{i_g}{i_s \cdot i_w} = \frac{\frac{8}{1}}{\frac{1}{1} \cdot \frac{1}{1}} = \frac{8 \cdot 1 \cdot 1}{1 \cdot 1 \cdot 1} = \frac{8}{1}$; Festübersetzung bei eingerückter Steilgewindeeinrichtung $i_f = \frac{8}{1}$.

d) Wechselräderberechnen für mehrgängige Gewinde.

Während sich bei einem eingängigen Bolzengewinde nur ein einziger Gewindegang um den Kernzylinder windet, laufen bei einem mehrgängigen Gewinde gleichzeitig mehrere Gewindekörper um den Bolzen. Auch bei mehrgängigen Gewinden ist unter Steigung das Maß zu verstehen, um welches sich eine Schraubenmutter nach einer Umdrehung in den Schraubenbolzen hineinschraubt. Dadurch, daß, achsig gemessen, die einzelnen Gewindekörper eines mehrgängigen Gewindes unter sich alle den gleichen Abstand, die sog. Teilung (Abb. 71 mit 73) haben, sind in einem Schnitt senkrecht zur Achse die verschiedenen Gewindekörper gleichmäßig auf dem Umfang verteilt. Demnach zeigt beispielsweise ein dreigängiges Gewinde in gleichen Abständen drei, ein viergängiges Gewinde in gleichen Abständen vier Gewindeendigungen in einem Schnitt senkrecht zur Achse. Beim Schneiden mehrgängiger Gewinde ist es nötig, beim Übergang des Schneidstahles von einem Gang in den anderen das Arbeitsstück um einen der Gängigkeitszahl des Gewindes entsprechenden Winkel zu verdrehen.

1. Ansetzen des Gewindestahles durch Ausschwenken der Schere.

Soll beispielsweise ein dreigängiges Gewinde (ohne Steilgewindeeinrichtung und ohne Herzhebelübersetzung) geschnitten werden und hat das erste treibende Wechselrad 60 Zähne, so wird vor Beginn des Schneidens des zweiten Gewindeganges der eingreifende Zahn des ersten treibenden Wechselrades mit Kreide bezeichnet und ebenso die zugehörige Lücke des ersten getriebenen Wechselrades. Das erste treibende, also hier das 60zähnige Wechselrad, wird in drei Teile geteilt dadurch, daß der 1., der 21. und der 60. Zahn mit Kreide bezeichnet werden. Ist der erste Gang geschnitten, so wird die Schere ausgeschwenkt, das erste Wechselrad um 20 Zähne gedreht und der Eingriff wieder hergestellt, worauf der nächste Gang geschnitten werden kann. (Das Drehen des ersten Wechselrades erfolgt zweckmäßig durch Ziehen am Riemen. Wegen des toten Ganges immer vorwärts, nie rückwärts drehen!) Beim Wiedereinschwenken der Schere muß die bezeichnete Zahnlücke am ersten getriebenen Wechselrad mit dem neu bezeichneten Zahn des ersten treibenden Wechselrades zusammentreffen. Die Verbindung vom ersten getriebenen Wechselrad bis zur Leitspindel darf nicht gelöst werden. Während des ganzen Vorganges steht die Maschine still.

Werden bei Vorhandensein einer Herzhebelübersetzung die Vorgelegeräder als Übersetzungsräder mit in die Wechselräderberechnung hereingenommen, was bei mehrgängigen Steilgewinden in Frage kommt, so hat das erste treibende Wechselrad gegenüber der Arbeitsspindel eine ganz bestimmte Drehzahl. Gl. (80) gestattet für jeden Fall die Anzahl Zähne zu bestimmen, um welche das erste treibende Wechselrad zwecks Einstellung des Gewindestahles für den nächsten Gang beim Schneiden eines mehrgängigen Gewindes zu verdrehen ist.

Anzahl der Zähne, um welche das erste treibende Wechselrad zu drehen ist.

$$\boxed{z_d = \frac{i_{f_1}}{i_{f_2}} \cdot \frac{z}{g}} \qquad (80)$$

z_d = Anzahl der Zähne, um welche beim Schneiden mehrgängiger Gewinde auf der Drehbank das erste treibende Wechselrad (z) zwecks Einstellung des Gewindestahles für den nächsten Gang zu drehen ist, i_{f_1} = Herzhebelübersetzung = Übersetzung sämtlicher zwischen Drehspindel und Wechselradantriebswelle sich befindender Übersetzungsräder, i_{f_2} = Vorgelegeübersetzung, z = Zähnezahl des ersten treibenden Wechselrades, mit welchem das Teilen vorzunehmen ist, g = Gängigkeit des herzustellenden mehrgängigen Gewindes.

Beispiel 86. Wie oft mal bzw. um wieviel Zähne ist das erste treibende 40zähnige Wechselrad zwecks Einstellung des Gewindestahles für den nächsten Gang bei einem 2gängigen Steilgewinde zu drehen, wenn die Herzhebelübersetzung einer Leitspindeldrehbank 1:2 und das Übersetzungsverhältnis der eingerückten Vorgelegeräder 1:10 beträgt?

Lösung: Mit $i_{f_1} = \frac{1}{2}$, $i_{f_2} = \frac{1}{10}$, $z = 40$ und $g = 2$ ergibt Gl. (80): $z_d = \frac{i_{f_1}}{i_{f_2}} \cdot \frac{z}{g}$ $= \frac{\frac{1}{2} \cdot 40}{\frac{1}{10} \cdot 2} = \frac{20}{\frac{1}{5}} = 20 \cdot 5 = 100$; $z_d = 100$. Durch Drehung des ersten treibenden 40zähnigen Wechselrades um $z_d = 100$ Zähne wird das Werkstück bei unveränderter Stahlstellung um eine halbe Umdrehung ($g = 2$) weiter gedreht.

2. Ansetzen des Gewindestahles durch Drehen des Leitspindelrades.

Ist an einer Drehbank eine Herzhebelübersetzung vorhanden, die nicht den Wert 1 : 1 hat, oder ist eine Steilgewindeeinrichtung von bestimmter Übersetzung vorhanden, oder ist an neueren Drehbänken beides vorhanden, so verlangt die Teilung des Werkstückes beim Schneiden mehrgängiger Gewinde die unbedingte Berücksichtigung dieser Einrichtungen, sofern das Ansetzen des Gewindestahles durch Ausschwenken der Schere vorgenommen wird. Wird dagegen das Ansetzen des Gewindestahles für den nächsten Gang durch Drehen des Leitspindelrades vorgenommen, so ist die Räderanordnung und die Größe der Übersetzungsverhältnisse zwischen Drehspindel und Wechselradantriebswelle belanglos. Das mit Steilgewinde zu versehende Arbeitsstück bleibt während des ganzen Teilungsvorganges in Ruhe, desgleichen die Schere. Mittels des Leitspindelrades wird lediglich eine Verschiebung des Werkzeugschlittens und damit des Gewindestahles gleichlaufend zur Werkstückachse vorgenommen. Die Größe dieser Verschiebung berechnet sich als die sog. Teilung des Gewindes, d. i. achsig gemessen, der Abstand von Gewindekörpermitte zu Gewindekörpermitte.

Ist h die Steigung des g-gängigen Gewindes, so ist die Teilung desselben $t = h:g$ (Abb. 73). Die Anzahl Zähne, um welche das Leitspindelrad zu verdrehen ist, bestimmt sich auf Grund folgender Überlegung. Um den Gewindestahl um LSt mm zu verschieben, ist das Leitspindelrad um z Zähne zu verdrehen. Um den Gewindestahl um t mm zu verschieben, ist das Leitspindelrad um $\frac{z \cdot t}{LSt}$ Zähne zu verdrehen. Diese Ableitung liefert zunächst die Gleichung: $z_d = \frac{z \cdot t}{LSt}$; für $t = \frac{h}{g} = \frac{DSt}{g}$ gesetzt, ergibt: $z_d = \frac{z \cdot DSt}{g \cdot LSt}$.

Ist an einer Drehbank ein Rädervorschubkasten vorhanden, in welchem verschiedene Übersetzungen schaltbar sind, so gilt vorstehende Gleichung nur für den Fall, daß die im Rädervorschubkasten geschaltete Übersetzung 1:1 beträgt. Sei beispielsweise die im Rädervorschubkasten durch Schaltung des Hebels in Eingriff gebrachte Übersetzung 1:2, so wäre das Leitspindelrad, oder genauer das Wechselrad am Rädervorschubkasten um die doppelte Anzahl Zähne zu verdrehen, als der Wert z nach obiger Gleichung ergibt.

Anzahl der Zähne, um welche das Leitspindelrad bei vorhandenem Rädervorschubkasten zu verdrehen ist.

$$\boxed{z_d = \frac{z \cdot DSt}{g \cdot LSt} \cdot \frac{1}{i_s}} \qquad (81)$$

z_d = Anzahl der Zähne, um welche beim Schneiden mehrgängiger Gewinde auf der Drehbank das Leitspindelrad (z) zwecks Einstellung des Gewindestahles für den nächsten Gang zu drehen ist, z = Zähnezahl des Leitspindelrades, mit welchem das Teilen vorzunehmen ist, DSt = Drehspindelsteigung = Steigung des herzustellenden mehrgängigen Gewindes, g = Gängigkeit des herzustellenden mehrgängigen Gewindes, LSt = Leitspindelsteigung, i_s = Schaltübersetzung = Übersetzung sämtlicher zwischen Drehspindel und Leitspindel einschaltbarer Räderpaare. In den meisten Fällen ist unter i_s die Übersetzung der im Rädervorschubkasten durch Schaltung eines oder mehrerer Hebel in Eingriff gebrachten Räder zu verstehen.

Durch Wahl einer geeigneten Schaltübersetzung kann, wie aus Gl. (81) ersichtlich, der Wert für z_d günstig beeinflußt werden. Sollte Gl. (81) für z_d infolge ungünstiger Zahlenwerte für DSt, g und LSt (diese Werte liegen für eine gegebene Aufgabe stets fest) kein brauchbares Ergebnis liefern, d. h., ergibt sich für z_d keine ganze Zahl, so ist dies vielfach durch geschickte Wahl von Zähnezahl (z) des Wechselrades an der Leitspindel und der Schaltübersetzung (i_s) zu erreichen.

Beispiel 87. Um wieviel Zähne ist das 127zähnige Leitspindelrad zwecks Einstellung des Gewindestahles für den nächsten Gang bei Herstellung eines viergängigen Gewindes von 50 mm Steigung zu drehen, wenn die Leitspindel 4 Gg. a. 1″ hat?

Lösung: Mit $z = 127$, $DSt = 50$ mm, $g = 4$, $LSt = \frac{25{,}4}{4}$ mm Stg. und $i_s = \frac{1}{1}$ (da ohne Rädervorschubkasten) erhält man: [Gl. (81)] $z_d = \frac{z \cdot DSt}{g \cdot LSt} \cdot \frac{1}{i_s} = \frac{127 \cdot 50 \cdot 1}{4 \cdot \frac{25{,}4}{4} \cdot \frac{1}{1}} = \frac{127 \cdot 50 \cdot 4}{4 \cdot 25{,}4} = 250.$

Durch Drehung des 127zähnigen Leitspindelrades um $z_d = 250$ Zähne wird der Gewindestahl bei unverändertem Werkstück $\frac{50}{4} = 12{,}5$ mm verschoben.

Das Teilen selbst geschieht in der Weise, daß das Leitspindelrad auf seiner Welle soweit achsial herausgeschoben wird, bis der Eingriff mit dem das Leitspindelrad treibende Wechselrad gelöst ist. Nun erfolgt die Drehung des Leitspindelrades um die errechnete Anzahl Zähne, in Beispiel 87 um 250 Zähne. Das 127zähnige Wechselrad ist demnach zweckmäßig zweimal ganz herum zu drehen, was einer Verdrehung um 254 Zähnen entspricht und daraufhin um 4 Zähne zurückzudrehen. Nach Durchführung erwähnter Drehung des Leitspindelrades wird der Gewindestahl um 50:4 = 12,5 mm gleichlaufend zur Werkstücksachse verschoben. In dieser Stellung des Gewindestahles kann der nächste Gewindegang des viergängigen Gewindes geschnitten werden.

3. Ansetzen des Gewindestahles durch die Längsspindel des Werkzeugoberschlittens.

Bei Leitspindeldrehbänken kann das Ansetzen des Gewindestahles für den nächsten Gang auch mit Hilfe der Längsspindel des Werkzeugoberschlittens vorgenommen werden. Die Größe der Übersetzungsverhältnisse zwischen Drehspindel und Wechselradantriebswelle sind hier ohne Einfluß auf den Rechnungsgang. Die Maschine und damit das mit Steilgewinde zu versehende Arbeitsstück kann weiterlaufen, die Schere bleibt — wie beim Ansetzen des Gewindestahles durch Drehen des Leitspindelrades — während des Teilungsvorganges in Ruhe. Mittels der Schlittenlängsspindel ist lediglich eine Verschiebung des Gewindestahles gleichlaufend zur Werkstückachse vorzunehmen. Die Größe der Verschiebung des Stahles berechnet sich als die Teilung des Gewindes. Ist h die Steigung des g-gängigen Gewindes, so ist die Teilung desselben $t = h : g$ (Abb. 73).

4. Ansetzen des Gewindestahles mittels Mehrfachwerkzeugen.

Mittels Mehrfachwerkzeugen wird es möglich, die verschiedenen Gewindenuten eines mehrgängigen Gewindes gleichzeitig zu schneiden. Eine derartige Anordnung bedingt beispielsweise bei einem dreigängigen Gewinde die Einspannung von drei, bei einem fünfgängigen Gewinde die Einspannung von fünf Gewindestählen. Die unter sich gleichen Stahlabstände ergeben sich als die Teilung des mehrgängigen Gewindes.

e) Wechselräderberechnen für Plangewinde.

Plan bedeutet Ebene; dieses Gewinde wird in eine Ebene, in eine Scheibe eingeschnitten. Das Gewinde entsteht also dadurch, daß ein Stahl mit gleichförmiger Geschwindigkeit entlang einer ebenen Fläche gleitet, die rechtwinklig zur Drehspindel gerichtet ist und mit dieser sich dreht. Die Gewindegänge bilden dabei eine Spirale mit gleichbleibendem Abstand (Archimedische Spirale).

Bei Langgewinden wird die geforderte Steigung des Gewindes dadurch erzielt, daß dem Werkzeugschlitten unter Verwendung geeigneter Wechselräder der notwendige Vorschub erteilt wird. Beim Schneiden von Plangewinden darf sich der Werkzeugschlitten (Bettschlitten) auf der Drehbankwange nicht verschieben. Der Vorschub des Gewindestahles erfolgt durch die Planspindel, d. h. also, Plangewinde wird bei stillstehendem Bettschlitten durch Drehung der Planspindel erzeugt. Damit tritt auch bei Berechnung der Wechselräder an die Stelle der Leitspindelsteigung die **Planspindelsteigung.** Die Planspindel erhält nun ihren Antrieb von der Zugspindel, mithin müssen die Wechselräder in diesem Falle die Zugspindel antreiben. Treiben bei einer Drehbank die Wechselräder unmittelbar auf die Leitspindel und besteht zwischen Leit- und Zugspindel keine Verbindung, so ist es unmöglich Plangewinde zu schneiden. Meist treiben jedoch die Wechselräder auf den Rädervorschubkasten und man kann durch einfache Hebelschaltung wahlweise entweder die Leitspindel oder die Zugspindel vom Rädervorschubkasten antreiben lassen. Die Berechnung der Wechselräder für Plangewinde ist grundsätzlich die gleiche wie für Langgewinde. Anordnung, Art und Größe der Räderübersetzungen in der Schloßplatte sind bei den einzelnen Maschinenarten und Erzeugnissen äußerst verschieden. Für die Ausrechnung der aufzusteckenden Wechselräder ist es nur wichtig, das Übersetzungsverhältnis dieser fest eingebauten Übersetzungsräder zu kennen. Die aufzusteckenden Wechselräder ergeben sich auch hier durch Erweitern des Bruches, welcher sich für die Wechselräderübersetzung i_w errechnet.

Ist an einer Leitspindeldrehbank zwischen Drehspindel und Planspindel außer der Schloßplattenübersetzung noch eine Herzhebelübersetzung und Schaltübersetzung vorhanden, so gilt für das Gesamtübersetzungsverhältnis die allgemeine Gleichung:

$$i_g = i_{f_1} \cdot i_w \cdot i_s \cdot i_{f_3}; \text{ daraus:}$$

Wechselräderübersetzung, ausgedrückt durch Gesamtübersetzung, Herzhebel-, Schalt- und Schloßplattenübersetzung.

$$\boxed{i_w = i_g \cdot \frac{1}{i_{f_1}} \cdot \frac{1}{i_s} \cdot \frac{1}{i_{f_3}}} \qquad (82)$$

i_w = Wechselräderübersetzung = Übersetzung der (außen) aufzusteckenden Wechselräder, i_g = Gesamtübersetzung = Übersetzung sämtlicher im Eingriff sich befindender Übersetzungsräder, die zwischen Drehspindel und Planspindel liegen, i_{f_1} = Herzhebelübersetzung = Übersetzung sämtlicher zwischen Drehspindel und Wechselradantriebswelle sich befindender Übersetzungsräder, i_s = Schaltübersetzung = Übersetzung sämtlicher zwischen Drehspindel und Leitspindel einschaltbarer Räderpaare. (In den meisten Fällen ist unter i_s die Übersetzung der im Rädervorschubkasten durch Schaltung eines oder mehrerer Hebel in Eingriff gebrachten Räder zu verstehen.) i_{f_3} = Schloßplattenübersetzung = Übersetzung sämtlicher zwischen Leit- oder Zugspindel und Planspindel sich befindender Übersetzungsräder.

Beispiel 88. Welche Wechselräder sind an einer Leit- und Zugspindeldrehbank zum Schneiden eines Plangewindes von 5 mm Steigung aufzustecken, wenn das Gewinde der Planspindel 6 Gg. a. 1″ beträgt? Die im Rädervorschubkasten gestellte Schaltübersetzung soll mit 15:8 beibehalten werden; die Herzhebelübersetzung ist laut Versuch 1:1, die Schloßplattenübersetzung 1:4. (Wechselrädersatz: 25, 32, 32, 64, 64, 80, 100, 127).

Lösung: Drsp. = 5 mm Stg.
Plsp. = 6 Gg. a. 1″ = $\frac{25{,}4}{6}$ mm Stg.

$$i_g = \frac{DSt}{PSt} = \frac{5 \cdot 6}{25{,}4} = \frac{30}{25{,}4}.$$

Mit $i_g = \frac{30}{25{,}4}$, $i_{f_1} = \frac{1}{1}$, $i_s = \frac{15}{8}$ und $i_{f_3} = \frac{1}{4}$ ergibt Gl. (82) die Wechselräder zu: $i_w = i_g \cdot \frac{1}{i_{f_1}} \cdot \frac{1}{i_s} \cdot \frac{1}{i_{f_3}} = \frac{30 \cdot 1 \cdot 8 \cdot 4}{25{,}4 \cdot 1 \cdot 15 \cdot 1} = \frac{64}{25{,}4} = \frac{320}{127} = \frac{4 \cdot 80}{1 \cdot 127} = \frac{100 \cdot 80}{25 \cdot 127}$.

Mit Bezug auf Abb. 70 erhält $z_I = 100$, $z_{II} = 25$, $z_{III} = 80$ und $z_{IV} = 127$ Zähne.

Beispiel 89. Bei einer Leitspindeldrehbank mit Rädervorschubkasten beträgt die Plangewindesteigung stets nur $\frac{1}{8}$ der eingestellten Langgewindesteigung. Dies ist dadurch bedingt, daß der Antrieb der Planspindel über die Zugspindel und verschiedene Räderübersetzungen in der Schloßplatte erfolgt. Für welche Steigung sind Wechselräder und Rädervorschubkasten einzurichten um eine Plansteigung von 3 mm zu schneiden?

Lösung: Um eine Plansteigung von 3 mm zu schneiden sind Wechselräder und Rädervorschubkasten für $8 \cdot 3 = 24$ mm Steigung einzurichten.

Bei den meisten Drehbänken liegen die Zahnräder, die zum Antrieb der Planspindel dienen, also die Bewegung von der Zugspindel auf die Planspindel übertragen, hinter der Schloßplatte. Die Zähnezahlen dieser Übersetzungsräder können ohne Abnahme der Schloßplatte nicht ermittelt werden. In derartigen Fällen wird die Schloßplattenübersetzung bzw. die gesamte im Rädertriebwerk der Leitspindeldrehbank eingebaute Festübersetzung als gleichbleibender Wert der Maschine zweckmäßig durch **Versuch** ermittelt.

Nach Aufstecken einer Wechselräderübersetzung 1:1, bestehend aus zwei oder vier Wechselrädern, wird mit Hilfe eines Gewindestahles das Probegewinde, welches die aufgesteckten Wechselräder ergeben, ganz leicht auf ein Arbeits- oder Probestück (Planscheibe) eingeritzt. Es kann somit nach Einrücken des Planganges festgestellt werden, um welchen Betrag sich der Planschlitten bei einer Umdrehung der Drehspindel fortbewegt. Praktisch ist es selbstverständlich von Vorteil, die Verschiebung nicht für eine, sondern für eine größere Anzahl Umdrehungen der Drehspindel zu bestimmen; der Durchschnittswert daraus liefert ein erheblich genaueres Ergebnis. Dieses sich als Verschiebung der Planspindel je eine Umdrehung der Drehspindel ergebende Maß ist gleichbedeutend mit einer Planspindelsteigung, welche in Wirklichkeit nicht vorhanden, jedoch die gesamte eingebaute Festübersetzung enthält. Diese durch Versuch ermittelte ideelle oder gedachte Planspindelsteigung spielt beim Berechnen der Wechselräder für Plangewinde die gleiche Rolle, wie das Leitspindelgewinde beim Wechselräderberechnen für gewöhnliche Langgewinde.

f) Wechselräderberechnen nach der Räderformel der Maschine.

Die Festlegung der Schaltübersetzung bei den einzelnen Hebelstellungen eines Rädervorschubkastens wird zur Notwendigkeit, wenn Gangzahlen und Steigungen

Maschinentafel 2. Ausschnitt aus der Gewindeschneidtabelle[1] einer VDF-Einheitsdrehbank.

Metrisches Gewinde. Hebel „A“ auf Metrisches Gewinde. Wechselrad-Antrieb 71 - 113 - 71.

Normale Steigung								Hohe Steigung. Hebel am Spindelkasten						
Steigung in mm	Hebel	Stell-hebel	Hebelst. von „C“	Steigung in mm	Hebel	Stell-hebel	Hebelst. von „C“	Steigung in mm	1:4	1:16	Stell-hebel	Hebelst. von „C“	Steigung in mm	1:16
—	B auf IV	—	—	3,75	B auf II	3	C auf II	15	B auf II	B auf IV	3	C auf II	60	B auf II
1		5	C auf I	4		5	C „ I	16			5	C „ I	64	
—		—	—	4,5		7	C „ II	18			7	C „ II	72	
1,25		9	C „ II	5		9	C „ II	20			9	C „ II	80	
—		—	—	5,5		10	C „ I	22			10	C „ I	88	
1,5		11	C „ III	6		11	C „ III	24			11	C „ III	96	
1,75		10	C „ III	7		10	C „ III	28			10	C „ III	112	
—	B auf III	—	—	7,5	B auf I	3	C auf II	30	B auf I	B auf III	3	C auf II	120	B auf I
2		5	C auf I	8		5	C „ I	32			5	C „ I	128	
2,25		7	C „ II	9		7	C „ II	36			7	C „ II	144	
2,5		9	C „ II	10		9	C „ II	40			9	C „ II	160	
2,75		10	C „ I	·11		10	C „ I	44			10	C „ I	176	
3		11	C „ III	12		11	C „ III	48			11	C „ III	192	
3,5		10	C „ III	14		10	C „ III	56			10	C „ III	224	

Modul-Gewinde. Hebel „A“ auf Metrisches Gewinde

Normale Steigung				Hohe Steigung. Hebel am Spindelkasten						
Steigung in Modul	Hebel	Stell-hebel	Hebelst. von „C“	Steigung in Modul	1:4	1:16	Stell-hebel	Hebelst. von „C“	Steigung in Modul	1:16
—	B auf II	—	—	3,75	B auf II	B auf IV	3	C auf II	15	B auf II
1		5	C auf I	4			5	C „ I	16	
—		—	—	4,5			7	C „ II	18	
1,25		9	C „ II	5			9	C „ II	20	
—		—	—	5,5			10	C „ I	22	
1,5		11	C „ III	6			11	C „ III	24	
1,75		10	C „ III	7			10	C „ III	28	
—	B auf I	—	—	7,5	B auf I	B auf III	3	C auf II	30	B auf I
2		5	C auf I	8			5	C „ I	32	
2,25		7	C „ II	9			7	C „ II	36	
2,5		9	C „ II	10			9	C „ II	40	
2,75		10	C „ I	11			10	C „ I	44	
3		11	C „ III	12			11	C „ III	48	
3,5		10	C „ III	14			14	C „ III	56	

[1] Auf der VDF-Einheitsdrehbank lassen sich mit fünf Wechselrädern von 71-71-80-100 und 113 Zähnen annähernd 120 verschiedene, häufig vorkommende Gewinde schneiden, die sich in Whitworth-, metrische, Modul- und Diametral-Pitch-Gewinde aufteilen. Bei Benutzung der Steilgewindeeinrichtung im Spindelkasten können diese Steigungen um das 4- bzw. 16fache

verlangt sind, welche die vorhandene Gewindeschneidtabelle nicht enthält (vgl. S. 74). Die Ausnutzung der Vorteile des Rädervorschubkastens erspart in sehr vielen Fällen die Anschaffung neuer Wechselräder. Begnügt man sich mit Näherungsgewinden, so können die Wechselräder für ungewöhnliche Gewindesteigungen auch nach der Räderformel der Maschine bestimmt werden. Auf die günstige Beeinflussung des Rädervorschubkastens durch Wahl einer geeigneten Schaltübersetzung muß dann natürlich verzichtet werden. Besteht der vorhandene Rädersatz aus nur ganz wenigen Wechselrädern, so ist die Beschaffung neuer Wechselräder kaum zu umgehen.

Beispiel 90. Auf der VDF-Einheitsdrehbank beträgt nach Maschinentafel 2 die Wechselräderübersetzung für Millimetersteigungen $i_w = 71:113:71$. Das Rad mit 71 Zähnen treibt über das Rad mit 113 Zähnen auf der Schere zum Rad mit 71 Zähnen am Nortonkasten. Ist eine auf dem Metallschild nicht enthaltene Steigung h mm zu schneiden, so wählt man eine benachbarte Steigung h_1, stellt hiernach die Hebel am Norton-, sowie Spindelkasten ein und berücksichtigt diese Steigung bei den Wechselrädern nach der Räderformel $i_w = \frac{71 \cdot h}{71 \cdot h_1}$. Welche Wechselräder sind aufzustecken, um ein Gewinde mit 11,3 mm Steigung zu schneiden. Wechselrädersatz: 71-71-80-100-113.

Lösung: Wird für dieses Beispiel als benachbarte Steigung 10 mm gewählt, so errechnet sich die Wechselräderübersetzung zu $i_w = \frac{71 \cdot h}{71 \cdot h_1} = \frac{71 \cdot 11{,}3}{71 \cdot 10} = \frac{71 \cdot 113}{71 \cdot 100}$. Bei gleicher Hebelstellung wie für die 10 mm-Steigung kann man mit diesem normal zur Maschine gehörenden Wechselrädersatz ein Gewinde mit 11,3 mm Steigung genau schneiden. Das auf der Spindelstockwelle (Herzwelle) sitzende Rad muß immer 71 Zähne haben.

Beispiel 91. Welche Wechselräder sind aufzustecken, um auf der VDF-Einheitsdrehbank ein Schneckengewinde mit 19,77 mm Steigung (vgl. Beispiel 139) zu schneiden?

Lösung: Wählt man als ähnliche Steigung $h = 20$ mm, so folgt: $\frac{71 \cdot 19{,}77}{71 \cdot 20} \approx \frac{19{,}8}{20} = \frac{99{,}0}{100}$; $i_w = \frac{71 \cdot 99}{71 \cdot 100}$. Man erhält also das neue Gewinde auf dieselbe Weise, wie das vorhandene und braucht nur Wechselräder im Verhältnis 99:100 aufzustecken. Das Rad mit 100 Zähnen ist vorhanden, ein Rad mit 99 Zähnen müßte neu angefertigt werden.

Beispiel 92. Wie groß ist der in Beispiel 91 durch Annahme des Näherungswertes $\frac{99}{100}$ entstehende Fehler auf 1000 mm Länge?

Lösung: Mit $i_w = 71:113:71 = 1:1$ schneidet man bei vorgeschriebener Hebelstellung 20 mm Steigung; bei gleicher Maschineneinstellung ergibt sich mit $i_w = \frac{71 \cdot 99}{71 \cdot 100}$ eine Gewindesteigung von $DSt = \frac{20 \cdot 71 \cdot 99}{71 \cdot 100} = 19{,}8$ mm[1]. Damit beträgt der Fehler auf 19,77 mm Länge $= 19{,}8 - 19{,}77 = 0{,}03$ mm, der Fehler auf 1000 mm Drehlänge $= \frac{0{,}03 \cdot 1000}{19{,}77} = 1{,}5$ mm.

---

erhöht werden, so daß man schließlich insgesamt 240 gebräuchliche Gewinde herstellen kann. Zu der Tabelle für **Modulgewinde** sei besonders betont, daß für das Drehen von Schnecken auf der Drehbank die Steigung wie beim Whitworth- und metrischen Gewinde gleichfalls parallel zur Achse gemessen wird. In derartigen Tabellen ist also immer der **Stirnmodul** und nicht der Normalmodul zugrunde gelegt.

[1] Der gleiche Wert ergibt sich, wenn an Hand eines Getriebeplanes sämtliche Einzelübersetzungen (ausgedrückt durch die Zähnezahlen) der zwischen Drehspindel und Leitspindel in Eingriff befindlichen Übersetzungsräder berücksichtigt werden. Mit $i_1 = 1:4$ (Hebel am Spindelkasten), $i_w = \frac{71 \cdot 99}{71 \cdot 100}$ (Wechselräder), $i_2 = \frac{61 \cdot 37}{65 \cdot 49}$ (Hebel A auf metrisches Gewinde), $i_3 = \frac{45}{36}$ (Hebel C auf II), $i_4 = \frac{32}{36}$ (Stellhebel auf 9), $i_5 = \frac{1}{2}$ (Hebel B auf II) und $LSt = \frac{25{,}4}{2}$ erhält man:

$$DSt = \frac{4}{1} \cdot \frac{71 \cdot 99}{71 \cdot 100} \cdot \frac{61 \cdot 37}{65 \cdot 49} \cdot \frac{45}{36} \cdot \frac{32}{36} \cdot \frac{1}{2} \cdot \frac{25{,}4}{2} = 19{,}8 \text{ mm}.$$

Beispiel 93. Der in Beispiel 92 mit $i_w = \frac{71 \cdot 99}{71 \cdot 100}$ sich ergebende Fehler von 1,5 mm auf eine Länge von 1000 mm ist wohl in den meisten Fällen noch ausreichend. Man benötigt damit zum Schneiden der Steigung von 19,77 mm ein neues Wechselrad mit 99 Zähnen. Schneidet man das verlangte Schneckengewinde mit zwei neuen Wechselrädern, mit 86 und 87 Zähnen, so wird eine Genauigkeit erzielt, die wohl kaum mehr zu verbessern ist. Wie groß ist der Fehler auf 1000 mm Länge?

Lösung: Ähnlich dem Beispiel 92 erhält man bei gleicher Hebeleinstellung an der Maschine mit dem Wechselrädersatz $i_w = \frac{71 \cdot 86}{71 \cdot 87}$ eine Gewindesteigung von $DSt = \frac{20 \cdot 71 \cdot 86}{71 \cdot 87} = 19{,}7701$ mm. Auf 1000 mm Drehlänge beträgt der so entstehende Fehler nur $\frac{(19{,}7701 - 19{,}77) \cdot 1000}{19{,}77} = \frac{0{,}0001 \cdot 1000}{19{,}77} = 0{,}005$ mm.

Anmerkung: Je nach der verlangten Genauigkeit kann man sich entweder für den Rädersatz 99:100 oder 86:87 entscheiden. Es kann auch vorkommen, daß man bei ganz schwierigen Steigungen mit der in den Beispielen 90 und 91 beschriebenen Art kein brauchbares Ergebnis erzielt. In solchen Fällen versucht man unter Ausschaltung des Rädervorschubkastens die Leitspindel unmittelbar anzutreiben.

XI. Teilarbeiten mit mechanischem Teilkopf.

Der Teilkopf wird als Vorrichtung und Meßgerät zur Ausführung von Kreisteilungen am häufigsten verwendet. Diese Haupttätigkeit besteht darin, daß der Teilkopf das zu teilende Arbeitsstück nach erfolgtem Werkzeugdurchgang um eine genau vorgeschriebene Strecke, um die sog. Teilung, fortbewegt. Das Fortbewegen des Werkstückes ergibt sich als eine kleinere oder größere Drehbewegung um die eigene Achse und hat sich so oft zu wiederholen, als Teile verlangt werden. An grundlegenden Teilungsarten werden unterschieden: das unmittelbare Teilen ohne Schnecke und Schneckenrad, das mittelbare Teilen mit Schnecke, Schneckenrad und fester Teilscheibe, das Ausgleichteilen mit Schnecke, Schneckenrad und beweglicher Teilscheibe und das stets durch eine ganze Kurbelumdrehung erfolgende Teilen mit Wechselrädern, Schnecke und Schneckenrad ohne Teilscheibe.

a) Unmittelbares Teilen.

Auf Fräsmaschinen werden zur Teilung von Werkstücken mit wenigen, gleichlaufend oder senkrecht zur Achse verlaufenden Flächen oder Nuten einfache Teilköpfe verwendet, mit welchen sich die gewünschte Teilung unmittelbar vornehmen läßt. Eine solche Vorrichtung (Abb. 102) besteht aus einer Teilspindel, einer auswechselbaren Rastenscheibe, welche stets fest mit der Teilspindel verbunden ist, und einem Feststellstift, der die genannte Spindel und damit das Werkstück nach jeder Teilung in der gewünschten Lage festhält. An Stelle einer Rastenscheibe finden fernerhin Teilscheiben, Teilnutenscheiben oder Teiltrommeln Anwendung.

Bei allen Teilarbeiten ist die Oberfläche des Werkstückes in eine Anzahl Abschnitte oder Teile zu zerlegen, die der Anzahl der anzubringenden Ein- oder Ausschnitte entspricht. Die Anzahl von gleich- oder verschieden großen Abschnitten, in die der Umfang oder allgemein die Oberfläche des Werkstückes zu zerlegen ist, wird mit Teilzahl oder Teilung bezeichnet; das Einstellen des Werkstückes vor jedem Arbeitsgang wird Teilen genannt. Der Verlauf dieser Einschnitte kann dabei gerade, schräg oder auch schraubenförmig gewunden sein.

Beispiel 94. Zu einer Teilvorrichtung für unmittelbares Teilen wurden zwei Teilscheiben (Rastenscheiben mit kegeligen Rasten auf den Stirnseiten der Scheiben, wie Abb. 102 zeigt) mit 16, 36, 42 und 60 Teilrasten mitgeliefert. Wieviele Teilungen können mit dieser Vorrichtung ausgeführt werden?

Lösung: Mit einer Rastenscheibe lassen sich nur die Teilungen ausführen, die der Rastenzahl oder ihren ganzzahligen Faktoren entsprechen. Mit Hilfe dieser beiden Teilscheiben kann eine 2-, 3-, 4-, 5-, 6-, 7-, 8-, 9-, 10-, 12-, 14-, 15-, 16-, 18-, 20-, 21-, 30-, 36-, 42- und 60-Teilung ausgeführt werden, was insgesamt 20 verschiedenen Teilungen entspricht.

Sollen viele verschiedene Teilzahlen eingestellt werden können, so benötigt man beim unmittelbaren Teilen eine große Anzahl teuerer Rastenscheiben. Beim mittelbaren Teilen kommt man mit einer geringen Anzahl der billigeren Lochscheiben aus.

b) Mittelbares Teilen.

Bei sämtlichen Teilköpfen, die zum mittelbaren Teilen benutzt werden, sitzt nach Abb. 78 die Teilscheibe nicht auf der Teilspindel, sondern durch Schnecke und Schneckenrad — also mittelbar — erfolgt eine Übertragung der Teilung von der Teilkurbel bis zur Teilspindel. Der Teilkopf besteht aus der doppelt gelagerten Teilspindel, welche auf einer Seite das zu teilende Werkstück, auf der anderen das aufgekeilte Schneckenrad trägt. Dieses Schneckenrad greift in eine Schnecke ein, welche auf einer zweiten Welle befestigt ist; um die Drehung dieser Schnecke genau begrenzen zu können, endigt die Schneckenwelle mit einer Teilkurbel, welche, versehen mit Teilstift, gegen die feststehende Teilscheibe gedreht wird. Der strahlenförmig verstellbare Teilstift selbst springt unter dem Druck einer Feder in eine Lochscheibe ein, welche eine Reihe von Lochkreisen mit verschieden großen Lochabständen enthält. Es wird also notwendig, die für eine bestimmte vorgeschriebene Teilzahl am Werkstück erforderliche Drehung der Teilkurbel und den dazu benutzbaren Lochkreis zu berechnen. Soll ein Werkstück in t Teile geteilt werden, so sind bei jeder Schaltung $1/t$ Umdrehungen der Teilspindel nötig. Die Übersetzungsgleichung (48) lautet damit für das Getriebe (Abb. 78): $n_k \cdot g = 1/t \cdot z$; daraus:

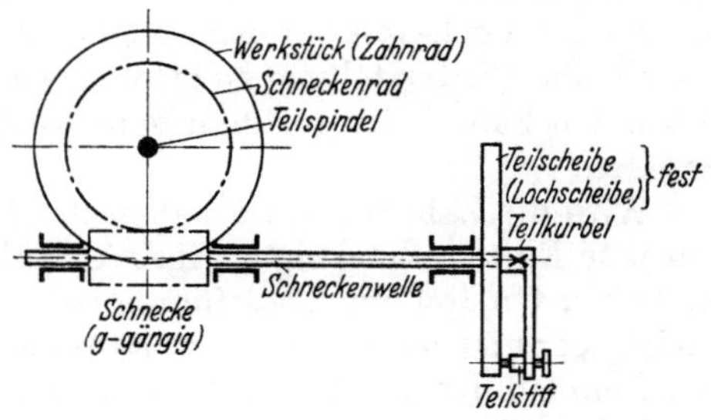

Abb. 78. Antrieb eines Teilkopfes für mittelbares Teilen

Teilkurbelumdrehungen gegen die feste Teilscheibe zur Herstellung einer Teilung beim mittelbaren Teilen.

$$n_k = \frac{z}{g \cdot t} \tag{83}$$

n_k = Zahl der notwendigen Teilkurbelumdrehungen gegen die feste Teilscheibe zur Herstellung einer Teilung, z = Zähnezahl des Schneckenrades im Teilkopf, g = Gängigkeitszahl der Schnecke im Teilkopf (z. B. bei doppelgängiger Schnecke $g = 2$, bei dreigängiger Schnecke $g = 3$), t = Zahl der gewünschten Teilungen, bezogen auf den ganzen Umfang.

Beispiel 95. Es ist eine 76-Teilung auszuführen. Schnecke des Teilkopfes für mittelbares Teilen ist eingängig, das Schneckenrad hat 40 Zähne. Vorhanden sind drei auswechselbare Teilscheiben und jede dieser Scheiben besitzt sechs Lochkreise mit nebenstehenden Lochkreiszahlen. Zu berechnen sind der Lochkreis mit der Anzahl von Löchern und der „Teilschritt", d. h. die Anzahl der Lochabstände, um die man die Teilkurbel jedesmal weiterdrehen muß.

Scheibe I: 15—16—17—18—19—20.
Scheibe II: 21—23—27—29—31—33.
Scheibe III: 37—39—41—43—47—49.

Lösung: [Gl. (83)] $n_k = \frac{z}{g \cdot t} = \frac{40}{1 \cdot 76} = \frac{40}{76}$; $n_k = \frac{40}{76}$. Die Teilkurbel hätte auf dem 76er Lochkreis jedesmal 40 Löcher weiterzuteilen. Da jedoch ein derartig hoher Lochkreis nicht vorhanden, wird es erforderlich, den für n_k erhaltenen Bruch entsprechend zu verkleinern, um einen geeigneten Lochkreis verwenden zu können. Im vorliegenden Falle genügt der vorhandene Lochkreis 19, auf dem dann stets 10 Löcher weiterzuteilen sind ($n_k = \frac{40}{76} = \frac{10}{19}$)[1].

[1] Man wählt von den drei auswechselbaren Teilscheiben die Scheibe I mit dem 19er Lochkreis aus, läßt vor Beginn der Teilung den Teilstift in eines der Löcher dieses Kreises einspringen und dreht die Teilkurbel jedesmal um zehn Lochabstände („Teilschritte") weiter. Der Teilstift fällt damit in jedes zehnte Loch (das Anfangsloch nicht mitgezählt!) ein. Dann wird das

Beispiel 96. Es ist ein Geradzahnstirnrad mit 32 Zähnen auf einer Universalfräsmaschine mit Formfräser zu verzahnen. Universalteilkopf wie in Beispiel 95. Wie viel Umdrehungen muß die Teilkurbel bei jeder Drehung ausführen?

Lösung: [Gl. (83)] $n_k = \frac{z}{g \cdot t} = \frac{40}{1 \cdot 32} = \frac{40}{32} = \frac{5}{4} = 1\frac{1}{4} = 1\frac{4}{16}$; die Teilkurbel müßte also bei jeder Teilung eine volle und dann noch $\frac{4}{16}$ Umdrehungen gegen die feste Teilscheibe ausführen. Statt die Teilkurbel um 4 Löcher des Lochkreises 16 zu drehen, kann neben der vollen Kurbelumdrehung auch um 5 Löcher des Lochkreises 20 geteilt werden ($1\frac{1}{4} = 1\frac{4}{16} = 1\frac{5}{20}$).

Ergibt die Berechnung für n_k eine Bruchzahl, so ist diese soweit zu erweitern oder zu kürzen, daß der Nenner mit der Lochzahl eines vorhandenen Lochkreises übereinstimmt. Durch Erweitern oder Kürzen des Bruches für n_k auf den zu benutzenden Lochkreis auf der Teilscheibe ergibt sich sodann im Zähler die Zahl, um welche die Weiterstellung zu erfolgen hat. Der Zähler gibt also stets die Anzahl der Löcher bekannt, die auf dem vom Nenner bezeichneten Lochkreis geteilt werden müssen.

Wird die Zahl für n_k im Zähler des Bruches auch nur einigermaßen groß, so ist für jede Einzelteilung ein lästiges Abzählen der Löcher nötig, um welche der Bruchteil einer Umdrehung auszuführen ist. Je größer nun die Zahl der Löcher wird, um so lästiger und zeitraubender gestaltet sich dieses Abzählen. Um dies zu vermeiden, wird ein auf der Außenseite der Teilscheibe lose sitzender, doppelschenkeliger Zeigerwinkel als Anschlag verwendet, der durch eine Feder derart an die Lochscheibe gedrückt wird, daß sie sich eben noch von Hand fortbewegen läßt. Die Schenkel des Zeigers sind gegeneinander verstellbar, je nachdem es die auszuführende Teilung erfordert. Auf alle Fälle aber muß die Stellung der Schenkel zueinander so groß sein, daß der eine Schenkel den Ausgangspunkt, der andere den Endpunkt der für die Einzelteilung erforderlichen Drehung angibt.

Beispiel 97. Unter Verwendung des Universalteilkopfes A, Maschinentafel 4, S. 113 ist eine Rastenscheibe mit 33 Einfräsungen zu versehen. Berechne die Teilkurbelumdrehungen und erkläre die Anwendung des Zeigerwinkels.

Lösung: [Gl. (83)] $n_k = \frac{z}{g \cdot t} = \frac{60}{1 \cdot 33} = \frac{60}{33} = 1\frac{27}{33}$; $n_k = 1\frac{27}{33}$; darnach ist als erstes für jede Einzelteilung mit der im 33er Lochkreis eingestellten Teilkurbel eine volle Umdrehung auszuführen. Außerdem ist die Kurbel noch um 27 Löcher oder nach Abb. 79 vom Schenkel Z_1 bis Schenkel Z_2 des Zeigerwinkels weiterzudrehen. Befindet sich der Teilstift der Teilkurbel in dem Loch (28) bei Schenkel Z_2, so wird der Zeigerwinkel in Drehrichtung der Kurbel weitergeschoben, bis Schenkel Z_1 wieder am Teilstift anliegt und dadurch in die gestrichelt gezeichnete Stellung kommt, in welcher Schenkel Z_2 für die folgende Einstellung das 27. Loch anzeigt. Beim Abzählen der 27 Löcher bzw. beim Einstellen des Zeigerwinkels darf das Loch, in welchem der Federstift steckt, nicht mitgezählt werden. Die Zeigerschenkel müssen daher immer ein Loch mehr einschließen, als zur Teilung gebraucht wird.

Abb. 79. Anwendung des Zeigerwinkels für $n_k = 1\frac{27}{33}$. $I, II, III, IV \ldots$ = Stellungen der Teilkurbel, Z_1 und Z_2 = Schenkel des Zeigerwinkels.

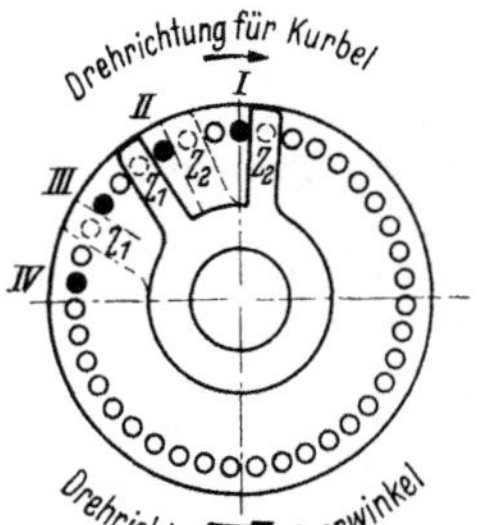

Abb. 80. Anwendung des Zeigerwinkels für $n_k = \frac{36}{39}$. $I, II, III, IV \ldots$ = Stellungen der Teilkurbel, Z_1 und Z_2 = Schenkel des Zeigerwinkels.

Beispiel 98. Unter Verwendung des Universalteilkopfes A, Maschinentafel 4, S. 113 ist ein Kettenrad mit

Arbeitsstück jedesmal um $\frac{1}{76}$ seines Umfanges, entsprechend der Teilzahl $t = 76$ weitergedreht. Ist die Rechnung richtig, so muß $n_k \cdot g \cdot t = z$ sein, welcher Wert bei eingängiger Schnecke der Anzahl Kurbelumdrehungen für eine volle Umdrehung der Teilkopfspindel entspricht. Für das Beispiel 95 gilt also: $z = n_k \cdot g \cdot t = \frac{10}{19} \cdot 1 \cdot 76 = \frac{760}{19} = 40$.

65 Zähnen zu fräsen. Berechne die Teilkurbelumdrehungen und erkläre die Anwendung des Zeigerwinkels.

Lösung: [Gl. (83)] $n_k = \frac{z}{g \cdot t} = \frac{60}{1 \cdot 65} = \frac{60}{65} = \frac{12}{13}$; $n_k = \frac{36}{39}$; darnach muß die Kurbel im 39er Lochkreis jedesmal um 36 Löcher weitergedreht werden. Da aus baulichen Gründen der Zeigerwinkel nicht für 36 Löcher geöffnet werden kann, bleibt nach Abb. 80 der Schenkel Z_2 am Kurbelstift liegen und öffnet den Zeigerwinkel um 3 Löcher zuzüglich des einen Loches für den Teilstift (Lochkreis minus Zähler plus ein Loch). Die Kurbel wird nun so weit nach rechts gedreht, bis der Teilstift in das Loch an der Innenseite des Schenkels Z_1 einschnappt. Der Zeiger selbst wird in der entgegengesetzten Richtung, also nach links, fortgeschoben, bis Schenkel Z_2 wieder am Teilstift anliegt.

c) Teilen mit Wechselrädern.

Das Wesentliche an Teilköpfen für mittelbares Teilen mit Wechselrädern ist, daß, wie Abb. 81 zeigt, die Teilkurbelwelle nicht mehr unmittelbar mit der Schnecke in Verbindung steht, sondern zwischen Schnecken- und Teilkurbelwelle Wechselräder eingeschaltet sind. Soll das Werkstück in t Teile geteilt werden, so sind bei jeder Schaltung $1/t$ Umdrehungen der Teilspindel nötig. Die Übersetzungsgleichung (48) lautet damit für dieses Getriebe: $n_k \cdot z_I \cdot z_{III} \cdot g = 1/t \cdot z \cdot z_{II} \cdot z_{IV}$; daraus:

Übersetzungsverhältnis der Teilwechselräder zwischen Teilkurbel und Schneckenwelle.

$$\boxed{i_w = \frac{z_I \cdot z_{III}}{z_{II} \cdot z_{IV}} = \frac{z}{g \cdot t \cdot n_k}} \qquad (84)$$

i_w = Wechselräderübersetzung = Übersetzung der (außen) zwischen Teilkurbel und Schneckenwelle aufzusteckenden Wechselräder, z_I und z_{III} = Zähnezahlen der treibenden Teilwechselräder, z_{II} und z_{IV} = Zähnezahlen der getriebenen Teilwechselräder, z = Zähnezahl des Schneckenrades im Teilkopf, g = Gängigkeitszahl der Schnecke im Teilkopf, t = Zahl der gewünschten Teilungen (Zahl der herzustellenden Teilungen, bezogen auf den ganzen Umfang), n_k = Zahl der notwendigen vollen Teilkurbelumdrehungen gegen die feste Teilscheibe zur Herstellung einer Teilung.

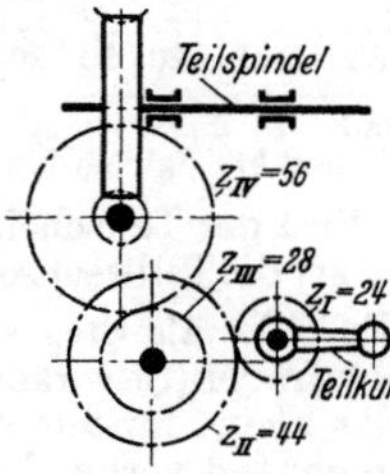

Abb. 81. Getriebe eines Teilkopfes für mittelbares Teilen mit vier Wechselrädern.

Zur Bestimmung der aufzusteckenden Wechselräder nach Gl. (84) wird zunächst für $n_k = 1$ gewählt. Damit wäre beim Teilvorgang nach jeder Einfräsung stets nur eine volle Umdrehung mit der Teilkurbel auszuführen. Sollte jedoch das Aufbringen der errechneten Wechselräder aus irgendwelchen Gründen nicht möglich, oder sollten die erforderlichen Wechselräder nicht vorhanden sein, so kann durch Änderung der Wahl der Teilkurbelumdrehungszahl ($n_k = 2$, $n_k = 3$, $n_k = 4$ usw.) ein anderes passendes Übersetzungsverhältnis für die aufzusteckenden Wechselräder erzielt werden.

Beispiel 99. Ein zu teilendes Geradzahnstirnrad soll 110 Zähne bekommen; Übersetzungsverhältnis innerhalb des Teilkopfes 1:30. Wie groß sind die aufzusteckenden Wechselräder zu bemessen, wenn die Teilkurbel bei jeder Teilung eine volle Umdrehung ausführen soll? (Wechselrädersatz: 24, 24, 28, 28, 32, 40, 44, 48, 56, 64, 72, 86, 100).

Lösung: [Gl. (84)] $i_w = \frac{z}{g \cdot t \cdot n_k} = \frac{30}{1 \cdot 110 \cdot 1} = \frac{30}{110} = \frac{3}{11}$.

Teilwechselräder: $\frac{3}{11} = \frac{2 \cdot 12}{2 \cdot 44} = \frac{2 \cdot 24}{4 \cdot 44} = \frac{1 \cdot 24}{2 \cdot 44} = \frac{28 \cdot 24}{56 \cdot 44} = \frac{24 \cdot 28}{44 \cdot 56}$. Mit Bezug auf Abb. 81 erhält $z_I = 24$, $z_{II} = 44$, $z_{III} = 28$ und $z_{IV} = 56$ Zähne.

Auch Universalteilköpfe, welche ohne Lochscheiben, also nur mit Wechselrädern arbeiten, haben den großen Vorteil, daß die Teilkurbel unabhängig von der gewünschten Teilzahl je Teilung meist nur eine (seltener zwei oder mehrere) volle

Kurbelumdrehungen auszuführen hat. Abb. 82 zeigt das Getriebe eines Universalteilkopfes (J. E. Reinecker A.-G., Chemnitz) ohne Lochscheiben nur mit Wechselrädern; das mittelbare Teilen erfolgt hier von Hand durch die auf einem Vierkant der Welle A gesetzte Teilkurbel, welche meist nur eine einzige ganze Kurbelumdrehung auszuführen hat. Begrenzt ist diese Kurbelumdrehung durch eine einzige Raste auf der Teilscheibe (3), in die nach vollendeter Umdrehung der Federbolzen (7) einfällt (s. auch Abb. 83).

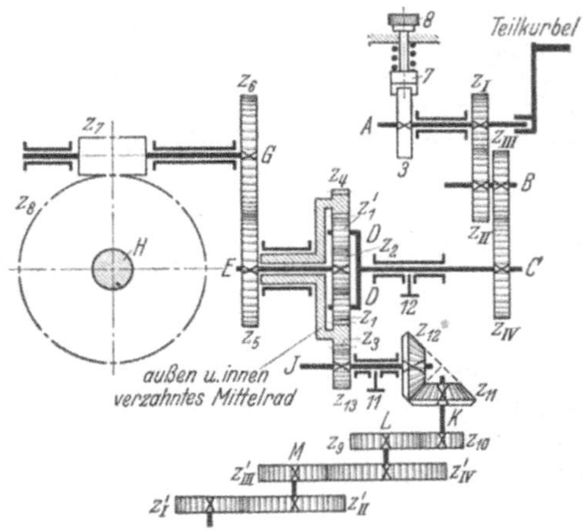

Abb. 82. Getriebe des Universalteilkopfes der Fa. J. E. Reinecker A.-G., Chemnitz.

Rad . . .	z_1	z_1'	z_2	z_3	z_4	z_5	z_6	z_7	z_8
Zähnezahl	20	20	20	60	75	39	39	1gängig	60

Rad . . .	$z_9 : z_{10}$	z_{11}	z_{12}	z_{13}
Zähnezahl	gleich bleibend 1 : 2	18	18	25

Abb. 83. Universalteilkopf ohne Lochscheiben, nur mit Wechselrädern. Die Abbildung zeigt vier Teilwechselräder aufgesteckt. (J. E. Reinecker A.-G., Chemnitz.)

Wird der Teilscheibe (3) eine Umdrehung erteilt, so wird diese Bewegung von der Welle A aus über die Teilwechselräder z_I, z_{II}, z_{III} und z_{IV} auf die Welle C übertragen; das eine Ende der **Welle C ist als Steg ausgebildet, der auf seinen beiden Zapfen (Welle D) die lose drehbaren Umlaufräder (Stirnräder) z_1 und z_1' trägt. Diese beiden Umlaufräder z_1 und z_1' greifen einerseits in das kleine Mittelrad z_2 (das auf der in der Verlängerung von Welle C liegenden, aber mit ihr nicht fest verbundenen Welle E aufgekeilt ist), andererseits in die Innenverzahnung (Zähnezahl $= z_3$) des großen Mittelrades. Dieses Mittelrad (Zähnezahl $= z_3$) muß beim mittelbaren Teilen in Ruhe bleiben, darf also keinerlei Drehbewegung ausführen; dies wird durch Klemmschraube (11) bewerkstelligt, welche Welle J mit dem daraufsitzenden, in die Außenverzahnung (Zähnezahl $= z_4$) des großen Mittelrades eingreifenden Stirnrades z_{13} feststellt. Die um Welle D lose drehbaren Umlaufräder z_1 und z_1' sind dadurch gezwungen, sich in dem feststehenden, großen Mittelrad (Zähnezahl $= z_3$) abzuwälzen und bringen so die Wellen E, G und weiterhin auch Schnecke z_7 (Welle G) und Schneckenrad z_8 (Welle H) in Umdrehung. Da Welle G, der Wirkung des Umlaufrädertriebes entsprechend, bei feststehendem Mittelrad z_3, z_4 viermal soviel Umdrehungen wie Welle C ausführt (Beispiel 44), gilt:** $n_G = 4 \cdot n_C$; nun ist

$$n_G = n_H \cdot \frac{z_8}{z_7} \quad \text{und} \quad n_C = n_k \cdot \frac{z_I \cdot z_{III}}{z_{II} \cdot z_{IV}}.$$

Die Gleichung $n_G = 4 \cdot n_C$ geht damit über in: $n_H \cdot \frac{z_8}{z_7} = 4 \cdot n_k \cdot \frac{z_I}{z_{II}} \cdot \frac{z_{III}}{z_{IV}}$; mit $n_H = \frac{1}{t}$ und $\frac{z_8}{z_7} = \frac{60}{1}$ folgt weiterhin: $\frac{1}{t} \cdot \frac{60}{1} = 4 \cdot n_k \cdot \frac{z_I}{z_{II}} \cdot \frac{z_{III}}{z_{IV}}$ oder $i_w = \frac{z_I \cdot z_{III}}{z_{II} \cdot z_{IV}} = \frac{15}{t \cdot n_k}$.

d) Ausgleichteilen auf Universalteilköpfen mit Wechselrädern und mit Teilscheiben.

Das Ausgleichteilen ermöglicht bis zu einem Höchstwert jede beliebige Teilung, insbesondere auch das Teilen von Primzahlen und kommt hauptsächlich dann in Frage, wenn die gewünschte Teilung mit den vorhandenen Lochkreisen auf eine der bisher beschriebenen Arten nicht möglich ist. Allerdings beschränkt sich das Ausgleichteilen nur auf Teilarbeiten in waagerechter Lage der Teilspindel. Senkrechte Fräsarbeiten sind nach dem Ausgleichverfahren ebensowenig ausführbar wie Fräsarbeiten für Herstellung schraubenförmiger Nuten. Beim Ausgleichteilen wird für die Berechnung der Teilkurbelumdrehungen absichtlich eine andere als die gewünschte Teilzahl gewählt, und zwar eine solche, die mit dieser gewünschten Teilzahl einen Unterschied bildet. Dieser Unterschied wird durch eine Wechselräderanordnung wieder ausgeglichen (Abb. 84). Bei den zum Ausgleichteilen eingerichteten Teilköpfen besteht die Möglichkeit, der Teilscheibe eine zwangsläufige Bewegung zu erteilen, die von den Umdrehungen des Schneckenrades abhängig ist. Zu diesem Zweck wird in der inneren Bohrung der Teilkopfspindel ein Bolzen (Spindelverlängerung) angebracht, derart, daß sich jetzt die Teilkopfspindel zur Aufnahme eines Wechselrades z_I eignet. Die Teilscheibe selbst wird durch Anziehen des Stellstiftes beweglich gemacht.

Aus Abb. 84 ist zu ersehen, wie Zwischenräder die Bewegung auf das Wechselrad z_{II} und damit auf das Kegelrad z_1 übertragen. Dieses Kegelrad steht in Eingriff mit dem Kegelrad z_2, welches, fest verbunden mit der Teilscheibe, der Schneckenwelle als Lager dient. Das Übersetzungsverhältnis der Ausgleichwechselräder ist natürlich veränderlich; es muß, ebenso wie der Lochkreis und die Anzahl der Löcher auf demselben, aus der herzustellenden Teilung errechnet werden.

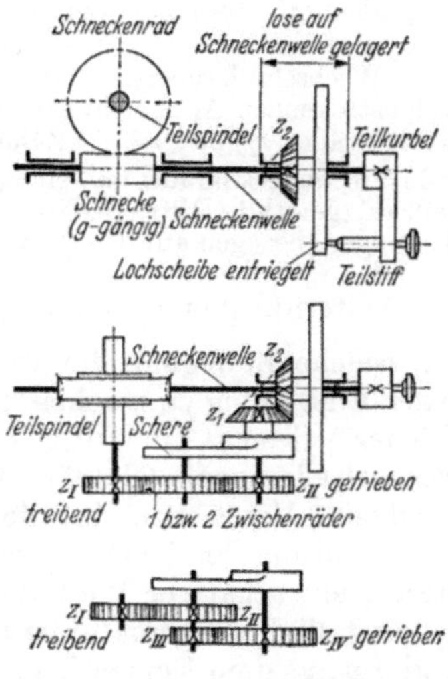

Abb. 84. Getriebe eines Universalteilkopfes mit Wechselrädern und mit Teilscheiben beim Ausgleichteilen.

1. Berechnen der Ausgleichwechselräder, wenn Teilzahl, Grundteilzahl und Übersetzung im Teilkopf gegeben sind.

Um eine bestimmte Anzahl Teile (t) zu erzielen, kann eine höhere oder niederigere Teilzahl gewählt werden; diese Teilzahl wird Grundteilung (t_g) genannt. Ist die Grundteilung größer als die geforderte Teilung, so müssen durch Rechtsdrehung der Teilscheibe Teile verloren gehen. Ist diese Grundteilung kleiner, so müssen durch Linksdrehung der Teilscheibe Teile gewonnen werden. Der Unterschied zwischen geforderter Teilzahl und Grundteilzahl muß durch Wechselräder ausgeglichen werden.

Bedeutet mit Bezug auf Abb. 84 $i_w = \frac{z_I}{z_{II}}$ bzw. $\frac{z_I \cdot z_{III}}{z_{II} \cdot z_{IV}}$, so ergibt sich unter der Voraussetzung, daß das Übersetzungsverhältnis der an die Wechselräder anschließenden, innerhalb des Teilkopfes eingebauten Übertragungsräder bis zur Teilscheibe 1:1 beträgt, die Zahl der Kurbelumdrehungen gegen die zunächst feststehend gedachte Teilscheibe zu $n_k' = \frac{z}{g \cdot t_g}$. Die für jede Schaltung notwendigen Drehungen der Teilkopfspindel müssen sein: $n_1 = 1/t$. Durch die Drehung der Teilkopfspindel wird aber auch über die beiden Wechselräder z_I und z_{II} hinweg die Teilscheibe um $n_1 \cdot \frac{z_I}{z_{II}} = \frac{1}{t} \cdot \frac{z_I}{z_{II}}$ Umdrehungen gedreht. Die tatsächlich auszuführende Anzahl Teilkurbelumdrehungen gegen die Teilscheibe ergibt sich demnach unter Berücksichtigung des Voreilens der Teilscheibe zu: $n_k'' = \frac{z}{g \cdot t_g} + \frac{1 \cdot z_I}{t \cdot z_{II}}$. Die Übersetzungsgleichung für das Getriebe (Abb. 78), $n_k \cdot g = 1/t \cdot z$, hat auch bei Vorhandensein von

Wechselrädern Geltung. Wird für n_k in diesem Falle n_k'' eingesetzt, so folgt: $g \cdot \left(\frac{z}{g \cdot t_g} + \frac{1 \cdot z_I}{t \cdot z_{II}}\right) = \frac{1}{t}$. Die Auflösung dieser Gleichung nach $i_w = \frac{z_I}{z_{II}}$ ergibt die Gl. (85).

Übersetzungsverhältnis der Ausgleichwechselräder zwischen Teilspindel und Teilscheibe bei gegebener Grundteilzahl.

$$i_w = \frac{z_I \cdot z_{III}}{z_{II} \cdot z_{IV}} = \frac{z}{g \cdot t_g} \cdot (t_g - t) \quad (85)$$

i_w = Wechselräderübersetzung = Übersetzung der (außen) zwischen Teilspindel und Teilscheibe aufzusteckenden Ausgleichwechselräder, z_I und z_{III} = Zähnezahlen der treibenden Ausgleichwechselräder, z_{II} und z_{III} = Zähnezahlen der getriebenen Ausgleichwechselräder, z = Zähnezahl des Schneckenrades im Teilkopf, g = Gängigkeitszahl der Schnecke im Teilkopf, t_g = Grundteilzahl (gewählte Hilfsteilzahl), t = Zahl der gewünschten Teilungen (Zahl der herzustellenden Teilungen, bezogen auf den ganzen Umfang).

Weiterhin gibt in der Gl. (85) der vor der Klammer stehende Wert $\frac{z}{g \cdot t_g} = n_k'$ an, welche Bewegung die Teilkurbel gegenüber der beweglichen Teilscheibe nach jeder Einfräsung zu machen hat, welcher Lochkreis also zu wählen und um wieviel Löcher jedesmal zu teilen ist. Zur Berechnung der aufzusteckenden Ausgleichwechselräder nach Gl. (85) ist stets t von t_g abzuziehen. Das sich für den Rest ergebende Vorzeichen gibt die Drehrichtung an, in welcher sich die Teilscheibe zur Drehrichtung der Kurbel bewegen muß. Ein positiver Wert verlangt die zusätzliche, ein negativer Wert die gegensätzliche Drehung. Bei mehrfacher Übersetzung sind sinngemäß alle aus dem Zähler hervorgehenden Räder als treibende und die aus dem Nenner hervorgehenden als getriebene Ausgleichwechselräder aufzustecken.

Beispiel 100. Unter Verwendung des Universalteilkopfes A, Maschinentafel 4, S. 113 ist ein Geradzahnstirnrad mit 127 Zähnen zu fräsen. Berechne die aufzusteckenden Ausgleichwechselräder, die Größe des Lochkreises und die bei jeder Teilung erforderlichen Teilkurbelumdrehungen.

Erste Lösung:

Ausgleichwechselräder

Mit gewählter Grundteilzahl

$t_g = 120$ folgt Gl. (85):

$$i_w = \frac{z}{g \cdot t_g} \cdot (t_g - t)$$

$$i_w = \frac{60}{1 \cdot 120} \cdot (120 - 127); \; \boldsymbol{i_w = -\frac{7}{2}}.$$

Wechselräder: $\frac{70 \cdot 60}{40 \cdot 30}$, kein Zwischenrad.

Rad A = 70 Zähne (treibend),
Rad B = 40 Zähne (getrieben),
Rad C = 60 Zähne (treibend),
Rad D = 30 Zähne (getrieben).
Siehe dazu Abb. 85.

Da **Linksdrehung** der Teilscheibe nötig (Ergebnis für i_w negativ!), sind die Ausgleichwechselräder A, B, C und D ohne irgendein Zwischenrad aufzustecken.

Kurbelumdrehungen

Teilkurbel und Teilscheibe drehen sich entgegengesetzt. Es wird mit der Teilkurbel jedesmal um $\frac{60}{120} = \frac{1}{2} = \frac{9}{18}$, also um 9 Löcher des Lochkreises 18 weitergeteilt.

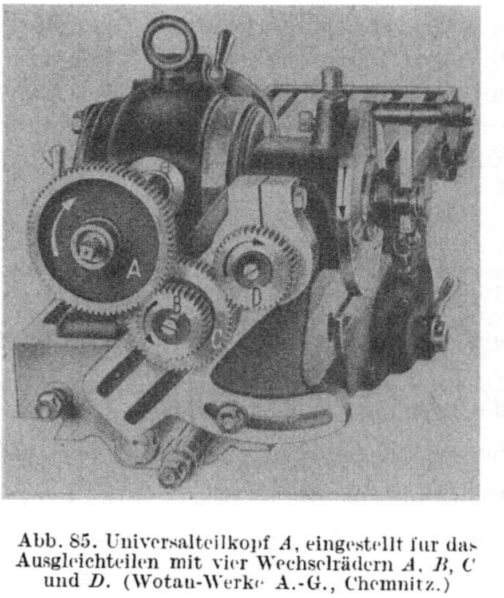

Abb. 85. Universalteilkopf A, eingestellt für das Ausgleichteilen mit vier Wechselrädern A, B, C und D. (Wotan-Werke A.-G., Chemnitz.)

Zweite Lösung:

Ausgleichwechselräder

Mit gewählter Grundteilzahl $t_g = 135$ folgt Gl. (85):

$$i_w = \frac{z}{g \cdot t_g} \cdot (t_g - t)$$

$$i_w = \frac{60}{1 \cdot 135} \cdot (135 - 127); \; \boldsymbol{i_w = +\frac{32}{9}}.$$

Wechselräder: $\frac{80 \cdot 100}{25 \cdot 90}$, ein Zwischenrad.

Rad A = 80 Zähne (treibend),
Rad B = 25 Zähne (getrieben),
Rad C = 100 Zähne (treibend),
Rad D = 90 Zähne (getrieben).
} Siehe dazu Abb. 86.

Da **Rechtsdrehung** der Teilscheibe nötig (Ergebnis für i_w positiv!), sind die Ausgleichwechselräder A, B, C und D mit einem Zwischenrad aufzustecken.

Kurbelumdrehungen

Teilkurbel und Teilscheibe drehen sich im gleichen Sinne nach rechts. Es wird mit der Teilkurbel jedesmal um $\frac{60}{135} = \frac{4}{9}, = \frac{8}{18}$, also um 8 Löcher des Lochkreises 18 weitergeteilt.

Abb. 86. Universalteilkopf A, eingestellt für das Ausgleichteilen mit vier Wechselrädern A, B, C und D, nebst einem Zwischenrad E. (Wotan-Werke A.-G., Chemnitz.)

Beispiel 101. Unter Verwendung des Universalteilkopfes B, Maschinentafel 5, S. 113 ist ein Werkstück mit 239 Teilungen zu versehen. Berechne die aufzusteckenden Ausgleichwechselräder, die Größe des Lochkreises und die bei jeder Teilung erforderlichen Teilkurbelumdrehungen, wenn als gewählte Hilfsteilzahl 264 angenommen wird.

Lösung: [Gl. (85)] $i_w = \frac{z}{g \cdot t_g} \cdot (t_g - t) = \frac{80}{1 \cdot 264} \cdot (264 - 239) = \frac{80}{1 \cdot 264} \cdot (+25) = + \frac{80 \cdot 25}{264} = + \frac{250}{33}$. Ausgleichwechselräder: $\frac{250}{33} = \frac{10 \cdot 25}{3 \cdot 11} = \frac{40 \cdot 100}{12 \cdot 44} = \frac{80 \cdot 100}{24 \cdot 44} = \frac{100 \cdot 80}{44 \cdot 24}$; $z_I = 100$ $z_{II} = 44$, $z_{III} = 80$, $z_{IV} = 24$ Zähne.

Kurbelumdrehungen: Teilkurbel und Teilscheibe müssen sich, da Ergebnis für i_w positiv, im gleichen Sinne nach rechts drehen. Es ist mit der Teilkurbel jedesmal um $\frac{40}{1 \cdot 264} = \frac{5}{33}$, also um 5 Löcher des Lochkreises 33 weiterzuteilen.

2. Berechnen der Ausgleichwechselräder, wenn Teilzahl, Anzahl der Löcher des Lochkreises, Anzahl der Löcher des Lochkreises für eine Teilung und Übersetzung im Teilkopf gegeben.

Bezeichnet L = Anzahl der Löcher des zur Verwendung kommenden Lochkreises, l = Anzahl der Löcher des zur Herstellung einer Teilung notwendigen Lochkreises, so gilt:

Übersetzungsverhältnis der Ausgleichwechselräder zwischen Teilspindel und Teilscheibe bei gegebenem Lochkreis.

$$i_w = \frac{z \cdot L - g \cdot t \cdot l}{g \cdot L} \tag{86}$$

i_w = Wechselräderübersetzung = Übersetzung der (außen) zwischen Teilspindel und Teilscheibe aufzusteckenden Ausgleichwechselräder $\left(i_w = \frac{z_I}{z_{II}} \text{ oder } \frac{z_I \cdot z_{III}}{z_{II} \cdot z_{IV}}\right)$, z = Zähnezahl des Schneckenrades im Teilkopf, L = Anzahl der Löcher des zur Verwendung kommenden Lochkreises, g = Gängigkeitszahl der Schnecke im Teilkopf, t = Zahl der gewünschten Teilungen (Zahl der herzustellenden Teilungen, bezogen auf den ganzen Umfang), l = Anzahl der zur Herstellung einer Teilung notwendigen Löcher des Lochkreises L.

Bei der Berechnung von i_w nach Gl. (86) für eine bestimmte Teilzahl t müssen die Größen L und l gewählt werden. Es ist der Lochkreis L möglichst so zu wählen, daß er mit der Teilzahl selbst oder mit einem der vorhandenen Wechselräder gleiche Faktoren hat. Der Wert des Produktes $z \cdot L$ muß stets kleiner sein als das Produkt $g \cdot t \cdot l$.

Beispiel 102. Mittels des Universalteilkopfes C (Maschinentafel 6 S. 115) ist ein Werkstück mit 51 Einfräsungen zu versehen. Die Teilkurbel soll dabei, eingestellt auf dem 17er Lochkreis nach jeder Einfräsung um 14 Löcher verstellt werden. Berechne die zwischen Teilscheibe und Teilkopfspindel aufzusteckenden Wechselräder.

Lösung: Mit $z = 40$, $L = 17$, $g = 1$, $t = 51$ und $l = 14$ geht Gl. (86) über in:

$$i_w = \frac{40 \cdot 17 - 1 \cdot 51 \cdot 14}{1 \cdot 17} = \frac{680 - 714}{17} = -\frac{34}{17} = -\frac{2}{1}; \quad i_w = -\frac{2}{1}.$$

Ausgleichwechselräder: $\frac{2}{1} = \frac{24 \cdot 4}{1 \cdot 48} = \frac{72 \cdot 4}{3 \cdot 48} = \frac{72 \cdot 80}{60 \cdot 48}$ kein Zwischenrad.

Abb. 87. Universalteilkopf C, eingestellt für das Ausgleichteilen mit vier Wechselrädern f, g, h und i. (Loewe-Gesfürel A.-G., Berlin.)

Rad mit 72 Zähnen = Rad f an der Teilspindelverlängerung (treibend). Rad mit 60 Zähnen = Rad g am Scherenbolzen (getrieben). Rad mit 80 Zähnen = Rad h am Scherenbolzen (treibend). Rad mit 48 Zähnen = Rad i am Kegelradbolzen (getrieben).

Die Bezeichnungen Rad f, Rad g, Rad h und Rad i beziehen sich auf Abb. 87, welche den Universalteilkopf C, eingestellt für das Ausgleichteilen mit 4 Wechselrädern f, g, h und i zeigt. Die Teilzahl 51 wird demnach mit dem 17er Lochkreis, Teilschritt 14 und den Ausgleichwechselrädern 72, 60, 80 und 48 ausgeführt. Der Drehsinn der Lochscheibe ist dem Drehsinn der Teilkurbel entgegengesetzt. Die auf der zweiten Räderschere an der Teilscheibenseite des Teilkopfes aufgesteckten Räder (Rad $z_I' = 48$ Zähne, ein beliebiges Zwischenrad, Rad $z_{II}' = 48$ Zähne Abb. 104) erscheinen nicht in der Rechnung.

3. Prüfung der Aufsteckung der Ausgleichwechselräder und der Teilkurbeleinstellung vor dem Fräsen.

Sind die Ausgleichwechselräder zum Teilen eines Arbeitsstückes ihrer Größe nach bekannt und aufgesteckt und die Teilkurbel auf den erforderlichen Lochkreis eingestellt, so ist es dringend nötig, sich vor dem eigentlichen Fräsvorgang durch eine rasche Prüfung zu überzeugen, ob mit den aufgesteckten Rädern und der eingestellten Teilkurbel auch tatsächlich die gewünschte Teilung erzielt wird. Dies ist selbst dann zu empfehlen, wenn Größe und Zahl der Wechselräder und der einzuschaltenden Zwischenräder einer der Maschine beigegebenen Tabelle entnommen werden. Die unter Beachtung von Lochkreis und Lochzahl nach jedem Fräsvorgang vorgeschriebene Teilung so oft auszuführen als Teile gewünscht werden, wäre nicht nur umständlich, sondern auch äußerst zeitraubend. Letzteres ist um so mehr ins Gewicht fallend, als es sich lediglich um eine Prüfung vor dem eigentlichen Arbeitsgang handelt; deshalb darf eine Prüfung auf Richtigkeit der Räder- und Teilkurbelanordnung nur kürzeste Zeit in Anspruch nehmen.

Beispiel 103. Unter Verwendung des Universalteilkopfes B (Maschinentafel 5, S. 113) ist ein Werkstück mit 347 Schlitzen zu versehen.

Lösung: Die aufzusteckenden Ausgleichwechselräder, die Größe des Lochkreises und die bei jeder Teilung erforderlichen Teilkurbelumdrehungen werden der dem Teilkopfe beigegebenen Teiltabelle folgend entnommen.

Ausgleichwechselräder: Rad an der Teilspindelverlängerung (treibend) = 24 Zähne, Rad am Scherenbolzen (getrieben) = 86 Zähne, Rad am Scherenbolzen (treibend) = 80 Zähne, Rad am Kegelradbolzen (getrieben) = 32 Zähne, dazu ein Zwischenrad mit beliebiger Zähnezahl.

Kurbelumdrehungen: Lochkreis = 43; Anzahl der Löcher = 5.

Prüfung: Bevor mit dem Einfräsen der Schlitze begonnen wird, ist nun zu prüfen, ob mit den gegebenen Werten auf eine Umdrehung des Arbeitsstückes tatsächlich 347 Teile entfallen. Bei 347 Einfräsungen sind insgesamt $347 \cdot 5 = 1735$ Löcher zu schalten. Da nun bei Wahl des 43er Lochkreises 43 Löcher einer vollen Umdrehung der Teilkurbel entsprechen, sind zunächst $1735 : 43 = 40$ volle Teilkurbelumdrehungen zusammenhängend auszuführen. Dazu kommen noch als Rest $\frac{15}{43}$ Kurbelumdrehungen, also 15 Löcher auf dem 43er Lochkreis.

Zwecks praktischer Durchführung der Prüfung wird das zum eigentlichen Fräsvorgang eingespannte Arbeitsstück mit dem Fräser an beliebiger Stelle des Umfanges angeritzt, mit der Teilkurbel auf dem 43er Lochkreis zusammenhängend 40 volle Umdrehungen und 15 Löcher weiter gedreht und wiederum das Arbeitsstück angeritzt. Fallen die beiden Rißlinien in eine zusammen, so ist die Richtigkeit der Berechnung der Räderaufsteckung und der Teilkurbeleinstellung erwiesen. Der Fräsvorgang kann beginnen.

e) Ausgleichteilen auf Universalteilköpfen mit Wechselrädern, jedoch ohne Teilscheiben.

Auch bei Universalteilköpfen ohne Teilscheiben muß von einer Grundteilung (t_g) ausgegangen werden, um dann durch eine beschleunigend oder verzögernd wirkende Ausgleichbewegung die gewünschte Teilzahl (t) zu erhalten. Diese Ausgleichbewegung wird auch hier durch Ausgleichwechselräder bewirkt. Während bei Universalteilköpfen mit Lochkreisen die Ausgleichwechselräder die Verbindung zwischen Teilspindel und Teilscheibenwelle herstellen, regeln bei dem Reinecker Universalteilkopf (Abb. 82) die Ausgleichwechselräder die Übersetzung zwischen Teilspindel und der zur Schnecke führenden Welle K. Die Bewegungsübertragung verläuft in folgender Weise.

Die Teilspindel (Welle H) bzw. die Teilspindelverlängerung trägt das Wechselrad z_I', das die Bewegung den beiden auf der Schere (Welle M) sitzenden Wechselrädern z_{II}' und z_{III}' mitteilt. Von diesen empfängt das Wechselrad z_{IV}' die Bewegung. Ist eine Umkehrung der Drehrichtung nötig, so wird zwischen die Wechselräder z_{III}' und z_{IV}' ein Zwischenrad von beliebiger Zähnezahl eingefügt. Das letzte getriebene Wechselrad z_{IV}' treibt über Stirnräder z_9, z_{10} die Spindel K und bringt dadurch das Stirnrad z_{13} in Umdrehung, und zwar nach der einen oder nach der anderen Richtung, je nachdem, ob ein Zwischenrad zur Verwendung kommt oder nicht. Da Stirnrad z_{13} mit dem großen Mittelrad (Zähnezahl = z_4) in Eingriff steht, kann auch diesem eine Drehrichtung nach beiden Seiten gegeben werden. Es kommt aber bereits eine andere Bewegung von der Teilscheibenwelle A aus über die Teilwechselräder z_I, z_{II}, z_{III} und z_{IV} zur Welle E. Beide Bewegungen vereinen sich nun und verzögern oder beschleunigen die ursprüngliche Umdrehungsgeschwindigkeit. Für den Reinecker Universalteilkopf geht Gl. (85) über in die Form: $i_w = \frac{z_I' \cdot z_{III}'}{z_{II}' \cdot z_{IV}'} = \frac{2 \cdot z}{g \cdot t_g} \cdot (t_g - t)$.

Um nun tatsächlich eine Beschleunigung der Teilbewegung zu erreichen, ist die richtige Drehrichtung des großen außen- und innenverzahnten Mittelrades von wesentlicher Bedeutung. Bestimmend hierfür ist das Vorhandensein eines Zwischenrades. Hinsichtlich der Notwendigkeit eines Zwischenrades gilt für den Reinecker Universalteilkopf (Abb. 82) folgendes: Ein Zwischenrad ist nur nötig, wenn Teile gewonnen werden müssen. Ist beispielsweise der Wert für i_w' positiv (es müssen Teile verloren gehen), muß die Zusatzbewegung eine Beschleunigung der Teilspindelumdrehung bewirken. Dies erfolgt dann, wenn sich das große außen- und innenverzahnte Mittelrad entgegen dem Uhrzeiger bewegt. Das Zwischenrad kommt in Wegfall. Die Klemmschrauben *11* und *12* sind bei diesem Teilverfahren zu lösen.

f) Teilen bei ungleicher Teilung.

Die für mittelbares Teilen zu bestimmenden Teilkurbelumdrehungen ergeben sich [Gl. (83)] zu $n_k = \frac{z}{g \cdot t}$. In dieser Gleichung wird die gewünschte Teilung t

meist durch eine ganze Zahl ausgedrückt, entsprechend der Zähnezahl bei Zahnrädern, Fräsern, Sägeblättern usw. Beim Teilen mit ungleicher Teilung, welches bei der Herstellung von Reibahlen mit geraden Nuten vorkommt, wenn sich die Anfertigung einer besonderen Teilscheibe (Sonderteilscheibe) für das Teilen nicht lohnt, ist die Größe dieser gewünschten Teilung t aus anderer Maßangabe zu berechnen. Reibahlen werden, um ein Unrundreiben der damit fertigzustellenden Bohrungen und um die sog. Rattermarkenbildung zu umgehen, mit ungleicher Zahnteilung und gerader Zähnezahl ausgeführt; dies erfolgt derart, daß sich die Teilung bei der zweiten Hälfte der Zähne jeweilig wiederholt und sich infolgedessen stets zwei Zähne diametral gegenüberstehen, die das Messen des Durchmessers ermöglichen. Die Berechnung der auszuführenden Teildrehung der Teilkurbel ist in solchen Fällen für jede Teilung besonders anzustellen; die Teildrehungen des Werkstückes selbst müssen als gemeinschaftliches Vielfaches die Lochzahl des zu benützenden Lochkreises besitzen.

Beispiel 104. Eine 16zähnige Reibahle ist mit geraden Nuten zu fräsen. Die ungleiche Teilung sei durch die verschieden großen Zentriwinkel (Zahnwinkel) für die ersten 8 Zähne beispielsweise wie folgt gegeben:

Zahn	1	2	3	4	5	6	7	8
Zentriwinkel in Graden	20	21	21,5	22,5	23	23,5	24	24,5

Es stehe Universalteilkopf B (Maschinentafel 5, S. 113) zur Verfügung. Welcher Lochkreis ist zu benutzen und um wieviel Löcher ist die Teilkurbel für die einzelnen Teilungen zu drehen?

Lösung: Das Werkstück ist der Reihe nach um die Teilwinkel 20-21-21,5-22,5-23-23,5-24 und 24,5° zu drehen. Nach einer halben Umdrehung wiederholen sich die Teilungen in derselben Reihenfolge. Werden diese einzelnen Winkelmaße in 360° dividiert, so ergeben sich die gewünschten Teilungen t, welche für jeden Zahn einen ganz bestimmten Wert ergeben. Die Anzahl Kurbelumdrehungen der für die erste Teilung erforderlichen Teildrehung als Bruchteil einer vollen Werkstückumdrehung berechnet sich demnach:

$$[\text{Gl. (83)}]\quad n_k = \frac{z}{g \cdot t_1} = \frac{40}{1 \cdot \frac{360}{20}} = \frac{40 \cdot 20}{1 \cdot 360} = \frac{20}{9} = 2\frac{2}{9} = 2\frac{4}{18}\,; \quad n_k = 2\frac{4}{18}\,.$$

Aus Gründen der besseren Übersicht ist folgend zu schreiben:

$$1.\ \text{Teilung:}\ n_k = \frac{z}{g \cdot t_1} = \frac{40 \cdot 20}{1 \cdot 360} = \frac{20}{9} = 2\frac{2}{9} = 2\frac{4}{18}\,. \qquad 5.\ \text{Teilung:}\ n_k = \frac{z}{g \cdot t_5} = \frac{40 \cdot 23}{1 \cdot 360} = \frac{23}{9} = 2\frac{5}{9} = 2\frac{10}{18}\,.$$

$$2.\ \text{Teilung:}\ n_k = \frac{z}{g \cdot t_2} = \frac{40 \cdot 21}{1 \cdot 360} = \frac{21}{9} = 2\frac{3}{9} = 2\frac{6}{18}\,. \qquad 6.\ \text{Teilung:}\ n_k = \frac{z}{g \cdot t_6} = \frac{40 \cdot 23{,}5}{1 \cdot 360} = \frac{23{,}5}{9} = 2\frac{55}{90} = 2\frac{11}{18}\,.$$

$$3.\ \text{Teilung:}\ n_k = \frac{z}{g \cdot t_3} = \frac{40 \cdot 21{,}5}{1 \cdot 360} = \frac{21{,}5}{9} = 2\frac{35}{90} = 2\frac{7}{18}\,. \qquad 7.\ \text{Teilung:}\ n_k = \frac{z}{g \cdot t_7} = \frac{40 \cdot 24}{1 \cdot 360} = \frac{24}{9} = 2\frac{6}{9} = 2\frac{12}{18}\,.$$

$$4.\ \text{Teilung:}\ n_k = \frac{z}{g \cdot t_4} = \frac{40 \cdot 22{,}5}{1 \cdot 360} = \frac{22{,}5}{9} = 2\frac{45}{90} = 2\frac{9}{18}\,. \qquad 8.\ \text{Teilung:}\ n_k = \frac{z}{g \cdot t_8} = \frac{40 \cdot 24{,}5}{1 \cdot 360} = \frac{24{,}5}{9} = 2\frac{65}{90} = 2\frac{13}{18}\,.$$

Hiernach ist ein Lochkreis mit 18 Löchern zu benutzen und die Teilkurbel für jede Teilung um zwei volle Umdrehungen und der Reihe nach um 4, 6, 7, 9, 10, 11, 12 und 13 Löcher zu drehen. Die Prüfung ergibt dann:

$$2\frac{4}{18} + 2\frac{6}{18} + 2\frac{7}{18} + 2\frac{9}{18} + 2\frac{10}{18} + 2\frac{11}{18} + 2\frac{12}{18} + 2\frac{13}{18} = 16\frac{72}{18} = 20$$

Kurbelumdrehungen = eine halbe Werkstückumdrehung. Nach Verzahnung des halben Umfanges der Reibahle wiederholt sich der Teilvorgang in der gleichen Weise derart, daß die nächste (also die 9. Teilung) wieder mit $2\frac{4}{18}$ Kurbelumdrehungen zu beginnen hat. Die berechnete Lochzahl ist dabei jedesmal wieder abzuzählen, da die Zeiger vor der Teilscheibe hier nicht zu verwenden sind.

Anmerkung: Die Berechnung der Teilkurbelumdrehungen beim Ungleichteilen ist zeitraubend. Man entnimmt die erforderlichen Teilkopfeinstellungen einer Zahlentafel[1].

---

[1] Vgl. F. Riegel: Teilkopfeinstellung beim Reibahlenfräsen. Werkzeugmasch. 1935, H. 17, S. 371.

g) Werkstückverstellung nach Gradangabe.

Beispiel 105. Mit Hilfe des Universalteilkopfes A (Maschinentafel 4, S. 113) ist ein Werkstück um 15° 12′ zu verdrehen. Welcher Lochkreis ist zu benutzen und um wieviel Löcher ist die Teilkurbel zu drehen?

Lösung: Gl. (83) ergibt mit $z = 60$, $g = 1$ und $t = \frac{360^\circ}{15^\circ\,12'} = \frac{360^\circ}{15\frac{1}{5}^\circ} = \frac{360}{\frac{76}{5}} = \frac{360 \cdot 5}{76} = \frac{450}{19}$;

$n_k = \frac{z}{g \cdot t} = \frac{60 \cdot 19}{1 \cdot 450} = \frac{2 \cdot 19}{15} = \frac{38}{15} = 2\frac{8}{15}$. Die Teilkurbel hat also, um eine Werkstückverdrehung um 15° 12′ zu erreichen, auf dem 15er Lochkreis zwei volle und dann noch $\frac{8}{15}$ Umdrehungen auszuführen.

Der Berechnung der Teilkurbelumdrehungen standen in den Beispielen 104 und 105 insofern keine größeren Schwierigkeiten im Wege, als die der jeweiligen Verstellung zugrunde liegenden Gradmaße sehr brauchbare Ergebnisse lieferten. Wird jedoch die Werkstückverstellung mit Hilfe des Teilkopfes nach einer Gradangabe verlangt, bei welcher die Einzelminuten in der Gleichung zur Berechnung der Kurbelumdrehungen ungünstige Werte ergeben, so wird die Anwendung eines Näherungswertes notwendig.

Beispiel 106. Mit Hilfe des Universalteilkopfes B (Maschinentafel 5, S. 113) ist ein Werkstück um 12° 55′ zu verdrehen. Welcher Lochkreis ist zu benutzen und um wieviel Löcher ist die Teilkurbel zu drehen?

Lösung: Die Zahl der Teilkurbelumdrehungen, welche nötig ist, das Werkstück um 12° 55′ zu drehen, bestimmt sich gleichfalls [Gl. (83)] zu:

$$n_k = \frac{z}{g \cdot t}; \text{ mit } t = \frac{360^\circ}{12^\circ\,55'} = \frac{21600'}{775'} \text{ folgt: } n_k = \frac{40}{1 \cdot \frac{21\,600}{775}} = \frac{40 \cdot 775}{1 \cdot 21\,600} = \frac{775}{540} = \frac{155}{108}.$$

Dieser Bruch $\frac{155}{108}$ ist nicht zu verwerten, da ein Lochkreis mit 108 Löchern nicht vorhanden und außerdem 155 gegen 108 in keiner Weise kürzbar ist. Soll der Winkel 12° 55′ theoretisch genau eingehalten werden, so müßte für eine solche Genauigkeit eine Lochscheibe mit einem 108er Lochkreis angefertigt werden. Ist aber ein kleiner Minuten- oder Sekundenunterschied zulässig, so kann mit einem Näherungswert gerechnet werden.

Erster Näherungswert. $n_k = \frac{155}{108} = \frac{5{,}741 \cdot 27}{4 \cdot 27} = \frac{5{,}741}{4}$; $n_k = \frac{5{,}741}{4}$.

Nenner 4 auf den vorhandenen 16er Lochkreis erweitert, ergibt: $n_k = \frac{5{,}741 \cdot 4}{4 \cdot 4} = \frac{22{,}964}{16} = 1\frac{6{,}964}{16}$; $n_k = 1\frac{6{,}964}{16}$.

Da praktisch 6,964/16 einer vollen Kurbelumdrehung am Teilkopf nicht ausführbar ist, so wird ein Näherungswert gewählt; statt des Zählers 22,964 wird der Wert 23 gesetzt und bekommt:

$$n_k = \frac{23}{16} = 1\frac{7}{16}; \quad n_k = 1\frac{7}{16},$$

d. h. für die verlangte Teildrehung von 12° 55′ wäre mit der im 16er Lochkreis eingestellten Teilkurbel außer einer vollen Kurbelumdrehung noch eine weitere Drehung um 7 Löcher im Uhrzeigersinn auszuführen. Der Winkelunterschied dieses Näherungswertes gegenüber der genauen Gradverstellung von 12° 55′ läßt sich folgend ermitteln.

Prüfung: Statt 22,964/16 wurden 23/16 Teilkurbelumdrehungen ausgeführt; es wurden 0,036/16 = 0,00225 Kurbelumdrehungen zuviel gemacht.

Nun entsprechen 40 Kurbelumdrehungen einer Werkstückverdrehung um 360°, 1 Kurbelumdrehung entspricht einer Werkstückverdrehung um 9°, 0,00225 Kurbelumdrehungen entsprechen einer Werkstückverdrehung um $0{,}00225 \cdot 9 = 0{,}02025^\circ = 1'12{,}9'' \approx 1'13''$. Der gewählte Näherungswert ergibt dem genauen Wert gegenüber einen Winkelunterschied von 1 Minute 13 Sekunden.

Zweiter Näherungswert. Der mit dem gewählten ersten Näherungswert sich ergebende, an und für sich sehr geringe Unterschied von 1 Minute 13 Sekunden kann durch Suchen eines weiteren Näherungswertes noch beträchtlich verringert werden. Von dem Wert $\frac{155}{108}$ ausgehend ergibt sich:

$$n_k = \frac{155}{108} = \frac{4{,}3056 \cdot 36}{3 \cdot 36} = \frac{4{,}3056}{3}; \quad n_k = \frac{4{,}3056}{3} = \frac{4{,}3056 \cdot 13}{3 \cdot 13} = \frac{55{,}9728}{39}.$$

Statt des Zählers 55,9728 werde 56 angenommen; damit berechnet sich die Zahl der Kurbelumdrehungen, welche nötig ist, das Arbeitsstück um 12° 55′ zu verdrehen:

$$n_k = \frac{56}{39} = 1\frac{17}{39}; \quad n_k = 1\frac{17}{39}.$$

Prüfung: Statt 55,9728/39 werden unter Benutzung des Näherungswertes 56/39 Kurbelumdrehungen ausgeführt; es werden 0,0272/39 = 0,0007 Kurbelumdrehungen zuviel gemacht. Winkelunterschied: 0,0007 · 9 = 0,0063° = 0,3780′ = 2,3″. Der gewählte Näherungswert ergibt gegenüber dem genauen Wert einen Winkelunterschied von 2,3 Sekunden.

h) Längenteilen auf Universalteilköpfen mit Wechselrädern und mit Teilscheiben.

Während beim Rundteilen, gleichgültig nach welcher Teilungsart, mit Hilfe des Teilkopfes das Arbeitsstück stets um eine bestimmte Strecke des Umfanges weitergeteilt wird, ergibt sich beim Längenteilen mit Hilfe des Universalteilkopfes eine Verschiebung des Längsschlittens der Maschine[1]. Wird demnach beim Längenteilen der Teilkopf zur Vorschubbewegung des Längsschlittens einer Fräsmaschine verwendet, so ist es bei Verwendung eines Reißwerkes möglich, einwandfreie Längenteilungen zu erzeugen, die in Bezug auf Genauigkeit eine Zahnstangenteilvorrichtung um ein Vielfaches übertreffen.

Das Reißwerk selbst, falls es sich nur um Anreißen genauer Abstände von Bohrungen, Kerben usw., beispielsweise bei Bohrlehren handelt, kann am Gegenhalter ohne Schwierigkeiten aufgesteckt werden. Das zu teilende Werkstück lagert bei derartigen Längenteilungen unmittelbar auf dem Fräsmaschinentisch oder auf einer Magnetspannplatte. Während das Reißwerk mittels Stichels nur kurze oder lange Striche in das Werkstück einritzt, hat der Teilkopf dasselbe jeweils um die gewünschte Längenteilung gleichlaufend zur Tischvorschubspindel weiter zu schalten. Wird beispielsweise bei dem Universalteilkopf *B* (Maschinentafel 5, S. 113), wie beim Gewindefräsen, Teilspindel *C* (Abb. 88) durch Wechselräder z_I, z_{II}, z_{III} und z_{IV} mit der Tischvorschubspindel *J* der Universalfräsmaschine in Verbindung gebracht, so ist es durch Drehen der Zeigerkurbel *D* möglich, auch der Tischvorschubspindel eine Drehbewegung zu erteilen. Es ergibt sich folgende Bewegungsübertragung: Zeigerkurbel *D*, Stirnräder z_1, z_2 und z_3, Schnecke *F*, Schneckenrad *G*, Teilspindel *C* (ohne Arbeitsstück), Wechselräder z_I, z_{II}, z_{III} und z_{IV}, Tischvorschubspindel.

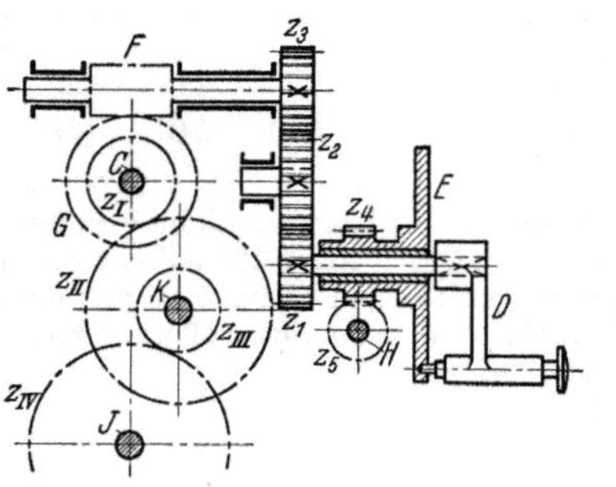

Abb. 88. Längenteilen auf Universalteilköpfen mit Wechselrädern und mit Teilscheiben.

Übersetzungsverhältnis der Wechselräder zwischen Teilspindel und Tischvorschubspindel beim Längenteilen.

$$i_w = \frac{t}{TSt \cdot n_k \cdot i_f} \quad (87)$$

i_w = Wechselräderübersetzung = Übersetzung der (außen) zwischen Teilspindel und Tischvorschubspindel aufzusteckenden Wechselräder $\left(i_w = \frac{z_I}{z_{II}} \text{ oder } \frac{z_I \cdot z_{III}}{z_{II} \cdot z_{IV}}\right)$, t = Größe der ge-

[1] Es gibt auch, wie Abb. 123 zeigt, besondere **Zahnstangen-Teilvorrichtungen,** bestehend aus einer Teileinrichtung, einer Aufspannvorrichtung und einem drehbaren Fräskopf, die es in einfacher Weise ermöglichen, eine Verschiebung des Längsschlittens der Maschine vorzunehmen. Eine derartige Teileinrichtung besteht meist aus einem Stirnradübersetzungsgetriebe, das am Ende des Aufspannschlittens mit der Tischvorschubspindel in Verbindung steht. Eine weiterhin angebrachte Lochscheibe, meist mit einem Lochkreis mit 100 Löchern versehen, gestattet als kleinste auszuführende Teilbewegung eine Verschiebung des Tisches um $^1/_{100}$ mm.

wünschten **Längen**teilung, TSt = Tischvorschubspindelsteigung, n_k = Zahl der notwendigen Teilkurbelumdrehungen gegen die feste Teilscheibe zur Herstellung einer Längenteilung, i_f = Festübersetzung im Teilkopf = Übersetzungsverhältnis zwischen Zeigerkurbel und Teilkopfspindel innerhalb des Teilkopfes.

Gl. (87) dient zur Berechnung der zwischen Teilkopf- und Tischvorschubspindel aufzusteckenden Wechselräder. Während die Werte für t, TSt und i_f für die jeweilige Aufgabe und für eine gegebene Maschine festliegen, können die Kurbelumdrehungen, also der Wert n_k, beliebige, jedoch im Bereich der vorhandenen Lochkreise liegende Zahlengrößen annehmen.

Beispiel 107. Welche Wechselräder sind bei dem Universalteilkopf B (Maschinentafel 5, S. 113) zwischen Teil- und Tischvorschubspindel zu schalten, um das Arbeitsstück um $\frac{1}{100}$ mm gleichlaufend zur Tischvorschubspindel zu verschieben? Die Steigung der Tischvorschubspindel beträgt 6 mm.

Lösung: Gl. (87) ergibt mit $t = 0{,}01$ mm, $TSt = 6$ mm, $i_f = \frac{1}{40}$ und beispielsweise $n_k = \frac{1}{20}$:

$$i_w = \frac{t}{TSt \cdot n_k \cdot i_f} = \frac{0{,}01}{6 \cdot \frac{1}{20} \cdot \frac{1}{40}} = \frac{4}{3}.\quad \text{Räder: } \frac{4}{3} = \frac{48 \cdot 64}{24 \cdot 96}.$$

Mit Bezug auf Abb. 88: Rad an der Teilspindelverlängerung (treibend) $z_I = 48$, Rad am Scherenbolzen (getrieben) $z_{II} = 24$, Rad am Scherenbolzen (treibend) $z_{III} = 64$, Rad an der Tischvorschubspindel (getrieben) $z_{IV} = 96$ Zähne.

i) Längenteilen auf Zahnstangenteilgeräten.

Siehe S. 135ff.

k) Teilen mit selbsttätigen Schaltgeräten.

Universalteilköpfe sind zwar sehr vielseitig in ihrer Verwendbarkeit, jedoch für manche Arbeiten etwas zeitraubend in der Handhabung. Sonderwerke für Zahnradherstellung arbeiten mit selbsttätigen Schaltgeräten. Nach einmaliger Einstellung ist es dabei möglich, die Teilvorgänge, d. h. den Vorschub, den beschleunigten Rücklauf und das eigentliche Teilen der gewünschten Teilzahl in ununterbrochener Reihenfolge vollkommen selbsttätig, fehlerfrei und in kürzester Zeit zu vollziehen. Es wird also völlig selbsttätig dem Tisch der Fräsmaschine beim Arbeitsgang (Vorschub) eine langsamere, beim Rücklauf eine schnellere Bewegung erteilt und die Umkehr beider Bewegungen erwirkt, sowie nach beendetem Rücklauf die Teilspindel mit dem Werkstück um den gewünschten Winkel gedreht.

Wie aus Abb. 89 ersichtlich, wird das Schaltgerät auf den Tisch der Fräsmaschine gestellt und kann durch Wechselräder sowohl mit der Tischvorschubspindel, als auch mit dem Teilgerät verbunden werden. Der auf der Vorderseite sichtbare senkrechte Steuerhebel des Schaltgerätes ist unten durch ein Auge mit der Steuerstange verbunden;

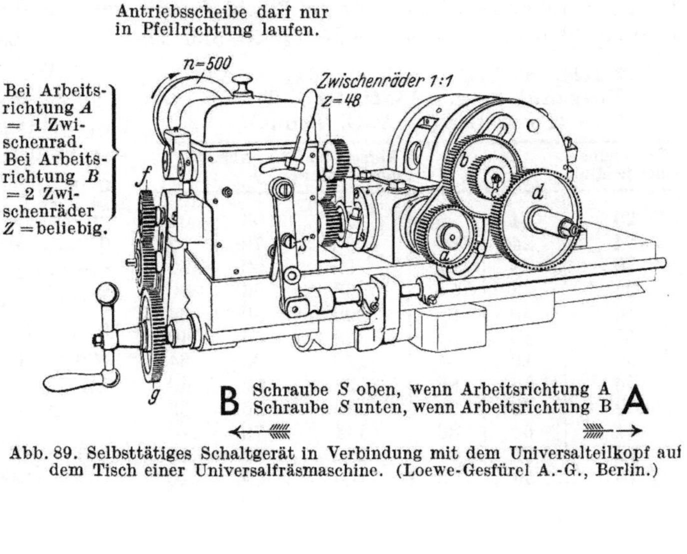

Abb. 89. Selbsttätiges Schaltgerät in Verbindung mit dem Universalteilkopf auf dem Tisch einer Universalfräsmaschine. (Loewe-Gesfürel A.-G., Berlin.)

die Anschlagknaggen dieser Steuerstange laufen bei Bewegung des Tisches gegen den festen Tischanschlag und steuern so den Hebel des Gerätes hin und her. Das selbsttätige Schaltgerät wird entweder vom Deckenvorgelege aus über eine Riemenscheibe oder durch einen unter dem Tisch angebrachten Motor oder vom Vorschubgetriebe der Maschine aus angetrieben. Beim Antrieb vom Deckenvorgelege aus wird an letzterem eine lange Trommel und ein Riemenspanner vorgesehen, weil der Antriebsriemen der Tischbewegung und der Höheneinstellung folgen muß. Der Tischantrieb von der Maschine aus muß natürlich ausgeschaltet werden.

1. Berechnen der Wechselräder für den Antrieb des Tisches.

Auch bei diesem Gerät liegt der Berechnung der Wechselräder zwischen Schaltgerät und Tischvorschubspindel zur Erzeugung des Vorschubes die Steigung der Tischvorschubspindel und die Übersetzung des Schaltgerätes zugrunde. Der beschleunigte Tischrücklauf beträgt etwa das 7fache des Arbeitsvorschubes.

Die aufzusteckenden Wechselräder für den Tischantrieb berechnen sich nach Gl. (88).

Übersetzungsverhältnis der Wechselräder für den Antrieb des Tisches, Abb. 89 (Loewe-Gesfürel A.-G., Berlin).

$$i_w = \frac{z_I \cdot z_{III}}{z_{II} \cdot z_{IV}} = \frac{s_a'}{TSt \cdot n \cdot i_{fa}} \tag{88}$$

i_w = Wechselräderübersetzung = Übersetzung der (außen) aufzusteckenden Wechselräder für den Tischantrieb bei Verwendung selbsttätiger Schaltgeräte, z_I und z_{III} = Zähnezahlen der treibenden Wechselräder, z_{II} und z_{IV} = Zähnezahlen der getriebenen Wechselräder, s_a' = Vorschubgeschwindigkeit = Arbeitsvorschub (mm je min), TSt = Tischvorschubspindelsteigung (mm), n = Anzahl der Umläufe (U/min) der Antriebsriemenscheibe, i_{fa} = Festübersetzung = Übersetzung sämtlicher bei Arbeitsvorschub fest eingebauter Übersetzungsräder.

Beispiel 108. Die Antriebsscheibe des selbsttätigen Schaltgerätes nach Abb. 89 führt minutlich 500 Umdrehungen aus. Der Fräsmaschinentisch soll während seines Arbeitsganges minutlich 20 mm Vorschub zurücklegen. Berechne die aufzusteckenden Wechselräder für den Tischantrieb für den Fall, daß die Tischvorschubspindel 6 mm Steigung und die Festübersetzung $i_{fa} = \frac{2 \cdot 18}{25 \cdot 54}$ in Rechnung gesetzt wird.

Lösung: [Gl. (88)] $i_w = \frac{s_a'}{TSt \cdot n \cdot i_{fa}} = \frac{20 \cdot 25 \cdot 54}{6 \cdot 500 \cdot 2 \cdot 18} = \frac{1}{4}$; $i_w = \frac{1}{4} = \frac{24}{96}$.

Wechselräder nach Abb. 89: { Rad mit 24 Zähnen = Rad (f) am selbsttätigen Schaltgerät (treibend), Rad mit 96 Zähnen = Rad (g) an der Tischvorschubspindel (getrieben).

Nachstehende Maschinentafel 3 gibt für die gebräuchlichsten minutlichen Vorschubgrößen die zwischen Schaltgerät und Tischvorschubspindel aufzusteckenden Wechselräder an. Der Berechnung dieser angeführten Wechselräder liegt eine Tischvorschubspindelsteigung von 6 mm zugrunde; für eine Tischvorschubspindel mit $\frac{1}{4}''$ Steigung können diese Wechselräder gleichfalls verwendet werden, da in diesem Falle die geringe Abweichung 6,35 — 6 = 0,35 mm in der Rechnung für den Vorschub belanglos ist.

Maschinentafel 3. Wechselräder für den Vorschub beim selbsttätigen Teilen. (Loewe-Gesfürel A.-G., Berlin.)

Vorschübe mm je Min.	Abb. 89 f	Abb. 89 g	Vorschübe mm je Min.	Abb. 89 f	Abb. 89 g
20	24	96	75	90	96
24	24	80	80	72	72
30	24	64	90	90	80
35	28	64	96	96	80
40	40	80	100	80	64
45	36	64	112	56	40
50	40	64	120	96	64
56	56	80	128	64	40
60	72	96	140	56	32
64	64	80	144	72	40
70	56	64	150	90	48
75	90	96	160	80	40

Die Vorschubgeschwindigkeit, als auch die Vorschubrichtung nach links oder rechts werden lediglich durch Aufstecken entsprechender Wechselräder dem jeweiligen Bedürfnis angepaßt. Das Schaltgerät kann demnach durch Zwischenschalten von Wechselrädern für Tischbewegungen in den beiden Längsrichtungen benutzt werden. Zu beachten ist nur, daß die den Drehpunkt des Schalthebels bildende Schraube entsprechend der Vorschubrichtung, wie in Abb. 89 gezeigt, befestigt wird.

2. Berechnen der Wechselräder für den Antrieb der Teilspindel.

Die Verbindungsräder zwischen selbsttätigem Schaltgerät und Teilkopf stehen hier im Übersetzungsverhältnis 1:1. Das treibende Wechselrad dieser Verbindungsräder des selbsttätigen Schaltgerätes führt beim jedesmaligen Teilen eine volle Umdrehung aus, also $n_a = 1$. Die Drehzahl der Teilspindel beträgt $n = 1/t$. Zwischen diesen beiden Spindeln liegt auch bei diesem Gerät das nicht auswechselbare Getriebe des Universalteilkopfes mit der Festübersetzung $i_f = \frac{1}{40}$. Mit den Bezeichnungen der Abb. 89 gilt:

$$\frac{n}{n_a} = \frac{a \cdot c}{b \cdot d} \cdot \frac{1}{40}; \quad \text{mit} \quad n = \frac{1}{t} \quad \text{und} \quad n_a = 1 \quad \text{folgt:} \quad \frac{1}{t} = \frac{a \cdot c \cdot 1}{b \cdot d \cdot 40}.$$

Übersetzungsverhältnis der Wechselräder für den Antrieb der Teilspindel bei selbsttätigen Schaltgeräten, Abb. 89 (Loewe-Gesfürel A.-G., Berlin.)

$$\boxed{i_w = \frac{a \cdot c}{b \cdot d} = \frac{40}{t}} \qquad (89)$$

i_w = Wechselräderübersetzung = Übersetzung der (außen) aufzusteckenden Wechselräder für den Antrieb der Teilspindel bei selbsttätigen Schaltgeräten, a und c = Zähnezahlen der treibenden Wechselräder, b und d = Zähnezahlen der getriebenen Wechselräder, t = Zahl der gewünschten Teilungen (Zahl der herzustellenden Teilungen, bezogen auf den ganzen Umfang).

Beispiel 109.[1] Auf dem Universalteilgerät C (Maschinentafel 6, S. 115) ist ein 140zähniges Geradzahnstirnrad unter Zuhilfenahme eines selbsttätigen Schaltgerätes auf einer Universalfräsmaschine zu fertigen. Welche Wechselräder sind für den Antrieb der Teilspindel am Universalteilkopf aufzustecken?

Lösung: Gl. (89): $i_w = \frac{a \cdot c}{b \cdot d} = \frac{40}{t} = \frac{40}{140} = \frac{2}{7}; \quad i_w = \frac{2}{7} = \frac{1 \cdot 8}{14 \cdot 2} = \frac{48 \cdot 32}{56 \cdot 96}.$

Mit Bezug auf Abb. 89 erhält Wechselrad $a = 48$, $b = 56$, $c = 32$ und $d = 96$ Zähne.

XII. Fräsen schraubenförmiger Nuten.

Der Universalteilkopf erschließt in Verbindung mit der Universalfräsmaschine das umfangreiche und äußerst vielseitige Gebiet des Fräsens schraubenförmiger Nuten. Steigungen bis zu Bruchteilen von Millimetern können auf der gleichen Maschine ebenso sicher und genau eingearbeitet werden, wie Steigungen bis weit über 7 m Länge.

a) Fräsen schraubenförmiger Nuten mit großer Steigung (Rundschalten).

Bei den bisher beschriebenen Teilungsvorgängen waren die Werkstücke stets nur mit geraden Nuten oder Zähnen zu versehen. Die Teilspindel konnte dabei waagerecht stehen oder, bei Bearbeitung kegeliger Werkstücke, unter einem Winkel gegen die waagerechte Ebene geneigt sein. Bei all diesen Arbeitsvorgängen war jedoch vorausgesetzt, daß das im Teilkopf eingespannte Werkstück während der Bearbeitung keine Drehbewegung ausführte, sondern lediglich der Vorschubbewegung des Maschinentisches, gleichlaufend zur Tischvorschubspindel, folgte. Sobald

[1] Weitere Beispiele zu diesem Abschnitt vgl. F. Riegel: Teilkopfarbeiten, Aufsatzreihe. Energie 1941/42.

aber während des Fräsens zu einer geraden Schaltung des Werkstückes in der Achsrichtung noch eine gleichmäßige Drehung desselben um die eigene Achse erfolgt, erzeugt der arbeitende Fräser eine nach einer Schraubenlinie gewundene oder schraubengangartige Nut. Um schraubenförmig gewundene Nuten oder Zähne mittels scheibenförmiger Fräser unter Zuhilfenahme von Teilkopf und Reitstock auf der Universalfräsmaschine herzustellen, sind entsprechend Abb. 90 folgende Bewegungen auszuführen.

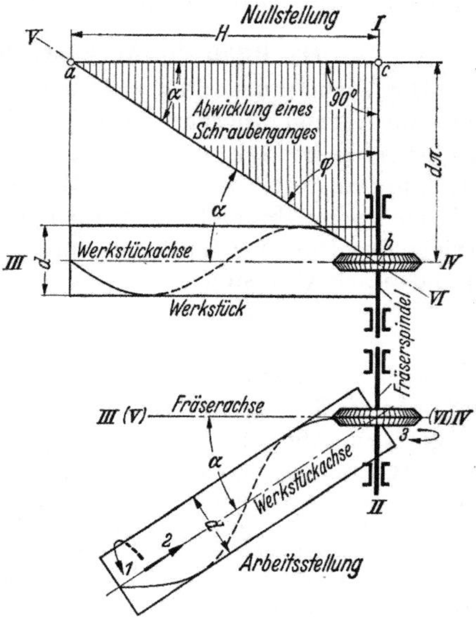

Abb. 90. Fräsen schraubenförmiger Nuten auf Universalfräsmaschinen.

III—IV = Achse des Werkstückes und des Tisches.
V—VI = Richtung der Schraubenlinie bei Nullstellung des Tisches,
I—II = Achse der Fräserspindel,
$cb = d\pi$ = Umfang des Arbeitsstückes (Spiralbohrer, Walzenfräser, Reibahlen usw.) = Umfang des Teilkreises bei Zahnrädern,
$ac = H$ = Steigung der Schraubenlinie (Schraubensteigung) = Geradlinige Entfernung in achsiger Richtung zwischen zwei auf derselben Schraubenlinie liegenden Punkten = Tischweg,
$ab = L$ = Gestreckte Länge eines Schraubenganges = Weg des Fräswerkzeuges bei einer Schraubenwindung,
α = Einstellwinkel des Tisches (auch Tisch-, Achsen- oder Spiralwinkel genannt) = Winkel, den die Schraubenlinie **mit der Achse** des zylindrischen Werkstückes bildet und um welchen der Tisch der Fräsmaschine verdreht wird,
φ = Steigungswinkel der Schraubenlinie = Winkel, den die Schraubenlinie **mit der Stirnfläche** des zylindrischen Werkstückes bildet.

1. Das Werkstück führt während des Fräsvorganges um seine eigene Achse eine gleichmäßige, langsame Drehbewegung im **Pfeilsinn 1** aus. Das zwischen die Spitzen der Teilvorrichtung gespannte oder einerseits im Spannfutter gefaßte, und andererseits durch den Körner des Reitstockes abgestützte Arbeitsstück erhält diese Drehbewegung von der Teilspindel. Die Teilspindel wird über Wechselräder von der Tischvorschubspindel der Maschine angetrieben und dadurch die Werkstückdrehung von der Tischbewegung abhängig gemacht.

2. Der um den Tisch- oder Einstellwinkel α schräg gestellte Tisch der Universalfräsmaschine führt während des Fräsvorganges die langsam fortschreitende Schaltbewegung im **Pfeilsinn 2** aus. (Die Schrägstellung des Tisches ist nötig, um den arbeitenden Fräser in die Schnittebene der Schraubenlinie zu bringen. Würden Werkstückachse und Fräserachse senkrecht zueinander stehen, so würden die Fräserflanken an der Arbeitsstelle nicht gleichlaufend zu den Wänden der entstehenden Schraubennut laufen). Das Werkstück hat nach geradliniger Verschiebung des Tisches um die Steigung der Schraubenlinie eine volle Umdrehung vollendet.

3. Der auf dem Dorn sitzende Fräser führt um seine eigene Achse die Schnittbewegung im **Pfeilsinn 3** gegen das Werkstück aus.

Aus Dreieck abc (Abb. 90) lassen sich die folgenden Gleichungen ableiten.

Einstellwinkel des Tisches	beim Fräsen schraubenförmiger Nuten[1] nach Abb. 90.	$\alpha = 90^\circ - \varphi$	(90)
Steigungswinkel der Schraubenlinie		$\varphi = 90^\circ - \alpha$	(91)
Schraubensteigung		$H = d \cdot \pi \cdot \operatorname{ctg} \alpha$	(92)

[1] Der Einfachheit halber wird für den Durchmesser d des Werkstückes in der Regel der Außendurchmesser desselben eingesetzt. Der dadurch auftretende Fehler ist meist unbedeutend und kann vernachlässigt werden. Bei Zahnrädern, Abwälzfräsern usw. ist für den Durchmesser jedoch der Teilkreisdurchmesser d_0 zu setzen.

Schraubensteigung | beim Fräsen schraubenförmiger Nuten nach Abb. 90 | $$H = d \cdot \pi \cdot \operatorname{tg} \varphi \qquad (93)$$

Einstellwinkel des Tisches | beim Fräsen schraubenförmiger Nuten nach Abb. 90 | $$\operatorname{tg} \alpha = \frac{d \cdot \pi}{H} \qquad (94)$$

H = Steigung der Schraubenlinie (mm), d = Durchmesser des Werkstückes (mm), α = Einstellwinkel des Tisches, φ = Steigungswinkel der Schraubenlinie.

Beispiel 110. Um wieviel Grad ist der Aufspanntisch der Universalfräsmaschine aus seiner gewöhnlichen Nullstellung herauszudrehen, um den Fräser in die Gangrichtung der Schraubenlinie zu bringen, welche in Nutenform in ein Werkstück von 3¼″ Durchmesser mit einer Steigung von 240 mm zu schneiden ist?

Lösung: [Gl. (94)] $\operatorname{tg} \alpha = \frac{d \cdot \pi}{H} = \frac{3\frac{1}{4} \cdot 25{,}4 \cdot \pi}{240} = \frac{3{,}25 \cdot 25{,}4 \cdot \pi}{240} = 1{,}0800$; Einstellwinkel des Tisches $\alpha = 47^\circ\,10'$.

Eine Verstellung des Tisches nach diesem Winkel ist nicht möglich, da die Verdrehung (Schwenkbarkeit) des Arbeitstisches der Maschine infolge Bauart nach jeder Seite hin meist nur bis zu 45° erfolgen kann (vgl. Abb. 91). Ergeben sich bei Ausrechnung größere Einstellwinkel, so ist der **Universalfräskopf** zu Hilfe zu nehmen. Der Tisch der Fräsmaschine wird in seiner Nullstellung gelassen und die waagerecht gelagerte Frässpindel des Universalfräskopfes im Steigungswinkel der Schraubenlinie, also um 90° — 47° 10′ = 42° 50′ schräg gestellt. Die waagerechte Spindel des Teilkopfes ist gegenüber derjenigen der Maschine um 90° versetzt; infolgedessen braucht das Frässpindeldrehteil nur um den Betrag des Steigungswinkels geschwenkt werden, während der Tisch in seiner üblichen Stellung verbleibt. Der Fräser selbst wird dabei genau auf Mitte über der Achse des Werkstückes eingestellt. Beim gewöhnlichen Universalfräskopf ist dessen Frässpindel lediglich in einer Ebene drehbar. Ist der Universalfräskopf als ganzer drehbar, ist also die Frässpindel in zwei Ebenen schwenkbar, so wird von einem drehbaren Universalfräskopf gesprochen, wie ihn Abb. 92 bildlich zeigt.

In seinem Aufbau besteht der drehbare Universalfräskopf aus drei Hauptteilen: dem Unterteil, das am Ständerprisma befestigt wird, dem drehbaren Gehäuse und dem Frässpindeldrehteil. Diese Zergliederung gestattet es, die Frässpindel in jede für praktische Verwendungszwecke erforderliche Lage zu bringen und somit die unterschiedlichsten Fräsarbeiten auszuführen. Das drehbare Gehäuse ist durch einen Führungszapfen mit dem Gegenhalter der Maschine fest verbunden und abgestützt. Der Antrieb erfolgt von der Maschinenfrässpindel aus; in deren Kegel und Mitnehmerschlitz wird ein Antriebsdorn geführt, der die Bewegung auf den Fräskopf überträgt.

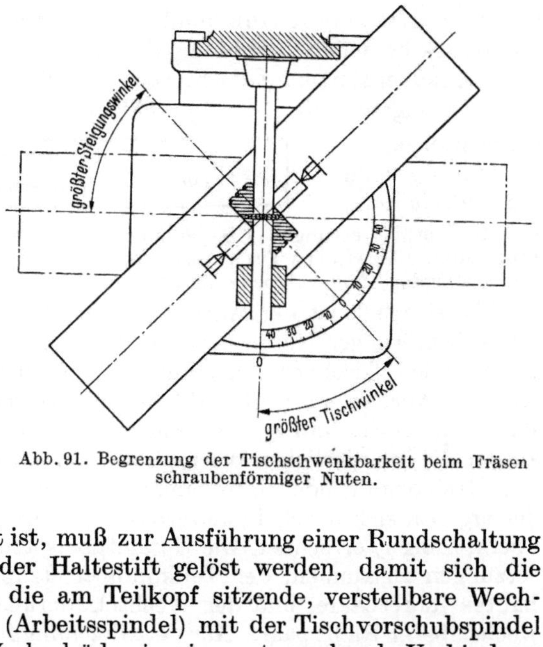

Abb. 91. Begrenzung der Tischschwenkbarkeit beim Fräsen schraubenförmiger Nuten.

Während die Teilscheibe bei Teilarbeiten durch einen am Gehäuse sitzenden Haltestift gesichert ist, muß zur Ausführung einer Rundschaltung beim Fräsen von Schraubennuten der Haltestift gelöst werden, damit sich die Teilscheibe bewegen kann. Durch die am Teilkopf sitzende, verstellbare Wechselräderschere wird die Teilspindel (Arbeitsspindel) mit der Tischvorschubspindel der Universalfräsmaschine durch Wechselräder in eine entsprechende Verbindung gebracht, wodurch es unter Ausnutzung der hohen inneren Übersetzung des Teilkopfes möglich wird, die von der Tischvorschubspindel kommende Drehbewegung auf die Teilspindel zu übertragen. Die Bildung des Gesamtübersetzungsverhältnisses vollzieht sich wie bei der Drehbank: Beim Gewindeschneiden auf der Drehbank muß die Leitspindel den Stahlhalter bei jeder Umdrehung des Werkstückes um den Betrag der herzustellenden Gewindesteigung gleichlaufend zum Werkstück verschieben; beim Fräsen schraubenförmig verlaufender Nuten auf der

Abb. 92. Drehbarer Universalfräskopf. (Loewe-Gesfürel A.-G., Berlin.)

Abb. 93. Universalteilkopf, eingestellt für das Fräsen schraubenförmiger Nuten mit vier Wechselrädern D, C, B und A. (Wanderer-Werke, Chemnitz.)

Universalfräsmaschine muß die Tischvorschubspindel den Tisch mit dem Werkstück bei jeder Umdrehung des Werkstückes um den Betrag der herzustellenden Schraubensteigung verschieben; das Werkzeug verändert dabei seine Stellung nicht. Sinngemäß der Gl. (68) erhält man hier die Gl. (95):

Gesamtübersetzung beim Rundschalten.

$$i_g = \frac{TSt}{ASt} = \frac{\text{Tischvorschubspindelsteigung (treibende Seite)}}{\text{Arbeitsspindelsteigung (getriebene Seite)}} \tag{95}$$

i_g = Gesamtübersetzung = Übersetzung sämtlicher in Eingriff sich befindender Übersetzungsräder, die zwischen Tischvorschubspindel und Teilspindel liegen, TSt = Tischvorschubspindelsteigung, ASt = Arbeitsspindelsteigung = Steigung der herzustellenden Schraubennute.

Übersichtlich ist der Antrieb für die Drehung des Werkstückes beim Fräsen schraubenförmiger Nuten aus Abb. 93 und 94 zu ersehen. Auf der die Schaltung bewirkenden Tischvorschubspindel (TSp) des Fräsmaschinentisches sitzt nach Abb. 94 Wechselrad z_I (in Abb. 93 mit D bezeichnet) und auf dem Bolzen des Rades z_1, Wechselrad z_{IV} (A). Zugleich trägt der Teilkopf die Wechselräderschere, an der die erforderlichen Wechselräder z_{II} (C) und z_{III} (B) befestigt sind. z_I (D) und z_{III} (B) sind treibende, z_{II} (C) und z_{IV} (A) getriebene Wechselräder. Die Wechselräder ergeben sich durch Erweitern des Bruches, welcher sich für die Wechselräderübersetzung i_w errechnet. Die Gesamtübersetzung i_g setzt sich aus zwei Einzelübersetzungen zusammen, der Teilkopfübersetzung i_f, als das Verhältnis fest eingebauter Räderpaare, und der Wechselräderübersetzung i_w als das Verhältnis auswechselbarer Räderpaare. Aus der Gleichung für die Gesamtübersetzung $i_g = i_f \cdot i_w$ folgt die Wechselräderübersetzung:

Übersetzungsverhältnis der Wechselräder für die Rundschaltung beim Fräsen schraubenförmiger Nuten.

$$\boxed{i_w = i_g \cdot \frac{1}{i_f}} \qquad (96)$$

i_w = Wechselräderübersetzung (Übersetzung der außen aufzusteckenden Wechselräder für die Rundschaltung; $i_w = \frac{z_I \cdot z_{III}}{z_{II} \cdot z_{IV}}$), i_g = Gesamtübersetzung (Übersetzung sämtlicher in Eingriff sich befindlicher Übersetzungsräder, die zwischen Tischvorschubspindel und Teilspindel liegen; in Abb. 94 $i_g = \frac{z_I \cdot z_{III} \cdot z_1 \cdot z_3 \cdot z_5 \cdot z_7}{z_{II} \cdot z_{IV} \cdot z_2 \cdot z_4 \cdot z_6 \cdot z_8}$), i_f = Teilkopfübersetzung (Übersetzung sämtlicher zwischen Kegelradbolzen und Teilspindel sich befindender Übersetzungsräder; in Abb. 94 $i_f = \frac{z_1 \cdot z_3 \cdot z_5 \cdot z_7}{z_2 \cdot z_4 \cdot z_6 \cdot z_8}$).

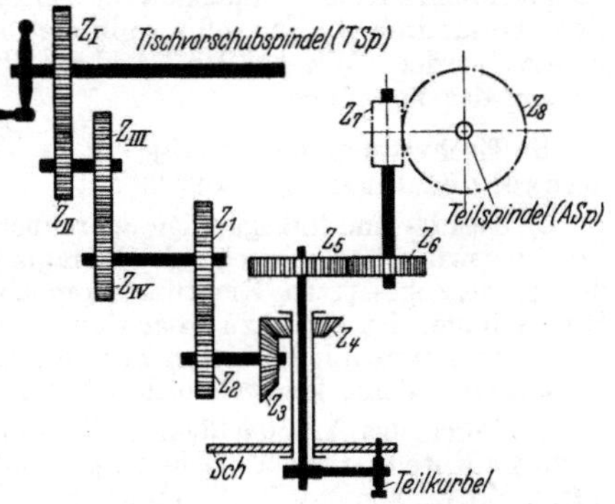

Abb. 94. Getriebedarstellung des Universalteilkopfes (Abb. 93) beim Fräsen schraubenförmiger Nuten. (Wanderer-Werke, Chemnitz).

z_I und z_{III} = Zähnezahlen der treibenden Wechselräder; z_{II} und z_{IV} = Zähnezahlen der getriebenen Wechselräder; $\frac{z_1 \cdot z_3 \cdot z_5}{z_2 \cdot z_4 \cdot z_6} = \frac{1}{1}$ = Übersetzung der fest in den Universalteilkopf eingebauten Räderpaare (Festübersetzung $i_{f_1} = \frac{1}{1}$); $\frac{z_7}{z_8} = \frac{1}{40}$ = Übersetzung des fest in dem Universalteilkopf eingebauten Schneckengetriebes (Festübersetzung $i_{f_2} = \frac{1}{40}$); *Sch* = Teilscheibe mit 6 Lochkreisen (auswechselbar); Wechselräder: 24, 24, 28, 28, 30, 32, 39, 40, 44, 48, 48, 56, 64, 68, 72, 76, 86, 96, 100, 127. Tischvorschubspindelsteigung 6 mm.

Die Gesamtübersetzung i_g ergibt sich stets als das Verhältnis der Steigungen der Tischvorschubspindel (*TSp*) und der zu fräsenden Steigung (*ASp*). Die Maße für (*TSp*) und (*ASp*) sind natürlich in gleichen Einheiten einzusetzen, d. h. beide in Millimetern oder beide in Zoll. Beispiele 111 bis 113 zeigen den Rechnungsgang zur Ermittlung der Wechselräder.

Zur Durchführung der Prüfung werde zweckmäßig Gl. (71) zugrunde gelegt; für die Universalfräsmaschine ergibt sich sinngemäß:

Arbeitsstücksteigung, ausgedrückt durch Tischvorschubspindelsteigung und Gesamtübersetzung. **(Prüfung)**

$$\boxed{ASt = \frac{TSt}{i_g}} \qquad (97)$$

ASt = Arbeitsstück-Steigung (Steigung der zu fräsenden Schraubenlinie), *TSt* = Tischvorschubspindelsteigung, i_g = Gesamtübersetzung = Übersetzung sämtlicher im Eingriff sich befindender Übersetzungsräder, die zwischen Tischvorschubspindel und Teilspindel liegen.

Beispiel 111. Ein Walzenfräser von 38 mm Außendurchmesser ist mit Schneidzähnen derart zu versehen, daß die Steigung der einzufräsenden schraubenförmigen Nuten $28\frac{1}{8}$ Zoll beträgt. Die Tischvorschubspindel hat ein Gewinde von 4 Gg. a. 1″. Wechselrädersatz: 20, 20, 22, 24, 28, 32, 40, 48, 54, 64, 72, 86, 100. Übersetzung zwischen Schnecke und Schneckenrad 1:40. Berechne a) Wechselräder und b) Tischverstellung. c) Was ist hinsichtlich rechts- und linksgängiger Schraubennut zu beachten? d) Wie erfolgt das Teilen beim Fräsen schraubenförmiger Nuten?

Lösung: a) **Wechselräder.**

$$\left.\begin{aligned} TSp. &= 4 \text{ Gg. a. } 1'' = \tfrac{1}{4}'' \text{ Stg.} \\ ASp. &= 28\tfrac{1}{8}'' = \tfrac{225}{8}'' \text{ Stg.} \end{aligned}\right\} \quad [\text{Gl. (95)}]\; i_g = \frac{TSt}{ASt} = \frac{\frac{1}{4}}{\frac{225}{8}} = \frac{1 \cdot 8}{4 \cdot 225} = \frac{2}{225}.$$

Gl. (96) $i_w = i_g \cdot \frac{1}{i_f} = \frac{2}{225} \cdot \frac{1}{\frac{1}{40}} = \frac{2 \cdot 40}{225 \cdot 1} = \frac{16}{45} = \frac{40 \cdot 64}{100 \cdot 72}$. Mit Bezug auf Abb. 94 erhält $z_I = 40$, $z_{II} = 100$, $z_{III} = 64$ und $z_{IV} = 72$ Zähne.

Besondere Beachtung ist hier beim Aufstecken der Wechselräder der Zahl der Zwischen- oder Umkehrräder zu schenken. Die Zahl der Zwischenräder ist bestimmend für die Gangrichtung der herzustellenden Schraubennuten. Bei rechtsgängiger Schraubennut muß sich die Teilspindel und das Werkstück, vom Teilkopf aus gesehen, rechts herumdrehen. Bei Rechtsdrehung der Tischvorschubspindel kann diese Drehrichtung bei Verwendung von vier Wechselrädern oder von zwei Wechselrädern und einem Zwischenrad erreicht werden. Bei linksgängiger Schraubennut muß sich die Teilspindel und das Werkstück, vom Teilkopf aus gesehen, links herumdrehen. Es muß also in den beiden obigen Fällen noch je ein Zwischenrad hinzugesetzt werden. Wie bei der Drehbank dienen auch hier die Zwischenräder nur zur Weiterleitung der Bewegung.

b) **Tischverstellung.** [Gl. (94)] $\operatorname{tg} \alpha = \frac{d \cdot \pi}{H} = \frac{38 \cdot \pi \cdot 8}{225 \cdot 25{,}4} = 0{,}1671$; $\alpha = 9° 29'$. Einstellwinkel des Tisches $\alpha = 9° 29'$.

c) **Rechts- und linksgängige Schraubennut.** Die aus der gewünschten Steigung bzw. dem Steigungswinkel sich ergebende Schräglage des Tisches kann nach der einen als auch nach der entgegengesetzten Richtung vorgenommen werden. Hinsichtlich des Aufsteckens der Wechselräder ist noch zu beachten, daß die Herstellung von rechts- oder linksgängigen Schraubennuten mit Hilfe von Zwischenrädern ermöglicht wird, die auf das eigentliche Übersetzungsverhältnis keinen Einfluß haben.

d) **Teilen des Arbeitsstückes.** Während des Fräsvorganges beim Fräsen schraubenförmiger Nuten ist die Teilscheibe gegenüber dem Gehäuse des Teilkopfes zu entsichern und durch Einstecken des Teilkurbelstiftes in ein Loch des zum Teilen benutzten Lochkreises mit der Teilkurbel und dadurch mit der Teilschnecke zu kuppeln. Während des Teilvorganges muß die Teilscheibe festgehalten werden. Das Teilen erfolgt also unabhängig von der für das Fräsen schraubenförmiger Nuten geschaffenen Verbindung mit der Tischvorschubspindel, lediglich durch Verstellen der Indexkurbel an der festen Teilscheibe von Hand, wie beim mittelbaren Teilen. Nach jedesmaliger Einfräsung einer Nute wird der Fräsmaschinentisch zur Anfangsstellung zurückgekurbelt und die Teilung genau so ausgeführt wie bei geraden Nuten. Die Stellung der Teilscheibe zum Werkstück ist durch die Wechselräder gesichert, so daß das Teilen in jeder Stellung erfolgen kann. Zu beachten ist, daß das Rückziehen des Fräsers durch die gefräste Nut nur bei gesenktem Konsol erfolgen darf; die Berührung zwischen Fräser und Werkstück wird hierdurch unterbrochen. Dies ist deshalb erforderlich, damit der Fräser durch den toten Gang, selbst wenn er noch so gering ist, bei der Rückwärtsbewegung das Arbeitsstück nicht beschädigt. Die Teilscheibe muß beim Fräsen der schraubenförmigen Nut an der Drehung des Schneckenrades teilnehmen. Das Ausgleichteilen kann deshalb nicht angewendet werden, weil hier, wie auch beim Fräsen schraubenförmiger Nuten Wechselräder und Schere dieselben sind.

Beispiel 112. Die Schraubensteigung der Längsnut eines Stirnrad-Wälzfräsers (Abwälzfräser zum Verzahnen von Stirnrädern) beträgt 7372 mm. Die Tischvorschubspindel hat 6 mm Gewindesteigung. Zur Verfügung steht Universalteilkopf *B* (Maschinentafel 5, S. 113). Berechne die aufzusteckenden Wechselräder.

Lösung. $\left.\begin{array}{l} TSp. = 6 \text{ mm Stg.} \\ ASp. = 7372 \text{ mm Stg.} \end{array}\right\}$ [Gl. (95)] $i_g = \frac{TSt}{ASt} = \frac{6}{7372}$.

$$[\text{Gl.}(96)]\ i_w = i_g \cdot \frac{1}{i_f} = \frac{6}{7372} \cdot \frac{1}{\frac{1}{80}} = \frac{6 \cdot 80}{7372 \cdot 1} = \frac{480}{7372}.$$

Zähler und Nenner des Bruches $\frac{480}{7372}$ durch 480 dividiert, ergibt: $\frac{480}{7372} = \frac{1}{15{,}35833}$. Die zweite Dezimalstelle des nunmehr erhaltenen Nenners auf 6 aufgerundet, ergibt bereits einen vorteilhaften Näherungswert: $\frac{1}{15{,}35833} \approx \frac{1}{15{,}36} = \frac{100}{1536} = \frac{2^2 \cdot 5^2}{2^9 \cdot 3} = \frac{20 \cdot 5}{96 \cdot 16} = \frac{20 \cdot 25}{96 \cdot 80}$.

Die errechneten Wechselräder (mit Bezug auf Abb. 94 erhält $z_I = 20$, $z_{II} = 96$, $z_{III} = 25$ und $z_{IV} = 80$ Zähne) ergeben die vorgeschriebene Steigung nur angenähert. Die Größe des gemachten Fehlers bestimmt sich aus der Prüfungsgleichung; diese lautet:

$$[\text{Gl. (97)}]\ ASt = \frac{TSt}{i_g} = \frac{TSt}{i_f \cdot i_w} = \frac{6}{\frac{1}{80} \cdot \frac{20 \cdot 25}{96 \cdot 80}} = \frac{6 \cdot 80 \cdot 96 \cdot 80}{1 \cdot 20 \cdot 25} = 7372{,}8 \text{ mm}.$$

Der durch Wahl eines Näherungswertes entstehende Fehler von 0,8 mm auf eine Länge von 7372 mm, also von über 7 Metern ist für die Werkstätte gänzlich ohne Bedeutung.

Beispiel 113. Abb. 95 zeigt die Werkzeichnung des Rastenschiebers zu einer Teilvorrichtung. Zwecks Fräsens der schraubenförmigen Nut (6 mm breit) sind die aufzusteckenden Wechselräder zu berechnen. Zur Verfügung stehe eine Universalfräsmaschine mit Universalteilkopf *A* (Maschinentafel 4, S. 113). Die Steigung der Tischvorschubspindel beträgt 5 mm.

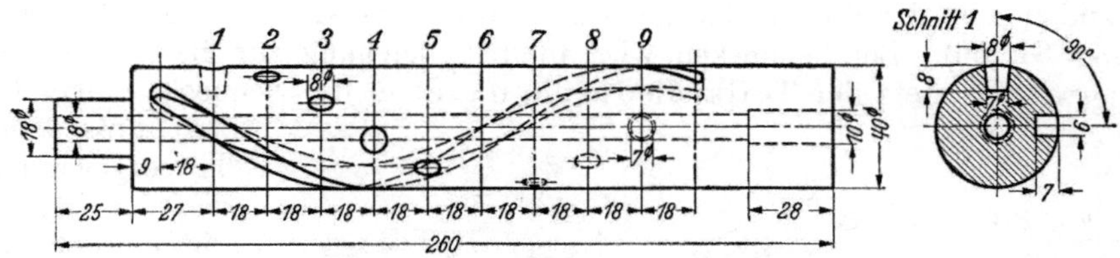

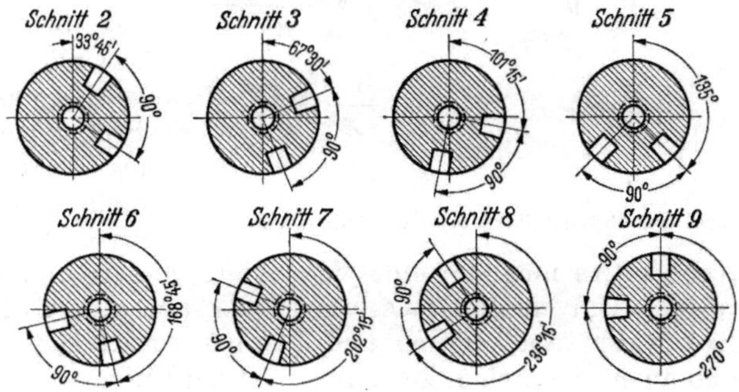

Abb. 95. Werkzeichnung des Rastenschiebers zu einer Teilvorrichtung.

NB. In Schnitt 7 heißt der Winkel nicht 202° 15′ sondern 202° 30′.

Lösung: Dem Zentriwinkel 33°45′ entsprechend (Abb. 95), steigt die Schraubenlinie um 18 mm gleichlaufend zur Werkstückachse; einem Zentriwinkel 360° entspricht die vollständige Steigung *H*, die sich ergibt zu:

$$H = \frac{18 \cdot 360^\circ}{33^\circ 45'} = \frac{18 \cdot 360}{\frac{135}{4}} = \frac{18 \cdot 360 \cdot 4}{135} = 192\,; \quad \text{Schraubensteigung } H = 192 \text{ mm.}$$

$$\left.\begin{array}{l} TSp. = 5 \text{ mm Stg.} \\ ASp. = 192 \text{ mm Stg.} \end{array}\right\} [\text{Gl. (95)}]\; i_g = \frac{TSt}{ASt} = \frac{5}{192}\,; \; [\text{Gl. (96)}]\; i_w = i_g \cdot \frac{1}{i_f} = \frac{5}{192} \cdot \frac{1}{\frac{1}{60}} = \frac{5}{192} \cdot \frac{60}{1} = \frac{25}{16}.$$

$$\text{Wechselräder: } \frac{25}{16} = \frac{5 \cdot 5}{4 \cdot 4} = \frac{100 \cdot 50}{40 \cdot 80}.$$

Treibendes Rad an der Tischvorschubspindel = 100, getriebenes Rad am Scherenbolzen = 40, treibendes Rad am Scherenbolzen = 50, getriebenes Rad am Teilkopf (Kegelradbolzen) = 80 Zähne.

Das Fräsen der Schraubennut erfolgt am zweckmäßigsten mit einem Schaftfräser von 6 mm Durchmesser. Der Fräsmaschinentisch und ebenso die Frässpindel bleiben während des Frästvorganges in Nullstellung. Die Arbeitsweise des Schaftfräsers bedingt keinerlei Tischverstellung.

b) Fräsen schraubenförmiger Nuten mit kleiner Steigung (Gewindefräsen).

Die Herstellung von Gewinden mittels Fräsers fand durch die notwendig gewordene Erhöhung der Erzeugnisse ausgedehnte Einführung. Innere, im Wesen des Gewindefräsers begründete Ursachen zwingen zur Erkenntnis, daß der Gewindefräser dem Gewindestahl oder Gewindestrehler weit überlegen ist.

Soll beim Gewindefräsen auf Universalfräsmaschinen das Fräswerkzeug die Flanken des Gewindes einwandfrei schneiden, so muß es gleiche Richtung mit dem Gewindegang erhalten. In Abb. 96 sei *1—2* die Richtung eines Gewindeganges, *3—4* die Richtung des Fräsers in seiner Nullstellung. Der Winkel φ bezeichnet den Unterschied zwischen den beiden Richtungen. Entweder muß nun der Arbeitstisch um diesen Winkel φ verstellt werden (Abb. 97) oder das Fräswerkzeug ist um die Größe dieses Winkels zu drehen (Abb. 98). Um auf einer Universalfräsmaschine eine Verdrehung des Fräsers vornehmen zu können, ist ein Universalfräskopf (Abb. 92) zu benutzen; der Universalfräskopf ermöglicht den Fräser so einzustellen, daß seine Achse in Nullstellung der Achse des Arbeitsstückes gleichlaufend ist (Abb. 96). Auf jeden Fall muß jedoch der Winkel φ seiner Größe nach bekannt sein. Winkel φ ist der Steigungswinkel des zu fräsenden Gewindes und bestimmt sich nach Gl. (66). Bei Schnecken wird in die Gleichung zur Berechnung des Steigungswinkels stets der Teilkreisdurchmesser d_0 der Schnecke eingesetzt.

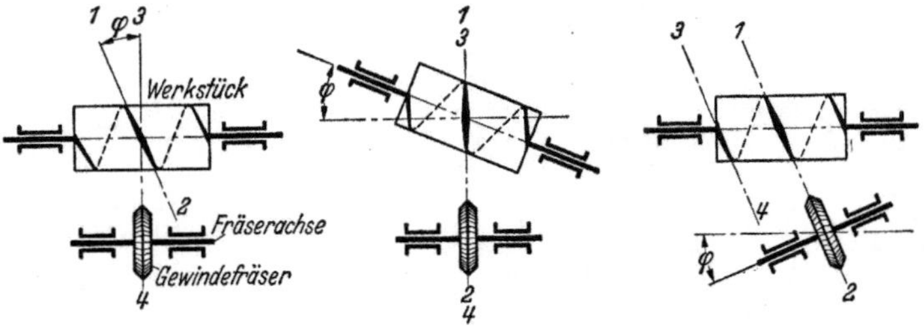

Abb. 96—98. Werkstück- und Fräserstellung beim Gewindefräsen.

Beim Fräsen von Trapezgewinden ist ferner zu beachten, daß der scheibenförmige Gewindefräser sowohl genau im Steigungswinkel des Gewindes, als auch genau auf Mitte Achse eingestellt wird. Nur dadurch ist es möglich, eine Verzerrung der Gewindeflanken zu vermeiden. Um auf der Universalfräsmaschine außer den großen Steigungen für schraubenförmige Nuten auch kleine und kleinste Steigungen, wie sie beim Gewinde in Frage kommen, herstellen zu können, ist bei Universalteilköpfen folgende zweckmäßige Einrichtung getroffen. Von der Tischvorschubspindel aus wird mittels Wechselrädern unmittelbar auf die Teilspindel getrieben. Dies wird dadurch erreicht, daß die Teilkopfschnecke ausgelöst und rückwärts in die Teilspindel ein entsprechender Dorn für die Aufnahme des Wechselrades eingeführt wird. Die Übersetzung zwischen Schnecke und Schneckenrad ist auf diese Weise umgangen. Meist kann noch während des Gewindefräsens die Schnecke vom Schneckenrad losgelöst werden, wodurch ein nutzloses Mitlaufen vermieden wird.

Beispiel 114. Bolzengewinde einfach rechts. Flankendurchmesser $d_2 = 30$ mm. Steigung $h = \frac{5}{32}''$. Tischvorschubspindelsteigung $= \frac{1}{4}''$. Universalteilkopf B (Maschinentafel 5, S. 113). Berechne die Gradverstellung des Universalfräskopfes und die aufzusteckenden Wechselräder.

Lösung: [Gl. (66)] $\operatorname{tg}\varphi = \frac{h}{d_2 \cdot \pi} = \frac{\frac{5}{32} \cdot 25{,}4}{30 \cdot \pi} = 0{,}0421;\ \varphi = 2^\circ\,25'$. | Einstellwinkel der Frässpindel des Fräskopfes $\varphi = 2^\circ\,25'$.

$$\left.\begin{aligned} TSp. &= \frac{1}{4}''\ \text{Stg.} \\ ASp. &= \frac{5}{32}''\ \text{Stg.} \end{aligned}\right\} \text{[Gl. (95)]}\ i_g = \frac{TSt}{ASt} = \frac{\frac{1}{4}}{\frac{5}{32}} = \frac{1 \cdot 32}{4 \cdot 5} = \frac{8}{5};\ i_g = \frac{8}{5}.$$

Wechselräder: $i_w = i_g = \frac{8}{5} = \frac{64}{40}$

Prüfung: [Gl .(97)] $ASt = \frac{TSt}{i_g} = \frac{TSt}{i_w} = \frac{\frac{1}{4}}{\frac{64}{40}} = \frac{1 \cdot 40}{4 \cdot 64} = \frac{5}{32}$; Werkstückgewinde $\frac{5}{32}''$ Stg.

Der Anwendungsbereich des Universalfräskopfes auf Universalfräsmaschinen beim Gewindeschneiden ist sowohl bezüglich der Höhe der größten und kleinsten Steigung, als auch hinsichtlich des Wechselräderscherenfeldes etwas beschränkt. Sollen alle vorkommenden Gewindesteigungen gefräst werden, so empfiehlt sich die Anwendung einer Gewindefräsmaschine.

Beispiel 115[1]. In ein Verschlußstück (Drehverschluß) sind zwei schraubenförmige Schlitze nach Abb. 99 einzufräsen. Zur Verfügung steht eine Universalfräsmaschine mit

[1] Weitere Beispiele zu diesem Abschnitt vgl. F. Riegel: Teilkopfarbeiten, Aufsatzreihe. Energie 1941/42.

Universalteilkopf A (Maschinentafel 4, S. 113) und 6 mm Tischvorschubspindelsteigung. Berechne die Größe der aufzusteckenden Wechselräder.

Lösung: Aus Dreieck MBC (Abb. 100) folgt:

$$\sin\frac{\gamma}{2} = \frac{CB}{MB} = \frac{12{,}5}{22{,}5} = 0{,}5556\,; \quad \frac{\gamma}{2} = 33°\,45'\,; \quad \gamma = 67°\,30'.$$

Während nun, dem Zentriwinkel 67°30′ entsprechend, die Schraubenlinie um 2 mm gleichlaufend zur Werkstückachse steigt (8,5 — 6,5 = 2), entspricht einem Zentriwinkel 360° die vollständige Steigung H der Schraubenlinie. Die Größe H folgt damit:

$$H = \frac{2\cdot 360°}{67°\,30'} = \frac{2\cdot 360}{67{,}5} = \frac{32}{3} = 10\frac{2}{3}\,; \quad \text{Schraubensteigung } H = 10\frac{2}{3}\text{ mm}.$$

$$\left.\begin{array}{l} TSp. = 6\text{ mm Stg.} \\ ASp. = 10\frac{2}{3}\text{ mm Stg.}\end{array}\right\}\ [\text{Gl. (95)}]\ i_g = \frac{TSt}{ASt} = \frac{6}{\frac{32}{3}} = \frac{6\cdot 3}{32} = \frac{9}{16}\,; \quad i_g = \frac{9}{16}.$$

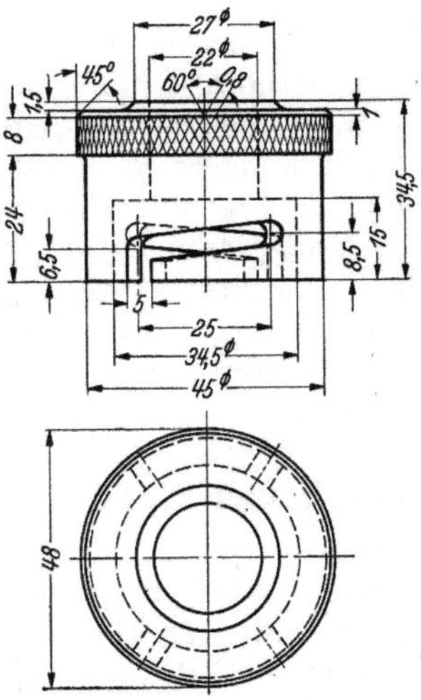

Abb. 99. Werkzeichnung eines Verschlußstückes.

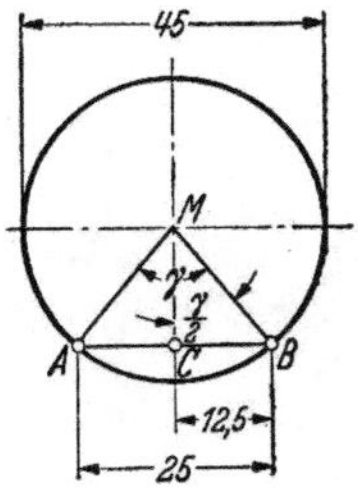

Abb. 100. Berechnungsskizze zu Abb. 99.

Abb. 101. Photo des Werkstückes. Abb. 99.

$$\text{Wechselräder: } i_w = i_g = \frac{9}{16}\,; \quad \frac{9}{16} = \frac{3\cdot 3}{4\cdot 4} = \frac{24\cdot 36}{32\cdot 48}.$$

Treibendes Rad an der Tischvorschubspindel = 24, getriebenes Rad am Scherenbolzen = 32, treibendes Rad am Scherenbolzen = 36, getriebenes Rad am Teilkopf (Teilspindelverlängerung) = 48 Zähne.

Das Fräsen der Schraubennuten erfolgt mittels eines Schaftfräsers von 5 mm Durchmesser. Im Gegensatz zum Scheibenfräser ist beim Arbeiten mit einem Schaftfräser eine Tischverstellung nicht erforderlich. Der Fräsmaschinentisch und ebenso die Frässpindel bleiben deshalb während des Fräsvorganges in Nullstellung.

XIII. Aufbau der mechanischen Teilköpfe.

Für den Teilkopf ergeben sich folgende kennzeichnende Aufgaben:

Das Werkstück ist nach dem Fräsen einer Fläche um das Maß der benötigten Teilung weiterzudrehen (**Werkstücke mit gleichmäßigen Flächen:** Kurbelvierkante, Vier-, Fünf-, Sechs- und Mehrkante an Rundstangen, Vier- und Sechskantmuttern, Schraubenköpfe, Vielecke, seitliche Anfräsungen, Mitnehmerlappen usw.).

Das Werkstück ist nach dem Fräsen einer geraden Nute, d. h. einer Nute in der Längsrichtung des Arbeitsstückes um das Maß der benötigten Teilung weiterzudrehen. (**Werkstücke mit geraden Nuten:** Reibahlen, Gewindebohrer, Schaft- oder sonstige Fräser, Senker, Messerköpfe, Zahnräder mit Geradzähnen, Nutmuttern, Kettenräder, Sperräder, Klauenkupplungen usw.).

Das Werkstück ist während des Fräsens langsam zu drehen, damit eine schraubenförmig gewundene Nut entsteht. (**Werkstücke mit Schraubennuten:**

Reibahlen, Spiralbohrer, Walzenfräser, Zahnräder mit Schrägzähnen, Ölrillen in wellenförmigen Arbeitsstücken.)

Das Werkstück ist in einem bestimmten Winkel einzustellen. (**Kegelige Werkstücke mit geraden Nuten:** Kegelige Reibahlen, Senker, Stirnfräser und ähnliche mehrschneidige Werkzeuge, Kegelräder usw.)

Abgesehen von kleineren Unterschieden in der Bauart, welche den Erzeugnissen einzelner Werke eigen sind, lassen sich nachstehende Hauptarten von mechanischen Teilköpfen unterscheiden:

a) Teilköpfe für unmittelbares Teilen mit Rastenscheiben.

Die Teilvorrichtung hat die Aufgabe, das Werkstück während des Fräsvorganges unverrückbar festzuhalten und außerdem die Stellung des Werkstückes nach jedem Arbeitsgang für den nächstfolgenden genau festzulegen. Diese einfachen Teilköpfe eignen sich für die Massenfertigung und werden in verschiedenen Größen mit waagerecht feststehender, als auch mit schwenkbarer Teilspindel (Abb. 102) gebaut. Letzteres ist nötig, um auch die Bearbeitung kegeliger Werkstücke zu ermöglichen.

Abb 102. Rastenteilkopf mit schwenkbarer Teilspindel und zugehörigem Reitstock. (Hermann Godziewski, Berlin).

b) Teilköpfe für mittelbares Teilen mit Lochscheiben ohne Wechselräder.

Der Grundgedanke des mittelbar arbeitenden Teilkopfes ist in Abb. 78 dargestellt. Die Teilspindel wird nicht mehr von Teilung zu Teilung von Hand unmittelbar gedreht, sondern der Antrieb der Teilspindel erfolgt mit Hilfe einer Teilkurbel. Die Teilkurbel sitzt am Ende der Schneckenwelle. Die Schnecke treibt auf ein Schneckenrad, welches mit der Teilspindel verkeilt ist. Das Schneckenrad hat entweder 40, 60, 80 oder 120 Zähne. Die Schnecke ist durchschnittlich eingängig. Halbuniversalteilköpfe arbeiten nach dem unmittelbaren und mittelbaren Teilverfahren. Wird unmittelbar mit Rastenscheibe geteilt, so muß die in außermittigen Buchsen gelagerte Schnecke durch einfachen Handgriff aus dem Schneckenrad herausgeschwenkt werden.

c) Universalteilköpfe mit Lochscheiben und mit Wechselrädern.

Beim unmittelbaren und mittelbaren Teilen ist die Zahl der möglichen Teilungen durch die vorhandenen Rasten bzw. Lochscheiben begrenzt. Dieser Nachteil fällt beim Universalteilkopf weg, da es mit einer einfachen Zusatzeinrichtung möglich ist, außer den einfachen Teilzahlen auch Primzahlen durch Ausgleichteilen zu erzeugen.

1. Universalteilkopf der Fa. Wotan-Werke A.-G., Chemnitz.

Die Teilscheibe hat keine völlig durchbohrten Löcher, sondern ist infolge ausreichender Stärke auf beiden Seiten mit Lochreihen versehen. Schnecke und Schneckenrad lassen sich zum Zwecke des unmittelbaren Teilens außer Eingriff bringen; die Teilspindel vermag sich dadurch frei zu drehen. Vorn auf der Teilspindel, hinter dem Kopfgewinde, sitzt eine mit drei Lochreihen versehene feste

Teilscheibe. Beim mittelbaren Teilen ist die eingängige Schnecke mit dem 60zähnigen Schneckenrad in Eingriff und die einzelnen Teilungen werden durch Weiterdrehen der Kurbel gegen die feststehende Teilscheibe ausgeführt. Beim Ausgleichteilen wird die Teilscheibe von der Teilspindel aus durch Wechselräder angetrieben und erhält so bei jedesmaliger Teilung mittels der Teilkurbel eine Zusatz- oder Abzugsbewegung. Das Fräsen schraubenförmiger Nuten ist für große und kleine Steigungen (Gewindefräsen) auszuführen. Rechnerische Angaben für den Wotan-Universalteilkopf s. Maschinentafel 4.

Maschinentafel 4. Rechnerische Angaben für den Wotan-Universalteilkopf. (Wotan-Werke A.-G., Chemnitz.)

A	Wechselräder	25-30-35-40-50-55-60-70-75-80-85-90-100			Zähnezahlen
	Teilscheibe	1. Seite: 16-18-20-23-31-37-41-47 2. Seite: 17-19-21-29-33-39-43-49			Lochkreiszahlen
	Schnecke: eingängig		**Schneckenrad: 60 Zähne**		
	Anzahl der Wechselräder	Drehrichtung der Kurbel	Drehrichtung der Teilscheibe	Anzahl der Zwischenräder	Ausgleichteilen
	2	rechts	rechts	2	
	2	,,	links	1	
	4	,,	rechts	1	
	4	,,	links	0	

Teilscheibe für unmittelbares Teilen mit drei Lochkreisen mit 10, 12 und 16 Löchern.

2. Universalteilkopf der Fa. Schuchardt & Schütte, Berlin.

Der Teilkopf gestattet gleichfalls das Teilen in dreifacher Weise. Das unmittelbare Teilen mit der fest auf der Teilkopfspindel befindlichen Teilscheibe mit zwölf Teilnuten und darüber angeordnetem Zeigerschieber. Die Schnecke ist beim unmittelbaren Teilen aus dem Teilschneckenrad auszuheben. Das mittelbare Teilen erfolgt mit Schnecke *F*, Schneckenrad *G* und der gleichlaufend mit der Schnecke *F* gelagerten, jedoch feststehenden Teilscheibe *E* (Abb. 103). Wird die Teilkurbel gedreht, so wird diese Bewegung durch Stirnräder z_1, z_2 und z_3 auf die Schnecke *F* übertragen, die in das Schneckenrad *G* eingreift, welches fest mit der Teilspindel *C* verbunden ist. Für das Ausgleichteilen wird die Teilscheibe gelöst und kann sich mit der Antriebswelle *H* — in diesem Falle durch Schrägzahnstirnräder z_4 und z_5 verbunden — frei drehen. Da Antriebswelle *H* auch mit der Teilspindel *C* durch Wechselräder (Ausgleichwechselräder) in Verbindung steht, so erfolgt bei

Maschinentafel 5.
Rechnerische Angaben für den Schuchardt & Schütte-Universalteilkopf. (Schuchardt & Schütte, Berlin.)

B	16 Stück Wechselräder	20-24-25-28-32-36-40-44-48-56-64-72-80 86-96-100 1 Zwischenrad mit 24 Zähnen			Zähnezahl
	3 Stück Teilscheiben	Scheibe I: 15-16-17-18-19-20 Scheibe II: 21-23-27-29-31-33 Scheibe III: 37-39-41-43-47-49			Lochkreiszahlen
	Schnecke: eingängig		**Schneckenrad: 40 Zähne**		
	Teilkopfübersetzung: Mittelbares Teilen 1 : 40 Ausgleichteilen 1 : 80 Rundschalten 1 : 80				Vgl. Abb. 103
	Anzahl der Wechselräder	Drehrichtung der Kurbel	Drehrichtung der Teilscheibe	Anzahl der Zwischenräder	Aus gleichteilen
	2	rechts	rechts	1	
	2	,,	links	2	
	4	,,	rechts	0	
	4	,,	links	1	

Teilscheibe für unmittelbares Teilen mit 12 Teilnuten.

einer durch die Teilkurbel betätigten Drehung von C auf dem Weg über H auch eine Drehung der Teilscheibe E. Durch diese Teilscheibenverdrehung, die gleich oder entgegengesetzt der Kurbeldrehung sein kann, wird die Differenz, die beim mittelbaren Teilverfahren verbleiben würde, ausgeglichen. Rechnerische Angaben für den Schuchardt & Schütte-Universalteilkopf siehe Maschinentafel 5.

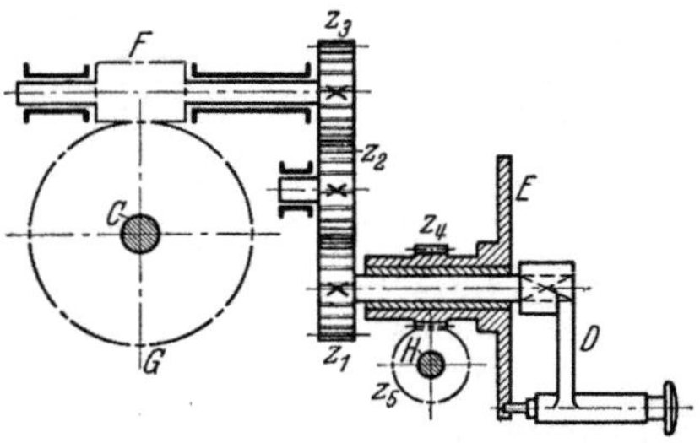

Geradzahnstirnrad . . $z_1 = 26$;	$m =$	3 mm.
Geradzahnstirnrad . . $z_2 = 26$;	$m =$	3 mm.
Geradzahnstirnrad . . $z_3 = 26$;	$m =$	3 mm.
Schrägzahnstirnrad . . $z_4 = 22$;	$m_n =$	2,5 mm.
Schrägzahnstirnrad . . $z_5 = 11$;	$m_n =$	2,5 mm.
Schnecke F eingängig;	$d_0 =$	46 mm.
Schneckenrad G . . . $z = 40$;	$m =$	4,55 mm.

Abb. 103. Getriebe eines Universalteilkopfes der Fa. Schuchardt & Schütte, Berlin.

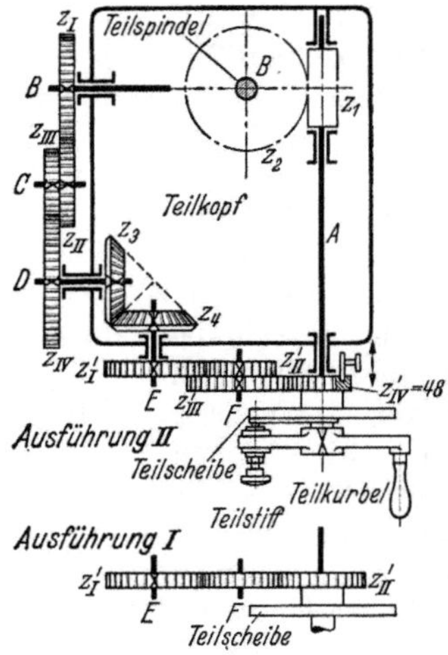

Abb. 104. Getriebe für das Ausgleichteilen des Universalteilkopfes der Loewe-Gesfürel A.-G., Berlin.

3. Universalteilkopf der Fa. Loewe-Gesfürel A.-G., Berlin.

Der Loewe-Universalteilkopf besitzt im Gegensatz zu den bisher beschriebenen Universalteilköpfen zwei Wechselräderscheren. Der Teilkopf gestattet das mittelbare und das Ausgleichteilen für geradlinige Teileinschnitte, als auch für Teilarbeiten für schraubenförmig gewundene Teileinschnitte. Das mittelbare Teilen geschieht nach Abb. 104 mit der Teilkurbel, die mit der Teilschnecke z_1 verbunden ist. Die Teilkurbel hat einen Teilstift, welcher in die Löcher der Teilscheibe eingreift und die Teilstellung festhält. Die Teilscheibe ist feststellbar. Im Gegensatz zu anderen Teilköpfen ist hier die Schnecke nicht ausschwenkbar angeordnet. Die Einrichtung für das Ausgleichteilen besteht, wie bei allen Bauarten, auch hier aus einer Teilspindelverlängerung. Der Differenzbolzen überträgt zwangsläufig die Drehbewegung der Teilkurbel mittels der Wechselräder z_I, z_{II}, z_{III} und z_{IV} über Kegelräder z_3 und z_4 und der Wechselräder z_I', z_{II}', z_{III}' und z_{IV}' in einem bestimmten Verhältnis auf die entsicherte Teilscheibe. Der Aufbau dieser Ausgleichteileinrichtung verlangt, daß die gewählte Hilfsteilzahl in allen Fällen etwas kleiner als die gesuchte Teilzahl angenommen wird, daß stets vier Wechselräder verwendet werden und daß das letzte getriebene Wechselrad mit 48 Zähnen in Rechnung gesetzt wird. Der Drehsinn der Teilscheibe ist dem Drehsinn der Teilkurbel entgegengesetzt. Bei Ausgleichteilarbeiten wird es fast stets möglich sein, mit der ersten Räderschere durch Aufstecken einer doppelten Übersetzung (z_I, z_{II}, z_{III} und z_{IV}) auszukommen. Die Schwierigkeit der zahlenmäßigen Unterbringung des 48zähnigen Wechselrades z_{IV}' fällt damit fort. Die Einwirkung dieses mit der Teilscheibe verbundenen, 48zähnigen Rades kann dadurch aufgehoben werden, daß statt der vier Wechselräder z_I', z_{II}', z_{III}' und z_{IV}' nur zwei Wechselräder z_I' und z_{II}' verwendet werden, wie Ausführung I, Abb. 104 zeigt. Dabei erhält auch das Wechselrad z_I' die Zähnezahl 48 und wird mit dem fest angeordneten Rad z_{II}' durch ein beliebiges Zwischenrad verbunden. Damit ergibt sich die Übersetzung 1:1 $\left(\frac{z_I'}{z_{II}'} = \frac{48}{48} = \frac{1}{1}\right.$, Abb. 87$\left.\right)$. Bei dieser Übersetzung $\frac{z_I'}{z_{II}'} = \frac{1}{1}$ ist es möglich, sämtliche Teilzahlen von 51 bis 359, sofern sie ein Ausgleichteilen erforderlich machen, mit einer doppelten Räderübersetzung auf der ersten Schere zu teilen. Beim Rundschalten nach Abb. 105 wird die Drehbewegung der Tischvorschubspindel (*TSp*) bei einfacher Übersetzung über die Wechselräder z_I und z_{II} (Ausführung I) oder bei doppelter Übersetzung über die Wechselräder z_I, z_{II}, z_{III} und z_{IV} (Ausführung II) über ein Kegelräderpaar z_3 und z_4 auf die entsicherte Teilscheibe geleitet, die weiterhin mit Hilfe der festgestellten Teilkurbel die Schnecke, das Schneckenrad und die Teilspindel dreht. Auch beim Fräsen schraubenförmiger Nuten wird es nahezu immer möglich sein, mit der ersten Räderschere durch Aufstecken einer doppelten Übersetzung (z_I, z_{II}, z_{III} und z_{IV}) auszukommen. Außerdem ist beim Fräsen schraubenförmiger Nuten erforderlich, daß der Tisch aus seiner Nullstellung in die errechnete Schräglage geschwenkt wird. Die Einwirkung des mit der Teilscheibe fest verbundenen Rades kann auf gleiche Art wie beim Ausgleichteilen aufgehoben werden. Besondere Beachtung ist dabei der Zahl der Zwischenräder zu schenken. Die Anzahl Zwischenräder (Rad *R* in Abb. 106) ist bestimmend für die Gang-

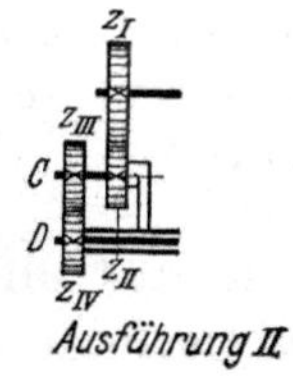

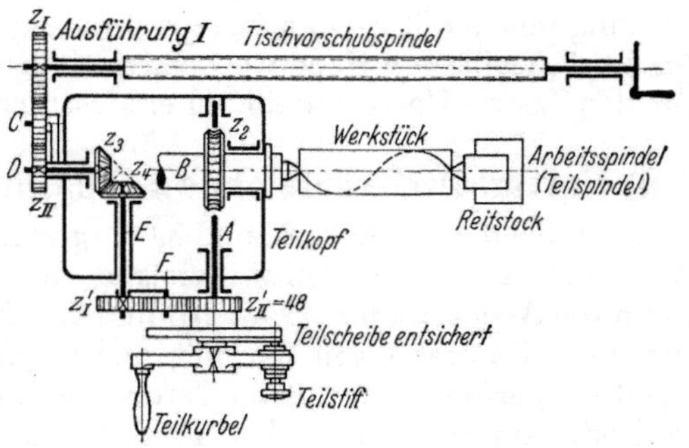

Abb. 105. Getriebe für das Fräsen schraubenförmiger Nuten mit Hilfe des Universalteilkopfes der Loewe-Gesfürel A.-G., Berlin.

Abb. 106. Universalteilkopf, eingestellt für das Fräsen einer linksgängigen Schraubennut mit vier Wechselrädern *a*, *b*, *c* und *d*, nebst einem Zwischenrad *R*. (Loewe-Gesfürel A.-G., Berlin.)

Maschinentafel 6. Rechnerische Angaben für den Loewe-Universalteilkopf. (Loewe-Gesfürel A.-G., Berlin.)

C	24 Stück Wechselräder	24-28-30-32-36-37-40-48-48-49-56-60 64-66-68-72-76-78-80-84-86-90-96-100	Zähnezahlen
	3 Stück Teilscheiben	Scheibe I: 15-16-17-18-19-20 Scheibe II: 21-23-27-29-31-33 Scheibe III: 37-39-41-43-47-49	Lochkreiszahlen
	Schnecke: eingängig	**Schneckenrad: 40 Zähne**	
	Die Bauart der Ausgleichteilvorrichtung verlangt, daß die gewählte Hilfsteilzahl in allen Fällen etwas kleiner als die gesuchte Teilzahl angenommen wird, daß stets vier Wechselräder verwendet werden und daß das letzte getriebene Wechselrad (Rad *i* Abb. 87) mit 48 Zähnen in Rechnung gesetzt wird. Der Drehsinn der Teilscheibe ist dem Drehsinn der Zeigerkurbel entgegengesetzt.		Ausgleichteilen

richtung der herzustellenden Schraubennuten. Beim Fräsen rechtsgängiger Schraubennuten sind zwei Zwischenräder bei R, beim Fräsen linksgängiger Schraubennuten nur ein Zwischenrad R aufzustecken.

Ist ein Werkstück mit mehreren schraubenförmigen Nuten zu versehen, dann erfolgt das Teilen unabhängig von der für die Schraubenwirkung geschaffenen Verbindung mit der Tischvorschubspindel lediglich durch Verstellen der Teilkurbel an der Lochscheibe von Hand wie beim mittelbaren Teilen. Rechnerische Angaben für den Loewe-Universalteilkopf s. Maschinentafel 6.

d) Universalteilköpfe ohne Lochscheiben, nur mit Wechselrädern.

Auch bei dem in Abb. 82 und 83 dargestellten Universalteilkopf der Firma J. E. Reinecker A.-G., Chemnitz, erfolgen die verschiedenen Teilungen von Hand durch die Wechselräder z_I, z_{II}, z_{III} und z_{IV}. Für alle auszuführenden Teilungen sind nur volle Umdrehungen der mit nur einem Einschnitt (Rast) versehenen Teilscheibe (*3*) erforderlich. Beim Verdrehen des Arbeitsstückes um eine Teilung wird der Federbolzen (*7*) durch den Knopf (*8*) aus der Teilscheibe (*3*) herausgezogen und sodann die erforderliche Anzahl Umdrehungen mit Hilfe der Teilkurbel auf die Teilwelle A ausgeführt. Zum Zwecke des Ausgleichteilens ist in die durchbohrte Teilspindel H die Teilspindelverlängerung anzubringen. Die Ausgleichwechselräder z_I' mit z_{IV}' treiben von der Teilspindelverlängerung auf ein Umlaufrädergetriebe und beeinflussen die von der Teilkurbel und den Teilwechselrädern z_I mit z_{IV} erzeugte Bewegung der Grundteilung. Die beiden Klemmschrauben (*11*) und (*12*) sind bei diesem Teilverfahren zu lösen. Beim Fräsen schraubenförmig genuteter Arbeitsstücke ist das Ausgleichteilen nicht verwendbar. Zum Fräsen schraubenförmiger Nuten mit kleiner Steigung, also ein- und mehrgängiger Schnecken (Gewindefräsen), wird in die durchbohrte Teilspindel H ebenfalls die Teilspindelverlängerung angebracht, an dessen Ende sich außer dem Wechselrad z_{IV}' noch eine Teilvorrichtung befindet. Durch Wechselräder z_I', z_{II}', z_{III}' und z_{IV}' wird die Tischvorschubspindel unmittelbar mit der Teilspindel verbunden. Die Teilvorrichtung dient zum Einteilen mehrgängiger Schnecken oder Schraubennuten und besteht aus der Teilkurbel, die fest mit der Teilspindel verbunden ist und aus der mit 12 Teillöchern versehenen Teilscheibe. Zum Fräsen schraubenförmiger Nuten mit großer Steigung darf die Teilschnecke z_7 nicht ausgelöst werden. Bei mehrgängigen Schraubennuten erfolgt das Weiterteilen durch die Teilwechselräder z_I mit z_{IV}. Während des Teilens muß indessen durch Anziehen der Klemmschraube (*11*) das Stirnrad z_{13} und durch dieses das außen- und innenverzahnte Mittelrad (z_4, z_3) festgestellt und die Klemmschraube (12) gelöst werden.

XIV. Berechnung der Zahnräder mit genormter Verzahnung.

Zwei zusammenarbeitende Zahnräder berühren sich nicht am äußeren Umfang, sondern auf Kreisen, die innerhalb des Umfanges liegen. Wird der Berührungskreis in so viele gleiche Teile geteilt, als das Rad Zähne erhalten soll, so wird jeder solcher Teil als Teilung bezeichnet. Die Teilung wird stets auf dem Berührungskreis von Mitte Zahn zu Mitte Zahn gemessen, jedoch nicht als Sehne, sondern als Bogenlänge (Abb. 107). Sollen die Zähne zweier zusammenarbeitender Räder richtig miteinander kämmen, so müssen die auf den Teilkreisen gemessenen Abstände von Zahn zu Zahn, also die Teilung, gleich sein. Abb. 108 zeigt ein Zahnstangenprofil.

Die Teilung wird hier in der Profilmittellinie *MM* von Zahnmitte zu Zahnmitte gemessen. Wie aus Abb. 108 zu ersehen, kann die Teilung auch als gegenseitige Entfernung der Rechtsflankenlinien (bzw. der Linksflankenlinien) gemessen werden.

Da auf dem Berührungskreise die Teilung abgetragen wird, so wird dieser allgemein Teilkreis oder Wälzkreis genannt. Teilkreise sind also solche Kreise, die bei der Drehung der Zahnräder mit gleicher Umfangsgeschwindigkeit aufeinander abrollen.

Außer dem Teilkreis sind bei Zahnrädern noch zwei weitere Kreise zu unterscheiden, nämlich Kopfkreis und Fußkreis (Kopf- und Fußlinie). Kopfkreis ist derjenige Kreis, der den Zahnkopf begrenzt und Fußkreis derjenige, welcher den Zahnfuß begrenzt. Die seitliche Begrenzung des Zahnprofiles (Abb. 107) erfolgt durch die Zahnflanken. Siehe auch Abb. 137.

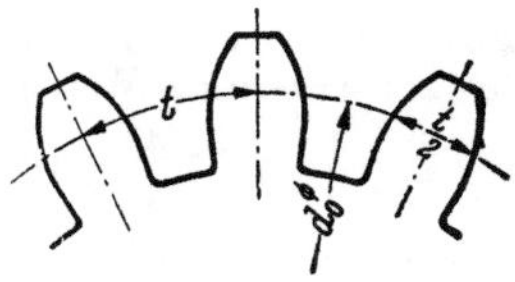

Abb. 107. Teilung beim Geradzahnstirnrad.

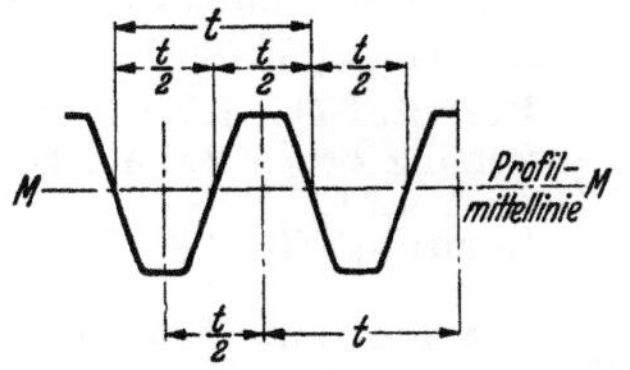

Abb. 108. Teilung bei Geradzahnzahnstange.

Bedeutet bei einem Stirnrad mit Geradzähnen z = Zähnezahl (Zähnezahl z ist die Zahl der bei geschlossenem Radkörper vorhandenen Zähne), d_o = Teilkreisdurchmesser, t = Zahnteilung oder kurz Teilung, so ist, wenn Zahnlücke und Zahn das gleiche Maß haben, $d_o \cdot \pi$ (Kreisumfang) $= z \cdot t$; daraus: $d_o = \frac{z \cdot t}{\pi}$. Aus dieser Gleichung wäre der Treilkreisdurchmesser d_o nur ungenau zu bestimmen, d. h., es würde sich meist eine unendliche Dezimalzahl ergeben, weil t genau, aber $\pi = 3{,}1\,415\,926 \ldots$ ungenau. Aus diesem Grunde und um bei der Berechnung ungerade und deshalb unbequeme Zahlen für den Teilkreisdurchmesser zu vermeiden und um letzten Endes nicht zuviele Werkzeuge für zwangsläufige Herstellung der Zahnprofile zu erhalten, ist für die Teilung t vorteilhaft ein Vielfaches von π zu wählen. Demnach gestaltet sich die Teilung beispielsweise:

$$t = 1{,}5 \cdot \pi - 1{,}75 \cdot \pi - 2 \cdot \pi - 2{,}25 \cdot \pi - 2{,}5 \cdot \pi - 2{,}75 \cdot \pi \text{ usw.}$$

Die jeweilige Zahl vor π, die sog. Stichzahl, heißt der **Modul der Teilung.** (Durchmesserteilung und Modul sind zwei vollständig gleiche Begriffe.) Die Modulteilung ermöglicht also, sobald t als ein Vielfaches von π genommen wird, den Teilkreisdurchmesser überaus einfach (als ganze Zahl oder als Zahl ohne Rest) zu bestimmen und stellt damit eine sehr bequeme Rechengröße dar. Es ist:

Modul. $$\boxed{m = \frac{t}{\pi}} \qquad (98)$$ Teilung. $$\boxed{t = m \cdot \pi} \qquad (99)$$

m = Modul oder Durchmesserteilung (mm), t = Teilung (mm), $\pi = 3{,}14$.

Es sei besonders darauf hingewiesen, daß die Angabe beispielsweise „Modul 4" falsch ist; es muß vielmehr heißen „Modul 4 **mm**". Das Maß beim Modul sollte nie fortgelassen werden.

Unter Zuhilfenahme der Gl. (98) ergibt sich demnach, wenn r_o und d_o die Teilkreishalbmesser bzw. -durchmesser sind:

Teilkreisdurchmesser. $$\boxed{2 \cdot r_o = d_o = z \cdot m} \qquad (100)$$

r_o = Teilkreishalbmesser (mm), d_o = Teilkreisdurchmesser (mm), z = Zähnezahl, m = Modul (mm).

Heute wird in der Technik fast ausnahmslos nach der Modul-Teilung gerechnet. Der Modul ist das eigentliche Bezugsmaß für Zahnausführung, aber nicht unmittelbar zu messen. Um an Werkzeug zu sparen, ist es empfehlenswert, sich auf die Anwendung abgestufter Modulgrößen zu beschränken. Durch den Deutschen Industrie-Normenausschuß (DIN) sind die in der Industrie zu verwendenden Module mit Normblatt 780 (Z. 2, B. T. 4, S. 146) festgelegt worden.

Beispiel 116. Wie groß ist die in mm ausgedrückte Teilung eines nach Modul 8 mm gefrästen Geradzahnstirnrades?

Lösung: [Gl. (99)] $t = m \cdot \pi = 8 \cdot 3{,}14 = 25{,}12$; Teilung $t = 25{,}12$ mm.

Beispiel 117. Die auf dem Teilkreisbogen eines 26zähnigen Geradzahnstirnrades gemessene Entfernung zweier Zahnlücken beträgt 31,4 mm. Welcher Modul entspricht dieser Teilung?

Lösung: [Gl. (98)] $m = \frac{t}{\pi} = \frac{t}{3{,}14} = \frac{31{,}4}{3{,}14} = 10$; Modul $m = 10$ mm.

Beispiel 118. Ein Geradzahnstirnrad ist mit 62 gefrästen Zähnen zu versehen. Welchen Durchmesser erhält der Teilkreis, wenn sich der Modul der Teilung zu $m = 6$ mm errechnet?

Lösung: [Gl. (100)] $d_0 = z \cdot m = 62 \cdot 6 = 372$; Teilkreisdurchmesser $d_0 = 372$ mm.

Anmerkung: Mit Bezug auf Fußnote 1, S. 60 und Berechnungstafel 2, S. 145 hat ein Rad von 3 Zoll Teilkreisdurchmesser und 36 Zähnen $\frac{36}{3} = 12$ Diametral Pitch. Es entfallen somit auf einen Zoll des Teilkreisdurchmessers 12 Zähne. (Vgl. die Beispiele 119 bis 121).

Beispiel 119. Wie groß ist die in Zoll ausgedrückte Zahnteilung eines nach Diametral Pitch (4 1/Zoll) gefrästen Geradzahnstirnrades?

Lösung: [Z. 2, B.T. 2, S. 145] $CP = \frac{\pi}{DP} = \frac{3{,}14}{4} = 0{,}785$; Teilung $CP = 0{,}785$ Zoll.

Beispiel 120. Die auf dem Teilkreisumfang eines 48zähnigen Geradzahnstirnrades gemessene Entfernung zweier Zahnmitten beträgt 0,314 Zoll. Welcher Diametral Pitch entspricht dieser Teilung?

Lösung: [Z. 1, B.T. 2, S. 145] $DP = \frac{\pi}{CP} = \frac{3{,}14}{0{,}314} = 10$; Diametral Pitch $DP = 10$ (1/Zoll).

Beispiel 121. Welches Maß ergibt sich für den Teilkreisdurchmesser eines Geradzahnstirnrades in Zoll, welches nach Diametral Pitch 4 (1/Zoll) zu fräsen ist und dessen Zähnezahl 48 beträgt?

Lösung: [Z. 4, B.T. 2, S. 145] $d_0 = z/DP = 48/4 = 12$; Teilkreisdurchmesser $d_0 = 12$ Zoll.

a) Abmessungen bei Stirnrädern mit Geradzähnen.

Unterschreitet bei Zahnrädern die Zähnezahl eine gewisse Grenze, so werden die Zähne unterschnitten, d. h. der Zahnfuß wird unterhalb des Teilkreises verschwächt; damit sind die Zähne am Fußende der Bruchgefahr ausgesetzt. Die Zähnezahl, bei der Unterschneidung gerade noch nicht auftritt, wird **Grenzzähnezahl,** das Rad selbst als Grenzrad bezeichnet. Für Evolventenverzahnungen berechnet sich die kleinste, unterschnittfreie Zähnezahl, die sog. rechnerische Grenzzähnezahl z_g nach der Gleichung $z_g = \frac{2}{\sin^2 \alpha}$, worin α den Eingriffswinkel der Verzahnung bedeutet. Die Rechnung ergibt für $\alpha = 20^\circ$ Eingriffswinkel $z_g = 17$; für $\alpha = 15^\circ$ wird $z_g = 30$. Darnach wären rechnerisch alle Zahnräder unter 17 bzw. 30 Zähnen zu korrigieren, zu verbessern. Doch ist eine geringe Unterschneidung ohne Bedenken zulässig, soweit der Überdeckungsgrad nicht unter den Wert 1,4 sinkt. Deshalb, und um möglichst weitgehend normale Verzahnungen zu benutzen, wird meistens erst bei etwa $^5/_6$ dieser rechnerischen Grenzzähnezahlen mit der Korrektur begonnen. Diese praktischen Grenzzähnezahlen sind $z_g' = 14$ bei $\alpha = 20^\circ$ und $z_g' = 25$ bei $\alpha = 15^\circ$ Eingriffswinkel. Der Unterschnitt wird um so größer je kleiner die Zähnezahl und je kleiner der Eingriffswinkel ist. Zur Vermeidung des Unterschnittes dienen verschiedene Mittel (Profilverschiebung, Vergrößerung des Eingriffswinkels, Verkleinerung der Zahnhöhe, Kopf- und Fußabrundung mit Kantenspiel, Schrägverzahnung), die je nach dem Verwendungszweck der Räder angewendet werden. Es ergeben sich Sonderverzahnungen. Getriebe, bei denen das treibende Rad $z \geq 14$ bzw. 25 und ebenso das getriebene Rad $z' \geq 14$ bzw. 25 werden als korrekturlos bezeichnet; sie sind auch unter dem Namen **Nullgetriebe** bekannt. Nullräder (0-Räder) sind Räder, bei denen die Mittellinie $M-M$ des Bezugsprofils (Abb. 108) den Teilkreis im Wälzpunkt berührt.

Die folgenden Ausführungen über Zahnräder beziehen sich auf Nullgetriebe.

1. Geradzahnstirnräder mit Außenverzahnung.

Als Grenzwerte der Übersetzung können 1:4 und 2:1 angesehen werden. Zusammenarbeitende Zähne berühren sich an den Zahnflanken. Um einem Klemmen der Zähne bei den unvermeidlichen Ungenauigkeiten der Zahnausführung vorzubeugen, wird, wie Abb. 139 übertrieben darstellt, ein Flankenspiel S_f (Zahnlücke minus Zahndicke) in tangentialer Richtung vorgesehen. Das Flankenspiel richtet sich nach den zu erwartenden Herstellungsgenauigkeiten, insbesondere nach den Teil- und Zahnformfehlern als auch nach der Genauigkeit des Zusammenbaues. Wegen des Totganges bei einer evtl. Bewegungsumkehr ist natürlich das Flankenspiel in möglichst kleinen Ausmaßen zu halten. Selbst geschliffene Zähne sind mit einem Flankenspiel zu versehen, um einerseits Raum für die schmierende Ölschicht und andererseits Raum für die Zahnausdehnung bei Erwärmung zu schaffen. Das übliche Flankenspiel, das sich stets auf die ganze Flanke erstreckt, kann bei Stirnradverzahnungen in Abhängigkeit von der Größe des Moduls aus Z. 13, B. T. 4, S. 147 entnommen werden.

Zur Berechnung der Radabmessungen bei Geradzahnstirnrädern mit Außenverzahnung gelten die Gleichungen in Berechnungstafel 4, S. 146.

Beispiel 122. Von zwei außenverzahnten Geradzahnstirnrädern, die an einer Werkzeugmaschine im Eingriff standen, ging eines verloren. Der Achsenabstand beträgt 96,25 mm. Am vorhandenen Rad wurde durch Nachmessen bzw. Abzählen der Kopfkreisdurchmesser zu 115 mm und die Zähnezahl zu 44 bestimmt. Für das neu anzufertigende Ersatzrad ist Modul, Zähnezahl, Teilkreisdurchmesser, Kopfkreisdurchmesser und Frästiefe zu berechnen.

Lösung: An Hand der Berechnungstafel 4, S. 146 folgt: $m = \frac{d_k}{z+2} = \frac{115}{44+2} = \frac{115}{46} 2 =,5$; Modul $m = 2{,}5$ mm; $z' = \frac{2\cdot a}{m} - z = \frac{2\cdot 96{,}25}{2{,}5} - 44 = 77 - 44 = 33$; Zähnezahl $z' = 33$; $d_0' = z'\cdot m = 33\cdot 2{,}5 = 82{,}5$; Teilkreisdurchmesser $d_0' = 82{,}5$ mm; $d_k' = d_0' + 2\cdot m = 82{,}5 + 2\cdot 2{,}5 = 87{,}5$; Kopfkreisdurchmesser $d_k' = 87{,}5$ mm[1]; $h_z = 2{,}166\cdot m = 2{,}166\cdot 2{,}5 = 5{,}415$; Frästiefe $h_z = 5{,}4$ mm.

Beispiel 123. Das Räderwechselgetriebe (Abb. 109) ist ein zweistufiges Zweiwellengetriebe; die Räderpaare z_1, z_2 und z_3, z_4 können durch Kupplung zum Eingriff gebracht und so wahlweise das eine oder andere Paar zur Übertragung der Drehbewegung benutzt werden. $z_1 = 105$, $m = 2{,}5$ mm; $z_2 = 42$, $m = 2{,}5$ mm; $z_3 = 25$; $z_4 = 80$. Mit welchem Modul ist das 25- und 80zähnige Geradzahnstirnrad zu fertigen?

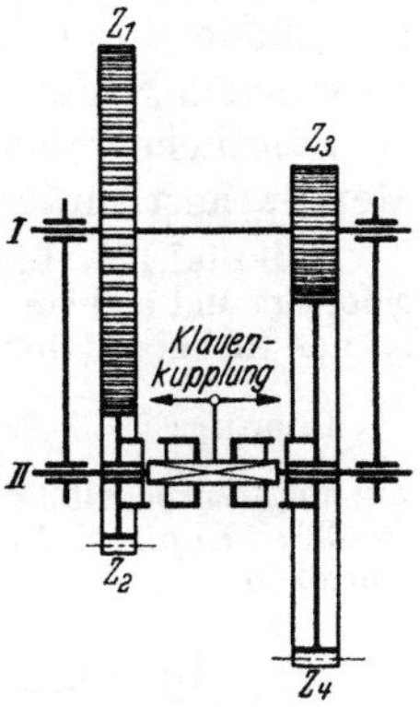

Abb. 109. Räderwechselgetriebe.

Lösung: An Hand der Berechnungstafel 4, S. 146 folgt:

Räderpaar $z_1 = 105$, $z_2 = 42$: $a = \frac{d_0 + d_0'}{2} = \frac{z_1\cdot m + z_2\cdot m}{2} = \frac{42\cdot m + 105\cdot m}{2} = \frac{147\cdot m}{2}$.

Räderpaar $z_3 = 25$, $z_4 = 80$: $a_1 = \frac{d_0 + d_0'}{2} = \frac{z_3\cdot m_1 + z_4\cdot m_1}{2} = \frac{25\cdot m_1 + 80\cdot m_1}{2} = \frac{105\cdot m_1}{2}$.

Es muß sein $a_1 = a$; folglich: $\frac{105\cdot m_1}{2} = \frac{147\cdot m}{2}$ oder $105\cdot m_1 = 147\cdot 2{,}5$; daraus: $m_1 = \frac{147\cdot 2{,}5}{105} = 3{,}5$. Die Geradzahnstirnräder mit 25 und 80 Zähnen sind nach Modul 3,5 mm zu fertigen.

Eine raschere Lösung ermöglicht die Anwendung der Gl. (101), die sich durch Gleichsetzen der Gleichungen für den Achsenabstand ergibt:

Ungleicher Modul beim rückkehrenden Stirnradtrieb (Vorgelege).

$$m_1 = m\cdot\left(\frac{z_1 + z_2}{z_3 + z_4}\right) \qquad (101)$$

[1] Beim Drehen der Räder müssen die Kopfkreisdurchmesser, weil Drehmaß, genau eingehalten werden, da von diesen die Teilung abhängig ist.

m_1 = Modul des Räderpaares z_3, z_4; m = Modul des Räderpaares z_1, z_2; $(z_1 + z_2)$ = Summe der Zähnezahlen des ersten Räderpaares; $(z_3 + z_4)$ = Summe der Zähnezahlen des zweiten Räderpaares.

Mit den Werten des Beispieles 123 geht Gl. (101) über in:

$$m_1 = m \cdot \left(\frac{z_1 + z_2}{z_3 + z_4}\right) = 2{,}5 \cdot \left(\frac{42 + 105}{25 + 80}\right) = \left(\frac{2{,}5 \cdot 147}{105}\right) = 3{,}5;\ \text{Modul} = 3{,}5\ \text{mm}.$$

Beispiel 124. Zwei gleichlaufende, 600 mm voneinander entfernte Wellen sind derart mit Geradzahnstirnrädern zu versehen, daß sich ihre minutlichen Umlaufzahlen wie 1:5 verhalten. Welche Zähnezahlen erhalten die beiden Räder, wenn der Modul zu 8 mm angenommen wird?

Lösung: An Hand der Berechnungstafel 4, S. 146 folgt:

$$d_0 = \frac{2 \cdot a \cdot i}{1 + i} = \frac{2 \cdot 600 \cdot \frac{1}{5}}{1 + \frac{1}{5}} = \frac{2 \cdot 600 \cdot 1 \cdot 5}{5 \cdot (5 + 1)} = 200;\ \text{Teilkreis} \varnothing\ \text{treibend}\ d_0 = 200\ \text{mm}.$$

$$d_0' = \frac{2 \cdot a}{1 + i} = \frac{2 \cdot 600}{1 + \frac{1}{5}} = \frac{2 \cdot 600 \cdot 5}{5 + 1} = 200 \cdot 5 = 1000;\ \text{Teilkreis} \varnothing\ \text{getrieben}\ d_0' = 1000\ \text{mm}.$$

$$z = \frac{d_0}{m} = \frac{200}{8} = 25;\ z' = \frac{d_0'}{m} = \frac{1000}{8} = 125;\ \text{Zähnezahlen}\ z = 25\ \text{(treibend)},\ z' = 125$$
(getrieben).

2. Geradzahnstirnräder mit Innenverzahnung.

Räder mit Außenverzahnung (Außenräder) tragen die Zähne am äußeren Radumfang (Abb. 137), Räder mit Innenverzahnung (Innenräder) dagegen am inneren Radumfang; die Berührung (Eingriff) erfolgt also außerhalb oder innerhalb des Radkörpers. Wegen ihres selbst bei verhältnismäßig hohen Umfangsgeschwindigkeiten ruhigeren, geräuschärmeren Laufes werden Räder mit Innenverzahnung viel verwendet. Eine Innenverzahnung besteht stets aus zwei ungleich großen Stirnrädern; das kleine Rad ist als Stirnrad mit Außenverzahnung ausgebildet und befindet sich innerhalb des größeren mit Innenverzahnung versehenen Rades. Die Teilkreise beider Räder berühren sich innen.

Sämtliche Zahnabmessungen, sowie die Kranzstärke bestimmen sich wie bei Geradzahnstirnrädern mit Außenverzahnung.

Beispiel 125. Ein 15zähniges Geradzahnstirnrad wurde als Außenrad nach Modul 10 mm gefertigt und soll ein Innenrad bei einer Übersetzung 1:3 treiben. Auf welchen Durchmesser ist das Innenrad (Hohlrad) vor dem Einarbeiten der Zähne auszudrehen?

Lösung: $i = \frac{z}{z'}$ oder $\frac{1}{3} = \frac{15}{z'}$; daraus: $z' = 15 \cdot 3 = 45$. Innenrad $z' = 45$ Zähne. Weiterhin folgt sinngemäß der Berechnungstafel 4, S. 146 $d_k' = m\,(z' - 2) = 10 \cdot (45 - 2) = 10 \cdot 43 = 430$; Kopfkreisdurchmesser $d_k' = 430$ mm. Auf diesen Durchmesser ist das Innenrad vorzudrehen.

b) Abmessungen bei Stirnrädern mit Schrägzähnen.

Schrägzahnstirnräder werden alle Zahnräder bezeichnet, deren Zähne in Schraubenlinie[1] auf dem zylindrischen Radkörper verlaufen. Sie können zur Bewegungsübertragung sowohl zwischen gleichlaufenden (Abb. 142), als auch zwischen sich kreuzenden Wellen (Abb. 143) verwendet werden. Bei allen Schrägzahnstirnrädern kommen zwei verschiedene, streng voneinander zu unterscheidende Teilungen in Frage, die **Normalteilung** und die **Stirnteilung**. Der Grundkörper des Rades ist ein Zylinder. Der Mantel dieses Zylinders, abgewickelt gedacht, ergibt nach Abb. 140 die Mantellinien der Schraubengänge als gerade Linien. Mit Bezug auf dieses Bild wird die Normalteilung t_n auf einer zur Zahnflanke (Schraubenlinie) errichteten Senkrechten von Zahn zu Zahn gemessen (kleinste Entfernung zweier

[1] Wird ein in der Stirnebene gezeichnetes Zahnprofil längs einer Schraubenlinie verschoben, so entsteht der schraubenförmig gewundene Zahn eines Schrägzahnstirnrades.

Zähne). Die Stirnteilung t_s wird gemessen in einer senkrecht zur Radachse liegenden Ebene von Zahnmitte zu Zahnmitte. (Größte Entfernung zweier Zähne.) Die Normalteilung bildet mit der Stirnteilung und mit der einen Zahnseite ein rechtwinkeliges Dreieck ABC; der Winkel β, welcher die Achse mit der Zahnschräge bildet, heißt **Schrägungswinkel.** Während die Stirnteilung bzw. der Stirnmodul eines Schrägzahnstirnrades zur Berechnung des Teilkreisdurchmessers dient, wird die Normalteilung bzw. der Normalmodul zur Bestimmung der Kopf-, Fuß- und Zahnhöhe und damit des Fräswerkzeuges benutzt; die Normalteilung ist ja der senkrechte Abstand zweier Nachbarzähne und bestimmt die Lücken- und damit auch die Fräserbreite genau wie bei einem Geradzahnstirnrad. Da also für das Schneiden der Verzahnung die Normalteilung maßgebend ist, der Normalmodul somit auch gleichzeitig den Werkzeugmodul darstellt, wird man diesen mit Rücksicht auf den Werkzeugbestand entsprechend der normalen Modulreihe wählen. Die Stirnteilung ist hierfür ohne Bedeutung, da diese sich beim Verzahnen von selbst aus dem Schrägungswinkel ergibt.

1. Schrägzahnstirnräder für gleichlaufende Wellen.

Es werden Räder mit einfacher Verzahnung und Räder mit doppelter bzw. mehrfacher Verzahnung unterschieden; letztere Ausführungsformen sind unter dem Namen Pfeilzahnräder bekannt. Die Schrägungswinkel zweier zusammenarbeitender Schrägzahnräder müssen bei gleichlaufenden Wellen gleichgroß sein ($\beta_R = \beta_L$), jedoch entgegengesetzte Richtung haben, also ein Rad linksgängig und ein Rad rechtsgängig sein (Abb. 142). (Die Gangrichtung, d. h. der Steigungssinn bestimmt sich wie beim Schraubengewinde.) Dadurch also, daß stets ein rechtsgängiges Rad mit einem linksgängigen zusammenarbeiten muß, ist die Ausführung beliebig untereinander austauschbarer Satzräder ausgeschlossen. Zur Berechnung der Radabmessungen bei Schrägzahnstirnrädern für gleichlaufende Wellen gelten die Gleichungen in Berechnungstafel 5, S. 148.

Beispiel 126. Ein Schrägzahnstirnrad ist mit 48 Zähnen derart zu versehen, daß der Winkel der Radachse mit der Zahnschräge 25° beträgt. Der Normalmodul ist mit 5 mm auszuführen. Auf welches Maß ist der Kopfkreisdurchmesser zu drehen?

Lösung: [Z. 15, B. T. 5, S. 148] $d_k = m_n \cdot \left(\frac{z}{\cos\beta} + 2\right) = 5 \cdot \left(\frac{48}{\cos 25^\circ} + 2\right) = 5 \cdot \left(\frac{48}{0{,}90631} + 2\right)$ $= 5\,(52{,}962 + 2) = 5 \cdot 54{,}962 = 274{,}810$; Kopfkreisdurchmesser $d_k = 274{,}81$ mm (Drehmaß).

Beispiel 127. Unter welchem Winkel steigt die Zahnschraubenlinie eines 20zähnigen Schrägzahnstirnrades von 113,14 mm Teilkreisdurchmesser und $4\,\pi = 12{,}566$ mm Normalteilung gegen die Achse des Rades?

Lösung: [Z. 17, B. T. 5, S. 148] $\cos\beta = \frac{z \cdot m_n}{d_0} = \frac{20 \cdot 4}{113{,}14} = 0{,}7071$; $\beta = 45^\circ$. Schrägungswinkel $\beta = 45^\circ$.

Beispiel 128. Berechne die Schraubensteigung je Umdrehung für ein Schrägzahnstirnrad mit 25 Zähnen. Das Rad ist unter Einhaltung eines Schrägungswinkel von 45° nach Normalmodul 4 mm zu fertigen.

Lösung: [Z. 21, B.T. 5, S. 148] $H = \frac{z \cdot m_n \cdot \pi}{\sin\beta} = \frac{25 \cdot 4 \cdot \pi}{\sin 45^\circ} = \frac{100 \cdot \pi}{0{,}70711} = 444{,}287$; Schraubensteigung $H = 444{,}3$ mm.

Beispiel 129. Für zwei Schrägzahnstirnräder für gleichlaufende Wellen mit 30 und 60 Zähnen, Normalmodul 6 mm und 19° 28′ Schrägungswinkel (Normalwert bei Schrägzahnstirnrädern mit gleichlaufenden Wellen, für den Fall, daß der Zahn in der Radbreite mindestens eine Normalteilung steigt und die Zahnbreite b zu $10 \cdot m_n$ angenommen wird) sind die für eine Werkzeichnung erforderlichen Verzahnungsmaße zu berechnen. Es handelt sich um gewöhnliche Arbeitsräder.

Lösung: An Hand der Berechnungstafel 5, S. 148 folgt: $m_s = \frac{m_n}{\cos\beta} = \frac{6}{\cos 19^\circ\, 28'} =$

$\frac{6}{0,94284} = 6,3637$; Stirnmodul $m_s = 6,36$ mm. $t_n = m_n \cdot \pi = 6 \cdot \pi = 18,850$; Normalteilung $t_n = 18,85$ mm. $t_s = \frac{t_n}{\cos\beta} = \frac{18,85}{\cos 19^\circ 28'} = \frac{18,85}{0,94284} = 19,992$; Stirnteilung $t_s = 19,99$ mm. $b = 3 \cdot t_n = 3 \cdot 18,85 = 56,55$; $b \approx 60$ mm; Zahnbreite $b = 60$ mm. $h_k = 1 \cdot m_n = 6$; Kopfhöhe $h_k = 6$ mm. $h_f = 1,166 \cdot m_n = 1,166 \cdot 6 = 6,996$; Fußhöhe $h_f = 6,996$ mm. $h_z = 2,166 \cdot m_n = 2,166 \cdot 6 = 12,996$; Zahnhöhe $h_z = 12,996$ mm.

Die übrigen, für die beiden Schrägzahnstirnräder verschiedenen Radabmessungen bestimmen sich gleichfalls nach B. T. 5, S. 148:

Rad mit 30 Zähnen.

Teilkreisdurchmesser:
$d_0 = z \cdot m_s = 30 \cdot 6,36 = 190,80$
$d_0 = 190,80$ mm.

Kopfkreisdurchmesser:
$d_k = d_0 + 2 \cdot m_n = 190,80 + 2 \cdot 6 = 202,80$
$d_k = 202,80$ mm (Drehmaß).

Schraubensteigung je Umdrehung:
$H_R = d_0 \cdot \pi \cdot \operatorname{ctg}\beta = 190,80 \cdot \pi \cdot \operatorname{ctg} 19^\circ 28'$
$= 190,80 \cdot 3,14 \cdot 2,8291 = 1691,79$
$H_R = 1691,79$ mm.

Rad mit 60 Zähnen.

Teilkreisdurchmesser:
$d_0' = z' \cdot m_s = 60 \cdot 6,36 = 381,60$
$d'_0 = 381,60$ mm.

Kopfkreisdurchmesser:
$d_k' = d_0' + 2 \cdot m_n = 381,60 + 2 \cdot 6 = 393,60$
$d_k' = 393,60$ mm (Drehmaß).

Schraubensteigung je Umdrehung:
$H_L = d_0' \cdot \pi \cdot \operatorname{ctg}\beta = 381,60 \cdot \pi \operatorname{ctg} 19^\circ 28'$
$= 381,60 \cdot 3,14 \cdot 2,8291 = 3383,58$
$H_L = 3383,58$ mm.

$a = m_s \cdot \left(\frac{z + z'}{2}\right) = 6,36 \cdot \left(\frac{30 + 60}{2}\right) = 6,36 \cdot 45 = 286,20$; Achsenabstand $a = 286,2$ mm.

2. Schrägzahnstirnräder für sich kreuzende Wellen.

Schrägzahnstirnräder, deren Achsen sich nach Abb. 143 unter einem beliebigen Achsenwinkel δ kreuzen, finden mit Vorteil da Anwendung, wo es sich um hohe Umfangsgeschwindigkeiten und geringen Zahndruck handelt. In den meisten Fällen werden sich zwei Schrägzahnstirnräder rechtwinkelig ($\delta = 90^\circ$) kreuzen. Die Drehrichtung der Räder gegeneinander ergibt sich aus der Gangrichtung und umgekehrt. Zeigen die Drehpfeile zweier zusammenarbeitender Schrägzahnstirnräder nach gleicher Richtung, so sind die Zähne rechtssteigend, zeigen sie nach entgegengesetzter Richtung, so sind sie linkssteigend auszuführen (Abb. 110 und 111).

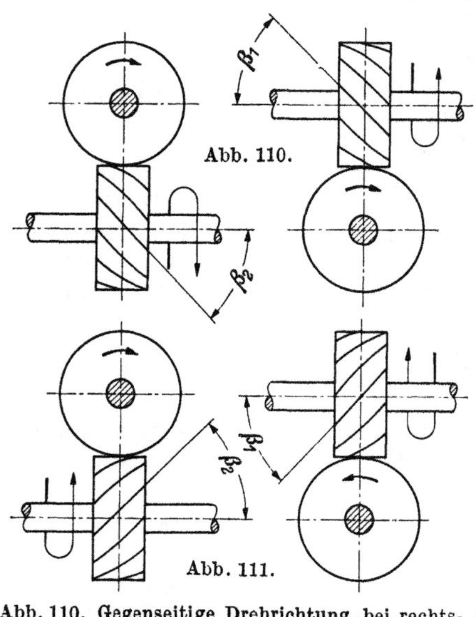
Abb. 110. Abb. 111.

Abb. 110. Gegenseitige Drehrichtung bei rechtssteigender Schraubenlinie.
Abb. 111. Gegenseitige Drehrichtung bei linkssteigender Schraubenlinie.

Zur Übertragung der Bewegung bei kreuzender Achsenlage ($\delta = 90^\circ$) eignen sich neben den Schneckengetrieben auch Schrägzahnstirnräder (Abb. 143). Einen vollwertigen Ersatz für theoretisch genau verzahnte Schneckengetriebe bieten die Schrägzahnstirnräder allerdings nicht; sie sind Getriebe mit verminderter Eingriffstätigkeit und ihr Anwendungsgebiet erstreckt sich auf Übersetzungen bis 1:6. Für größere Übersetzungen sind wegen des besseren Eingriffes die Schneckengetriebe vorzuziehen. Gangrichtung und Normalteilung der Zähne beider Räder eines Getriebes müssen gleich sein, es müssen also beide Räder entweder rechtsgängig oder linksgängig geschnitten werden. Zwei zusammenarbeitende Schrägzahnstirnräder haben ganz allgemein die Bedingung zu erfüllen: die Summe der Schrägungswinkel ist gleich dem Winkel, unter dem die Wellen der beiden Räder zueinander stehen.

Bei Berechnung der Teilung auf Grund der Festigkeit ist zu beachten, daß Schrägzahnstirnräder auf sich kreuzenden Wellen mit gleitender Reibung und geringer Zahnanlage arbeiten, womit die sog. Gleitgeschwindigkeit v_g (s. Abb. 145) in Rechnung zu stellen ist. Die Wertziffer der zulässigen Werkstoffbeanspruchung c ist für Schrägzahnstirnräder für sich kreuzende Wellen in Abhängigkeit von v_g zu wählen, entsprechend den Wertziffern der zulässigen Werkstoffbeanspruchung in kg/cm².

Beispiel 130. Zu einem rechtsgängigen Schrägzahnstirnrad mit 13 Zähnen und einem Schrägungswinkel von 63° 26′ und Normalmodul 1,5 mm ist ein 26zähniges Eingriffsrad anzufertigen. Welchen Abstand erhalten die sich unter 90° kreuzenden Wellen?

Lösung: Mit $m_n = 1{,}5$ mm, $z' = 26$ und $\beta_2 = 90° - 63° 26' = 26° 34'$ des rechtsgängigen Eingriffsrades wird (Z. 21, B.T. 6, S. 149): $a = \frac{m_n}{2} \cdot \left(\frac{z}{\cos\beta_1} + \frac{z'}{\cos\beta_2}\right) = \frac{1{,}5}{2} \cdot \left(\frac{13}{0{,}4472} + \frac{26}{0{,}8944}\right)$ $= 0{,}75\,(29{,}069 + 29{,}069) = 0{,}75 \cdot 58{,}138 = 43{,}6035$. Achsenabstand $a = 43{,}6$ mm.

Bei Schrägzahnstirnrädern mit gleich großen Teilkreisdurchmessern wird das Übersetzungsverhältnis durch die verschieden großen Schrägungswinkel β_1 und β_2 erzielt. Für die gebräuchlichsten Übersetzungsverhältnisse ergeben sich die in Zahlentafel 16 angeführten Schrägungswinkel.

Zahlentafel 16. Schrägungswinkel zweier zusammenarbeitender Schrägzahnstirnräder (Achsenwinkel $\delta = 90°$) für gleich große Durchmesser bei verschiedenen Übersetzungen.

Übersetzung für Schrägzahnstirnräder gleichen Durchmessers	Schrägungswinkel: des **treibenden** Schrägzahnstirnrades β_1 (Rad mit der kleineren Zähnezahl)		Schrägungswinkel: des **getriebenen** Schrägzahnstirnrades β_2 (Rad mit der größeren Zähnezahl)	
1 : 1	$\operatorname{ctg}\beta = \frac{1}{1} = 1{,}00000$	45°	90° — 45° =	45°
1 : 1,5	$\operatorname{ctg}\beta = \frac{1}{1{,}5} = 0{,}66667$	56° 19′	90° — 56° 19′ =	33° 41′
1 : 2	$\operatorname{ctg}\beta = \frac{1}{2} = 0{,}50000$	63° 26′	90° — 63° 26′ =	26° 34′
1 : 2,5	$\operatorname{ctg}\beta = \frac{1}{2{,}5} = 0{,}40000$	68° 12′	90° — 68° 12′ =	21° 48′
1 : 3	$\operatorname{ctg}\beta = \frac{1}{3} = 0{,}33333$	71° 34′	90° — 71° 34′ =	18° 26′
1 : 3,5	$\operatorname{ctg}\beta = \frac{1}{3{,}5} = 0{,}28571$	74° 3′	90° — 74° 3′ =	15° 57′
1 : 4	$\operatorname{ctg}\beta = \frac{1}{4} = 0{,}25000$	75° 58′	90° — 75° 58′ =	14° 2′
1 : 4,5	$\operatorname{ctg}\beta = \frac{1}{4{,}5} = 0{,}22222$	77° 28′	90° — 77° 28′ =	12° 32′
1 : 5	$\operatorname{ctg}\beta = \frac{1}{5} = 0{,}20000$	78° 41′	90° — 78° 41′ =	11° 19′
1 : 6	$\operatorname{ctg}\beta = \frac{1}{6} = 0{,}16667$	80° 32′	90° — 80° 32′ =	9° 28′

Diese Zahlentafel gilt nur für den Fall, daß sich die Achsen der beiden Schrägzahnstirnräder unter einem Winkel von 90° schneiden (Achsenwinkel $\delta = 90°$) und daß die Teilkreisdurchmesser der beiden Räder gleich groß sind ($d_0 = d_0'$). Das Rad mit dem größeren Schrägungswinkel ist stets das treibende. Der Schraubenverlauf der Zähne ist bei beiden Rädern gleichzeitig rechts- oder linkssteigend.

Beispiel 131. Ein Schrägzahnstirnräderpaar mit 20 und 100 Zähnen soll für gekreuzte Wellen bei einer Übersetzung von 1:5 gleich große Durchmesser erhalten. Auf welches Maß ist der Kopfkreisdurchmesser beider Räder zu drehen, wenn die Normalteilung $4 \cdot \pi$ mm beträgt?

Lösung: Der Zahlentafel 16 entnimmt man einer Übersetzung 1:5 entsprechend, die Winkelwerte $\beta_1 = 78^\circ 41'$ und $\beta_2 = 11^\circ 19'$. Beide Winkel ergeben den gleichen Kopfkreisdurchmesser; nach Z. 16, B. T. 6, S. 149 wird $d_k = m_n \cdot \left(\frac{z}{\cos\beta_1} + 2\right) = 4\left(\frac{20}{\cos 78^\circ 41'} + 2\right)$ $= 4\left(\frac{20}{0{,}1962} + 2\right) = 415{,}68$ mm und ebenso $d_k' = m_n\left(\frac{z'}{\cos\beta_2} + 2\right) = 4\left(\frac{100}{\cos 11^\circ 19'} + 2\right)$ $= 4\left(\frac{100}{0{,}99806} + 2\right) = 415{,}68$ mm. Beide Räder sind auf 415,68 mm Kopfkreisdurchmesser zu drehen.

Soll bei Schrägzahnstirnrädern für sich kreuzende Wellen die treibende Bewegung jeweilig auf beide Räder verlegt werden, wird also wechselnde Antriebsrichtung verlangt, so sind die Schrägungswinkel der beiden Räder allgemein gleich dem halben Kreuzungswinkel auszuführen, unter dem die Räder arbeiten. Soll also beispielsweise abwechselnd das eine oder das andere Rad treibend sein, so sind die beiden Räder mit vollkommen gleicher Verzahnung, also mit gleich großen und gleich gerichteten Schrägungswinkeln zu versehen. Es wird bei $\delta = 90^\circ$ $\beta_R = \beta_L = 45^\circ$. Zur Berechnung der Radabmessungen bei Schrägzahnstirnrädern für sich kreuzende Achsen gelten die Gleichungen in Berechnungstafel 6, S. 149.

Beispiel 132. Mit welchem Schrägungswinkel sind zwei Schrägzahnstirnräder für sich unter 70° kreuzende Wellen zu versehen, wenn sich bei einem Verhältnis der Teilkreisdurchmesser von 2:3 die Zähnezahlen der beiden Räder wie 3:4 verhalten sollen?

Lösung: Mit $u = \frac{2}{3}$, $i = \frac{3}{4}$, somit also $\frac{u}{i} = \frac{2 \cdot 4}{3 \cdot 3} = \frac{8}{9} = 0{,}8889$ und $\delta = 70^\circ$ ergibt sich (Z. 18, B. T. 6, S. 149) $\operatorname{tg}\beta_1 = \frac{\frac{u}{i} - \cos\delta}{\sin\delta} = \frac{0{,}8889 - \cos 70^\circ}{\sin 70^\circ} = \frac{0{,}8889 - 0{,}3420}{0{,}9397}$ $= \frac{0{,}5469}{0{,}9397} = 0{,}5820$; $\beta_1 = 30^\circ 12'$. Die Formel $\operatorname{tg}\beta_2 = \frac{\frac{i}{u} - \cos\delta}{\sin\delta}$ geht mit $i = \frac{3}{4}$, $u = \frac{2}{3}$, also $\frac{i}{u} = \frac{3 \cdot 3}{4 \cdot 2} = \frac{9}{8} = 1{,}125$ und $\delta = 70^\circ$ über in: $\operatorname{tg}\beta_2 = \frac{1{,}1250 - 0{,}3420}{0{,}9397} = \frac{0{,}7830}{0{,}9397} = 0{,}8332$; $\beta_2 = 39^\circ 48'$. Schrägungswinkel des treibenden Rades: $\beta_1 = 30^\circ 12'$, des getriebenen Rades $\beta_2 = 39^\circ 48'$. Prüfung: $\beta_1 + \beta_2 = 69^\circ 60' = 70^\circ$.

c) Abmessungen bei Kegelrädern mit Geradzähnen.

Kegelräder (Abb. 146), die bei sich schneidender Wellenlage die Drehbewegung im unveränderlichen Übersetzungsverhältnis übertragen, weisen zwei Kegelflächen auf, Wälzkegel genannt, die bei der Drehung ohne Gleiten aufeinander abrollen. Die Zähne haben keine prismatische Form, sondern stehen auf dem Kegelmantel senkrecht und sind nach der Kegelspitze (gemeinsame Spitze M) hin verjüngt. Geradzahnkegelräder sind Kegelräder mit nach der Mitte verjüngt zulaufenden geraden Zähnen. Bei Veränderung des Übersetzungsverhältnisses ändert sich auch der Winkel der Zähne zur Radachse. Ein Kegelrad kann nur mit einem bestimmten anderen zusammenarbeiten; es ist daher unmöglich, Kegelräder als Satzräder auszubilden. Es kann somit auch bei möglicher Beibehaltung der Achsenstellung niemals von zwei zusammenarbeitenden Rädern eines Getriebes das eine gegen ein anderes mit veränderter Zähnezahl ausgetauscht werden. Zur Berechnung der Radabmessungen bei Geradzahnkegelrädern auf Grund der gegebenen Teilung und der gegebenen Zähnezahlen gelten die Gleichungen in Berechnungstafel 7, S. 151. Berechnungstafel 7 gilt auch dann, wenn der Achsenwinkel eines Kegelradtriebes kleiner oder größer als 90° ist. Die in jedem Falle unbedingt nötigen Kegelwinkel δ_1 und δ_2 können an Hand der Berechnungstafel 8, S. 153 bestimmt werden. Unter Kegelwinkel (δ_1 oder δ_2) ist, wie Abb. 146 zeigt, nur der halbe Kegelwinkel zu verstehen, also der von Kegelachse und Mantellänge des Teilkegels eingeschlossene Winkel. Ebenso ist unter Kopfkegelwinkel δ_k der halbe Kopfkegelwinkel zu verstehen, also der von Kegelachse und Mantellänge des Kopfkegels eingeschlossene Winkel.

Beispiel 133. Für ein Geradzahnkegelrad mit 32 Zähnen, Modul 8 mm und 65 mm Bohrung sind die Radabmessungen zu bestimmen. Das getriebene Eingriffsrad hat 65 Zähne.

Lösung: An Hand der Berechnungstafel 7, S. 151 folgt: $d_0 = z \cdot m = 32 \cdot 8 = 256$; Teilkreisdurchmesser $d_0 = 256$ mm. $\operatorname{tg} \delta_1 = \frac{z}{z'} = \frac{32}{65} = 0{,}49231$; $\operatorname{tg} \delta_1 = 0{,}49231$; Kegelwinkel $\delta_1 = 26° \, 12' \, 42''$. $d_k = d_0 + 2 \cdot m \cdot \cos \delta_1 = 256 + 2 \cdot 8 \cdot \cos 26° \, 12' \, 42'' = 256 + 16 \cdot 0{,}89716 = 256 + 14{,}3546 = 270{,}35456$; Kopfkreisdurchmesser $d_k = 270{,}35$ mm (Drehmaß außen). $R_a = \frac{d_0}{2 \cdot \sin \delta_1} = \frac{256}{2 \cdot \sin 26° \, 12' \, 42''} = \frac{128}{0{,}44171} = 289{,}78$; Spitzenentfernung $R_a = 289{,}78$ mm. $\operatorname{tg} K = \frac{2 \cdot \sin \delta}{z} = \frac{2 \cdot \sin 26° \, 12' \, 42''}{32} = 0{,}027606$; Kopfwinkel $K = 1° \, 34' \, 52''$. $\delta_k = \delta_1 + K = 26° \, 12' \, 42'' + 1° \, 34' \, 52'' = 27° \, 47' \, 34''$. Kopfkegelwinkel $\delta_k = 27° \, 47' \, 34''$. $\operatorname{tg} F = \frac{2{,}333 \cdot \sin \delta_1}{z} = \frac{2{,}333 \cdot \sin 26° \, 12' \, 42''}{32} = \frac{2{,}333 \cdot 0{,}44171}{32} = 0{,}03220$; Fußwinkel $F = 1° \, 50' \, 39''$. $x = 90° - K = 89° \, 59' \, 60'' - 1° \, 34' \, 52' = 88° \, 25' \, 8''$. Äußerer Zahnwinkel $x = 88° \, 25' \, 8''$. $y = 90° + \delta_k = 89° \, 59' \, 60'' + 27° \, 47' \, 34'' = 117° \, 47' \, 34''$. Innerer Zahnwinkel $y = 117° \, 47' \, 34''$. $z = 90° - \delta_k = 89° \, 59' \, 60'' - 27° \, 47' \, 34'' = 62° \, 12' \, 26''$. Prüfwinkel $z = 62° \, 12' \, 26''$. $u = \frac{d_0}{15} + 6 = \frac{256}{15} + 6 = 17{,}066 + 6 = 23{,}066$; Rückenlänge $u = 25$ mm. $l_1 = 1{,}2 \cdot d$ bis $1{,}5 \cdot d = 1{,}2 \cdot 65$ bis $1{,}5 \cdot 65 = 78$ bis $97{,}5$; Nabenlänge $l_1 = 100$ mm. $h = b \cdot \frac{\cos \delta_k}{\cos K} = 96 \cdot \frac{\cos 27° \, 47' \, 34''}{\cos 1° \, 34' \, 52''} = \frac{96 \cdot 0{,}884643}{0{,}999620} = 84{,}98$; $h = 84{,}98$ mm. Abstand der Drehkanten $h = 84{,}98$ mm.

$h_2 = \frac{d_k}{2 \cdot \operatorname{tg} \delta_k} = \frac{270{,}35}{2 \cdot \operatorname{tg} 27° \, 47' \, 34''} = \frac{270{,}35}{2 \cdot 0{,}52708} = 256{,}460$; Abstand von Kegelspitze bis Kopfkreis außen $h_2 = 256{,}460$ mm. $h_1 = h_2 - h = 256{,}460 - 84{,}98 = 171{,}48$; Abstand von Kegelspitze bis Kopfkreis innen $h_1 = 171{,}48$ mm. $h_3 = h_k \cdot \sin \delta_1 = 8 \cdot \sin 26° \, 12' \, 42'' = 8 \cdot 0{,}44171 = 3{,}73368 = 3{,}73$; Abstand von Teilkreis bis Kopfkreis (außen) $h_3 = 3{,}73$ mm. $h_4 = h_2 + h_3 + u = 256{,}460 + 3{,}73 + 25 = 285{,}19$; Abstand von Kegelspitze bis Rückenseite $h_4 = 285{,}19$ mm.

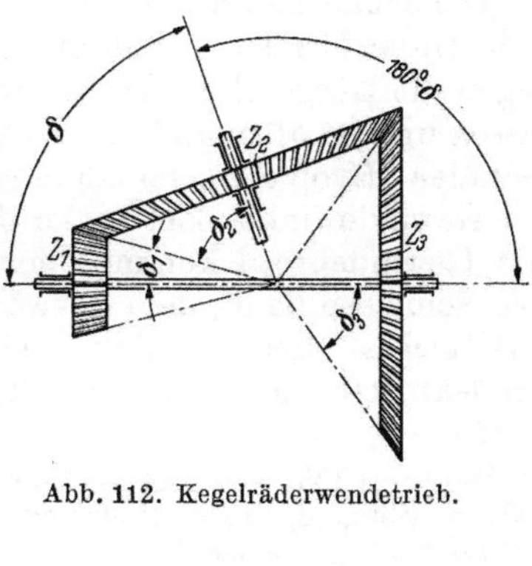

Abb. 112. Kegelräderwendetrieb.

Beispiel 134. Berechne für den Kegelräderwendetrieb (Abb. 112), bestehend aus den drei Geradzahnkegelrädern $z_1 = 29$, $z_2 = 93$ und $z_3 = 93$, die Größe der Kegelwinkel δ_1, δ_2 und δ_3 für den Fall, daß Achsenwinkel $\delta = 70°$.

Lösung: Die beiden Geradzahnkegelräder z_1 und z_2 schneiden sich unter dem spitzen Achsenwinkel $\delta \parallel 70°$; die Größe des Winkels δ_1 folgt (Z. 3, B. T. 8 S. 153) zu:

$$\operatorname{ctg} \delta_1 = \frac{z'}{z \cdot \sin \delta} + \operatorname{ctg} \delta = \frac{93}{29 \cdot \sin 70°} + \operatorname{ctg} 70° = \frac{93}{29 \cdot 0{,}93\,969} + 0{,}36\,397 = 3{,}73\,205;$$

$\delta_1 = 15°$. Da $z_2 = z_3$, wird $\delta_2 = \delta_3 = \frac{\delta}{2} = \frac{180° - 70°}{2} = \frac{110°}{2} = 55°$. Kegelwinkel: $\delta_1 = 15°$, $\delta_2 = 55°$ und $\delta_3 = 55°$. Einfacher ist folgender Rechnungsgang:

$\delta_2 = \delta_3 = \frac{180° - 70°}{2} = \frac{110°}{2} = 55°$ ($z_2 = z_3$), damit $\delta_1 = 70° - 55° = 15°$.

d) Abmessungen bei Schnecken.

Wird der Durchmesser und ebenso der Schrägungswinkel β eines von zwei sich unter 90° kreuzenden Schrägzahnstirnrädern sehr klein, so bilden die Zähne eines solchen Rades vollständig geschlossene Gänge. Geht die Zähnezahl bis auf 4, 3, 2 oder 1 herunter, so ergibt sich eine 4-, 3-, 2- oder 1gängige Schnecke; jeder Schraubengang der Schnecke bedeutet also einen Zahn. Die Schneckengänge sind dem Gewinde einer Schraube mit Trapezgewinde gleich und können wie diese rechts- und linkssteigend verlaufen.

Zwecks Berechnung der Abmessungen bei Schnecken (Abb. 153) gilt als erster und wichtigster Grundsatz: Bei Schneckengetrieben, deren Räder hohl gefräste Zähne haben, müssen die Hauptabmessungen der Schnecken bis auf Kopf- und Fußspiel genau dem Werkzeug entsprechen, mit dem die Räder verzahnt werden. Das Fräsen der Schneckenräder mit hohlen Zähnen erfordert kostspielige Werkzeuge in Form hinterdrehter Schneckenfräser, welche in ihren Abmessungen der zugehörigen Schnecke in Teilung, Steigung, Zahnhöhe, Gangrichtung und Teilkreisdurchmesser genau entsprechen müssen, damit einwandfreier Zahneingriff erzielt wird. Die Zahnabmessungen lassen sich ähnlich wie bei Geradzahnstirnrädern finden, unter Beachtung, daß sowohl für die Schnecke, als auch für das Rad die Normalteilung zugrunde liegt.

Wie bei Schrägzahnstirnrädern ist auch bei Schnecken und Schneckenrädern zwischen Normalteilung und Stirnteilung zu unterscheiden. Wie aus Dreieck *DEF* (Abb. 154) zu ersehen, wird die Normalteilung t_n auf einer zur Gewindeflanke errichteten Senkrechten von Gewindeprofil zu Gewindeprofil gemessen. (Kleinste Entfernung zweier Gewindekörper.) Die Stirnteilung t_s wird gleichlaufend zur Schneckenachse von Gewindeprofil zu Gewindeprofil gemessen (größte Entfernung zweier Gewindekörper). Die Ganghöhe oder Steigung h ist ein Vielfaches der Stirnteilung t_s, sobald die Schnecke mehrgängig ist. Die Schneckenlänge (Gewindelänge) kann als Vielfaches des Normalmodules ermittelt werden.

Die Schnecken erhalten fast ausschließlich normale Evolventenverzahnung, d. h. trapezförmige Zahnprofile mit der üblichen Neigung der Flanken unter 75° gegen die Längsachse. Diese Profilform führt zu den günstigsten Eingriffsverhältnissen und ist allen anderen vorzuziehen. Die Gewindeflanken der Schnecken sind Geraden (Evolventenverzahnung) und werden mit 30° Steigung ausgeführt, d. h. der Gewindewinkel oder besser der Flankenwinkel des Gewindezahnes beträgt 30°. Als Gewindeprofil kommt demnach das Zahnprofil einer Zahnstange in Frage. Die Schnecke kann, dem Verwendungszweck entsprechend, ein- oder mehrgängig, mit Rechts- oder mit Linksgewinde ausgeführt werden. Zur Berechnung der Gewindeabmessungen bei Schnecken gelten die Gleichungen in Berechnungstafel 9, S. 154.

Beispiel 135. Wie groß ist bei einer vierfach geschnittenen, rechtsgängigen Schnecke von 100 mm Steigung die in Richtung der Achse gemessene Entfernung zweier nebeneinanderliegender Gewindegänge?

Lösung: Bei zwei- und mehrfachem Schneckengewinde, gleichgültig ob rechts- oder linkssteigend, ist die Entfernung zweier nebeneinanderliegender Gewindegänge, gemessen in Richtung der Achse, gleichbedeutend mit der Stirnteilung der Schnecke und berechnet sich (Z. 5, B.T. 9, S. 154) zu: $t_s = \frac{h}{g} = \frac{100}{4} = 25$; Stirnteilung $t_s = 25$ mm.

Beispiel 136. Welcher Unterschied (mm) ergibt sich zwischen Stirn- und Normalteilung einer dreigängigen Schnecke, deren in der Achse gemessene Teilung $3 \cdot \pi$ mm, deren Teilkreisdurchmesser 40 mm und deren Flankenwinkel 30° beträgt?

Lösung: [Z. 12, B.T. 9, S. 154] $\operatorname{tg} \gamma = \frac{h}{d_0 \cdot \pi} = \frac{3 \cdot 3 \cdot \pi}{40 \cdot \pi} = 0{,}2251$; Steigungswinkel

$\gamma = 12^\circ 41'$. $t_s = 3 \cdot \pi = 9{,}425$; Stirnteilung $t_s = 9{,}425$ mm. $t_n = t_s \cdot \cos\beta = 9{,}425 \cdot \cos 12^\circ 41' = 9{,}425 \cdot 0{,}97560 = 9{,}195$; Normalteilung $t_n = 9{,}195$ mm. $t_s - t_n = 9{,}425 - 9{,}195 = 0{,}230$; Unterschied zwischen Stirn- und Normalteilung 0,23 mm.

Beispiel 137. Eine Schnecke ist bei einem Teilkreisdurchmesser von 65 mm mit 3fachem Linksgewinde derart zu versehen, daß die Gewindesteigung $1\frac{3}{4}''$ beträgt. Welches Gradmaß ergibt sich für den Steigungswinkel?

Lösung: [Z. 12, B. T. 9, S. 154] $\operatorname{tg}\gamma = \frac{h}{d_0 \cdot \pi} = \frac{1\frac{3}{4} \cdot 25{,}4}{65 \cdot \pi} = \frac{44{,}450}{204{,}204} = 0{,}21767$; Steigungswinkel $\gamma = 12^\circ 16' 49''$.

Beispiel 138. Bei 15 mm Teilkreisdurchmesser ist eine Schnecke mit 8fachem Linksgewinde zu versehen. Normalmodul 1 mm. Wie groß ist der Steigungswinkel?

Lösung: [Z. 12, B. T. 9, S. 154] $\sin\gamma = \frac{g \cdot m_n}{d_0} = \frac{8 \cdot 1}{15} = 0{,}53333$; Steigungswinkel $\gamma = 32^\circ 13' 52''$.

Beispiel 139. Wie groß ist die Steigung einer 10gängigen Schnecke mit Normalmodul $m_n = 0{,}5$ mm bei einem Teilkreisdurchmesser von 8,23 mm?

Lösung: [Z. 2, B.T. 9, S. 154] Mit $d_0 = 8{,}23$ mm, $g = 10$, $t_n = 0{,}5\,\pi$ und $m_n = 0{,}5$ mm erhält man $h = \frac{d_0 \cdot g \cdot t_n}{\sqrt{(d_0)^2 - (m_n \cdot g)^2}} = \frac{8{,}23 \cdot 10 \cdot 0{,}5 \cdot \pi}{\sqrt{8{,}23^2 - (0{,}5 \cdot 10)^2}} = \frac{41{,}15 \cdot \pi}{\sqrt{42{,}7329}} = 19{,}77$ mm. Die für die Wechselräderberechnung erforderliche Steigung, also der Weg des Gewindestahles je Werkstückumdrehung beträgt $h = 19{,}77$ mm.

e) Abmessungen bei Schneckenrädern.

Das Schneckengetriebe ist eine Getriebeausführung für sich unter 90° kreuzende Wellen. Es sind zwar Schneckengetriebe für größere oder kleinere Achsenwinkel als 90° ausführbar, doch wird der Einfachheit halber die Achsenkreuzung von 90° allgemein bevorzugt. Schneckenräder mit hohl geschnittenen Zähnen kommen in den drei Ausführungen (Abb. 113—115) zur Anwendung, wobei Abb. 113 das günstigste Kranzprofil zeigt. Zahnlücke und Zahnkopf des Schneckenrades sind im Querschnitt durch Kreisbogen begrenzt. Für die übrige Begrenzung des Zahnes ergeben sich, entsprechend dem kegeligen Vordrehen des Radkranzes, gerade Linien. Durch den ausgekehlten Radkranz wird die Schnecke reichlich umfaßt und bietet so den Schneckengängen ein großes Zahnfeld, d. h. eine größtmögliche Nutzfläche. Das Herumführen der Radzähne um die Schnecke über ein bestimmtes Maß hinaus ist zwecklos, da dadurch das Eingriffsfeld nur noch sehr wenig vergrößert wird. Zweckmäßig findet Zahlentafel (Z. 13, B.T. 10, S. 155) Anwendung. Sollen Schneckenräder mit kleiner Zähnezahl mit vielgängigen Schnecken zusammen arbeiten, so ergibt sich häufig, daß die über den Kopfkreisdurchmesser (Abb. 113) hinausragenden Zahnspitzen bis zur Messerschärfe geschwächt, bzw. abgefräst werden. Die scharfen Zahnspitzen würden nicht genügend Widerstand bieten und schädlich auf das Getriebe einwirken, so daß in solchen Fällen ein Kranzprofil nach Abb. 114 zweckmäßig erscheint. Ein noch kleineres Zahnfeld ergibt das vollständig zylindrisch abgedrehte Kranzprofil nach Abb. 115. Getriebe, welche Schrägzahnstirnräder mit dem Steigungswinkel der Schnecke entsprechend schraubenförmig gewundenen Zähnen als Schneckenräder haben, kommen nur in Ausnahmefällen zur Anwendung. Die Zahnanlage ist eine wesentlich kleinere als bei Schneckenrädern mit Hohlzähnen.

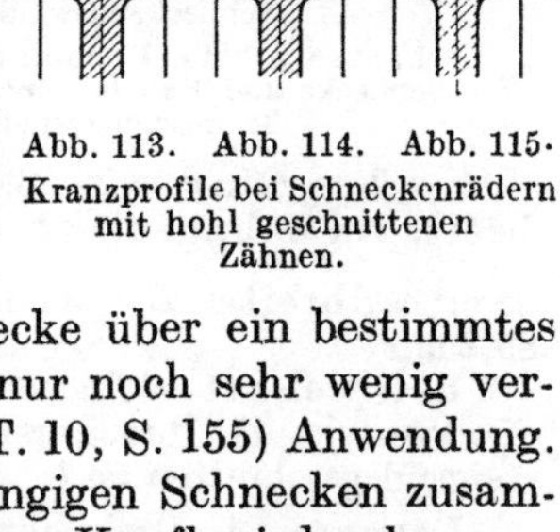

Abb. 113. Abb. 114. Abb. 115.
Kranzprofile bei Schneckenrädern mit hohl geschnittenen Zähnen.

Zur Berechnung der Radabmessungen auf Grund gegebener Teilung und Zähnezahl bei Schneckenrädern mit hohlen Zähnen gelten die Gleichungen in Berechnungstafel 10, S. 155.

Beispiel 140. Berechne die Radabmessungen eines 40zähnigen Schneckenrades, welches mit einer eingängigen, nach Normalmodul 3 mm gefrästen Schnecke von 50 mm Teilkreisdurchmesser und 3° 26′ Steigungswinkel in Eingriff gebracht werden soll. Die Ausführung des Radkranzes soll mit hohlgefrästen Zähnen und scharf gedrehten Zahnspitzen erfolgen. Die Radnabe ist auf 30 mm auszubohren.

Lösung: An Hand der Berechnungstafel 10, S. 155 folgt: Normalmodul $m_n = 3$ mm

$m_s = \frac{m_n}{\cos\beta} = \frac{3}{\cos 3^\circ 26'} = \frac{3}{0{,}9982} = 3{,}005$; Stirnmodul $m_s = 3{,}01$ mm. Zähnezahl $z = 40$. $d_0' = z \cdot m_s = 40 \cdot 3{,}01 = 120{,}4$; $d_0' = 120{,}4$ mm. Teilkreisdurchmesser, gemessen in der Radmittelebene $d_0' = 120{,}4$ mm. $d_k' = d_0' + 2 \cdot m_n = 120{,}4 + 2 \cdot 3 = 126{,}4$; $d_k' = 126{,}4$ mm. Kopfkreisdurchmesser, gemessen in der Radmittelebene $d_k' = 126{,}4$ mm.

Mit einem Festwert für den Radfasenwinkel $x = 2{,}3$, der Teilung $t_n = 3 \cdot \pi = 9{,}42$ mm und einem Teilkreisdurchmesser für die Schnecke von $d_0 = 50$ mm folgt:

$\operatorname{tg}\delta = \frac{2 \cdot x \cdot t_n}{d_0 + 1{,}2 \cdot t_n} = \frac{2 \cdot 2{,}3 \cdot 9{,}42}{50 + 1{,}2 \cdot 9{,}42} = \frac{43{,}332}{61{,}304} = 0{,}7068$; $\delta \approx 35^\circ$. Halber Zentriwinkel der Radfasen $\delta = 35^\circ$.

$r_1 = \frac{1}{2} \cdot (d_0 - 2 \cdot m_n) = \frac{1}{2} \cdot (50 - 2 \cdot 3) = 22$; Zahnkopfhalbmesser $r_1 = 22$ mm.

$2 \cdot r_1 = 44$ mm. Dieser Durchmesser muß dem inneren Fräserdurchmesser entsprechen!

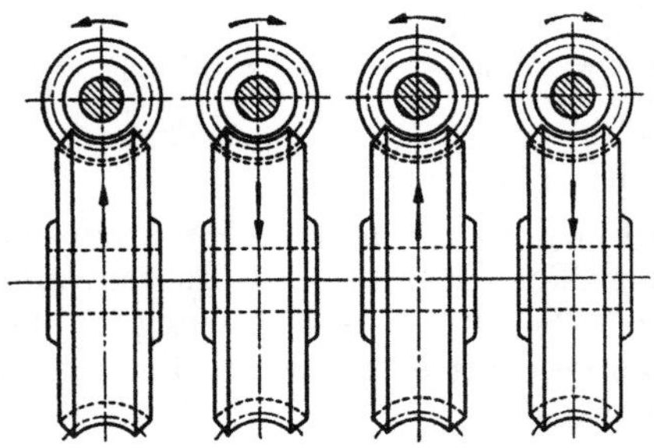

Abb. 116. Abb. 117. Abb. 118. Abb. 119.

Abb. 116 und 117. Umlaufrichtungen von Schnecke und Rad bei rechtssteigendem Schneckengewinde.

Abb. 118 und 119. Umlaufrichtungen von Schnecke und Rad bei linkssteigendem Schneckengewinde.

$d_s = d_k' + 2 \cdot r_1 \cdot (1 - \cos\delta) = 126{,}4 + 2 \cdot 22 \cdot (1 - \cos 35^\circ)$; $d_s = 126{,}4 + 44 \cdot (1 - 0{,}8192) = 134{,}3552$; $d_s \approx 134{,}36$ mm. Zahnspitzendurchmesser $d_s = 134{,}36$ mm. $d_k = d_0 + 2 \cdot m_n = 50 + 2 \cdot 3 = 56$; $d_k = 56$ mm. Kopfkreisdurchmesser der Schnecke $d_k = 56$ mm. $h_k = 1 \cdot m_n = 1 \cdot 3 = 3$; $h_k = 3$ mm. Kopfhöhe $h_k = 3$ mm. $h_f = 1{,}166 \cdot m_n = 1{,}166 \cdot 3 = 3{,}498$; $h_f = 3{,}498$ mm. Fußhöhe $h_f = 3{,}498$ mm.

$r_2 = \frac{d_0}{2} + h_f = \frac{50}{2} + 3{,}498 = 28{,}498$; $r_2 = 28{,}498$ mm.

Fußhalbmesser (Halbmesser der tiefsten Zahnausfräsung) $r_2 = 28{,}498$ mm.

$2 \cdot r_2 = 56{,}996 \approx 60$ mm. Dieser Durchmesser muß dem äußeren Fräserdurchmesser entsprechen!

$b = 2 \cdot r_2 \cdot \sin\delta = 2 \cdot 28{,}498 \cdot \sin 35^\circ = 56{,}996 \cdot 0{,}5736 = 32{,}6929$; $b \approx 32{,}69$ mm. Radbreite im Zahngrund $b = 32{,}69$ mm. $B = b \cdot 0{,}25 \cdot t_n = 32{,}69 + 0{,}25 \cdot 9{,}42 = 35{,}045$; Gesamtradbreite $B = 35$ mm. $a = \frac{d_0 + d_0'}{2} = \frac{50 + 120{,}4}{2} = 85{,}2$; Achsenabstand $a = 85{,}2$ mm.

Beispiel 141. Welche Umlaufrichtungen ergeben sich für das Schneckenrad, wenn sich die Schnecke im Uhrzeigersinn oder im Gegensinne dreht und einmal rechts- und einmal linkssteigend geschnitten ist?

Lösung: Die Drehrichtungen der Wellen bei Schneckengetrieben sind aus den Abb. 116 bis 119 ersichtlich. In Abb. 116 dreht sich die rechtssteigende Schnecke nach links, in Abb. 117 nach rechts. In Abb. 118 dreht sich die linkssteigende Schnecke nach links, in Abb. 119 nach rechts.

XV. Zahnrad- und Zahnstangenbearbeitung auf Universalfräsmaschinen nach dem Teilverfahren.

(Teilfräsverfahren.)

Die zwei grundsätzlich voneinander verschiedenen Wege, welche für die Herstellung aller bisher bekannten Zahnradarten in Frage kommen, sind das mittelbare oder **Teilverfahren** und das unmittelbare oder **Wälzverfahren**. Während zu dem ersteren Verfahren das Fräsen der Zähne mit Zahnformfräsern, sowie das Fräsen,

Hobeln oder Stoßen der Zähne nach Schablonen gehört, zählt zu dem zweiten und neueren Verfahren das Wälzfräsen und Wälzstoßen.

a) Fräsen der Geradzahnstirnräder (Formfräsen).

Für das Formfräsen der Zähne wird ein scheibenförmiger Formfräser nach Abb. 120 benützt, dessen Schneide der Form der Zahnlücke des späteren Rades nachgebildet ist. Beim Einstellen des Zahnformfräsers ist darauf zu achten, daß die Fräsermitte mit der Radachse zusammenfällt (das geringste seitliche Verschieben des Fräsers verursacht Schiefstehen der Zähne) und die Frästiefe genau eingehalten wird. Ein tieferes Einfräsen in der Absicht, den Radzähnen ein größeres Flankenspiel zu verschaffen, ist deshalb unstatthaft. Das genau vorgedrehte Rad wird auf der Teilspindel befestigt und nach jedem Schnitt mit Hilfe des Teilkopfes so viel gedreht, als die wirkliche Zähnezahl des Stirnrades verlangt. Die Universalfräsmaschine führt den Zahnformfräser beim Arbeitsgang langsam durch das Rad hindurch und holt ihn hierauf schnell zurück. Beim Schnittgang des Fräsers wird eine Zahnlücke in ganzer Breite ausgeschnitten[1].

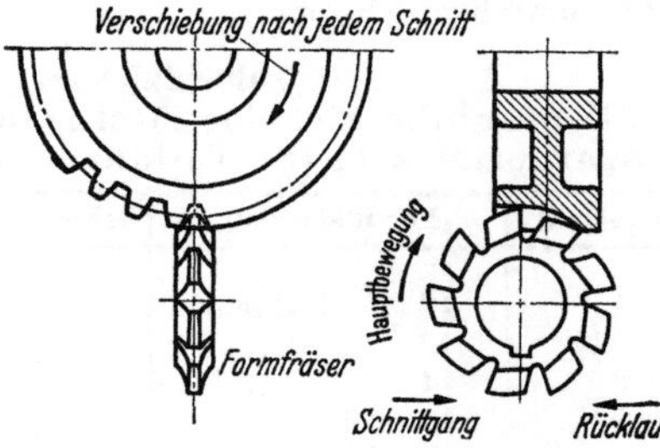

Abb. 120. Einstellung des Zahnformfräsers.

Als Werkzeuge für das Teilverfahren kommen auf Universalfräsmaschinen ausschließlich scheibenförmige, hinterdrehte Zahnformfräser in Betracht. Scheibenförmige Zahnfräser, auch **Modulfräser** genannt, werden meist in der allgemein üblichen Ausführung für Evolventenverzahnung mit einem Eingriffswinkel von 15 bzw. 20° hergestellt. Diese Fräser erzeugen sog. Satzräder, von denen jedes mit Fräsern gleicher Teilung gefräste Rad mit einem anderen Rad beliebiger Zähnezahl der gleichen Teilung kämmt. Mit der Zähnezahl eines Rades ändert sich die Form der Lücke und damit auch die Form des Fräsers. Dies hat zur Folge, daß bei jeder Zähnezahl von 12 aufwärts bis zur Zahnstange derselben Teilung theoretisch die Zahnlücken verschieden sind und daß, streng genommen, jede Zähnezahl einer gegebenen Teilung ein anderes Werkzeug erfordert. Sollte beispielsweise ein Wechselrädersatz von 23 Rädern mit den Zähnezahlen 24, 28, 30, 32, 34, 36, 40, 48, 49, 56, 60, 64, 66, 68, 72, 76, 78, 80, 84, 86, 90, 96 und 100 sämtlich nach Modul 2,5 mm gefräst werden, so wären theoretisch 23 verschiedene, scheibenförmige Zahnformfräser nötig. Da es jedoch praktisch untunlich ist, für jede Zähnezahl eines jeden Modules einen eigenen Modulfräser anzufertigen (dies würde praktisch zu einer Unmasse von vorrätig zu haltenden Werkzeugen führen), so werden verschiedene Zähnezahlen zu einer Gruppe vereinigt, für welche ein einziger Fräser genügt. Der Betrieb begnügt sich also mit einer geringeren Anzahl von verschiedenen Zahnformfräsern, indem der für eine bestimmte Zähnezahl entworfene Fräser auch für die nächst größeren Zähnezahlen benutzt wird. So werden für die verschiedenen Zähnezahlen von 12 aufwärts (einschließlich Zahnstange bis Modul 10 mm) die Fräser in einen 8teiligen, darüber für größere Teilungen in einen 15teiligen Satz eingeteilt. Die Zahlentafeln 17 und 18 geben Aufschluß über die mit Hilfe der beiden Frässersätze zu fräsenden Zähnezahlen. Zu berücksichtigen ist, daß unterhalb der Grenzzähnezahl (32) die Zähne unterschnitten werden, was beim Formfräsen nicht zu umgehen ist; es müßte denn von Fall zu Fall ein besonders entworfener Fräser verwendet werden. Unter Verwendung des 8teiligen Fräsersatzes kann der vorhergehend erwähnte Satz von 23 Wechselrädern statt mit 23 mit 4 verschiedenen Zahnformfräsern, also rd. mit dem sechsten Teil der theoretisch notwendigen Fräserzahl gefräst

[1] Da beim Teilfräsverfahren nach Abb. 120 jeweils nur eine Zahnlücke in ganzer Breite ausgeschnitten wird, ergeben sich je Zahnlücke die gleichen An- und Auslaufwege des Fräsers. Um wesentlich an Fräsweg zu sparen, ist es vorteilhaft, drei, vier oder mehr Räder gleicher Zähnezahl und gleichen Moduls nebeneinander aufzuspannen und gleichzeitig zu fräsen. Jeder, durch alle Räder gehende Schnitt bedingt damit nur je einen An- und Auslauf des Fräsers, was wiederum eine Ersparnis an Zeit für das Einrichten, Teilen und sonstigen Nebenarbeiten zur Folge hat. Genaue, ohne Schlag vorgedrehte und einwandfreie rundlaufende Aufspannung ist jedoch Voraussetzung.

Zahlentafel 17.
Zähnezahlbereich des **8teiligen** Fräsersatzes für Zahnformfräser für Teilungen bis Modul 10 mm.

Fräser-Nr.	Für Räder mit	Fräser-Nr.	Für Räder mit
1	12—13 Zähnen	5	26— 34 Zähnen
2	14—16 ,,	6	35— 54 ,,
3	17—20 ,,	7	55—134 ,,
4	21—25 ,,	8	135 bis Zahnstange

Die Fräserform entspricht stets der kleinsten Zähnezahl der jeweiligen Gruppe.

Zahlentafel 18.
Zähnezahlbereich des **15teiligen** Fräsersatzes für Zahnformfräser für Teilungen über Modul 10 mm.

Fräser-Nr.	Für Räder mit	Fräser-Nr.	Für Räder mit
1	12 Zähnen	5	26— 29 Zähnen
1½	13 ,,	5½	30— 34 ,,
2	14 ,,	6	35— 41 ,,
2½	15—16 ,,	6½	42— 54 ,,
3	17—18 ,,	7	55— 80 ,,
3½	19—20 ,,	7½	81—134 ,,
4	21—22 ,,	8	135 bis Zahnstange
4½	23—25 ,,		

Die Fräserform entspricht stets der kleinsten Zähnezahl der jeweiligen Gruppe.

werden. Dies bedeutet für die Fertigung eine nicht zu unterschätzende Ersparnis, sowohl an Werkzeugen, als auch an Arbeitsgängen bei der Herstellung selbst. Während das 24er Wechselrad mit dem Fräser Nr. 4 zu bearbeiten ist, kommt für die Wechselräder mit den Zähnezahlen 28, 30, 32 und 34 der Fräser Nr. 5, für die Räder mit den Zähnezahlen 36, 37, 40, 48 und 49 der Fräser Nr. 6 und weiterhin für das 56-, 60-, 64-, 66-, 68-, 72-, 76-, 78-, 80-, 84-, 90-, 96- und 100-zähnige Rad der Fräser Nr. 7 des 8teiligen Satzes in Frage.

Beispiel 142. Was besagt auf einem Zahnformfräser die Angabe ,,Evolvent Nr. 4 — M 5 — 21—25 Z — Tiefe 10,83 mm"?

Lösung: Mit diesem scheibenförmigen Zahnformfräser kann ein 21-, 22-, 23-, 24- oder 25zähniges Geradzahnstirnrad nach Modul 5 mm gefräst werden. Der Fräser entspricht der Nr. 4 des 8teiligen Satzes für Teilungen bis Modul 9 mm einschließlich. Die Zahnhöhe oder Frästiefe beträgt für diese Zahnräder 10,83 mm ($h_z = 2{,}166 \cdot m = 2{,}166 \cdot 5 = 10{,}83$ mm [Z. 10, B.T. 4, S. 146]). Der Angabe ,,Evolvent" entsprechend kann genannter Zahnformfräser nur zur Herstellung von Geradzahnstirnrädern mit Evolventenverzahnung verwendet werden.

Beispiel 143. Ein 45zähniges Geradzahnstirnrad Modul 3,5 mm ist mit zugehöriger Zahnstange auf der Universalfräsmaschine zu fertigen. Welche Zahnformfräser sind zu wählen?

Lösung: Zur Herstellung des 45zähnigen Geradzahnstirnrades Modul 3,5 mm ist ein Zahnformfräser Modul 3,5 mm, Nr. 6 des 8teiligen Satzes für 35—54 Zähne[1], zur Herstellung der zugehörigen Zahnstange ein Zahnformfräser Modul 3,5 mm, Nr. 8 des 8teiligen Satzes für Zähnezahlen von 135 bis unendlich zu verwenden.

Das Teilen selbst kann auf verschiedene Arten erfolgen; für die Berechnung der Teilkurbelumdrehungen, der Teil- und Ausgleichwechselräder gilt das auf S. 88 u. f. Erwähnte.

b) Fräsen der Schrägzahnstirnräder (Formfräsen).

Während bei Geradzahnstirnrädern die Wahl eines Zahnformfräsers lediglich von der Zähnezahl des herzustellenden Stirnrades abhängt, also ohne jegliche vorhergehende Berechnung gefunden werden kann, ist bei Schrägzahnstirnrädern (falls solche auf Universalfräsmaschinen herzustellen sind) zu beachten, daß die Wahl des Zahnformfräsers nach der sog. ideellen Zähnezahl des betreffenden Schrägzahnstirnrades bestimmt wird, die einem ideellen Rade entspricht, dessen Durchmesser d_i in folgender Weise gefunden wird.

Wird durch einen Zylinder $ABCD$ (Abb. 121), dessen Durchmesser gleich dem Teilkreisdurchmesser d_0 des Schrägzahnstirnrades ist, senkrecht zur Zahnschräge ein Schnitt MN gelegt,

[1] Dadurch, daß aus Gründen der Vereinfachung mit dem Zahnformfräser Nr. 6 des 8teiligen Satzes alle Zähnezahlen von 35 bis 54 zu fräsen sind, entstehen gewisse Ungenauigkeiten, die jedoch kaum wahrnehmbar sind. Im Betrieb wälzen sich die Zahnflanken unter dem Arbeitsdruck gegenseitig ab, so daß sich diese entstehenden Ungenauigkeiten durch Abnutzung noch etwas ausgleichen.

so stellt dieser Schnitt eine Ellipse dar, deren kleine Achse $2 \cdot b$ gleich dem Teilkreisdurchmesser d_0 und deren große Achse $2 \cdot a$ gleich $d_0/\cos\beta$ ist. Der Halbmesser des ideellen Geradzahnstirnrades ergibt sich als größter Krümmungshalbmesser der bei diesem Schnitt entstehenden Ellipse (Schnittellipse). Der ideelle Teilkreisdurchmesser d_i, also der für den Zahnformfräser maßgebende Teilkreisdurchmesser, berechnet sich nach Gl. (102):

Teilkreisdurchmesser des ideellen Geradzahnstirnrades (Abb. 121).

$$\boxed{d_i = \frac{d_0}{\cos^2\beta}}\,{}^{1} \qquad (102)$$

d_i = Teilkreisdurchmesser des ideellen Geradzahnstirnrades, d_0 = Teilkreisdurchmesser des Schrägzahnstirnrades, β = Schrägungswinkel des Schrägzahnstirnrades (Winkel zwischen Flankenlinie und Richtung der Radachse).

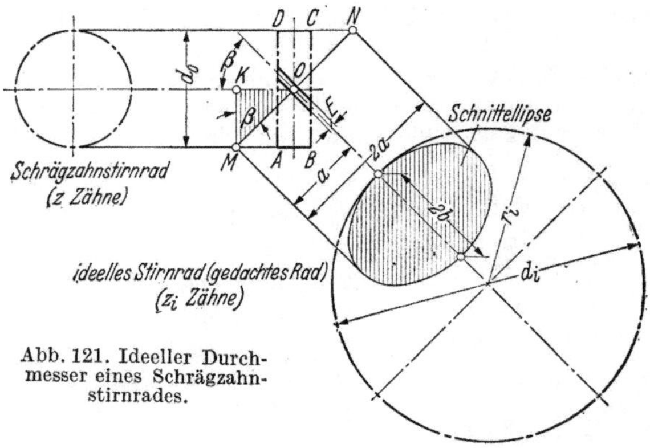

d_0 = Teilkreisdurchmesser des Schrägzahnstirnrades,
z = Zähnezahl des Schrägzahnstirnrades,
β = Schrägungswinkel des Schrägzahnstirnrades (Winkel zwischen Flankenlinie und Richtung der Radachse),
$2a$ = große Achse der Schnittellipse,
$2b$ = kleine Achse der Schnittellipse,
r_i = Teilkreishalbmesser des ideellen Geradzahnstirnrades,
d_i = Teilkreisdurchmesser des ideellen Geradzahnstirnrades,
z_i = Zähnezahl des ideellen Geradzahnstirnrades (auf den Zahnformfräser aufgeschlagene Zähnezahl).

Abb. 121. Ideeller Durchmesser eines Schrägzahnstirnrades.

Nun ist aber auf den käuflichen Zahnformfräsern nicht der Durchmesser, sondern die Zähnezahl für das diesem Durchmesser entsprechende Geradzahnstirnrad aufgeschlagen. Da es sich bei Berechnung des ideellen Durchmessers und der ideellen Zähnezahl um ein gewöhnliches Geradzahnstirnrad handelt, so gilt hier gleichfalls die Beziehung [Z. 6, B.T. 4, S. 146]: $\text{Zähnezahl} = \frac{\text{Teilkreisdurchmesser}}{\text{Modul}}$. Bezeichnet m_n den Modul der Normalteilung, so berechnet sich die ideelle Zähnezahl z_i, also die für den Zahnformfräser maßgebende Zähnezahl des Geradzahnstirnrades (aufgeschlagene Zähnezahl) zu[2]:

Zähnezahl des ideellen Geradzahnstirnrades (Abb. 121).

$$\boxed{z_i = \frac{z}{\cos^3\beta}} \qquad (103)$$

z_i = Zähnezahl des ideellen Geradzahnstirnrades (auf dem Zahnformfräser aufgeschlagene Zähnezahl), z = Zähnezahl des Schrägzahnstirnrades, β = Schrägungswinkel des Schrägzahnstirnrades (Winkel zwischen Flankenlinie und Richtung der Radachse).

Beispiel 144. Es sind die Zahnformfräser für zwei zusammenarbeitende Schrägzahnstirnräder zu bestimmen, die folgende Abmessungen besitzen: Normalteilung $t_n = 5 \cdot \pi$ mm; Schrägungswinkel $\beta = \beta' = 45°$; Zähnezahl des kleinen Rades $z = 18$; Zähnezahl des großen Rades $z' = 36$.

Lösung: [Gl. (103)] $z_i = \frac{z}{\cos^3\beta} = \frac{18}{0{,}707^3} = 51$; $z_i' = \frac{z'}{\cos^3\beta} = \frac{36}{0{,}707^3} = 102$.

Zur Herstellung des 18zähnigen Schrägzahnstirnrades mit Normalmodul 5 mm und 45° Schrägungswinkel ist ein Zahnformfräser Modul 5 mm, Nr. 6 des 8teiligen Satzes für 35 bis 54 Zähne, zur Herstellung des 36zähnigen Schrägzahnstirnrades mit Normalmodul 5 mm und 45° Schrägungswinkel ist ein Zahnformfräser Modul 5 mm, Nr. 7 des 8teiligen Satzes für 55 bis 134 Zähne zu verwenden.

Das Fräsen der Schrägzahnstirnräder auf Universalfräsmaschinen nach dem Teilverfahren gleicht in allen Maßnahmen dem Fräsen schraubenförmiger Nuten

[1] $3^2 = 3 \cdot 3$ oder $a^2 = a \cdot a$; ebenso $\cos^2\beta = \cos\beta \cdot \cos\beta$ und $\cos^3\beta = \cos\beta \cdot \cos\beta \cdot \cos\beta$.

[2] $z_i = \frac{d_i}{m_n} = \frac{d_0}{m_n \cdot \cos^2\beta} = \frac{z \cdot m_n}{\cos\beta \cdot \cos^2\beta \cdot m_n} = \frac{z}{\cos^3\beta}$.

und läßt sich unter Zuhilfenahme des Universalteilkopfes vollständig einwandfrei vornehmen. Für die Berechnung der Wechselräder zum Fräsen der schraubenförmigen Nuten (Zahnlücken) eines Schrägzahnstirnrades auf Universalfräsmaschinen gilt das auf S. 103ff. Erwähnte.

Beispiel 145. Zwei sich unter 90° kreuzende Wellen sollen mit gleicher Drehzahl abwechselnd mit Rechts- und Linksdrehung laufen. Bewegungsübertragung erfolgt mittels Schrägzahnstirnräder. Die eine Welle trägt ein rechtsgängiges, 15zähniges Rad; der Kopfkreisdurchmesser dieses Rades wurde zu 46,424 mm ermittelt. Zur Anfertigung des Gegenrades steht eine Universalfräsmaschine mit 6 mm Steigung der Tischvorschubspindel und Universalteilkopf B, Maschinentafel 5, S. 113, zur Verfügung. Zu bestimmen sind sämtliche zur Herstellung dieses Schrägzahnstirnrades notwendigen Angaben. Bei Berechnung der aufzusteckenden Wechselräder ist eine genaue Prüfung aufzustellen. Zwischen den Schrägungswinkeln der beiden Räder ist als Höchstunterschied ein solcher von 20 Minuten zulässig ($\pi = 3{,}14$).

Lösung: **Zur Fertigung notwendige Radabmessungen.** Da abwechselnd bald das eine, bald das andere Rad treibend sein soll, bekommen beide Räder einen Schrägungswinkel von 45°. Bei Rädern mit gleichem Schrägungswinkel ($\beta_1 = \beta_2 = 45°$) entspricht das Übersetzungsverhältnis den Durchmessern und Zähnezahlen. Gangrichtung und Normalteilung, sowie Stirnteilung sind gleich, so daß sich folgende Radabmessungen ergeben: Zähnezahl $z = 15$, Schrägungswinkel $\beta = 45°$, Außendurchmesser $d_k = 46{,}424$ mm. Nach B.T. 6, S. 149 folgt weiterhin:

$$d_k = m_n \cdot \left(\frac{z}{\cos\beta} + 2\right)$$
$$46{,}424 = m_n \cdot \left(\frac{15}{\cos 45°} + 2\right)$$
$$46{,}424 = m_n \cdot \left(\frac{15}{0{,}70711} + 2\right)$$
$$46{,}424 = m_n \cdot 23{,}212$$
$$m_n = \frac{46{,}424}{23{,}212} = 2 \text{ mm.}$$

$$d_0 = d_k - 2 \cdot m_n$$
$$d_0 = 46{,}424 - 2 \cdot 2$$
$$d_0 = 42{,}424 \text{ mm.}$$
$$h_z = 2{,}166 \cdot m_n = 2{,}166 \cdot 2$$
$$h_z = 4{,}332 \text{ mm.}$$
$$H = d_0 \cdot \pi \operatorname{ctg} \beta$$
$$H = 42{,}424 \cdot \pi \cdot \operatorname{ctg} 45°$$
$$H = 133{,}21136 \approx 133{,}21 \text{ mm.}$$

Wechselräder für die Rundschaltung. An Stelle des genauen Wertes ($H = 133{,}21$ mm) der Schraubensteigung werde mit dem Wert $H = 133{,}20$ mm gerechnet.

$$\left.\begin{array}{l} TSp. = 6 \text{ mm Stg.} \\ ASp. = 133{,}20 \text{ mm Stg.} \end{array}\right\} \text{[Gl. (95)]} \quad i_g = \frac{TSt}{ASt} = \frac{6}{133{,}20}.$$

$$\text{[Gl. (96)]} \quad i_w = i_g \cdot \frac{1}{i_f} = \frac{6}{133{,}20} \cdot \frac{1}{\frac{1}{80}} = \frac{6 \cdot 80}{133{,}20} = \frac{400}{111}.$$

Da 111 nur in die Faktoren $3 \cdot 37$ zerlegbar ist und ein 37er bzw. 74er Rad nicht vorhanden, wird als Näherungswert $\frac{400}{110} = \frac{40}{11}$ gewählt.

Wechselräder: $\frac{40}{11} = \frac{4 \cdot 10}{1 \cdot 11} = \frac{64 \cdot 80}{32 \cdot 44}$. Prüfung: [Gl. (97)] $ASt = \frac{TSt}{i_g} = \frac{TSt}{i_f \cdot i_w} = \frac{6}{\frac{1}{80} \cdot \frac{64 \cdot 80}{32 \cdot 44}}$

$$= \frac{6 \cdot 80 \cdot 32 \cdot 44}{1 \cdot 64 \cdot 80} = 132{,}0; \quad ASt = 132 \text{ mm.}$$

Durch einen weiteren Näherungswert kann die Schraubensteigung noch mehr den theoretisch genauen Wert erreichen. Der Ausgangswert $\frac{400}{111}$ im Zähler und Nenner mit 23 vervielfacht:

$\frac{400}{111} \cdot \frac{23}{23} = \frac{9200}{2553}$. Verkleinerung des Nenners 2553 um 1: $\frac{9200}{2553} \approx \frac{9200}{2552}$; $\frac{9200}{2552} = \frac{1150}{319}$.

Vergrößerung des Zählers 1150 um 2, des Nenners 319 um 1: $\frac{1150}{319} \approx \frac{1152}{320}$.

Wechselräder: $\frac{1152}{320} = \frac{9 \cdot 16}{5 \cdot 8} = \frac{72 \cdot 96}{40 \cdot 48}$. Prüfung: [Gl. (96)] $ASt = \frac{TSt}{i_g} = \frac{TSt}{i_f \cdot i_w} = \frac{6}{\frac{1}{80} \cdot \frac{72 \cdot 96}{40 \cdot 48}}$

$$= \frac{6 \cdot 80 \cdot 40 \cdot 48}{1 \cdot 72 \cdot 96} = 133{,}33; \quad ASt = 133{,}33 \text{ mm.}$$

Während unter Beibehaltung der ersteren Räderanordnung der Unterschied in der Schraubensteigung $133{,}21 - 132{,}0 = 1{,}21$ mm beträgt, verringert sich dieser bei Aufsteckung der letzteren Räderanordnung auf $133{,}33 - 133{,}21 = 0{,}12$ mm. (Von der Einhaltung der genauen Schraubensteigung hängt sowohl der gute Eingriff als auch der ruhige Gang eines Schrägzahnstirnrädertriebes ab.)

Tischverstellung. Der Fräsmaschinentisch wäre um 45° schräg zu stellen. Die Wechselräder 72, 40, 96 und 48 ergeben jedoch bei 6 mm Tischvorschubspindelsteigung eine Schraubensteigung von $H = 133{,}33$ mm. Damit ist auch eine Veränderung der Winkelgröße verbunden. Der sich ergebende Schrägungswinkel berechnet sich aus der Beziehung $H = d_0 \cdot \pi \cdot \operatorname{ctg} \beta$ zu:

$$\operatorname{ctg} \beta = \frac{H}{d_0 \cdot \pi} = \frac{133{,}33}{42{,}424 \cdot \pi} = \frac{133{,}33}{133{,}21} = 1{,}00090; \quad \beta = 44^\circ\, 58'\, 58''.$$

Der Schrägungswinkel des gefrästen Rades weicht von dem des vorhandenen Rades um $1'\, 2'' = 1{,}03$ Minuten ab, ein Unterschied, der als zulässig bezeichnet werden kann.

Das Einfräsen einer Schraubennut in ein zylindrisches Werkstück, ist, wie bereits auf S. 103 angeführt, nur möglich, wenn der Tisch schräggestellt ist (Abb. 90). Der Fräsmaschinentisch ist hier um den Schrägungswinkel, im vorliegenden Falle um 45° gegenüber der Nullstellung zu verstellen. Diese Arbeitsweise ist nur bei kleinen Schrägungswinkeln möglich. Überschreitet der Schrägungswinkel eines Schrägzahnstirnrades das Maß 45°, so sind derartige Räder mit einer Hilfsspindel zu fräsen, d. h. es ist die Verwendung eines Universalfräskopfes nach Abb. 92 erforderlich. Bei beispielsweise 60° Schrägungswinkel bleibt der Tisch der Fräsmaschine in seiner Nullstellung stehen, während die Frässpindel des Universalfräskopfes um den Winkel 90° — 60° = 30° schräg gestellt wird. Ist der Tisch bzw. der Universalfräskopf im Winkel eingestellt, wird der Längsschlitten zurückgekurbelt und der Frästisch so hoch gehoben, daß der scheibenförmige Zahnformfräser beim Arbeiten auf die entsprechende Spantiefe (Zahnhöhe = Frästiefe) in das Werkstück eindringt.

Teilen des Arbeitsstückes. Das Teilen beim Fräsen schraubenförmiger Nuten erfolgt nach dem mittelbaren Teilverfahren. Während der Herstellung der Schraubennut nimmt die Teilscheibe mit der Teilkurbel und dem Teilstift an der Drehung des Getriebes teil. Ist jedoch eine schraubenförmige Zahnlücke fertig gefräst und steht die Teilspindel still, so ist die durch Wechselräder mit der Tischvorschubspindel verbundene Teilscheibe festgebremst und es läßt sich nun die Teilkurbel gegenüber der Teilscheibe, also auch die Teilspindel, um die gewünschte Teilung weiterdrehen. Die Teilkurbelumdrehungen bestimmen sich nach Gl. (83):

$$n_k = \frac{z}{g \cdot t} = \frac{40}{1 \cdot 15} = \frac{40}{15} = 2\frac{10}{15}; \quad n_k = 2\frac{10}{15}.$$

Nach dem Fertigfräsen einer Zahnlücke sind mit der Teilkurbel zunächst zwei volle Kurbelumdrehungen auszuführen und dann auf dem 15er Lochkreis um 10 Löcher weiterzuteilen.

Wahl des Zahnformfräsers. $z_i = \frac{z}{\cos^3 \beta} = \frac{15}{\cos^3 45^\circ} = \frac{15}{0{,}70711^3} = \frac{15}{0{,}35339} = 42{,}5; z_i = 43.$

Zur Herstellung des 15zähnigen Schrägzahnstirnrades mit Normalmodul 2 mm und 45° Schrägungswinkel ist ein Zahnformfräser Modul 2 Nr. 6 des 8teiligen Satzes für 35 bis 54 Zähne zu verwenden.

c) Fräsen der Geradzahnkegelräder (Formfräsen).

Geradzahnkegelräder mit theoretisch genauen Zahnformen lassen sich nur durch Hobeln auf Sondermaschinen herstellen, da sich die Zahnform eines theoretisch genauen Geradzahnkegelrades vom äußeren zum inneren Ende des Zahnes beständig verändert. Es sind daher gefräste Geradzahnkegelräder ungenau und können keinen Anspruch auf einwandfreie Verzahnung machen, weil der Zahnformfräser von außen nach innen durchaus gleiche Zahnform erzeugt. Auf Universalfräsmaschinen hergestellte Geradzahnkegelräder müssen daher stets durch Nacharbeiten verbessert werden[1].

d) Fräsen der Schnecken (Formfräsen).

Wirtschaftlich werden Schnecken auf Gewindefräsmaschinen mit einem Formfräser hergestellt. Die Schneidenform des Fräsers stimmt mit dem Normalschnitt der Zahnlücke senkrecht zur mittleren Schraubensteigung überein. An Stelle des scheibenförmigen Gewindefräsers, dessen Drehachse senkrecht zur mittleren Steigung eingestellt wird, könnte auch ein kegelförmiger Fingerfräser mit der Dreh-

[1] Dieses Verfahren läßt sich gegebenenfalls zur Entlastung der Kegelradhobelmaschine anwenden, für die dann nur noch die Fertigbearbeitung der auf diese Weise vorgefrästen Geradzahnkegelräder bleibt.

achse senkrecht zur Schneckenachse verwendet werden. Da die Steigungswinkel außerhalb des Teilrisses nicht mehr mit der Winkeleinstellung des Fräsers übereinstimmen, fällt die Zahnform der gefrästen Schnecke nicht gerade aus; Zahnkopf und Zahnfuß erleiden Verschwächungen. Diese Ungenauigkeit bei Verwendung von Scheibenfräsern wird bereits bei Steigungswinkeln über 10° praktisch bemerkbar. Wird auf genau geradlinige Flanken der Schnecke Wert gelegt, so muß die durch die Schrägstellung unter dem Steigungswinkel eintretende Verzerrung der Schneidenform berücksichtigt werden.

Zum Fräsen der Schnecken auf Universalfräsmaschinen ist außer dem Universalteilkopf noch ein Universalfräskopf nach Abb. 92 zu benutzen. Um den Fräser in Richtung des Gewindeganges zu bringen, ist die Frässpindel des Universalteilkopfes oder das Tischdrehteil nach dem mittleren Steigungswinkel der Schnecke (Z. 12, BT. 9, S. 154) einzustellen. Zur Erzeugung des Schraubenganges einer Schnecke wird die Spindel des Universalteilkopfes durch entsprechende Wechselräder mit der Spindel des Langtisches verbunden; die Schnecke des Universalteilkopfes wird außer Eingriff mit dem Schneckenrad gebracht, damit sich die Teilspindel frei bewegen kann. Für die Berechnung der Wechselräder zum Fräsen der Schraubensteigung einer Schnecke auf Universalfräsmaschinen gilt das auf S. 109ff. Erwähnte.

e) Fräsen der Schneckenräder (Form- und Wälzfräsen).

Theoretisch einwandfrei geschnittene Schneckenräder sind nur auf Sondermaschinen herzustellen. Trotzdem wird es bei der allgemeinen Verwendung der Universalfräsmaschine, besonders in Ausbesserungswerkstätten, vorkommen, daß auf ihr Schneckenräder zu fräsen sind. Bei Herstellung eines Schneckenrades auf der Universalfräsmaschine ist wegen des gewindeartigen Zahnes zwischen dem Vor- und Nachfräsen des Rades zu unterscheiden. Das **Vorfräsen** erfolgt nach dem Teilverfahren mittels eines scheibenförmigen Zahnformfräsers vom gleichen Außendurchmesser wie die zum Schneckenrad gehörige Schnecke. Der Zahnformfräser ist genau über Radmitte einzustellen, und das Schneckenrad zwischen Teilkopf und Reitstock zwangsläufig einzuspannen (Abb. 122). Der Querschlitten des Aufspanntisches der Maschine ist um den Steigungswinkel der Schnecke (Z. 12, B.T. 9, S. 154) aus der Nullstellung nach rechts oder links, je nach der Steigungsrichtung des Schneckenrades, zu schwenken, so daß der Zahn in die Schnittebene

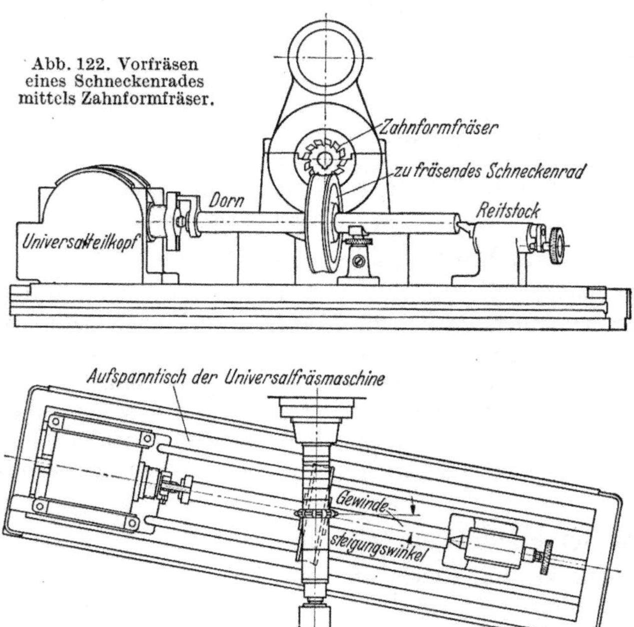

Abb. 122. Vorfräsen eines Schneckenrades mittels Zahnformfräser.

des Fräsers kommt. Das Werkstück wird dem Fräser in senkrechter Richtung von unten her durch Hochkurbeln des Konsoles zugeführt. Der Zahn wird also von oben nach unten eingeschnitten. Dabei ist darauf zu achten, daß wegen dem folgenden Nachfräsen nicht die volle Zahntiefe ausgearbeitet wird. Die Tiefe des Zahnes wird nicht an den Seiten, sondern in der Mitte des Rades gemessen. Die Zahntiefe wird durch einen Anschlag bestimmt. Nach Fertigstellung einer Zahnlücke wird das Konsol soweit gesenkt, daß das Schneckenrad mit Hilfe des Teilkopfes um den Betrag einer Teilung gedreht werden kann, dann wieder bis zum Anschlag hochgekurbelt, die nächste Zahnlücke vorgefräst usw. Es ergeben sich auf diese Weise schrägstehende Zähne mit kreisbogenförmiger Fußbegrenzung. Das **Nachfräsen** (Fertigfräsen) eines in obiger Weise vorgefrästen Schneckenrades erfolgt mittels eines zylindrischen Schneckenfräsers (Abwälzfräser) von gleicher Steigung, gleichem Durchmesser und damit gleichem Steigungswinkel wie die zukünftig zu dem Schneckenrade gehörige Schnecke. Dabei ist der Aufspanntisch in seine Nullstellung zu bringen und der Dorn, auf dem das Schneckenrad sitzt, zwischen den Spitzen von Teilkopf und Reitstock freilaufend einzuspannen, so daß es durch den schneckenförmigen Fräser genau wie später durch die Schnecke in Drehung versetzt wird. Die Drehung des Werkstückes erfolgt also in diesem Falle durch den Schneckenfräser selbst. Der Winkeltisch der Maschine muß dabei bis zur Erreichung der vollen Zahntiefe (d. h. des richtigen Achsenabstandes zwischen Schnecke und Schneckenrad) allmählich hochgekurbelt werden.

f) Fräsen der Zahnstangen (Formfräsen).

Das Bearbeiten von Zahnstangen ist ein Sondergebiet der Zahnraderzeugung. An Stelle der Kreisteilung des Zahnrades tritt eine Längsteilung (Abb. 123). Fast ausschließlich findet das Formfräsverfahren Anwendung; die Zahnstange wird dabei in einen Schlitten gespannt, der durch eine Längenteilvorrichtung nach dem Durchfräsen einer Zahnlücke um eine Zahnteilung weitergeschaltet wird. Die Frässpindel ist an einem Schlitten gelagert, der die Vorschubbewegung in Richtung der Zahnlücke ausführt.

Abb. 123. Zahnstangen-Teil-, Aufspann- und Fräsvorrichtung (Loewe-Gesfürel A.-G., Berlin).

Zu einer vollständigen Zahnstangenteileinrichtung gehört nach Abb. 123 eine Teileinrichtung, eine Aufspannvorrichtung und ein drehbarer Fräskopf. Die Teileinrichtung besteht aus einem Stirnradübersetzungsgetriebe, das am Ende des Aufspannschlittens mit der Tischvorschubspindel in Verbindung gebracht wird. Die Durchmesser der beiden in Abb. 123 in Anwendung gebrachten Geradzahnstirnräder verhalten sich zueinander wie 6:1. Das größere der beiden Räder wird auf das Spindelende aufgesteckt, während das kleinere auf einem mit einer Teilkurbel in Zusammenhang stehenden Bolzen sitzt. Der Bolzen ist in einem Arm gelagert, der am Aufspannschlitten angebracht wird. Am Arm befestigt ist eine Lochscheibe, die mit einem Lochkreis mit 100 Löchern versehen ist. Hat die Tischvorschubspindel der Fräsmaschine eine Steigung von 6 mm, so bedeutet eine volle Umdrehung der Teilkurbel eine Tischbewegung in seiner Längsrichtung von 1 mm. Die Verstellung der Teilkurbel von Loch zu Loch bewirkt eine Verschiebung des Tisches von $^1/_{100}$ mm.

Beispiel 146. Wie viele Teilkurbelumdrehungen sind beim Fräsen einer Zahnstange mit Modul 6,5 mm nötig, um den Tisch um eine Zahnteilung weiter zu schalten? Zahnstangenteilvorrichtung nach Abb. 123.

Lösung: Modul 6,5 mm entspricht einer Teilung von 6,5 · 3,14 = 20,42 mm. Um den Tisch mit Zahnstange um eine Teilung, d. h. um 20,42 mm fortzurücken, muß die Kurbel 20 mal voll herum und außerdem noch um die Entfernung von 42 Löchern der Teilscheibe weitergedreht werden. [1/100 mm = 1 Loch; 42/100 mm = 42 Löcher]. Teilkurbelumdrehungen: 20 volle Umdrehungen und 42 Löcher.

Die 42 Löcher werden durch die Zeiger eingestellt. Bei einer gleichzeitigen Verwendung von mehreren Fräsern ist die Teilung ein entsprechendes Vielfaches. Werden also beim Zahnstangenfräsen statt eines Fräsers mehrere gleichartige Zahnformfräser in einem Satz verwendet, so ist entsprechend der Anzahl der gleichzeitig arbeitenden Zahnformfräser eine entsprechend vielfache Teilung zu schalten. Werden bei Herstellung kleinerer Zahnstangen Satzfräser verwendet, deren Gesamtbreite der Länge der zu fräsenden Zahnstange entspricht, so ist diese mit einmaligem Durchfräsen fertiggefräst (große Ersparnis an Bearbeitungszeit!).

XVI. Bearbeiten hinterdrehter Werkstücke.

Das Arbeitsgebiet des Hinterdrehens erstreckt sich in der Hauptsache auf drei Arten von Werkstücken. Werkstücke mit gerader oder geformter Oberfläche und mit geraden (zur Achse gleichlaufenden) Längsnuten; beispielsweise alle Arten Nuten- und Formfräser, Winkelfräser, Fräser für Reibahlen, Gewindebohrer, Senker und Zahnformfräser. Werkstücke mit gerader oder geformter Oberfläche und mit schraubenförmigen (zur Achse geneigten) Längsnuten; beispielsweise Walzenfräser mit hinterdrehten Zähnen. Werkstücke mit schraubenförmiger Oberfläche und mit schraubenförmigen (zur Achse geneigten, zu den Schraubengängen senkrechten) Längsnuten; beispielsweise Abwälzfräser für Stirnräder und Schneckenradfräser.

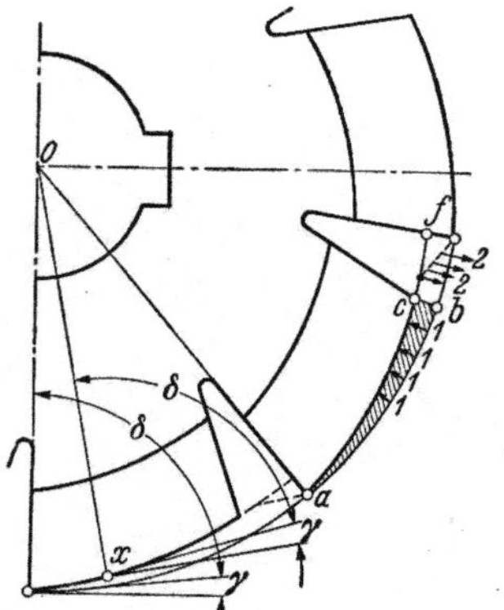

Abb. 124. Form des Zahnrückens eines Fräsers mit hinterdrehten Zähnen.

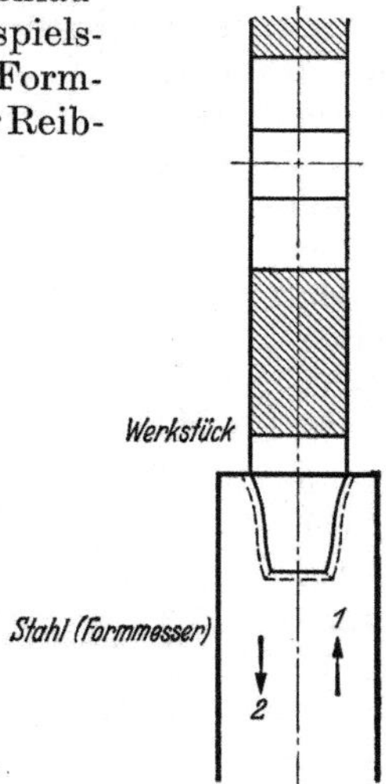

Abb. 125. Werkstück und Hinterdrehstahl.

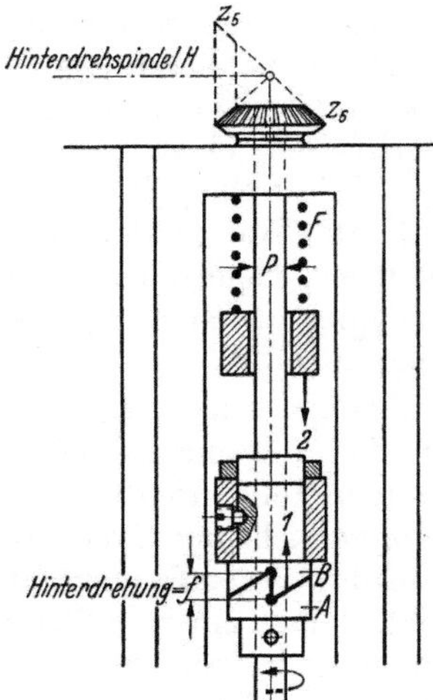

Abb. 126. Hinterdrehsteuerung, Bauart Loewe-Gesfürel.

Das Hauptarbeitsgebiet des Hinterdrehens erstreckt sich also auf die verschiedensten Fräser. Der Zweck des Hinterdrehens der Fräserzähne ist zunächst die unveränderliche Gleichhaltung der Querschnittform beim radialen Nachschleifen an der Zahnbrust als Grundbedingung der Nutenfräserei; weiterhin ist, wie Abb. 124 zeigt, der Rückenwinkel γ als Grundbedingung für gutes Schneiden unverändert gleichzuhalten. Beide Bedingungen werden erfüllt, wenn der Zahn an seinem Rücken und an den Seitenflanken nach einer bestimmten Kurve hinterdreht und die Zahnbrust stets radial nachgeschliffen wird. Es wird dann die Tangente in jedem Punkte x des Zahnrückens mit dem zugehörigen Halbmesser OX stets den gleichen Winkel δ bilden. Der Anstellwinkel γ bleibt dabei gleich, der Zweck ist erreicht. Beim Hinterdrehen eines Fräserzahnes muß daher von dem Zahnrücken das in Abb. 124 schraffiert dargestellte Stück abc weggearbeitet, zerspant werden. Die Stärke des abzunehmenden Werkstoffes wird gemessen durch die Hinterdrehung f, um die der Hinterdrehstahl (Formstahl) bei jedem Fräserzahn auf den Fräser eindringen muß. Der Hinterdrehstahl wird bei jedem Fräserzahn nach Abb. 125 von seiner Anfangstellung in Richtung *1* allmählich um den Weg cb nach der Mitte des sich gleichzeitig und langsam drehenden Werkstückes geführt; sobald die Zahnlücke am Stahl vorbeigeht, springt der Stahl in Richtung *2* selbsttätig zurück und hinterdreht den nächsten Fräserzahn. Der Hinterdrehstahl muß sich demnach wechselnd der Drehachse des kreisenden Werkstückes nähern und sich von ihr wieder entfernen. Als Schnittlinie entsteht demnach kein Kreis, sondern eine Reihe ganz bestimmter Krümmungen.

a) Hinterdrehsteuerung, Bauart Loewe-Gesfürel.

Soll in Abb. 124 von dem Zahnrücken eines Fräsers das Stück abc auf einer Hinterdrehmaschine hinterdreht werden, so muß der Formstahl, solange der Zahn durch seine Schneiden läuft, um die Größe f der Hinterdrehung auf ihn eindringen und hierauf mit einem Ruck zurückspringen. Dieser hin- und herspielende Planvorschub wird in Abb. 126 mit einem Planzug erreicht, der in der Hauptsache aus der selbsttätigen Ein- und Ausrückkupplung in Form zweier Hinterdrehkurvenscheiben besteht. Die Kurvenscheibe A sitzt hier festgekeilt auf der Planspindel P, während die Kurvenscheibe B als Gegenscheibe in einem Auge des Planschlittens durch eine Ringmutter festgespannt und außerdem durch Feder gegen Drehen gesichert wird. Wird die Planspindel P von der Hinterdrehspindel H mit Hilfe der Kegelräder z_5 und z_6 angetrieben und dreht sich dieselbe im eingezeichneten Drehsinn, so werden die schrägen Zahnrücken der Kurvenscheibe den Planschlitten in Richtung *1* zum Hinterdrehen um ihre Höhe f (Hinterdrehung) langsam vorschieben und die Feder F wird ihn in Richtung *2* mit einem kräftigen Ruck zurückschnellen, sobald die Zahnspitzen der Kurvenscheiben aneinander vorbei sind. Die Kurvenscheiben rücken sich daher beim Hinterdrehen eines Fräserzahnes selbsttätig aus und springen dann ebenso wieder ein.

Hat die Kurvenscheibe beispielsweise 4 Zähne, so muß die Planspindel P für jeden einzelnen Zahn des herzustellenden Werkstückes ¼-Umdrehung ausführen; allgemein gilt:

Umlaufzahl der Planspindel bzw. Kurvenwelle für Hinterdrehsteuerung (Abb. 126).

$$\boxed{n_P = \frac{z_f}{z_k}} \qquad (104)$$

n_P = Umlaufzahl der Planspindel P bzw. der Kurvenwelle, z_f = Zähnezahl (Nutenzahl) des zu hinterdrehenden Werkstückes, z_k = Zähnezahl der Hinterdreh-Kurvenscheibe.

Hinsichtlich der Größe der Hinterdrehung wäre zu betonen: Die Höhe der Verzahnung der Kurvenscheiben entspricht der Tiefe bzw. der Größe der Hinterdrehung des Arbeitsstückes. Die Größe der Hinterdrehung, also die Hubhöhe f (Abb. 124 und 126) wird durch die Zahnteilung t und durch die Größe des Rücken- oder Freiwinkels γ bestimmt. Während die Zahnteilung durch den Durchmesser und die Zähnezahl gegeben ist, hängt die Wahl des Rücken- oder Freiwinkels von der Profilform des Fräsers ab. Die Hubhöhe f bestimmt sich nach Gleichung (105):

Größe f der Hinterdrehung (Abb. 124 u. 126).

$$\boxed{f = \frac{D \cdot \pi \cdot \operatorname{tg} \gamma}{z}} \qquad (105)$$

f = Größe der Hinterdrehung (Hubhöhe), D = Durchmesser des Fräsers, γ = Rücken- oder Freiwinkel, z = Zähnezahl des Fräsers.

b) Hinterdrehsteuerung, Bauart Reinecker.

Die in Abb. 126 dargestellte Hinterdrehsteuerung gestattet lediglich ein Hinterdrehen der Zahnkrone. Für das seitliche oder schräge Hinterdrehen von Werkstücken müßte der Planschlitten bestimmte Gradstellungen einnehmen. Sie erfordern nach Abb. 127 eine Drehscheibe b, die zwischen dem Planschlitten c und dem Bettschlitten a sitzt. Bei dieser Ausführung muß jedoch der Antrieb der Plan-

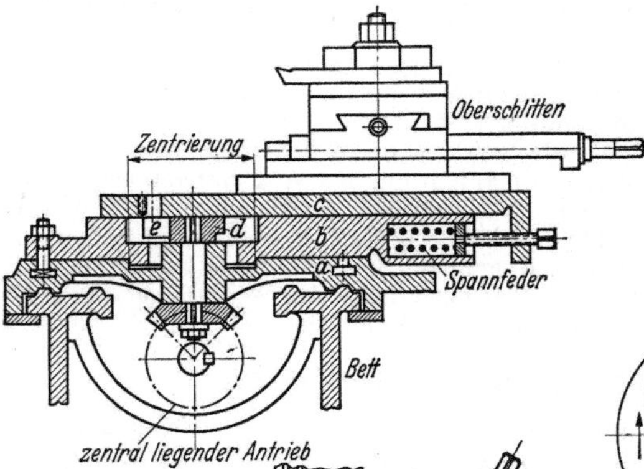

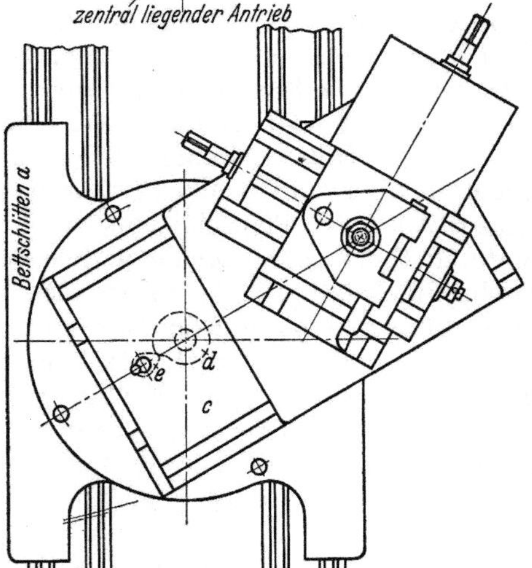

Abb. 127. Hinterdrehsteuerung, Bauart Reinecker.

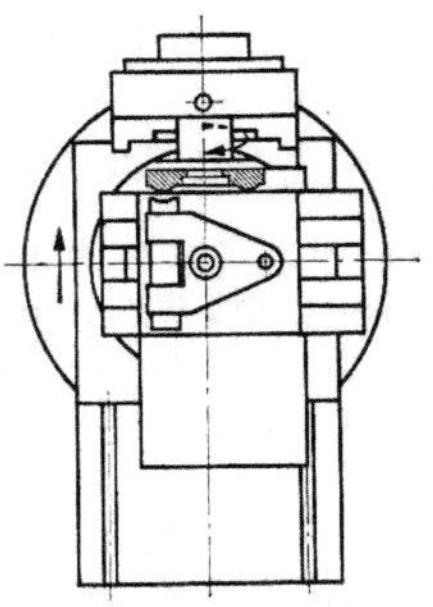

Abb. 128. Gerade-Hinterdrehen eines Zahnformfräsers.

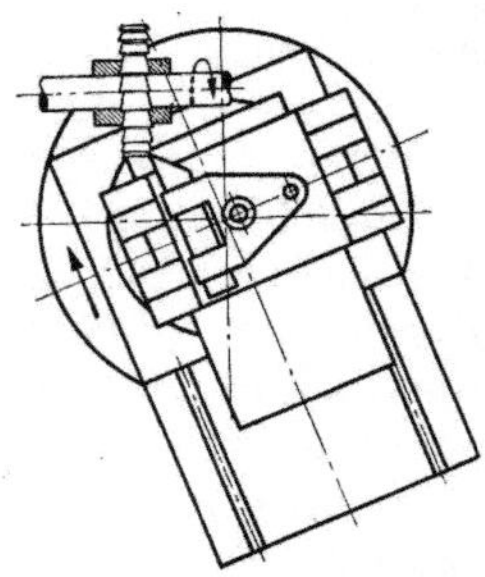

Abb. 129. Schräg-Hinterdrehen eines Nutenfräsers.

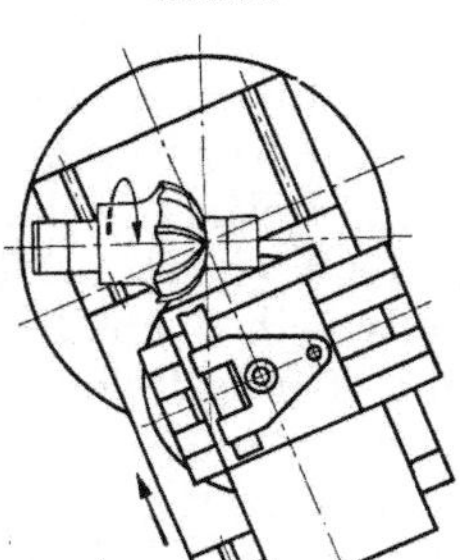

Abb. 130. Schräg-Hinterdrehen eines Formfräsers.

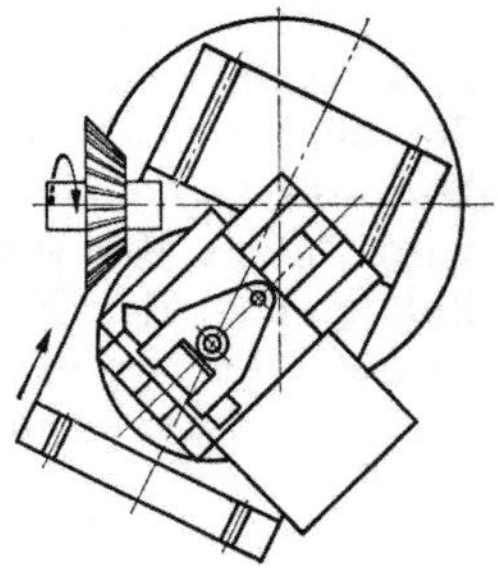

Abb. 131. Schräg-Hinterdrehen eines Winkelfräsers.

steuerung in der Mitte des Drehscheibenzapfens liegen. Nach Abb. 127 besteht diese Plansteuerung aus einer kreisenden Daumenscheibe d, gegen die der Dorn e des Planschlittens c durch die vordere Spannfeder gedrückt wird. Soll nun der Stahl in schräger Richtung hinterdrehen, so ist die Drehscheibe vorher auf den Hinterdrehungswinkel einzustellen. Auf dem Bettschlitten a ist ein durch Skala in jedem Winkel einstellbares Drehteil b angeordnet,

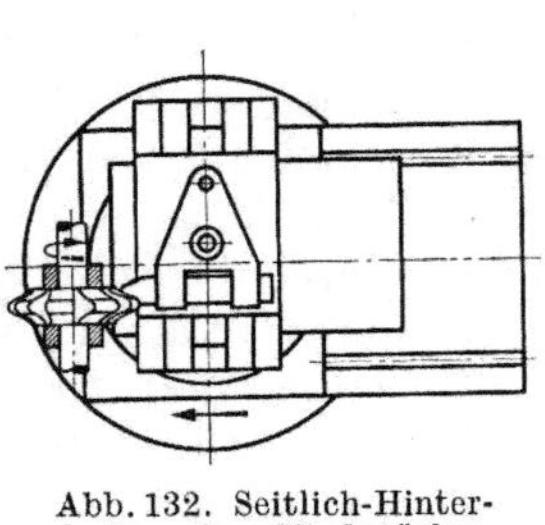

Abb. 132. Seitlich-Hinterdrehen eines Werkstückes.

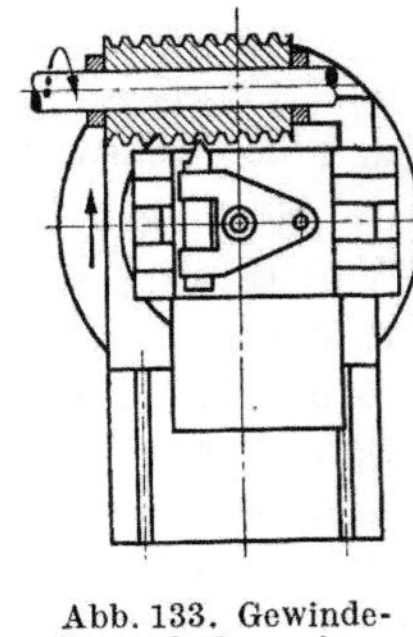

Abb. 133. Gewinde-Hinterdrehen eines Abwälzfräsers.

auf dem ein Schieber mit dem darauf befindlichen Kreuzschlitten durch die Hubscheibe in eine hin- und hergehende Bewegung versetzt und ein Hinterdrehen nach jeder Richtung hin ermöglicht wird. Die Anordnung des Kreuzschlittens gestattet die Verdrehung desselben im Kreise, sowie eine Längsverstellung. Abb. 128 bis 133 zeigen einige Arbeitsbeispiele für das Hinterdrehen auf einer Reinecker-Hinterdrehmaschine. Abb. 134 zeigt den Spindelstock, Abb. 135 den Getriebeplan einer Hinterdrehmaschine der Fa. J. E. Reinecker, Chemnitz.

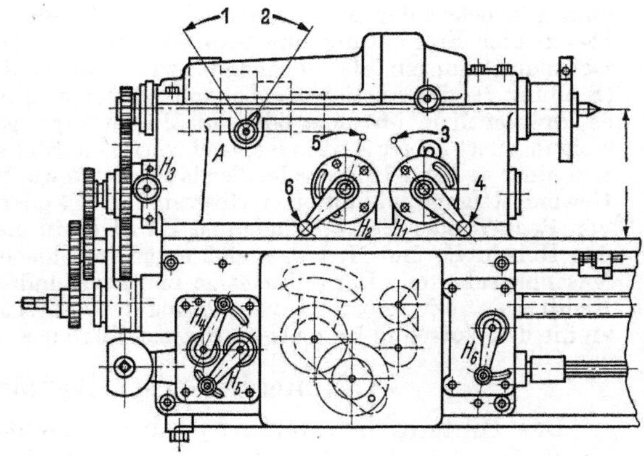

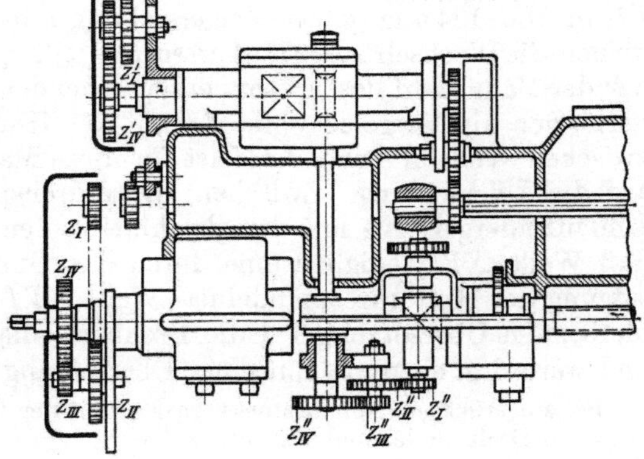

Abb. 134. Spindelstock einer Hinterdrehmaschine. (J. E. Reinecker A.-G., Chemnitz.)

Diese Maschine kann unter Verwendung einer Sondereinrichtung außer zum Hinterdrehen auch zum Hinterschleifen hinterdrehter Fräser mit geraden oder schraubenförmig gewundenen Nuten verwendet werden. Da die Maschine weiterhin als gewöhnliche Drehbank benützt werden kann, eignet sie sich zur Ausführung sämtlicher Arbeitsfolgen, die zum Herstellen eines hinterdrehten Werkzeuges nötig sind. Die minutlichen Umdrehungen der Arbeitsspindel der Hinterdrehmaschine (Abb. 134) sind ohne Rädervorgelege = 168—120—86,2—61,2 U/min, mit Rädervorgelege [1:4] = 42—30—21,5—13,5 U/min, mit Rädervorgelege [1:16] = 10,5—7,5—5,375—3,825 U/min.

Zum Ein- bzw. Ausrücken der einzelnen Rädervorgelege dienen die Hebel H_1 und H_2 (Abb. 134). Hebel H_1 dient zum Betätigen der Maschine mit oder ohne Rädervorgelege, und zwar entspricht gemäß Schild Stellung *3* mit, und Stellung *4* ohne Rädervorgelege. H_2 dient

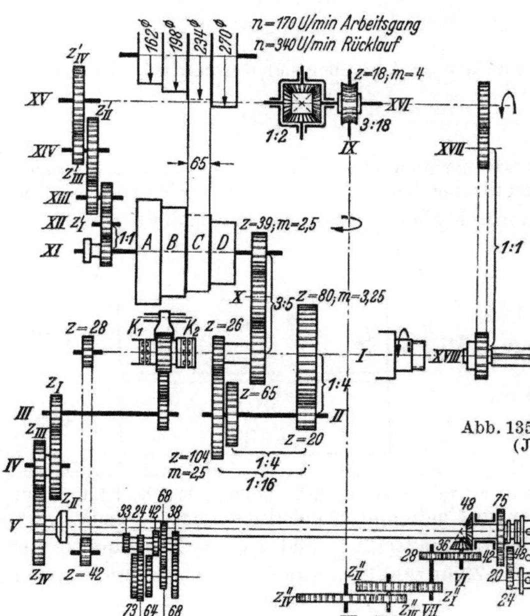
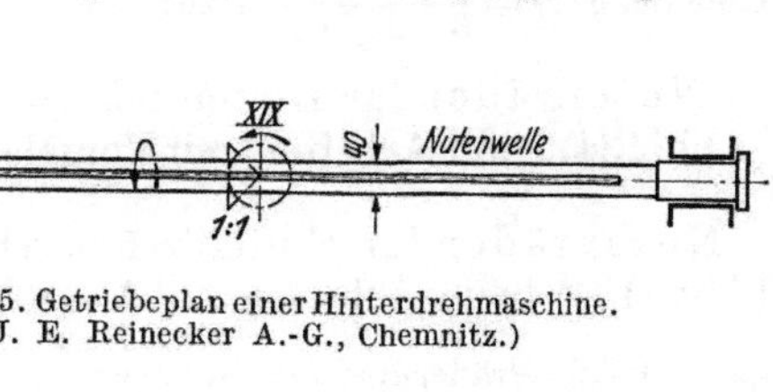
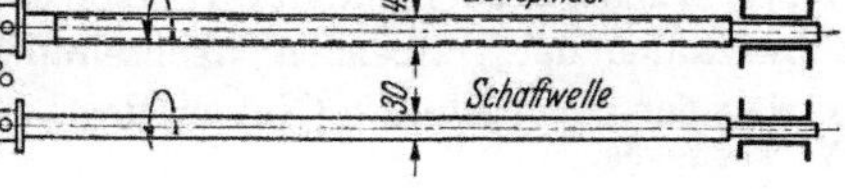

Abb. 135. Getriebeplan einer Hinterdrehmaschine. (J. E. Reinecker A.-G., Chemnitz.)

zum Einrücken der Rädervorgelege 1:4 (Stellung *5*) oder 1:16 (Stellung *6*). Die Maschine besitzt eine Einrichtung zum Schneiden für geringe und für große Steigungen. Für geringe Gewindesteigungen (alle Gewinde bis zwei Gänge auf ein Zoll) ist Zeiger A nach links zu stellen (Stellung *1*); der Antrieb der Leitspindel erfolgt unmittelbar von der Drehspindel. Dabei ist es unwesentlich, ob ohne oder mit Rädervorgelegen gearbeitet wird. Für hohe Gewindesteigungen ist Zeiger A nach rechts einzustellen (Stellung *2*). Der Antrieb der Leitspindel erfolgt von einer 4- bzw. 16mal schneller laufenden Zwischenwelle. Hier ist es von Einfluß auf die Gewindesteigung, ob mit einer Übersetzung 1:4 oder 1:16 gearbeitet wird. Zwecks Schneiden von Rechts- oder Linksgewinden ist Hebel H_3 in die entsprechenden Rasten einzulegen. Mit den Hebeln H_4 und H_5 lassen sich sechs verschiedene Vorschübe während des Ganges der Maschine schalten. Der selbsttätige Längsvorschub durch die Schaftwelle erfolgt nach beiden Richtungen. Die selbsttätige Auslösung des Längsganges bewirkt das Anstoßen einer Schiene an die den Vorschub begrenzenden, einstellbaren Anschläge.

1. Hinterdrehen scheibenförmiger Werkstücke.

Das Hinterdrehen darf nur mit eingeschaltetem Rädervorgelege erfolgen; die Größe der Vorgelegeübersetzung kann 1:4 oder 1:16 gewählt werden. Bei geringerer Zähnezahl oder Nutenzahl der zu hinterdrehenden Werkstücke ist die Übersetzung 1:4, bei größeren Fräser- oder Nutenzahlen die Übersetzung 1:16 zu empfehlen. Die in Abb. 134 angegebene Zeigerstellung A hat hier keinerlei Einfluß. In Abb. 135 dienen die Wechselräder (Nutenräder) z_I', z_{II}', z_{III}' und z_{IV}' zur Hervorbringung der der Zähnezahl des Fräsers entsprechenden Umdrehungen der Hubscheibe; sie verbinden die Vorgelegewelle XI mit der Hinterdrehwelle XV. Die Übersetzung zwischen Welle XI und XIII ist für diese Maschine 1:1 und somit ohne Einfluß auf die Übersetzung. Zwischen Hinterdrehspindel XV und Welle XVI ist ein Umlaufrädergetriebe mit der gleichbleibenden Übersetzung 1:2 derart eingebaut, daß Welle XVI lediglich eine durch das Umlaufrädergetriebe verbundene Fortsetzung der Hinterdrehspindel ist. Welle XVI überträgt gleichfalls mit der gleichbleibenden Übersetzung 1:1 die Drehbewegung weiter auf die Nutenwelle XVIII und weiterhin ebenfalls mit einer Übersetzung 1:1 auf die Exzenterwelle XIX.

Bei eingerücktem Spindelstockvorgelege mit der Übersetzung 1:16 lautet die Übersetzung zwischen Drehspindel und Exzenterwelle:

$$\frac{n_E}{n_D} = \frac{80 \cdot 104 \cdot 65 \cdot z_I' \cdot z_{III}' \cdot 1}{20 \cdot 26 \cdot 39 \cdot z_{II}' \cdot z_{IV}' \cdot 2}, \quad \text{oder} \quad \frac{n_E}{n_D} = \frac{16 \cdot 5 \cdot z_I' \cdot z_{III}' \cdot 1}{1 \cdot 3 \cdot z_{II}' \cdot z_{IV}' \cdot 2}.$$

Für eine Umdrehung der Drehspindel, also für $n_D = 1$ ergeben sich daraus die Umdrehungen der Exzenterwelle zu: $n_E = \dfrac{40 \cdot z_I' \cdot z_{III}'}{3 \cdot z_{II}' \cdot z_{IV}'}$.

Die Umdrehungen der Exzenterwelle sind aber gleichzeitig die Anzahl der Umdrehungen der Hubscheibe oder die Anzahl der zu hinterdrehenden Zähne bzw. Nuten, also $n_E = z_f$. Die Berechnung der Wechselräder für die Hinterdrehspindel folgt nunmehr aus der Gleichung $z_f = \dfrac{40 \cdot z_I' \cdot z_{III}'}{3 \cdot z_{II}' \cdot z_{IV}'}$ zu:

Nutenräder für Hinterdrehmaschine (Abb. 134) beim Arbeiten mit Vorgelege 1:16.

$$i_w' = \frac{z_I' \cdot z_{III}'}{z_{II}' \cdot z_{IV}'} = \frac{3 \cdot z_f}{40} \tag{106}$$

Nutenräder für Hinterdrehmaschine (Abb. 134) beim Arbeiten mit Vorgelege 1:4.

$$i_w' = \frac{z_I' \cdot z_{III}'}{z_{II}' \cdot z_{IV}'} = \frac{3 \cdot z_f}{10} \tag{107}$$

i_w' = Wechselräderübersetzung zwischen Vorgelegewelle der Arbeitsspindel und Hinterdrehwelle = Übersetzung der (außen) für die Hinterdrehwelle aufzusteckenden Wechselräder zum Hervorbringen der der Nutenzahl entsprechenden Umdrehungen der Hubscheibe, z_I' und z_{III}' = Zähnezahlen der treibenden Wechselräder (Nutenräder), z_{II}' und z_{IV}' = Zähnezahlen der getriebenen Wechselräder (Nutenräder), z_f = Zähnezahl (Nutenzahl) des zu hinterdrehenden Werkstückes.

Maschinentafel 7. Wechselrädersätze für Hinterdrehmaschine (Abb. 134).

Satz-Nr.		Zähnezahlen der Wechselräder	Abmessung der Wechselräder
1	Nutenräder Wechselräder zur Hervorbringung der der Nutenzahl entsprechenden Umdrehungen der Hubscheibe	25, 30, 35, 36, 40, 40, 45, 50, 55, 60, 63, 60, 65, 100	Modul m = 2,25 mm Bohrung = 28 ,, Zahnbreite = 23 ,,
2	Gewinderäder Wechselräder zur Hervorbringung der Längsbewegung des Werkzeugschlittens	16, 18, 20, 25, 30, 35, 40, 40, 50, 60, 65, 66, 70, 75, 76, 77, 80, 85, 90, 96, 97, 98, 99, 100, 110, 120, 125, 127, 128, 135	Modul m = 2,25 mm Bohrung = 28 ,, Zahnbreite = 23 ,,
3	Spiralräder Wechselräder zur Hervorbringung der schraubenförmigen Längsnut	20, 21, 24, 25, 28, 30, 32, 35, 36, 38, 40, 45, 48, 50, 60, 63, 64, 65, 66, 76, 78, 80, 84, 90, 100, 105, 112	Modul m = 1,75 mm Bohrung = 20 ,, Zahnbreite = 18 ,,

2. Hinterdrehen von Werkstücken mit geraden Längsnuten.

Die Berechnung der Wechselräder (Nutenräder) z_I', z_{II}', z_{III}' und z_{IV}' zur Übertragung der Drehbewegung von der Vorgelegewelle der Arbeitsspindel auf die Hinterdrehwelle ist die gleiche wie beim Hinterdrehen scheibenförmiger Werkstücke; die Gl. (106) und (107) gelten demnach ohne weiteres auch hier. Obwohl kein Arbeitsstück mit Gewinde vorliegt, wird die Leitspindel zur Längsbewegung des Werkzeugschlittens benutzt. Die zur Berechnung der Wechselräder notwendige Gewindesteigung ist hier gleichbedeutend mit der Größe des Längsvorschubes des Hinterdrehstahles. Für einen bestimmten Längsvorschub s berechnen sich die Wechselräder (Gewinderäder) z_I, z_{II}, z_{III} und z_{IV} zwischen Drehspindel und Leitspindel wie beim Gewindeschneiden auf Leitspindeldrehbänken.

3. Hinterdrehen von Werkstücken mit schraubenförmigen Längsnuten.

Die Berechnung der Wechselräder (Nutenräder) z_I', z_{II}', z_{III}' und z_{IV}' erfolgt in gleicher Weise wie beim Hinterdrehen scheibenförmiger Werkstücke. Je nach Wahl der einzuschaltenden Vorgelegeübersetzung 1:16 oder 1:4 findet Gl. (106) oder (107) Anwendung.

Für einen bestimmten Längsvorschub berechnen sich auch hier die Wechselräder (Gewinderäder) z_I, z_{II}, z_{III} und z_{IV} zwischen Drehspindel und Leitspindel wie beim Gewindeschneiden auf Leitspindeldrehbänken.

Die Wechselräder (Spiralräder) z_I'', z_{II}'', z_{III}'', z_{IV}'' vermitteln die Bewegungsübertragung von der Leitspindel (Welle V) auf die Hinterdrehwelle XVI derart, daß durch das Schneckengetriebe eine beschleunigte oder verzögerte Zusatzbewegung der Ausgleichswelle XVI zuteil wird[1]. Diese beschleunigte oder verzögerte Zusatzbewegung der Ausgleichsräder bedingt das Hinterdrehen nach einer schrau-

[1] Bei der Übertragung des Hinterdrehverfahrens auf schraubenförmig genutete Fräser und Schneckenfräser macht es Schwierigkeiten, das Hinterdrehwerkzeug auf der Hinterdrehbank genau der Form der Schraubennut folgen zu lassen, die auf der Universalfräsmaschine vorher eingeschnitten ist. Die volle Übereinstimmung der beiden Nuten muß aber gewährt sein, weil sonst der hinterdrehte Fräser eine ungleiche Schneidkante nach der Fertigstellung zeigen würde. Diese Übereinstimmung verlangt eine sehr feine Einstellmöglichkeit der Wechselräderübersetzung, die auch durch ihre feinste Stufung (um je einen Zahn!) nicht erreichbar ist. Reinecker erreicht diese Zusatzbewegung durch ein Umlaufräderwerk, in das eine große Schneckenübersetzung eingeschaltet ist. Loewe-Gesfürel verwendet ein Umlaufkugelräderwerk, das durch eine Stellschiene mit nahezu unendlich feiner Einstellbarkeit ausgerüstet ist.

benförmigen Nut. Die Berechnung der Wechselräder (Spiralräder) zum Hervorbringen der schraubenförmigen Längsnute, gleichgültig, ob mit Rädervorgelege 1:4 oder 1:16 gearbeitet wird, erfolgt nach Gl. (108) oder Gl. (109).

Spiralräder für Hinterdrehmaschine Abb. 134 beim Arbeiten mit Vorgelege 1:4 oder 1:16.

$$i_w'' = \frac{z_I'' \cdot z_{III}''}{z_{II}'' \cdot z_{IV}''} = \frac{3 \cdot 25{,}4 \cdot z_f}{H} \quad (108)$$

$$i_w'' = \frac{z_I'' \cdot z_{III}''}{z_{II}'' \cdot z_{IV}''} = \frac{z \cdot z_f}{H} \quad (109)$$

i_w'' = Wechselräderübersetzung zwischen Leitspindel und Hinterdrehwelle = Übersetzung der (außen) aufzusteckenden Wechselräder zum Hervorbringen der schraubenförmigen Längsnute, z_I'' und z_{III}'' = Zähnezahlen der treibenden Wechselräder (Spiralräder), z_{II}'' und z_{IV}'' = Zähnezahlen der getriebenen Wechselräder (Spiralräder), z_f = Zähnezahl (Nutenzahl) des zu hinterdrehenden Werkstückes, H = Steigung der schraubenförmig eingeschnittenen Längsnut in **mm** [Gl. (108)] oder in **Zoll** [Gl. (109)].

Hinsichtlich der Schraubensteigung H ist auch hier zu betonen, daß dieselbe ihrer Größe nach so zu wählen ist, daß sie sowohl auf der Fräsmaschine, als auch auf der Schleifmaschine leicht zu erzielen ist. Hinsichtlich rechts- und linksgängiger Schraubennut entscheidet lediglich die Weglassung oder Einschaltung eines Zwischenrades. Ohne Zwischenrad also mit der Räderanordnung $\frac{z_I'' \cdot z_{III}''}{z_{II}'' \cdot z_{IV}''}$ erfolgt das Hinterdrehen nach einer linksgewundenen, mit Zwischenrad zwischen den Rädern z_I'' und z_{II}'' nach einer rechtsgewundenen Schraubennut.

Beispiel 147. Ein Werkstück von 40 mm Durchmesser und 20 Längsnuten ist bei 1,25 mm Vorschub zu hinterdrehen. Die Steigung der schraubenförmig linksgängig geschnittenen Längsnuten beträgt 9144,3 mm. Bei eingerücktem Spindelstockvorgelege 1:16 sind die Wechselräder für Nutenzahlen, Längsvorschub und Schraubensteigung zu berechnen. (Wechselräder Satz Nr. 1, 2 bzw. 3, S. 141.)

Lösung: [Gl. (106)] $i_w' = \frac{z_I' \cdot z_{III}'}{z_{II}' \cdot z_{IV}'} = \frac{3 \cdot z_f}{40} = \frac{3 \cdot 20}{40} = \frac{3}{2}$; $\frac{3}{2} = \frac{1{,}5 \cdot 2}{1 \cdot 2} = \frac{45 \cdot 100}{50 \cdot 60}$.

Nutenräder: $z_I' = 45$, $z_{II}' = 50$, $z_{III}' = 100$ und $z_{IV}' = 60$ Zähne (Abb. 134).

Drsp. = 1,25 mm Stg.
Ltsp. = $\frac{1}{2}''$ Stg. = $\frac{25{,}4}{2}$ mm Stg. } [Gl. (68)] $i_g = \frac{DSt}{LSt} = \frac{1{,}25 \cdot 2}{25{,}4} = \frac{12{,}5}{127} = \frac{25}{254}$.

$$i_w = i_g = \frac{25}{254};\quad \frac{25}{254} = \frac{5 \cdot 5}{2 \cdot 127} = \frac{20 \cdot 5}{8 \cdot 127} = \frac{20 \cdot 50}{80 \cdot 127}.$$

Gewinderäder: $z_I = 20$, $z_{II} = 80$, $z_{III} = 50$ und $z_{IV} = 127$ Zähne (Abb. 134).

Da es sich um eine geringe Gewindesteigung (Vorschub = 1,25 mm) handelt, ist Zeiger A nach links (Stellung 1) zu schalten. Bei dieser Stellung von A ist es gleichgültig, ob Spindelstockvorgelege 1:4 oder 1:16 geschaltet wird; es entsteht in beiden Fällen dasselbe Gewinde von 1,25 mm Steigung.

[Gl. (108)] $\frac{z_I'' \cdot z_{III}''}{z_{II}'' \cdot z_{IV}''} = \frac{3 \cdot 25{,}4 \cdot z_f}{H} = \frac{3 \cdot 25{,}4 \cdot 20}{9144{,}3}$; für $\frac{25{,}4}{9144{,}3} \approx \frac{1}{360}$ gesetzt, ergibt:

$$\frac{z_I'' \cdot z_{III}''}{z_{II}'' \cdot z_{IV}''} = \frac{3 \cdot 1 \cdot 20}{360} = \frac{1}{6};\quad \frac{1}{6} = \frac{1 \cdot 1}{3 \cdot 2} = \frac{30 \cdot 50}{90 \cdot 100}.$$

Spiralräder: $z_I'' = 30$, $z_{II}'' = 90$, $z_{III}'' = 50$ und $z_{IV}'' = 100$ Zähne (Abb. 134).

Da die Schraubennut linksgängig geschnitten, erfolgt das Aufstecken der Spiralräder ohne Zwischenrad.

4. Hinterdrehen gewindeförmiger Werkstücke mit schraubenförmigen Längsnuten.

Die Berechnung der Wechselräder (Nutenräder) z_I', z_{II}', z_{III}' und z_{IV}' erfolgt in gleicher Weise wie beim Hinterdrehen scheibenförmiger Werkstücke. Je nach Wahl der einzuschaltenden Vorgelegeübersetzung 1:16 oder 1:4 findet Gl. (106) oder (107) Anwendung. Bei gegebener Steigung des zu hinterdrehenden Gewindes berechnen sich die Wechselräder (Gewinderäder) z_I, z_{II}, z_{III} und z_{IV} zwischen Drehspindel und Leitspindel wie beim Gewindeschneiden auf Leitspindeldrehbänken. Siehe Beispiel 147.

Die Berechnung der Wechselräder (Spiralräder) z_I'', z_{II}'', z_{III}'' und z_{IV}'' erfolgt auch für gewindeförmige Werkstücke nach Gl. (108). Hinsichtlich rechts- und linksgängiger Schraubennut siehe S. 50!

Beispiel 148. Ein gewindeförmig verzahntes Werkstück (12 mm Durchmesser) mit drei rechtsgängigen, schraubenförmigen Längsnuten und rechtsgängig eingeschnittenem Gewinde ist zu hinterdrehen. Die Schraubensteigung der Längsnut beträgt 64 Zoll, die Steigung des mit Steilgewindeeinrichtung zu hinterdrehenden, eingängigen Gewindes 20 mm; zur Verfügung stehe Hinterdrehmaschine (Abb. 134). Berechne die für die Hinterdrehwelle (Nutenräder), für die Leitspindel (Gewinderäder) und die zur Hervorbringung der Schraubensteigung (Spiralräder) aufzusteckenden Wechselräder. Das Hinterdrehen erfolge mit Spindelvorgelege 1:4. (Wechselräder Satz Nr. 1, 2 bzw. 3, S. 141.)

Lösung: [Gl. (107)] $\frac{z_I' \cdot z_{III}'}{z_{II}' \cdot z_{IV}'} = \frac{3 \cdot z_f}{10} = \frac{3 \cdot 3}{10} = \frac{9}{10} = \frac{45 \cdot 60}{50 \cdot 60}$. **Nutenräder:** $z_I' = 45$, $z_{II}' = 50$, $z_{III}' = 60$ und $z_{IV}' = 60$ Zähne (Abb. 134).

$$\left.\begin{array}{l}\text{Drsp.} = 20 \text{ mm Stg.}\\ \text{Ltsp.} = \frac{1}{2}'' \text{ Stg.} = \frac{25{,}4}{2} \text{ mm Stg.}\end{array}\right\} \text{[Gl. (68)] } i_g = \frac{DSt}{LSt} = \frac{20 \cdot 2}{25{,}4} = \frac{40}{25{,}4}.$$

$i_w = i_g \cdot i_{f_2} \cdot \frac{1}{i_{f_1}} \cdot \frac{1}{i_s}$ [Gl. (79)]. Mit der Gesamtübersetzung $i_g = \frac{40}{25{,}4}$, der Vorgelegeübersetzung $i_{f_2} = \frac{1}{4}$, der Herzhebelübersetzung $i_{f_1} = \frac{1}{1}$ und der Schaltübersetzung $i_s = \frac{1}{1}$ folgt:

$i_w = \frac{40}{25{,}4} \cdot \frac{1}{4} \cdot \frac{1}{1} \cdot \frac{1}{1} = \frac{10}{25{,}4} = \frac{2 \cdot 50}{2 \cdot 127} = \frac{40 \cdot 75}{60 \cdot 127}$. **Gewinderäder:** $z_I = 40$, $z_{II} = 60$, $z_{III} = 75$ und $z_{IV} = 127$ Zähne (Abb. 134).

Da für dieses Beispiel ein Gewinde mit hoher Steigung vorliegt, ergibt sich für Zeiger A Stellung nach rechts (Stellung 2, Abb. 134). Antrieb der Leitspindel von der Zwischenwelle.

[Gl. (109)] $\frac{z_I'' \cdot z_{III}''}{z_{II}'' \cdot z_{IV}''} = \frac{3 \cdot z_f}{H} = \frac{3 \cdot 3}{64} = \frac{9}{64} = \frac{3 \cdot 3}{64 \cdot 1} = \frac{24 \cdot 30}{64 \cdot 80}$. **Spiralräder:** $z_I'' = 24$, $z_{II}'' = 64$, $z_{III}'' = 30$ und $z_{IV}'' = 80$ Zähne. (Abb. 134).

Da die Schraubennut rechtsgängig geschnitten wird, erfolgt das Aufstecken der Spiralräder mit Zwischenrad.

Beispiel 149. Welche Gewindesteigung würde sich für das Werkstück des Beispieles 148 ergeben, wenn unter Beibehaltung der errechneten Gewinderäder an Stelle des Vorgeleges 1:4 das Spindelstockvorgelege 1:16 eingeschaltet wird?

Lösung: Gl. (79) geht mit $i_w = \frac{40 \cdot 75}{60 \cdot 107}$, $i_{f_2} = \frac{1}{16}$, $i_{f_1} = \frac{1}{1}$ und $i_s = \frac{1}{1}$ über in: $\frac{40 \cdot 75}{60 \cdot 127} = i_g \cdot \frac{1}{16} \cdot \frac{1}{1} \cdot \frac{1}{1}$; daraus $i_g = \frac{40 \cdot 75 \cdot 16}{60 \cdot 127 \cdot 1} = \frac{800}{127}$. Die Drehspindelsteigung berechnet sich nunmehr nach Gl. (71) zu: $DSt = LSt \cdot i_g = \frac{25{,}4 \cdot 800}{2 \cdot 127} = 80$ mm.

Beispiel 150. Ein Stirnrad-Wälzfräser (Abwälzfräser zum Verzahnen von Stirnrädern) mit 63,28 mm Teilkreisdurchmesser, neun schraubenförmig und zwar linksgängig geschnittenen Längsnuten soll zum Fräsen von Geradzahnstirnrädern Modul 3 mm dienen. Beim Hinterdrehen dieses mit rechtsgängigem Gewinde versehenen Wälzfräsers auf der Hinterdrehmaschine (Abb. 134), soll mit eingeschaltetem Spindelstockvorgelege 1:4 gearbeitet werden. Welche Wechselräder sind an dieser Hinterdrehmaschine für Längsvorschub (Steilgewindeeinrichtung 1:4 eingeschaltet), Nutenzahlen und Schraubensteigung aufzustecken? (Wechselräder Satz Nr. 1, 2 bzw. 3, S. 141.)

Lösung: Abmessungen des Stirnrad-Wälzfräsers.

An Hand der Berechnungstafel 11, S. 157 folgt: $\sin\gamma = \frac{m}{d_0'} = \frac{3}{63,28} = 0,0474;\ \gamma = 2°\,43'$.

Steigungswinkel des Gewindeganges $\gamma = 2°\,43'$. $h = \frac{m\cdot\pi}{\cos\gamma} = \frac{3\cdot\pi}{\cos 2°\,43'} = \frac{9,4248}{0,99888} = 9,435$;

Gewindesteigung, gemessen in der Achsenrichtung $h = 9,435$ mm. $H = \frac{d_0'^2\cdot\pi^2}{h} = \frac{63,28^2\cdot\pi^2}{9,435} = \frac{39521,42}{9,435} = 4188,81$; Schraubensteigung der Längsnut $H = 4188,81$ mm.

[Gl. (107)] $\frac{z_I'\cdot z_{III}'}{z_{II}'\cdot z_{IV}'} = \frac{3\cdot z_f}{10} = \frac{3\cdot 9}{10} = \frac{27}{10} = \frac{3\cdot 9}{2\cdot 5} = \frac{60\cdot 63}{40\cdot 35}$.

Nutenräder: $z_I' = 60$, $z_{II}' = 40$, $z_{III}' = 63$ und $z_{IV}' = 35$ Zähne (Abb. 134).

Drsp. = 9,435 mm Stg.
Ltsp. = $\frac{1}{2}''$ Stg. = $\frac{25,4}{2}$ mm Stg.

[Gl. (68)] $i_g = \frac{DSt}{LSt} = \frac{9,435\cdot 2}{25,4} = \frac{18,870}{25,4}$.

$i_w = i_g\cdot i_{f_2}\cdot\frac{1}{i_{f_1}}\cdot\frac{1}{i_s}$ [Gl. (79)]. Mit der Gesamtübersetzung $i_g = \frac{18,870}{25,4}$, der Vorgelegeübersetzung $i_{f_2} = \frac{1}{4}$, der Herzhebelübersetzung $i_{f_1} = \frac{1}{1}$ und der Schaltübersetzung $i_s = \frac{1}{1}$ folgt:

$$i_w = \frac{18,870}{25,4}\cdot\frac{1}{4}\cdot\frac{1}{1}\cdot\frac{1}{1} = \frac{18,870}{101,6};\quad i_w = \frac{18,870}{101,6}.$$

Unter Zuhilfenahme der Kettenbruchrechnung werde für $\frac{18,870}{101,6}$ der Bruchwert $\frac{177}{953}$ gesetzt. Eine Verkleinerung des Zählers und Nenners dieses Bruches um 1 ergibt den Näherungswert $\frac{176}{952}$; damit: $\frac{176}{952} = \frac{8\cdot 2\cdot 11}{8\cdot 7\cdot 17} = \frac{2\cdot 11}{7\cdot 17} = \frac{10\cdot 77}{49\cdot 85} = \frac{20\cdot 77}{98\cdot 85}$.

Gewinderäder: $z_I = 20$, $z_{II} = 98$, $z_{III} = 77$ und $z_{IV} = 85$ Zähne (Abb. 134).
Da größere Gewindesteigung und eingerückte Steilgewindeeinrichtung vorliegt, ergibt sich für Zeiger *A* Stellung nach rechts (Stellung 2 Abb. 134).

[Gl. (109)] $\frac{z_I''\cdot z_{III}''}{z_{II}''\cdot z_{IV}''} = \frac{3\cdot 25,4\cdot z_f}{H} = \frac{3\cdot 25,4\cdot 9}{4188,91} = \frac{685,8}{4188,81}$.

Unter Zuhilfenahme der Kettenbruchrechnung werde für $\frac{685,8}{4188,81}$ der Bruchwert $\frac{28}{171}$ als Näherungswert gesetzt, also $\frac{685,8}{4188,81} \approx \frac{28}{171}$; damit: $\frac{28}{171} = \frac{4\cdot 7}{9\cdot 19} = \frac{40\cdot 28}{90\cdot 76} = \frac{28\cdot 40}{76\cdot 90}$.

Spiralräder: $z_I'' = 28$, $z_{II}'' = 76$, $z_{III}'' = 40$, $z_{IV}'' = 90$ Zähne (Abb. 134).

XVII. Berechnungstafeln.

Berechnungstafel 1. Umfangsgeschwindigkeit, Durchmesser und Umlaufzahl bei gleichförmiger drehender Bewegung.

Zeile	Berechnung	Maßeinheit v	d	n	Gesucht
1	$v = d \cdot \pi \cdot n$	mm/min	mm	U/min	Umfangsgeschwindigkeit v
2	$v = d \cdot \pi \cdot n$	m/min	m	U/min	
3	$v = \frac{d \cdot \pi \cdot n}{60}$	mm/s	mm	U/min	
4	$v = \frac{d \cdot \pi \cdot n}{60}$	m/s	m	U/min	
5	$d = \frac{v}{\pi \cdot n}$	mm/min	mm	U/min	Durchmesser d
6	$d = \frac{v}{\pi \cdot n}$	m/min	m	U/min	
7	$d = \frac{60 \cdot v}{\pi \cdot n}$	mm/s	mm	U/min	
8	$d = \frac{60 \cdot v}{\pi \cdot n}$	m/s	m	U/min	
9	$n = \frac{v}{d \cdot \pi}$	mm/min	mm	U/min	Umlaufzahl n
10	$n = \frac{v}{d \cdot \pi}$	m/min	m	U/min	
11	$n = \frac{60 \cdot v}{d \cdot \pi}$	mm/s	mm	U/min	
12	$n = \frac{60 \cdot v}{d \cdot \pi}$	m/s	m	U/min	

Diese Berechnungstafel dient gleichzeitig zur Ermittlung der **Schnittgeschwindigkeitsverhältnisse** für sämtliche Werkzeugmaschinen mit drehender Schnittbewegung. Wird in der Gleichung $v = d \cdot \pi \cdot n$ (Zeile 2) der Durchmesser nicht in m, sondern in mm eingesetzt, so erhält man die Gleichung $v = \frac{d \cdot \pi \cdot n}{1000}$ oder $v = \frac{d}{1000} \cdot \pi \cdot n$.

Berechnungstafel 2. Beziehungen zwischen Diametral Pitch, Circular Pitch, Modul und Teilkreisdurchmesser.

Zeile	Gesucht		Berechnung	
1	Diametral Pitch	$\frac{1}{\text{Zoll}}$	$DP = \frac{\pi}{CP} = \frac{1''}{m}$	$\pi = 3{,}14$
2	Circular Pitch	Zoll	$CP = \frac{\pi}{DP} = \frac{\pi \cdot m}{1''}$	$1'' = 25{,}4$ mm
3	Modul	mm	$m = \frac{1''}{DP} = \frac{1'' \cdot CP}{\pi}$	$\frac{1''}{\pi} = 8{,}09''$.
4	Teilkreisdurchmesser	Zoll	$d_0 = \frac{z}{DP} = \frac{z \cdot CP}{\pi}$	

Mit Diametral Pitch (Durchmesserteilung) wird die Anzahl Zahnteilungen auf 1″ Länge des Teilkreisdurchmessers bezeichnet. Mit Circular Pitch (Umfangsteilung) wird die Länge einer Zahnteilung in Zoll auf dem Teilkreisumfang bezeichnet.

Berechnungstafel 3. Bestimmungsgrößen bei Kegelberechnungen.

Abb. 136. Kegelstumpf

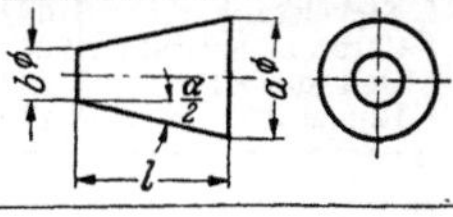

Zeile	Gesucht		Berechnung
1	Größter Kegeldurchmesser	mm	$a = V \cdot l + b$
2			$a = 2 \cdot l \cdot \text{tg}\frac{\alpha}{2} + b$
3	Kleinster Kegeldurchmesser	mm	$b = a - V \cdot l$
4			$b = a - 2 \cdot l \cdot \text{tg}\,\frac{\alpha}{2}$
5	Kegellänge	mm	$l = \frac{a - b}{V}$
6			$l = \frac{a - b}{2 \cdot \text{tg}\,\frac{\alpha}{2}}$

Zeile	Gesucht		Berechnung
7	Halber Kegelwinkel $\frac{\alpha}{2}$ (= Einstellwinkel an der Bearbeitungsmaschine)	Grad	$\text{tg}\,\frac{\alpha}{2} = \frac{a - b}{2 \cdot l}$
8			$\text{tg}\,\frac{\alpha}{2} = \frac{1}{2} \cdot V$
9	Kegelverjüngung (Kegel)		$V = \frac{a - b}{l}$
10			$V = 2 \cdot \text{tg}\,\frac{\alpha}{2}$
11			$V = 2 \cdot N$
12	Kegelverjüngung in Hunderteln	%	$V = \frac{a - b}{l} \cdot 100$
13	Neigung		$N = \frac{a - b}{2 \cdot l}$
14			$N = \frac{1}{2} \cdot V$

Berechnungstafel 4. Radabmessungen bei Geradzahnstirnrädern mit genormter Verzahnung (Räder mit Außenverzahnung).

Praktische Grenzzähnezahlen

$\alpha = 20°$	$z = 14$
$\alpha = 15°$	$z = 25$
Bei kleineren Zähnezahlen muß korrigiert werden	

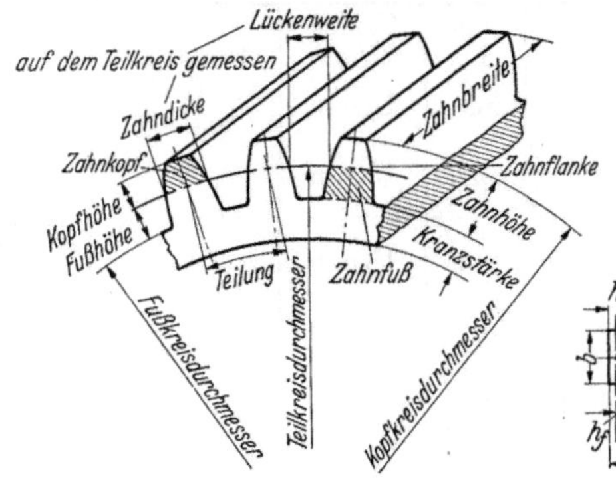

Abb. 137. Bezeichnungen beim Geradzahnstirnrad (Außenrad).

Hauptabmessungen eines Zahnes: achsig die Zahnbreite, tangential die Zahndicke im Teilkreis und radial die Zahnhöhe.

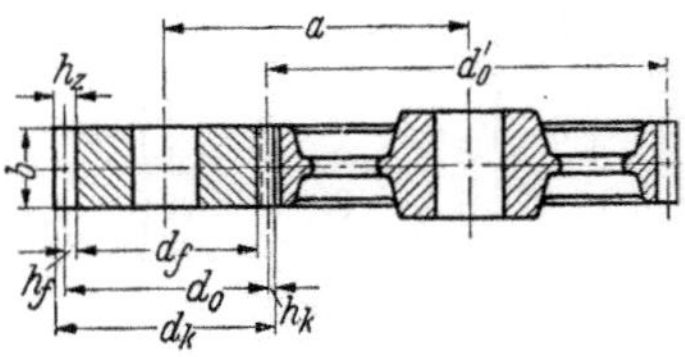

Abb. 138. Verzahnungsmaße beim Geradzahnstirnrad (Außenrad).

Zeile	Gesucht		Berechnungen
1	Modul (Durchmesserteilung) [z' ist die Zähnezahl des 2. Rades]	mm	$m = \frac{t}{\pi} = \frac{d_0}{z} = \frac{d_k}{z+2} = \frac{d_k - d_0}{2} = \frac{2 \cdot a}{z + z'}$
2	Modulreihe für Zahnräder nach DIN 780		siehe unten
3	Teilung (Umfangsteilung, gemessen am Teilkreis)	mm	$t = m \cdot \pi = \frac{d_0 \cdot \pi}{z} = \frac{d_k \cdot \pi}{z+2} = \widehat{s} + \widehat{l}$
4	Teilung (Berechnung auf Grund der Festigkeit)	cm	$t = \sqrt{\frac{P}{\psi \cdot c}}$
5	Wertziffern der zulässigen Werkstoffbeanspruchung (Gilt für Geradzahnstirnräder, Kegelräder und Schrägzahnstirnräder für gleichlaufende Achsen)	kg/cm²	siehe unten
6	Zähnezahl des treibenden Rades		$z = \frac{d_0}{m} = \frac{d_0 \cdot \pi}{t} = \frac{d_k - 2 \cdot m}{m} = \frac{2 \cdot a}{m} - z'$
7	Zähnezahl des getriebenen Rades		$z' = \frac{d_0'}{m} = \frac{d_0' \cdot \pi}{t} = \frac{d_k' - 2 \cdot m}{m} = \frac{2 \cdot a}{m} - z$

Zeile 2 — Modulreihe für Zahnräder nach DIN 780:

0,3	0,9	2,25	3,75	6,5	12	20	36	60
0,4	1	2,5	4	7	13	22	39	65
0,5	1,25	2,75	4,5	8	14	24	42	70
0,6	1,5	3	5	9	15	27	45	75
0,7	1,75	3,25	5,5	10	16	30	50	—
0,8	2	3,5	6	11	18	33	55	—

Zeile 4 — Richtwert ψ für die Zahnbreite wird folgend angenommen:

Krafträder	Gewöhnliche Arbeitsräder	Große Kraftübertragung bei hohen Umlaufzahlen
$\psi = 2$	$\psi = 3$	$\psi = 3$ bis 5

Zeile 5 — Werte von c in kg je cm² für bearbeitete Zähne. (Gleichung: $P = c \cdot b \cdot t$)

Werkstoff	Umfangsgeschwindigkeit v in m/s							
	0,25	0,5	1	2	3	4	5	6
Gußeisen	28	27	26	23	21	19	18	17
Stahlguß	56	54	52	46	42	38	36	34
Schmiedestahl	84	81	78	69	63	57	54	51
Phosphorbronze	48	46	44	39	36	32	31	29
Rotguß	36	35	34	30	27	25	23	22
Nickelstahl	168	162	156	138	126	114	108	102
Chromnickelstahl	224	216	208	184	168	152	144	136
Deltametall	73	70	68	60	55	49	47	44
Rohhaut	17	16	16	14	13	11	11	10

Werkstoff	7	8	9	10	11	12-15
Gußeisen	16	14	13	12	11	10
Stahlguß	32	28	26	24	22	20
Schmiedestahl	48	42	39	36	33	30
Phosphorbronze	27	24	22	20	19	17
Rotguß	21	18	17	16	14	13
Nickelstahl	96	84	78	72	66	60
Chromnickelstahl	128	112	104	96	88	80
Deltametall	42	36	34	31	29	26
Rohhaut	10	8	8	7	7	6

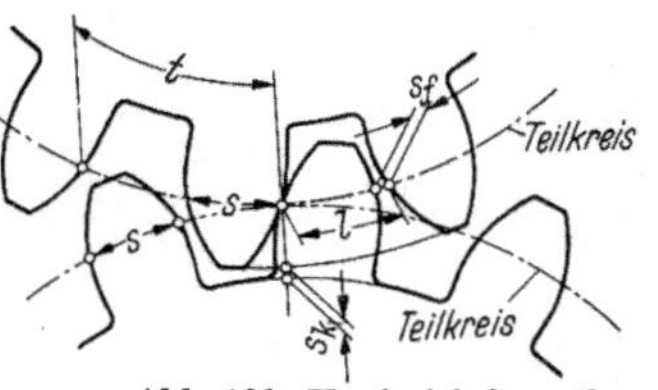

Abb. 139. Kopfspiel S_k und Flankenspiel S_f.

Fortsetzung von Berechnungstafel 4.

Zeile	Gesucht			Berechnung	
8	Zahnabmessungen	Kopfhöhe	mm	$h_k = 1 \cdot m = \frac{6}{6} \cdot m$	**Kopfspiel** S_k ist das im Profilbild zu messende Spiel zwischen Kopflinie und Fußlinie von Rad und Gegenrad. Radiales Kopfspiel $S_k = 0{,}166 \cdot m = \frac{1}{6} \cdot m$.
9		Fußhöhe	mm	$h_f = 1{,}166 \cdot m = \frac{7}{6} \cdot m$	
10		Zahnhöhe (Frästiefe)	mm	$h_z = 2{,}166 \cdot m = \frac{13}{6} \cdot m$	
11		Zahndicke (Gemessen als Bogenlänge am Teilkreis)	mm	$\widehat{s} = \frac{t}{2} = \frac{m \cdot \pi}{2}$ (Bei spielfreiem Eingriff im Teilkreis)	**Flankenspiel** S_f dient zur Berücksichtigung von Teil- und Formfehlern der Flanken, des außermittigen Laufes, der Schmierung und der Erwärmung und erstreckt sich auf die ganze Flanke.
12		Zahnlücke (Gemessen als Bogenlänge am Teilkreis)	mm	$\widehat{l} = \frac{t}{2} = \frac{m \cdot \pi}{2}$ (Bei spielfreiem Eingriff im Teilkreis)	
13		Übliches Flankenspiel S_f bei Stirnradverzahnungen (Fa. Pfauter, Chemnitz).	mm	siehe folgende Tafel	

Modul	1	1,5	2	2,5	3	4
Kleinstwert	0,05	0,05	0,075	0,075	0,1	0,13
Mittel	0,075	0,075	0,1	0,1	0,13	0,18
Höchstwert	0,1	0,1	0,13	0,13	0,15	0,2

Modul	5	6	8	10	12	16	24
Kleinstwert	0,15	0,2	0,25	0,3	0,4	0,5	0,75
Mittel	0,2	0,25	0,3	0,4	0,5	0,7	1
Höchstwert	0,25	0,3	0,4	0,5	0,6	0,8	1,25

Zeile	Gesucht		Für Krafträder	Für gewöhnliche Arbeitsräder	Für große Kraftübertragung bei hohen Umlaufzahlen
14	Zahnbreite	mm	$b = 6 \cdot m$	$b = 10 \cdot m$	$b = 10 \cdot m$ bis $15 \cdot m$

Zeile	Gesucht		Berechnung
15	Kranzstärke	mm	$k =$ mindestens $1{,}6 \cdot m$
16	Teilkreisdurchmesser	mm	$d_0 = z \cdot m = d_k - 2 \cdot m = \frac{z \cdot d_k}{z + 2}$
17	Teilkreisdurchmesser des treibenden Rades	mm	$d_0 = \frac{2 \cdot a \cdot i}{1 + i}$; $i = \frac{z}{z'} =$ Übersetzungsverhältnis des Räderpaares
18	Teilkreisdurchmesser des getriebenen Rades	mm	$d_0' = \frac{2 \cdot a}{1 + i}$
19	Kopfkreisdurchmesser (Drehmaß)	mm	$d_k = d_0 + 2 \cdot m = m \cdot (z + 2)$
20	Fußkreisdurchmesser	mm	$d_f = d_0 - 2 \cdot 1{,}166 \cdot m = m \cdot (z - 2{,}332)$
21	Achsenabstand (Abb. 138; d_0' und z' sind Abmessungen des zweiten Rades)	mm	$a = \frac{d_0 + d_0'}{2} = m \cdot \left(\frac{z + z'}{2}\right)$
22	Umfangsgeschwindigkeit des Teilkreises (zur Bestimmung der „c"-Wertziffer, Zeile 5)	m/s	$v = \frac{d_0 \cdot \pi \cdot n}{60 \cdot 1000}$
23	Zahndruck	kg	$P = \frac{75 \cdot N}{v} = \frac{1432000 \cdot N}{n \cdot d_0} = c \cdot b \cdot t$

Bemerkungen: Zu Zeile 1: Es ist stets zweckmäßig, den Modul m den für Stirnräder genormten Modulwerten (Zeile 2) zu entnehmen, um die vorhandenen Profilwerkzeuge verwenden zu können. Zu Zeile 8 bis 13: Flankenspiel ist das Spiel im Teilkreis (Zahnluft) bei bearbeiteten Verzahnungen; es ist zu messen, wenn die beiden Teilkreise aufeinander liegen. Haben Zahnräder festen, unverstellbaren Achsenabstand, so ist bei Geradzahnstirn- und Kegelrädern die errechnete Zahndicke (auf dem Teilkreis im Bogen gemessen) bei beiden Rädern um folgende Werte zu vermindern:

Modul (mm)	2—2,5	2,5—4	4—5	5—8	8—12	12—15	15—25
Zahndicke ist zu vermindern um (mm)	0,05	0,08	0,10	0,12	0,20	0,23	0,25
Erzieltes Spiel = Zahnluft (mm)	0,05 bis 0,1	0,10 bis 0,15	0,15 bis 0,20	0,20 bis 0,25	0,30 bis 0,40	0,35 bis 0,45	0,40 bis 0,50

Wechselräder werden mit geringster Zahnluft eingebaut, dürfen aber nicht klemmen. Die Zahndicke soll gleich dem errechneten Wert sein, also ohne jeden Abzug für Zahnluft. Zu Zeile 23: N = Nutzleistung an der Radwelle (PS = mkg/s); n = Umdrehungszahl der Radwelle (U/min); c = Wertziffer für die Werkstoffbeanspruchung (Zeile 5).

Berechnungstafel 5. Radabmessungen bei Schrägzahnstirnrädern mit genormter Verzahnung (Räder für gleichlaufende Wellen).

Praktische Grenzzähnezahlen für $\alpha = 20°$

z' =	14	13	12	11	10
$\beta \approx$	0°	13°	19°	23°	28°
z' =	9	8	7	6	5
$\beta \approx$	32°	35°	39°	43°	47°

Bei kleineren Zähnezahlen muß korrigiert werden.

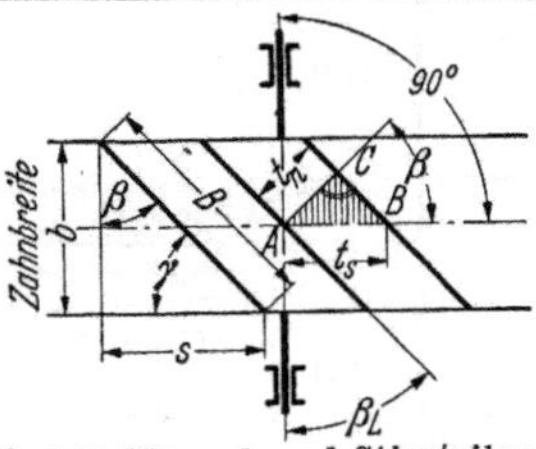

Abb. 140. Normal- und Stirnteilung beim Schrägzahnstirnrad.

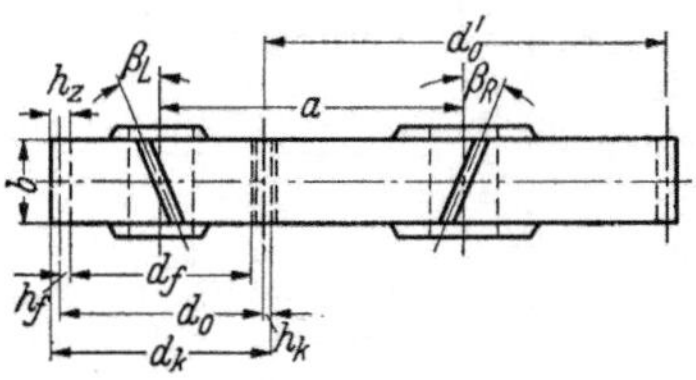

Abb. 141. Bezeichnungen beim Schrägzahnstirnrad (Gleichlaufende Wellen).

Zeile	Gesucht			Berechnungen
1	Normalmodul (Werkzeugmodul)		mm	$m_n = m_s \cdot \cos\beta = \frac{t_n}{\pi} = \frac{t_s \cdot \cos\beta}{\pi} = \frac{d_0 \cdot \cos\beta}{z} = \frac{d_k \cdot \cos\beta}{z + 2 \cdot \cos\beta}$
2	Stirnmodul [z' ist die Zähnezahl des zweiten Rades]		mm	$m_s = \frac{m_n}{\cos\beta} = \frac{t_s}{\pi} = \frac{t_n}{\pi \cdot \cos\beta} = \frac{d_0}{z} = \frac{d_k}{z + 2 \cdot \cos\beta} = \frac{2 \cdot a}{z + z'}$
3	Normalteilung (Werkzeugteilung)		mm	$t_n = m_n \cdot \pi = m_s \cdot \pi \cdot \cos\beta = t_s \cdot \cos\beta = \frac{d_0 \cdot \pi \cdot \cos\beta}{z} = \frac{d_k \cdot \pi \cdot \cos\beta}{z + 2 \cdot \cos\beta}$
4	Normalteilung (Berechnung auf Grund der Festigkeit)		cm	$t_n = \sqrt{\frac{P}{\psi \cdot c}}$ Richtwert ψ für die Zahnbreite siehe Z. 4, B.T. 4, S. 146. Wertziffer c für die Werkstoffbeanspruchung siehe Z. 5, B. T. 4, S. 146.
5	Stirnteilung		mm	$t_s = m_s \cdot \pi = \frac{m_n \cdot \pi}{\cos\beta} = \frac{t_n}{\cos\beta} = \frac{d_0 \cdot \pi}{z} = \frac{d_k \cdot \pi}{z + 2 \cdot \cos\beta}$
6	Zähnezahl			$z = \frac{d_0}{m_s} = \frac{d_0 \cdot \pi}{t_s} = \frac{d_0 \cdot \cos\beta}{m_n} = \frac{(d_k - 2 \cdot m_n) \cdot \cos\beta}{m_n}$
7	Zahnabmessungen	Kopfhöhe	mm	$h_k = 1 \cdot m_n = \frac{6}{6} \cdot m_n$
8		Fußhöhe	mm	$h_f = 1{,}166 \cdot m_n = \frac{7}{6} \cdot m_n$
9		Zahnhöhe (Frästiefe)	mm	$h_z = 2{,}166 \cdot m_n = \frac{13}{6} \cdot m_n$
10		Zahndicke (Gemessen als Bogenlänge am Teilkreis)	mm	$\widehat{s} = \frac{t_n}{2} = \frac{m_n \cdot \pi}{2}$ (Bei spielfreiem Eingriff im Teilkreis)
11		Zahnlücke (Gemessen als Bogenlänge am Teilkreis)	mm	$\widehat{l} = \frac{t_n}{2} = \frac{m_n \cdot \pi}{2}$ (Bei spielfreiem Eingriff im Teilkreis)
12		Zahnbreite	mm	gewöhnlich $b \approx 10 \cdot m_n$

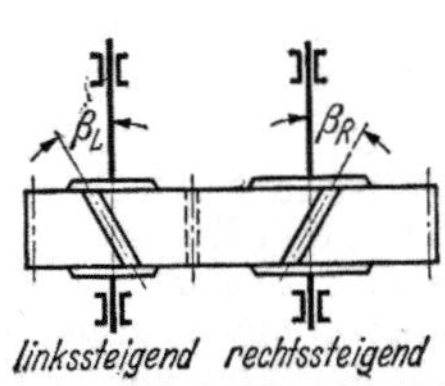

Abb. 142. Schrägungswinkel bei Schrägzahnstirnrädern für gleichlaufende Wellen.

Fortsetzung von Berechnungstafel 5.

Zeile	Gesucht		Berechnungen
13	Kranzstärke	mm	mindestens $1{,}6 \cdot m_n$
14	Teilkreisdurchmesser	mm	$d_0 = z \cdot m_s = \frac{z \cdot m_n}{\cos\beta} = d_k - 2 \cdot m_n = \frac{z \cdot d_k}{z + 2 \cdot \cos\beta}$
15	Kopfkreisdurchmesser (Drehmaß)	mm	$d_k = d_0 + 2 \cdot m_n = m_n \cdot \left(\frac{z}{\cos\beta} + 2\right) = d_0 \cdot \left(1 + \frac{2 \cdot \cos\beta}{z}\right)$
16	Fußkreisdurchmesser	mm	$d_f = d_0 - 2 \cdot 1{,}166 \cdot m_n$
17	Schrägungswinkel (Abb. 140)	Grad	$\cos\beta = \frac{m_n}{m_s} = \frac{t_n}{t_s} = \frac{z \cdot m_n}{d_0} = \frac{z \cdot m_n}{d_k - 2 \cdot m_n}$
18	Schrägungswinkel (Abb. 142)	Grad	$\beta_R = \beta_L$ (gewöhnlich $19^\circ 28'$; Grenzwerte: 10° bis höchstens 20°)
19	Steigungswinkel (Abb. 140)	Grad	$\gamma = 90^\circ - \beta$ Während der Schrägungswinkel β den Winkel zwischen Flankenlinie und Richtung der Radachse angibt, stellt der Steigungswinkel γ den Winkel zwischen Flankenlinie und Tangente dar. Beide Winkel ergänzen sich zu 90° Der größte tangentiale Abstand s innerhalb einer Flankenlinie wird als Sprung bezeichnet.
20	Achsenabstand (d_0' u. z' sind die Abmessungen des zweiten Rades)	mm	$a = \frac{d_0 + d_0'}{2} = m_s \cdot \left(\frac{z + z'}{2}\right) = \frac{m_n}{\cos\beta} \cdot \left(\frac{z + z'}{2}\right)$
21	Schraubensteigung je Umdrehung (Steigung der Flankenlinie des Zahnes)	mm	$H = d_0 \cdot \pi \cdot \operatorname{ctg}\beta = z \cdot m_s \cdot \pi \cdot \operatorname{ctg}\beta = \frac{z \cdot m_n \cdot \pi}{\sin\beta}$
22	Zahndruck	kg	$P = \frac{75 \cdot N}{v} = \frac{1432000 \cdot N}{n \cdot d_0} = c \cdot b \cdot t_n$ | $v = \frac{d_0 \cdot \pi \cdot n}{60 \cdot 1000}$

Bemerkungen: Zu Zeile 1: Es ist stets zweckmäßig, den Modul der Normalteilung m_n den für Stirnräder genormten Modulwerten (Z. 2, B.T. 4, S. 146) zu entnehmen, um die vorhandenen Profilwerkzeuge verwenden zu können. Zu Zeile 21: N = Nutzleistung an der Radwelle (PS = mkg/s); n = Umdrehungszahl der Radwelle (U/min); c = Wertziffer für die Werkstoffbeanspruchung (Z. 5, B.T. 4, S. 146).

Berechnungstafel 6. Radabmessungen bei Schrägzahnstirnrädern mit genormter Verzahnung (Räder für gekreuzte Wellen).

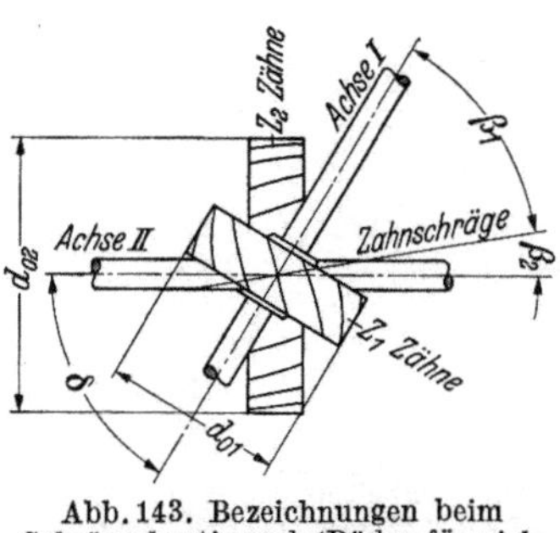

Abb. 143. Bezeichnungen beim Schrägzahnstirnrad (Räder für sich unter beliebigem Winkel δ kreuzende Achsen).

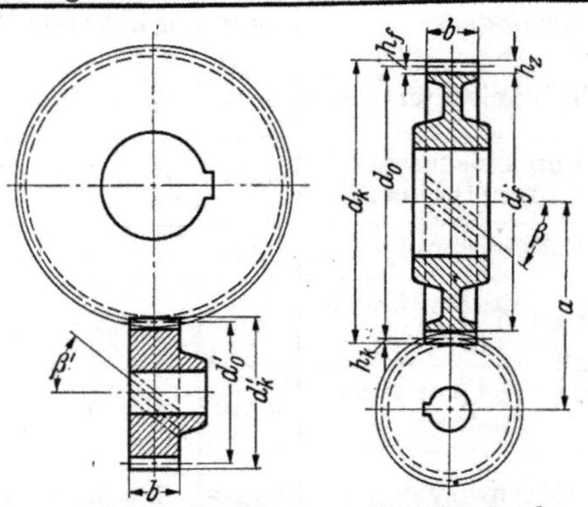

Abb. 144. Bezeichnungen beim Schrägzahnstirnrad (Räder für unter 90° gekreuzte Wellen).

Zeile	Gesucht		Berechnungen
1	Normalmodul (Werkzeugmodul)	mm	$m_n = m_s \cdot \cos\beta = \frac{t_n}{\pi} = \frac{t_s \cdot \cos\beta}{\pi} = \frac{d_0 \cdot \cos\beta}{z} = \frac{d_k \cdot \cos\beta}{z + 2 \cdot \cos\beta}$

Fortsetzung von Berechnungstafel 6.

Zeile	Gesucht		Berechnungen	
2	Stirnmodul	mm	$m_s = \frac{m_n}{\cos\beta} = \frac{t_s}{\pi} = \frac{t_n}{\pi \cdot \cos\beta} = \frac{d_0}{z} = \frac{d_k}{z + 2 \cdot \cos\beta}$	
3	Normalteilung (Werkzeugteilung)	mm	$t_n = m_n \cdot \pi = m_s \cdot \pi \cdot \cos\beta = t_s \cdot \cos\beta = \frac{d_0 \cdot \pi \cdot \cos\beta}{z} = \frac{d_k \cdot \pi \cdot \cos\beta}{z + 2 \cdot \cos\beta}$	
4	Normalteilung (Berechnung auf Grund d. Festigkeit)	cm	$t_n = \sqrt{\frac{P}{\psi \cdot c}}$	Richtwert ψ für die Zahnbreite siehe Z. 4, B.T. 4, S. 146. Werte für „c" siehe folgende Zeile 5.
5	Wertziffern der zulässigen Werkstoffbeanspruchung	kg/cm²	$v_g =$ 1 | 2 | 3 | 4 | 5 | 6 | 7 | 8 | 9 | 10 m/sec $c =$ 26 | 21 | 17 | 14 | 12 | 10 | 9 | 8 | 7 | 6 kg/cm² Die Werte dieser Zahlentafel gelten nur dann, wenn Treibrad aus Stahl und getriebenes Rad aus Bronze; sollen beide Räder aus Gußeisen gefertigt werden, so sind die Werte dieser Zahlentafel mit 0,6 zu multiplizieren.	
6	Stirnteilung	mm	$t_s = m_s \cdot \pi = \frac{m_n \cdot \pi}{\cos\beta} = \frac{t_n}{\cos\beta} = \frac{d_0 \cdot \pi}{z} = \frac{d_k \cdot \pi}{z + 2 \cdot \cos\beta}$	
7	Zähnezahl		$z = \frac{d_0}{m_s} = \frac{d_0 \cdot \pi}{t_s} = \frac{d_0 \cdot \cos\beta}{m_n} = \frac{(d_k - 2 \cdot m_n) \cdot \cos\beta}{m_n}$	
8	Zahnabmessungen: Kopfhöhe	mm	$h_k = 1 \cdot m_n = \frac{6}{6} \cdot m_n$	Wie bei Geradzahnstirnrädern ist auch hier das **Kopfspiel** S_k gleich dem Abstand des Kopfkreises vom Fußkreis des Gegenrades. $S_k = h_f - h_k$. Bei bearbeiteten Zähnen ist $h_k = m_n$ und $h_f = 1{,}1$ bis $1{,}3\ m_n$; $h_z = 2{,}1$ bis $2{,}3\ m_n$; $S_k = 0{,}1$ bis $0{,}3\ m_n$. Nach DIN 780 wird $h_f = 1{,}2\ m_n$ und $h_z = 2{,}2\ m_n$ vorgeschlagen; damit wird $S_k = 0{,}2\ m_n$.
9	Zahnabmessungen: Fußhöhe	mm	$h_f = 1{,}166 \cdot m_n = \frac{7}{6} \cdot m_n$	
10	Zahnabmessungen: Zahnhöhe (Frästiefe)	mm	$h_z = 2{,}166 \cdot m_n = \frac{13}{6} \cdot m_n$	
11	Zahnabmessungen: Zahndicke (Gemessen als Bogenlänge am Teilkreis)	mm	$\widehat{s} = \frac{t_n}{2} = \frac{m_n \cdot \pi}{2}$ (Bei spielfreiem Eingriff im Teilkreis)	
12	Zahnabmessungen: Zahnlücke (Gemessen als Bogenlänge am Teilkreis)	mm	$\widehat{l} = \frac{t_n}{2} = \frac{m_n \cdot \pi}{2}$ (Bei spielfreiem Eingriff im Teilkreis)	
13	Zahnabmessungen: Zahnbreite	mm	gewöhnlich $b \approx 10 \cdot m_n$	
14	Kranzstärke	mm	mindestens $1{,}6 \cdot m_n$	
15	Teilkreisdurchmesser	mm	$d_0 = z \cdot m_s = \frac{z \cdot m_n}{\cos\beta} = d_k - 2 \cdot m_n = \frac{z \cdot d_k}{z + 2 \cdot \cos\beta}$	
16	Kopfkreisdurchmesser (Drehmaß)	mm	$d_k = d_0 + 2 \cdot m_n = m_n \cdot \left(\frac{z}{\cos\beta} + 2\right) = d_0 \cdot \left(1 + \frac{2 \cdot \cos\beta}{z}\right)$	
17	Fußkreisdurchmesser	mm	$d_f = d_0 - 2 \cdot 1{,}166 \cdot m_n = m_n \cdot (z - 2{,}332)$	
18	Schrägungswinkel: des treibenden Rades	Grad	$\beta_1 = \delta - \beta_2$	$\operatorname{tg}\beta_1 = \frac{\frac{u}{i} - \cos\delta}{\sin\delta}$; $\operatorname{tg}\beta_2 = \frac{\frac{i}{u} - \cos\delta}{\sin\delta}$. Hierin bedeutet $i = z/z'$ ein beliebiges Übersetzungsverhältnis und $u = d_0/d_0'$ ein gleichfalls beliebiges Verhältnis der beiden Teilkreisdurchmesser zweier zusammenarbeitender Schrägzahnstirnräder. Beide Räder müssen entweder rechts- oder linksgängig geschnitten werden!
19	Schrägungswinkel: des getriebenen Rades	Grad	$\beta_2 = \delta - \beta_1$	
20	Achsenwinkel	Grad	$\delta = \beta_1 + \beta_2$	
21	Achsenabstand (d_0' und z' sind die Abmessungen des zweiten Rades)	mm	$a = \frac{d_0 + d_0'}{2} = \frac{1}{2} \cdot (z \cdot m_s + z' \cdot m_s') = \frac{m_n}{2} \cdot \left(\frac{z}{\cos\beta_1} + \frac{z'}{\cos\beta_2}\right)$	

Fortsetzung von Berechnungstafel 6.

Zeile	Gesucht		Berechnungen
22	Schraubensteigung je Umdrehung (Steigung der Flankenlinie des Zahnes)	mm	$H = d_0 \cdot \pi \cdot \operatorname{ctg} \beta = z \cdot m_s \cdot \pi \cdot \operatorname{ctg} \beta = \frac{z \cdot m_n \cdot \pi}{\sin \beta}$
23	Umfangsgeschwindigkeit des Teilkreises	m/s	$v = \frac{d_0 \cdot \pi \cdot n}{60 \cdot 1000}$
24	Gleitgeschwindigkeit (zur Bestimmung der Wertziffer „c", Z. 5, B.T. 6, S. 149)	m/s	$v_g = \frac{v}{\sin \beta} = \frac{d_0 \cdot \pi \cdot n}{60000 \cdot \sin \beta}$
25	Zahndruck	kg	$P = \frac{75 \cdot N}{v} = \frac{1432000 \cdot N}{n \cdot d_0} = c \cdot b \cdot t_n$

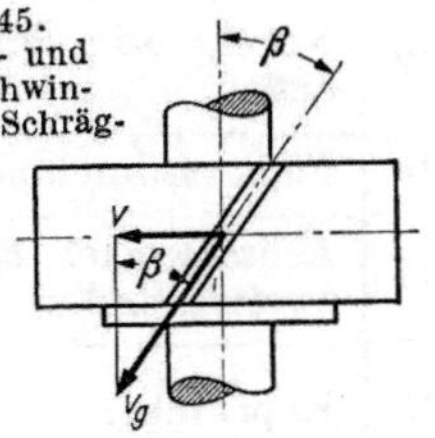

Abb. 145. Umfangs- und Gleitgeschwindigkeit bei Schrägzahnstirnrädern für gekreuzte Wellen.

Bemerkungen: Zu Zeile 1: Es ist stets zweckmäßig, den Modul der Normalteilung m_n den für Stirnräder genormten Modulwerten (Z. 2, B.T. 4, S. 146) zu entnehmen, um die vorhandenen Profilwerkzeuge verwenden zu können. Zu Zeile 25: N = Nutzleistung an der Radwelle (PS = mkg/s); n = Umdrehungszahl der Radwelle (U/min); c = Wertziffer für die Werkstoffbeanspruchung (Z. 5, B.T. 6, S. 149).

Berechnungstafel 7. Radabmessungen bei Geradzahnkegelrädern mit genormter Verzahnung (Räder für Achsenwinkel $\delta = 90°$).

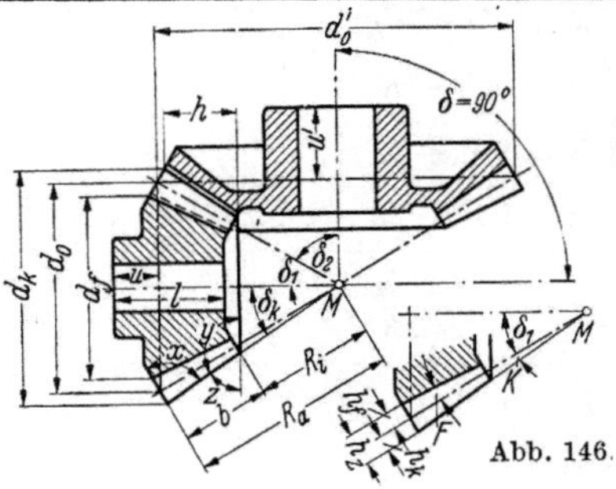

Abb. 146.

Praktische Grenzzähnezahlen für 20° Eingriffswinkel.

$\delta_1 =$	<15°	≧15°	≧27°	≧35°	≧42°
$z =$	14	13	12	11	10

Bei kleineren Zähnezahlen muß korrigiert werden.

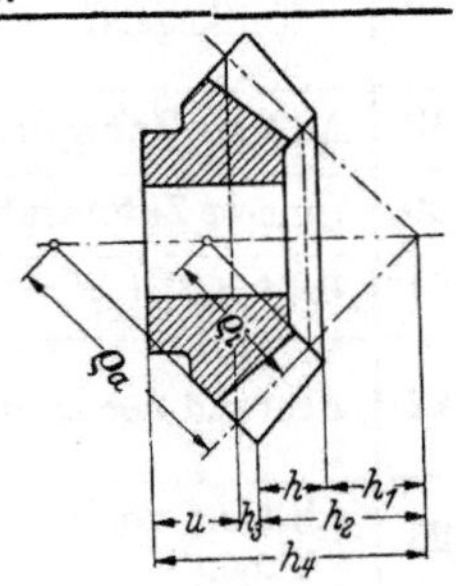

Abb. 147.

Abb. 146 bis 147. Bezeichnungen beim Geradzahnkegelrad.

Zeile	Gesucht				Berechnungen
1	Modul (außen)			mm	$m = \frac{t}{\pi} = \frac{d_0}{z}$
2	Teilung (außen)			mm	$t = m \cdot \pi = \frac{d_0 \cdot \pi}{z}$
3	Zähnezahl				$z = \frac{d_0}{m}$
4	Zahnabmessungen	Kopfhöhe (außen)	Die Angabe, z. B. „Kopfhöhe **(außen)**" bedeutet: „Höhe des Zahnkopfes **des äußeren Zahnprofiles** in mm".	mm	$h_k = 1 \cdot m = \frac{6}{6} \cdot m$
5		Fußhöhe (außen)		mm	$h_f = 1{,}166 \cdot m = \frac{7}{6} \cdot m$
6		Zahnhöhe (außen)		mm	$h_z = 2{,}166 \cdot m = \frac{13}{6} \cdot m$
7		Zahndicke (außen)		mm	$\widehat{s} = \frac{t}{2} = \frac{m \cdot \pi}{2}$
8		Zahnlücke (außen)		mm	$\widehat{l} = \frac{t}{2} = \frac{m \cdot \pi}{}$
9		Zahnbreite (Höchstwert für gefräste Geradzahnkegelräder)		mm	$b = \frac{d_0}{6 \cdot \sin \delta_1} = \frac{z \cdot m}{6 \cdot \text{in}\, \delta_1}$

Fortsetzung von Berechnungstafel 7.

Zeile	Gesucht		Berechnungen
10	Teilkreisdurchmesser (außen)	mm	$d_0 = z \cdot m = 2 \cdot R_a \cdot \sin \delta_1$
11	Kegelwinkel (z' und d_0' sind die Abmessungen des zweiten Rades)	Grad	$\operatorname{tg} \delta_1 = \frac{z}{z'} = \frac{d_0}{d_0'}$
12	Kopfkreisdurchmesser (Drehmaß außen)	mm	$d_k = d_0 + 2 \cdot m \cdot \cos \delta_1$
13	Fußkreisdurchmesser	mm	$d_f = d_0 - 2 \cdot 1{,}166 \cdot m \cdot \cos \delta_1$
14	Achsenwinkel (δ_2 = Kegelwinkel des zweiten Rades)	Grad	$\delta = \delta_1 + \delta_2 = 90°$
15	Kopfwinkel	Grad	$\operatorname{tg} K = \frac{h_k}{R_a} = \frac{m}{R_a} = \frac{2 \cdot \sin \delta_1}{z}$
16	Zahnfußwinkel	Grad	$\operatorname{tg} F = \frac{h_f}{R_a} = \frac{1{,}166 \cdot m}{R_a} = \frac{2{,}333 \cdot \sin\delta_1}{z}$
17	Kopfkegelwinkel (Drehwinkel)	Grad	$\delta_k = \delta_1 + K$
18	Spitzenentfernung (Mantellänge des Teilkegels)	mm	außen: $R_a = \frac{d_0}{2 \cdot \sin \delta_1} = \frac{1}{2}\sqrt{(d_0)^2 + (d_0')^2}$ innen: $R_i = R_a - b$
19	Äußerer Zahnwinkel	Grad	$x = 90° - K$
20	Innerer Zahnwinkel	Grad	$y = 90° + \delta_k$
21	Prüfwinkel	Grad	$z = 90° - \delta_k$
22	Abstand der Drehkanten	mm	$h = b \cdot \frac{\cos \delta_k}{\cos K}$
23	Abstand von Kegelspitze bis Kopfkreis innen	mm	$h_1 = h_2 - h$
24	Abstand von Kegelspitze bis Kopfkreis außen	mm	$h_2 = \frac{d_k}{2 \cdot \operatorname{tg} \delta_k}$
25	Abstand von Teilkreis bis Kopfkreis (außen)	mm	$h_3 = h_k \cdot \sin \delta_1$
26	Rückenlänge des kleinen Rades	mm	$u = \frac{d_0}{15} + 6$
27	Abstand von Kegelspitze bis Rückenseite	mm	$h_4 = h_2 + h_3 + u$
28	Rückenlänge des großen Rades	mm	$u' = \frac{1{,}25 \cdot u}{i}$ | $i = \frac{z}{z'} = \frac{d_0}{d_0'}$
29	Nabenlänge	mm	$l = 1{,}2 \cdot d$ bis $1{,}5 \cdot d$ (d = Wellendurchmesser)
30	Halbmesser des äußeren Ergänzungskegels	mm	$\varrho_a = R_a \cdot \operatorname{tg} \delta_1 = \frac{d_0}{2 \cdot \cos \delta_1}$
31	Halbmesser des inneren Ergänzungskegels	mm	$\varrho_i = (R_a - b) \cdot \operatorname{tg} \delta_1$

Bemerkung: Zu Zeile 1: Es ist stets zweckmäßig, den Modul m den für Stirnräder genormten Modulwerten (Z. 2, B.T. 4, S. 146) zu entnehmen, um die vorhandenen Profilwerkzeuge verwenden zu können.

Berechnungstafel 8. Kegelwinkel δ_1 und δ_2 bei Geradzahnkegelrädern (genormte Verzahnung) mit verschiedenem Achsenwinkel δ.

Zeile	Getriebeausführung	Berechnung		
1	Die beiden Geradzahnkegelräder schneiden sich unter einem Achsenwinkel von $\delta = 90°$ (Abb. 148)	Abb. 148. 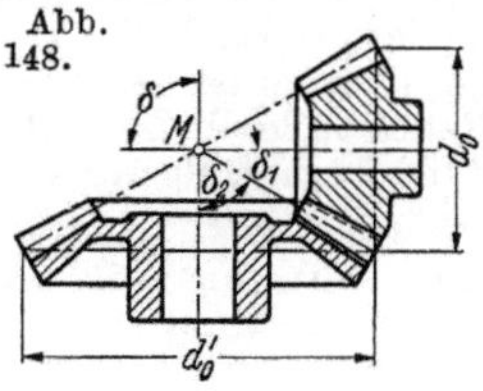	$\operatorname{tg}\delta_1 = \frac{z}{z'} = \frac{d_0}{d_0'}$	
2			$\operatorname{tg}\delta_2 = \frac{z'}{z} = \frac{d_0'}{d_0}$	
3	Die beiden Geradzahnkegelräder schneiden sich unter einem Achsenwinkel δ, der kleiner als 90° ist (Abb. 149)	Abb. 149. 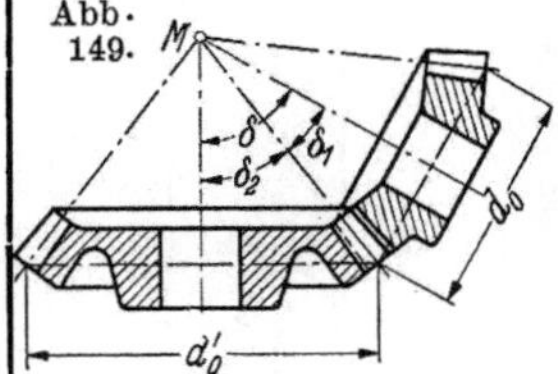	$\operatorname{ctg}\delta_1 = \frac{z'}{z\cdot\sin\delta} + \operatorname{ctg}\delta$ siehe Fußnote [1]	Bei $z = z'$ wird $\delta_1 = \delta_2 = \frac{\delta}{2}$
4			$\operatorname{ctg}\delta_2 = \frac{z}{z'\cdot\sin\delta} + \operatorname{ctg}\delta$	
5	Die beiden Geradzahnkegelräder schneiden sich unter einem Achsenwinkel δ, der größer als 90° ist. Achsenschnittpunkt liegt **über** der Teilkreisebene des großen Rades (Abb. 105)	Abb. 150. 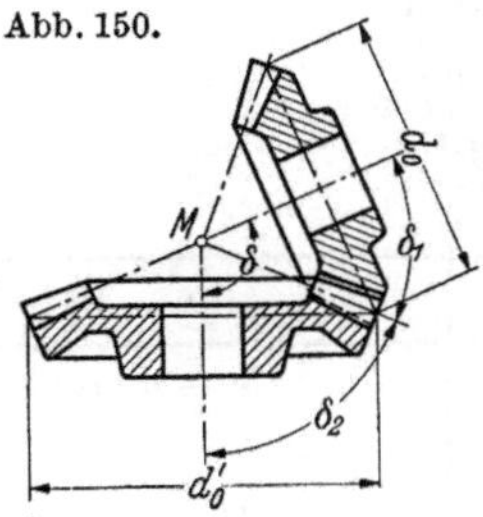	Berechnung des Kegelwinkels δ_1 nach Zeile 3 dieser Tafel.	
6			Berechnung des Kegelwinkels δ_2 nach Zeile 4 dieser Tafel.	
7	Die beiden Geradzahnkegelräder schneiden sich unter einem Achsenwinkel δ, der größer als 90° ist. Achsenschnittpunkt liegt **auf** der Teilkreisebene des großen Rades (Abb. 151)	Abb. 151. 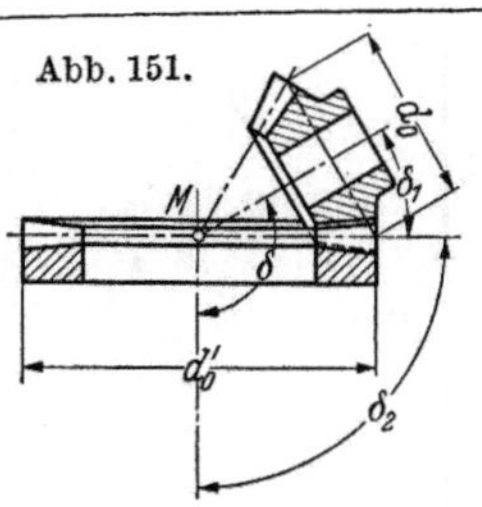	$\delta_1 = \delta - 90°$	Der Fall ist nur anzuwenden, wenn das Verhältnis $\sin\delta_1 = \frac{z}{z'}$ vorliegt.
8			$\delta_2 = 90°$	
9	Die beiden Geradzahnkegelräder schneiden sich unter einem Achsenwinkel δ, der größer als 90° ist. Achsenschnittpunkt liegt **unter** der Teilkreisebene des großen Rades (Abb. 152)	Abb. 152. 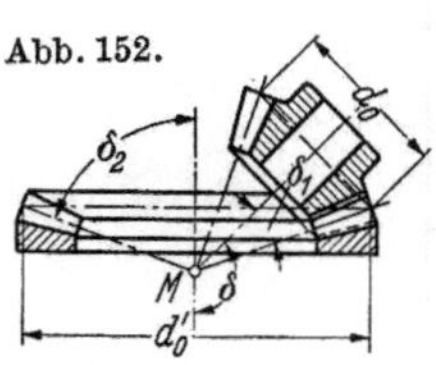	Berechnung des Kegelwinkels δ_1 nach Zeile 3 dieser Tafel.	
10			Berechnung des Kegelwinkels δ_2 nach Zeile 4 dieser Tafel.	

[1] Liegt der Achsenwinkel δ zwischen 90 und 180°, so ergibt sich für Cotangens ein negativer Wert. Die Funktion eines solch stumpfen Winkels ist gleich derselben Funktion, von der er sich von 180° unterscheidet. So geht Z. 4 dieser Berechnungstafel mit $z = 43$, $z' = 35$ und $\delta = 102°$ über in: $\operatorname{ctg}\delta_2 = \frac{z}{z'\cdot\sin\delta} + \operatorname{ctg}\delta = \frac{43}{35\cdot\sin 102°} + \operatorname{ctg} 102° = \frac{43}{35\cdot\sin 78°} - \operatorname{ctg} 78° = \frac{43}{35\cdot 0{,}97815} - 0{,}21256 = 1{,}2560 - 0{,}21256 = 1{,}0434$; $\operatorname{ctg}\delta_2 = 1{,}0434$; $\delta_2 = 43°\,48'$.

Bemerkungen: Zu Zeile 3: Für den praktisch häufig vorkommenden Fall, daß die Achsen der beiden Geradzahnkegelräder rechtwinkelig zueinander stehen ($\delta = 90°$), wird, da $\sin 90° = 1$ und $\operatorname{ctg} 90° = 0$, $\operatorname{ctg} \delta_1 = \frac{z'}{z}$ oder $\operatorname{tg} \delta_1 = \frac{z}{z'}$ (Z. 11, B.T. 7, S. 151). Zu Zeile 5 und 6: Ist der Wert für $z' \cdot \sin(\delta - 90°)$ kleiner als z, so ist der Achsenschnittpunkt nach Abb. 150 über die Teilkreisebene des großen Rades zu legen. Zu Zeile 9 und 10: Ist der Wert für $z' \cdot \sin(\delta - 90°)$ größer als z, so ist der Achsenschnittpunkt nach Abb. 152 unter die Teilkreisebene des großen Rades zu legen. Alle übrigen Radabmessungen können, wie bisher, an Hand der Berechnungstafel 7 ermittelt werden.

Berechnungstafel 9. Gewindeabmessungen bei Schnecken mit genormter Verzahnung.

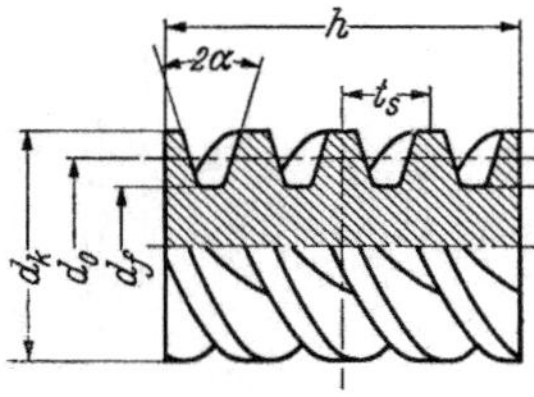

Abb. 153. Bezeichnungen bei einem **vierfachen** Schneckengewinde.

Schnecke und Schneckenradfräser müssen genau formengleich sein. Es ist deshalb vorteilhaft, wenn die Abmessungen der Schnecke nach vorhandenen Fräswerkzeugen gewählt werden. Kopfkreisdurchmesser d_k und Fußkreisdurchmesser d_f der Schnecke sind um das Kopfspiel kleiner als bei dem Schneckenradfräser.

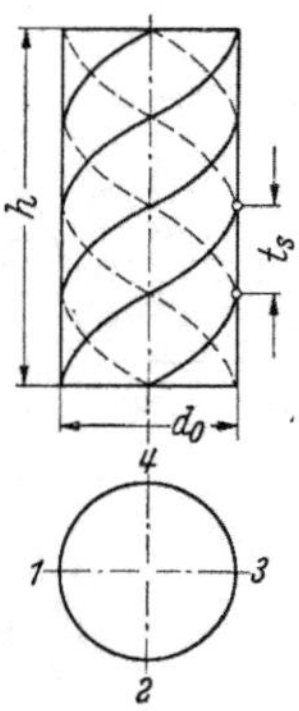

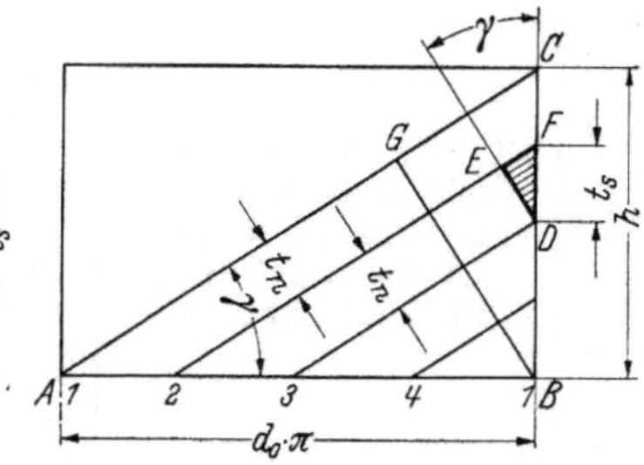

Abb. 154. Viergängige Schraubenlinie mit Abwicklung eines Schneckengewindes.

Zeile	Gesucht			Berechnungen
1	Steigung bei g-gängiger Schnecke		mm	$h = g \cdot t_s$ ($1 \cdot t_s$, $2 \cdot t_s$, $3 \cdot t_s$, wenn Schnecke 1-, 2-, 3gängig)
2				$h = d_0 \cdot \pi \operatorname{tg} \gamma = \frac{d_0 \cdot g \cdot t_n}{\sqrt{(d_0)^2 - (m_n \cdot g)^2}}$
3	Gängigkeitszahl			$g = \frac{h}{t_s} = \frac{d_0}{m_s}$
4	Normalteilung		mm	$t_n = m_n \cdot \pi = t_s \cdot \cos \gamma$
5	Stirnteilung		mm	$t_s = \frac{h}{g} = m_s \cdot \pi = \frac{t_n}{\cos \gamma} = \frac{m_n \cdot \pi}{\cos \gamma}$
6	Normalmodul		mm	$m_n = \frac{t_n}{\pi} = \frac{t_s \cdot \cos \gamma}{\pi} = m_s \cdot \cos \gamma = \frac{h \cdot \cos \gamma}{g \cdot \pi}$
7	Stirnmodul		mm	$m_s = \frac{t_s}{\pi} = \frac{t_n}{\pi \cdot \cos \gamma} = \frac{m_n}{\cos \gamma}$
8	Gewindeprofil-abmessungen	Kopfhöhe	mm	$h_k = 1 \cdot m_n = \frac{6}{6} \cdot m_n$
9		Fußhöhe	mm	$h_f = 1{,}166 \cdot m = \frac{7}{6} \cdot m_n$
10		Zahnhöhe	mm	$h_z = 2{,}166 \cdot m_n = \frac{13}{6} \cdot m_n$
11		Gewindewinkel (Flankenwinkel des Gewindezahnes)	Grad	meist $\alpha = 15°$, für größere Steigungswinkel besser $\alpha = 20°$

Auf S. 126 wurde die Schnecke mit einem Schrägzahnstirnrand verglichen. Der Unterschied zwischen der Stirnteilung einer Schnecke und derjenigen eines Schrägzahnstirnrades liegt darin, daß die Stirnteilung beim Schrägzahnstirnrad **rechtwinkelig** zur Radachse (Abb. 140), bei der Schnecke dagegen **parallel,** zur Radachse (Abb. 154) verläuft.

Fortsetzung von Berechnungstafel 9.

Zeile	Gesucht		Berechnungen
12	Steigungswinkel (Winkel, den die auf dem Teilkreiszylinder vom Durchmesser d_0 verlaufende Schraubenlinie mit der Stirnfläche des Zylinders bildet)	Grad	$\operatorname{tg} \gamma = \frac{h}{d_0 \cdot \pi}$ | $\sin \gamma = \frac{g \cdot m_n}{d_0}$ | $\cos \gamma = \frac{m_n}{m_s}$
13	Teilkreisdurchmesser (Flankendurchmesser)	mm	$d_0 = 2 \cdot r_0 = \frac{h}{\operatorname{tg} \gamma \cdot \pi}$ oder $d_0 = \frac{v \cdot 60 \cdot 1000}{\pi \cdot n}$ — v = Umfangsgeschwindigkeit im Teilkreis (m/s); n = Umlaufzahl der Schneckenwelle (U/min)
14	Kopfkreisdurchmesser (Drehmaß)	mm	$d_k = d_0 + 2 \cdot m_n = d_0 + 2 \cdot m_s \cdot \cos \gamma$
15	Fußkreisdurchmesser	mm	$d_f = d_0 - 2{,}33 \cdot m_n = d_0 - 2{,}33 \cdot m_s \cdot \cos \gamma$
16	Schneckenlänge (Gewindelänge), wenn Zähnezahl des Schneckenrades kleiner als 120)	mm	$l = x \cdot m_n$ Zahlenwert x siehe Zeile 17
17	Zahlenwerte zur Bestimmung der Schneckenlänge als Vielfaches des Modules (Maschinenfabrik Rhenania mbH., Köln-Ehrenfeld)		Zähnezahl des Schneckenrades z = bis 20 | 21 bis 30 | 31 bis 40 | 41 bis 50 | 51 bis 60 | 61 bis 70 | 71 bis 80 | 81 bis 90 | 91 bis 100 | 101 bis 110 | 111 bis 120 — Zahlenwert x = 10 | 11,5 | 13 | 14,5 | 16 | 17,5 | 19 | 20,5 | 22 | 23,5 | 25
18	Schneckenlänge (Gewindelänge), wenn Zähnezahl des Schneckenrades größer als 120)	mm	$l = 2 \cdot m_n \cdot (1 + \sqrt{z})$

Bemerkungen: Bei Schneckengetrieben, deren Räder hohlgefräste Zähne haben, müssen die Hauptabmessungen der Schnecke genau dem Werkzeug entsprechen, mit dem die Räder verzahnt werden. Zu Zeile 5: Es ist stets zweckmäßig, den Modul der Normalteilung m_n den für Stirnräder genormten Modulwerten (Z. 2, B.T. 4, S. 146) zu entnehmen, um die vorhandenen Profilwerkzeuge verwenden zu können.

Berechnungstafel 10. Radabmessungen bei Schneckenrädern (genormte Verzahnung) mit hohlen Zähnen.

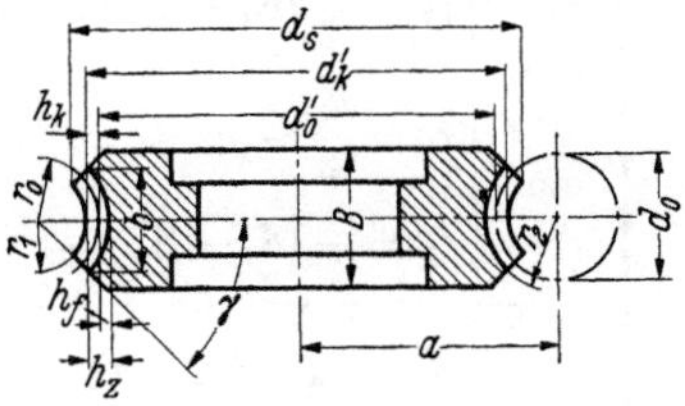

Abb. 155. Bezeichnungen beim Schneckenrad mit scharf gedrehten Zahnspitzen.

In den Zeilen 11, 12, 17 und 18 ist der halbe Zentriwinkel der Radfasen nicht mit γ, sondern mit δ bezeichnet!

Zeile	Gesucht		Berechnungen
1	Steigungswinkel (γ)	Grad	Siehe Zeile 12, Berechnungstafel 9, S. 154
2	Normalteilung	mm	$t_n = m_n \cdot \pi = t_s \cdot \cos \gamma$
3	Stirnteilung	mm	$t_s = m_s \cdot \pi = \frac{t_n}{\cos \gamma} = \frac{m_n \cdot \pi}{\cos \gamma}$
4	Normalmodul	mm	$m_n = \frac{t_n}{\pi} = m_s \cdot \cos \gamma$
5	Stirnmodul	mm	$m_s = \frac{t_s}{\pi} = \frac{m_n}{\cos \gamma}$

Fortsetzung von Berechnungstafel 10.

Zeile	Gesucht			Berechnungen	
6	Zähnezahl			$z = \frac{d_0'}{m_s}$	Eingängige Schnecke und z kleiner als 40; Zweigängige Schnecke und z kleiner als 50 } ergibt ungünstige Eingriffsverhältnisse
7	Teilkreisdurchmesser, gemessen in der Radmittelebene		mm	$d_0' = \frac{z \cdot t_s}{\pi} = z \cdot m_s = \frac{z \cdot m_n}{\cos\gamma}$	
8		Kopfhöhe	mm	$h_k = 1 \cdot m_n = \frac{6}{6} \cdot m_n$	Schnecke und Schneckenradfräser müssen genau formengleich sein; es ist deshalb vorteilhaft, wenn die endgültigen Abmessungen der Schnecke und damit auch des Rades nach vorhandenen Fräswerkzeugen gewählt werden.
9		Fußhöhe	mm	$h_f = 1{,}166 \cdot m_n = \frac{7}{6} \cdot m_n$	
10		Zahnhöhe	mm	$h_z = 2{,}166 \cdot m_n = \frac{13}{6} \cdot m_n$	
11		Radbreite im Zahngrund	mm	$b = 2 \cdot r_2 \cdot \sin\delta$	
12	Zahnabmessungen	Halber Zentriwinkel der Radfasen	Grad	$\operatorname{tg}\delta = \frac{x}{\frac{d_0}{2 \cdot t_n} + 0{,}6} = \frac{2 \cdot x \cdot t_n}{d_0 + 1{,}2 \cdot t_n}$	Zahlenwert x s. Zeile 13
13		Zahlenwerte für den Radfasenwinkel in Abhängigkeit von der Zähnezahl des Schneckenrades		Zähnezahl des Schneckenrades z = 28 | 36 | 45 | 56 | 62 | 68 | 76 | 84 Zahlenwert x = 1,9 | 2,1 | 2,3 | 2,5 | 2,6 | 2,7 | 2,8 | 2,9	
14		Fußhalbmesser (Halbmesser der tiefsten Zahnausfräsung)	mm	$r_2 = \frac{d_0}{2} + h_f$ $r_2 = \frac{1}{2}(d_0 + 2{,}332 \cdot m_n)$	d_0 = Teilkreisdurchmesser der Schnecke [Z. 13, B.T. 9, S. 154]. Durchmesser $2 \cdot r_2$ muß stets dem äußeren, Durchmesser $2 \cdot r_1$ stets dem inneren Fräserdurchmesser entsprechen. Kopf- und Fußkreisdurchmesser des Schneckenradfräsers sind um das Kopfspiel größer als bei der Schnecke.
15		Kopfhalbmesser	mm	$r_1 = \frac{d_0}{2} - h_k$ $r_1 = \frac{1}{2}(d_0 - 2 \cdot m_n)$	
16	Kopfkreisdurchmesser, gemessen in der Radmittelebene		mm	$d_k' = d_0' + 2 \cdot m_n = m_n \cdot \left(\frac{z}{\cos\gamma} + 2\right)$ $d_k' = d_0' + 2 \cdot m_s \cdot \cos\gamma$	bei mehr als 30 Zähnen
				$d_k' = \frac{m_s \cdot (14\,z + 30)}{15} + 2 \cdot m_n$	bei weniger als 30 Zähnen
17	Durchmesser über die scharf gedrehten Zahnspitzen		mm	$d_s = d_k' + 2 \cdot r_1 \cdot (1 - \cos\delta)$ $d_s = d_k' + (d_0 - 2 \cdot m_n) \cdot (1 - \cos\delta)$	
18	Gesamtradbreite		mm	$B = b + 0{,}25 \cdot t_n$	
19	Achsenabstand		mm	$a = \frac{d_0 + d_0'}{2}$	d_0 (Teilkreisdurchmesser der Schnecke) siehe Z. 13, B.T. 9, S. 154!
20				$a = \frac{m_s \cdot (14\,z + 30)}{30} + \frac{d_0}{2}$	bei weniger als 30 Zähnen des Schneckenrades.

Bemerkung: Zu Zeile 4: Es ist stets zweckmäßig, den Modul der Normalteilung m_n den für Stirnräder genormten Modulwerten zu entnehmen, um die vorhandenen Profilwerkzeuge verwenden zu können (Z. 2, B.T. 4, S. 146). Zu Zeile 19 u. 20: Rad und Schnecke müssen in dem gleichen Achsenabstand eingebaut werden, mit dem beim Fräsen das Rad und der Fräser auf der Maschine eingestellt waren.

Berechnungstafel 11. Abmessungen bei Stirnradwälzfräsern mit genormter Verzahnung (Abwälzfräser zum Verzahnen von Stirnrädern).

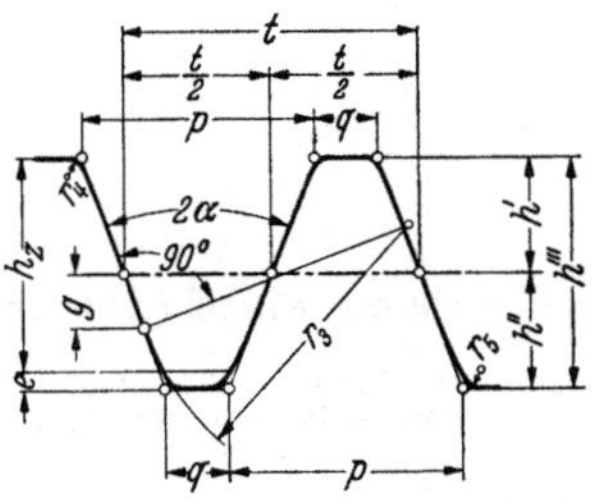

Abb. 156. Bestimmung der Schneidenform. Schneidenform senkrecht zur Gewindeflanke.

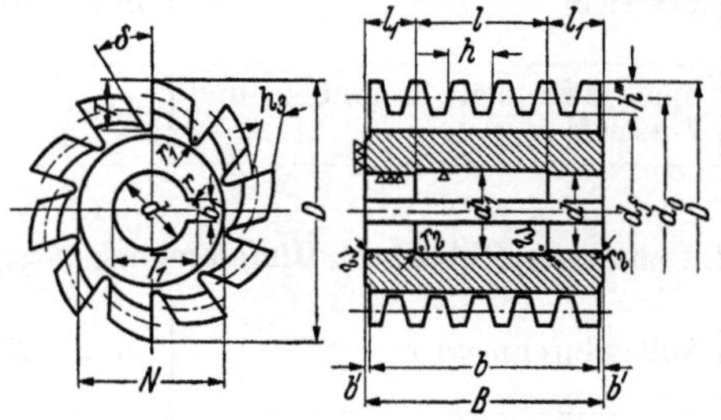

Abb. 157. Vollständige Maßeintragung auf Werkzeichnungen.

Zeile	Gesucht		Berechnung
	Schneidenform (Abb. 156)		
1	Modul	mm	$m = \frac{t}{\pi}$ Modul des Wälzfräsers ist gleich Modul des zu fräsenden Stirnrades. Modulreihe siehe Z. 2, B.T. 4, S. 146
2	Kopfhöhe	mm	$h' = 1{,}166 \cdot m = \frac{7}{6} \cdot m$
3	Fußhöhe	mm	$h'' = h' = 1{,}166 \cdot m = \frac{7}{6} \cdot m$
4	Zahnhöhe (Profiltiefe)	mm	$h''' = h' + h'' = 2{,}333 \cdot m = \frac{7}{3} \cdot m$
5	Teilung	mm	$t = m \cdot \pi$ Die Teilung t ist auch gleich der in der Längsnutenrichtung gemessenen Gewindesteigung des Wälzfräsers
6	Halbe Teilung	mm	$\frac{t}{2} = \frac{m \cdot \pi}{2}$
7	Eingriffswinkel der Evolventenverzahnung	Grad	$\alpha = 20°$ (nach DIN 867)
8	Flankenwinkel	Grad	$2 \cdot a = 40°$ (nach DIN 867)
9	Abstand von der Teillinie für die beginnende Abrundung des Fräserzahnfußes	mm	$g = 0{,}5 \cdot m$
10	Krümmung des Fräserzahnfußes	mm	$r_3 = 3 \cdot m$
11	Abrundung des Zahnkopfes	mm	$r_4 = 0{,}2 \cdot m$
12	Abrundung des Zahnfußes	mm	$r_5 = 0{,}2 \cdot m$
13	Äußere Breite des Zahnstangenprofiles	mm	$q = \frac{m}{6} \cdot (3 \cdot \pi - 14 \cdot \operatorname{tg} \alpha)$

Fortsetzung von Berechnungstafel 11.

Zeile	Gesucht		Berechnungen
14	Innere Breite des Zahnstangenprofiles	mm	$p = q + \frac{1{,}4 \cdot m \cdot \mathrm{tg}\,\alpha}{3}$
15	Frästiefe	mm	$h_z = 2{,}166 \cdot m = \frac{13}{6} \cdot m$
16	Spiel zwischen Zahnhöhe und Frästiefe	mm	$e = 0{,}166 \cdot m = \frac{1}{6} \cdot m$

Durchmesser, Zähnezahl, Hinterdrehung, Steigungen und Steigungswinkel (Abb. 157).

17	Außendurchmesser	mm	D Ist bei gegebenem Modul aus Normblatt DIN E 885 zu entnehmen. (Außendurchmesser D ist Richtmaß des Fräsers.)
18	Zähnezahl des Wälzfräsers (Schraubennutenzahl)		Außendurchmesser D = 50-55 | 60-65 | 70-175 | 210-240 Zähnezahl z = 12 | 10 | 9 | 8
19	Teilkreisdurchmesser des neuen Fräsers	mm	$d_0 = D - 2{,}333 \cdot m = D - \frac{7}{3} \cdot m$
20	Hinterdrehung (angenähert)	mm	$h_3 = \frac{D \cdot \pi}{z} \cdot \mathrm{tg}\,\varepsilon$ ε = Freiwinkel (Hinterdrehwinkel). Für übliche Werkstoffe ist $\varepsilon = 10°$ zu setzen. Die Größe der Hinterdrehung, also das Maß h_3, ist mit Rücksicht auf vorhandene Kurvenscheiben, Hubscheiben oder Hinterdrehnocken auf- oder abzurunden.
21	Teilkreisdurchmesser nach Teilabschliff von ⅓ Fräserzahn (vorläufig)	mm	$d_0' = d_0 - \frac{h_3}{2}$
22	Steigungswinkel des Gewindeganges (vorläufig)	Grad	$\sin\gamma = \frac{t}{d_0' \cdot \pi} = \frac{m}{d_0'}$
23	Schraubensteigung der Längsnut	mm	$H = \frac{d_0' \cdot \pi}{\mathrm{tg}\,\gamma} = \frac{d_0'^2 \cdot \pi^2}{h}$ Die errechnete Steigung ist derart abzurunden, daß die entsprechenden Wechselräder an den zur Fertigung benötigten Werkzeugmaschinen (Drehbank, Hinterdrehbank, Fräs- und Schleifmaschine) vorhanden sind.
24	Gangrichtung der Längsnut		links
25	Steigungswinkel des Gewindeganges (endgültig)	Grad	$\sin\gamma = \sqrt{\frac{t}{H}}$
26	Einstellwinkel	Grad	γ Der Steigungswinkel γ heißt auch Einstellwinkel, da beim Wälzfräsen die Fräserachse um diesen Winkel zur Profilebene des Werkrades geneigt ist.
27	Teilkreisdurchmesser nach Teilabschliff von ⅓ Fräserzahn (endgültig)		$d_0' = \frac{m}{\sin\gamma}$

Fortsetzung von Berechnungstafel 11.

Zeile	Gesucht		Berechnungen
28	Gewindesteigung, gemessen in der Achsenrichtung	mm	$h = \frac{t}{\cos\gamma} = \frac{m \cdot \pi}{\cos\gamma}$ Die errechnete Steigung h ist zwecks aufsteckbarer Wechselräder entweder abzurunden oder ein brauchbarer Näherungswert dafür anzugeben. **Die Gewindesteigung *h* des Wälzfräsers und die Teilung *t* des herzustellenden Rades sind verschiedene Größen**
29	Schneckengewinde		Einfaches, rechtsgängiges Gewinde
30	Lückentiefe	mm	$T = h''' + h_3 + h_4$ | h_4 = 2 bis 3 mm = Auslauf des Hinterdrehstahles
31	Flankenwinkel des Lückenfräsers	Grad	$\delta = 18°$ Bei Lückenfräsern für hinterdrehte Fräser mit Schraubenzähnen beträgt der Neigungswinkel in üblicher Ausführung 18°.
32	Halbmesser des Lückenfräsers	mm	r_1 Ist bereits durch Wahl des Lückenfräsers bestimmt.

Bohrung, Keilnute und Fräserbreite (Abb. 157).

33	Durchmesser der Bohrung	mm	d Ist bei gegebenem Modul aus Normblatt DIN E 858 zu entnehmen. (Der Bohrungsdurchmesser ist von dem den Schnittkräften entsprechenden Fräsdorn abhängig).
34	Durchmesser der Aussparung	mm	$d_1 = d + 0{,}6$ (bei Bohrungen bis 27 mm Durchmesser) $d_1 = d + 1{,}0$ (bei Bohrungen über 27 mm Durchmesser)
35	Breite der Fräsernut (Kleinstmaß)	mm	b_1
36	Tiefe der Fräsernut	mm	t_1 Diese Werte sind bei gegebenem Bohrungsdurchmesser d aus Normblatt DIN 138 zu entnehmen.
37	Ausrundung	mm	r
38	Dornmaß mit Keilnute	mm	$T_1 = d + t_1$
39	Nabendurchmesser	mm	$N = D - 2 \cdot (T + 1{,}2)$
40	Fräserbreite (Länge des Zahnstangenprofiles)	mm	b Ist bei gegebenem Modul aus Normblatt DIN E 858 zu entnehmen. Fräserbreite b ist Richtmaß des Fräsers. Die Berechnung der Fräserbreite erfolgt nach der Gleichung: $b = m \cdot (2{,}333 \cdot \operatorname{ctg}\alpha + 3 \cdot \pi)$
41	Nabenvorsprung	mm	$b' = 0{,}5$ bis $1{,}0$
42	Nabenlänge (Gesamtbreite des Fräsers)	mm	$B = b + 2 \cdot b'$
43	Länge der Aussparung	mm	$l > \frac{B}{2}$

XVIII. Faktorentafel 1 bis 5427.

000	
4	2^2
6	$2 \cdot 3$
8	2^3
9	3^2
10	$2 \cdot 5$
12	$2^2 \cdot 3$
14	$2 \cdot 7$
15	$3 \cdot 5$
16	2^4
18	$2 \cdot 3^2$
20	$2^2 \cdot 5$
21	$3 \cdot 7$
22	$2 \cdot 11$
24	$2^3 \cdot 3$
25	5^2
26	$2 \cdot 13$
27	3^3
28	$2^2 \cdot 7$
30	$2 \cdot 3 \cdot 5$
32	2^5
33	$3 \cdot 11$
34	$2 \cdot 17$
35	$5 \cdot 7$
36	$2^2 \cdot 3^2$
38	$2 \cdot 19$
39	$3 \cdot 13$
40	$2^3 \cdot 5$
42	$2 \cdot 3 \cdot 7$
44	$2^2 \cdot 11$
45	$3^2 \cdot 5$
46	$2 \cdot 23$
48	$2^4 \cdot 3$
49	7^2
50	$2 \cdot 5^2$
51	$3 \cdot 17$
52	$2^2 \cdot 13$
54	$2 \cdot 3^3$
55	$5 \cdot 11$
56	$2^3 \cdot 7$
57	$3 \cdot 19$
58	$2 \cdot 29$
60	$2^2 \cdot 3 \cdot 5$
62	$2 \cdot 31$
63	$3^2 \cdot 7$
64	2^6
65	$5 \cdot 13$
66	$2 \cdot 3 \cdot 11$
68	$2^2 \cdot 17$
69	$3 \cdot 23$
70	$2 \cdot 5 \cdot 7$
72	$2^3 \cdot 3^2$
74	$2 \cdot 37$
75	$3 \cdot 5^2$
76	$2^2 \cdot 19$
77	$7 \cdot 11$
78	$2 \cdot 3 \cdot 13$
80	$2^4 \cdot 5$
81	3^4
82	$2 \cdot 41$
84	$2^2 \cdot 3 \cdot 7$
85	$5 \cdot 17$
86	$2 \cdot 43$
87	$3 \cdot 29$
88	$2^3 \cdot 11$
90	$2 \cdot 3^2 \cdot 5$
91	$7 \cdot 13$
92	$2^2 \cdot 23$
93	$3 \cdot 31$
94	$2 \cdot 47$
95	$5 \cdot 19$
96	$2^5 \cdot 3$
98	$2 \cdot 7^2$
99	$3^2 \cdot 11$

100	
0	$2^2 \cdot 5^2$
2	$2 \cdot 3 \cdot 17$
4	$2^3 \cdot 13$
5	$3 \cdot 5 \cdot 7$
6	$2 \cdot 53$
8	$2^2 \cdot 3^3$
10	$2 \cdot 5 \cdot 11$
11	$3 \cdot 37$
12	$2^4 \cdot 7$
14	$2 \cdot 3 \cdot 19$
15	$5 \cdot 23$
16	$2^2 \cdot 29$
17	$3^2 \cdot 13$
18	$2 \cdot 59$
19	$7 \cdot 17$
20	$2^3 \cdot 3 \cdot 5$
21	11^2
22	$2 \cdot 61$
23	$3 \cdot 41$
24	$2^2 \cdot 31$
25	5^3
26	$2 \cdot 3^2 \cdot 7$
28	2^7
29	$3 \cdot 43$
30	$2 \cdot 5 \cdot 13$
32	$2^2 \cdot 3 \cdot 11$
33	$7 \cdot 19$
34	$2 \cdot 67$
35	$3^3 \cdot 5$
36	$2^3 \cdot 17$
38	$2 \cdot 3 \cdot 23$
40	$2^2 \cdot 5 \cdot 7$
41	$3 \cdot 47$
42	$2 \cdot 71$
43	$11 \cdot 13$
44	$2^4 \cdot 3^2$
45	$5 \cdot 29$
46	$2 \cdot 73$
47	$3 \cdot 7^2$
48	$2^2 \cdot 37$
50	$2 \cdot 3 \cdot 5^2$
52	$2^3 \cdot 19$
53	$3^2 \cdot 17$
54	$2 \cdot 7 \cdot 11$
55	$5 \cdot 31$
56	$2^2 \cdot 3 \cdot 13$
58	$2 \cdot 79$
59	$3 \cdot 53$
60	$2^5 \cdot 5$
61	$7 \cdot 23$
62	$2 \cdot 3^4$
64	$2^2 \cdot 41$
65	$3 \cdot 5 \cdot 11$
66	$2 \cdot 83$
68	$2^3 \cdot 3 \cdot 7$
69	13^2
70	$2 \cdot 5 \cdot 17$
71	$3^2 \cdot 19$
72	$2^2 \cdot 43$
74	$2 \cdot 3 \cdot 29$
75	$5^2 \cdot 7$
76	$2^4 \cdot 11$
77	$3 \cdot 59$
78	$2 \cdot 89$
80	$2^2 \cdot 3^2 \cdot 5$
82	$2 \cdot 7 \cdot 13$
83	$3 \cdot 61$
84	$2^3 \cdot 23$
85	$5 \cdot 37$
86	$2 \cdot 3 \cdot 31$
87	$11 \cdot 17$
88	$2^2 \cdot 47$
89	$3^3 \cdot 7$
90	$2 \cdot 5 \cdot 19$
92	$2^6 \cdot 3$
94	$2 \cdot 97$
95	$3 \cdot 5 \cdot 13$
96	$2^2 \cdot 7^2$
98	$2 \cdot 3^2 \cdot 11$

200	
0	$2^3 \cdot 5^2$
1	$3 \cdot 67$
2	$2 \cdot 101$
3	$7 \cdot 29$
4	$2^2 \cdot 3 \cdot 17$
5	$5 \cdot 41$
6	$2 \cdot 103$
7	$3^2 \cdot 23$
8	$2^4 \cdot 13$
9	$11 \cdot 19$
10	$2 \cdot 3 \cdot 5 \cdot 7$
12	$2^2 \cdot 53$
13	$3 \cdot 71$
14	$2 \cdot 107$
15	$5 \cdot 43$
16	$2^3 \cdot 3^3$
17	$7 \cdot 31$
18	$2 \cdot 109$
19	$3 \cdot 73$
20	$2^2 \cdot 5 \cdot 11$
21	$13 \cdot 17$
22	$2 \cdot 3 \cdot 37$
24	$2^5 \cdot 7$
25	$3^2 \cdot 5^2$
26	$2 \cdot 113$
28	$2^2 \cdot 3 \cdot 19$
30	$2 \cdot 5 \cdot 23$
31	$3 \cdot 7 \cdot 11$
32	$2^3 \cdot 29$
34	$2 \cdot 3^2 \cdot 13$
35	$5 \cdot 47$
36	$2^2 \cdot 59$
37	$3 \cdot 79$
38	$2 \cdot 7 \cdot 17$
40	$2^4 \cdot 3 \cdot 5$
42	$2 \cdot 11^2$
43	3^5
44	$2^2 \cdot 61$
45	$5 \cdot 7^2$
46	$2 \cdot 3 \cdot 41$
47	$13 \cdot 19$
48	$2^3 \cdot 31$
49	$3 \cdot 83$
50	$2 \cdot 5^3$
52	$2^2 \cdot 3^2 \cdot 7$
53	$11 \cdot 23$
54	$2 \cdot 127$
55	$3 \cdot 5 \cdot 17$
56	2^8
58	$2 \cdot 3 \cdot 43$
59	$7 \cdot 37$
60	$2^2 \cdot 5 \cdot 13$
61	$3^2 \cdot 29$
64	$2^3 \cdot 3 \cdot 11$
65	$5 \cdot 53$
66	$2 \cdot 7 \cdot 19$
67	$3 \cdot 89$
68	$2^2 \cdot 67$
70	$2 \cdot 3^3 \cdot 5$
72	$2^4 \cdot 17$
73	$3 \cdot 7 \cdot 13$
75	$5^2 \cdot 11$
76	$2^2 \cdot 3 \cdot 23$
79	$3^2 \cdot 31$
80	$2^3 \cdot 5 \cdot 7$
82	$2 \cdot 3 \cdot 47$
84	$2^2 \cdot 71$
85	$3 \cdot 5 \cdot 19$
86	$2 \cdot 11 \cdot 13$
87	$7 \cdot 41$
88	$2^5 \cdot 3^2$
89	17^2
90	$2 \cdot 5 \cdot 29$
91	$3 \cdot 97$
92	$2^2 \cdot 73$
94	$2 \cdot 3 \cdot 7^2$
96	$5 \cdot 59$
96	$2^3 \cdot 37$
97	$3^3 \cdot 11$
99	$13 \cdot 23$

300	
0	$2^2 \cdot 3 \cdot 5^2$
1	$7 \cdot 43$
3	$3 \cdot 101$
4	$2^4 \cdot 19$
5	$5 \cdot 61$
6	$2 \cdot 3^2 \cdot 17$
8	$2^2 \cdot 7 \cdot 11$
9	$3 \cdot 103$
10	$2 \cdot 5 \cdot 31$
12	$2^3 \cdot 3 \cdot 13$
15	$3^2 \cdot 5 \cdot 7$
16	$2^2 \cdot 79$
18	$2 \cdot 3 \cdot 53$
19	$11 \cdot 29$
20	$2^6 \cdot 5$
21	$3 \cdot 107$
22	$2 \cdot 7 \cdot 23$
23	$17 \cdot 19$
24	$2^2 \cdot 3^4$
25	$5^2 \cdot 13$
27	$3 \cdot 109$
28	$2^3 \cdot 41$
29	$7 \cdot 47$
30	$2 \cdot 3 \cdot 5 \cdot 11$
32	$2^2 \cdot 83$
33	$3^2 \cdot 37$
35	$5 \cdot 67$
36	$2^4 \cdot 3 \cdot 7$
38	$2 \cdot 13^2$
39	$3 \cdot 113$
40	$2^2 \cdot 5 \cdot 17$
41	$11 \cdot 31$
42	$2 \cdot 3^2 \cdot 19$
43	7^3
44	$2^3 \cdot 43$
45	$3 \cdot 5 \cdot 23$
48	$2^2 \cdot 3 \cdot 29$
50	$2 \cdot 5^2 \cdot 7$
51	$3^3 \cdot 13$
52	$2^5 \cdot 11$
54	$2 \cdot 3 \cdot 59$
55	$5 \cdot 71$
56	$2^2 \cdot 89$
57	$3 \cdot 7 \cdot 17$
60	$2^3 \cdot 3^2 \cdot 5$

Die hochgestellten Ziffern geben an, wieviel mal die dazugehörige Zahl mit sich selbst zu vervielfachen ist, zum Beispiel ist:

$624 = 2^4 \cdot 3 \cdot 13 = 2 \cdot 2 \cdot 2 \cdot 2 \cdot 3 \cdot 13$ oder $2016 = 2^5 \cdot 3^2 \cdot 7 = 2 \cdot 2 \cdot 2 \cdot 2 \cdot 2 \cdot 3 \cdot 3 \cdot 7$

61	19^2
63	$3 \cdot 11^2$
64	$2^2 \cdot 7 \cdot 13$
65	$5 \cdot 73$
66	$2 \cdot 3 \cdot 61$
68	$2^4 \cdot 23$
69	$3^2 \cdot 41$
70	$2 \cdot 5 \cdot 37$
71	$7 \cdot 53$
72	$2^2 \cdot 3 \cdot 31$
74	$2 \cdot 11 \cdot 17$
75	$3 \cdot 5^3$
76	$2^3 \cdot 47$
77	$13 \cdot 29$
78	$2 \cdot 3^3 \cdot 7$
80	$2^2 \cdot 5 \cdot 19$
81	$3 \cdot 127$
84	$2^7 \cdot 3$
85	$5 \cdot 7 \cdot 11$
87	$3^2 \cdot 43$
88	$2^2 \cdot 97$
90	$2 \cdot 3 \cdot 5 \cdot 13$
91	$17 \cdot 23$
92	$2^3 \cdot 7^2$
95	$5 \cdot 79$
96	$2^2 \cdot 3^2 \cdot 11$
99	$3 \cdot 7 \cdot 19$

400

0	$2^4 \cdot 5^2$
2	$2 \cdot 3 \cdot 67$
3	$13 \cdot 31$
4	$2^2 \cdot 101$
5	$3^4 \cdot 5$
6	$2 \cdot 7 \cdot 29$
7	$11 \cdot 37$
8	$2^3 \cdot 3 \cdot 17$
10	$2 \cdot 5 \cdot 41$
12	$2^2 \cdot 103$
13	$7 \cdot 59$
14	$2 \cdot 3^2 \cdot 23$
15	$5 \cdot 83$
16	$2^5 \cdot 13$
18	$2 \cdot 11 \cdot 19$
20	$2^2 \cdot 3 \cdot 5 \cdot 7$
23	$3^2 \cdot 47$
24	$2^3 \cdot 53$
25	$5^2 \cdot 17$
26	$2 \cdot 3 \cdot 71$
27	$7 \cdot 61$
28	$2^2 \cdot 107$
29	$3 \cdot 11 \cdot 13$
30	$2 \cdot 5 \cdot 43$
32	$2^4 \cdot 3^3$
34	$2 \cdot 7 \cdot 31$
35	$3 \cdot 5 \cdot 29$
36	$2^2 \cdot 109$
37	$19 \cdot 23$
38	$2 \cdot 3 \cdot 73$
40	$2^3 \cdot 5 \cdot 11$
41	$3^2 \cdot 7^2$
42	$2 \cdot 13 \cdot 17$
44	$2^2 \cdot 3 \cdot 37$
45	$5 \cdot 89$
48	$2^6 \cdot 7$
50	$2 \cdot 3^2 \cdot 5^2$
51	$11 \cdot 41$
52	$2^2 \cdot 113$
55	$5 \cdot 7 \cdot 13$
56	$2^3 \cdot 3 \cdot 19$
59	$3^3 \cdot 17$
60	$2^2 \cdot 5 \cdot 23$
62	$2 \cdot 3 \cdot 7 \cdot 11$
64	$2^4 \cdot 29$
65	$3 \cdot 5 \cdot 31$
68	$2^2 \cdot 3^2 \cdot 13$
69	$7 \cdot 67$
70	$2 \cdot 5 \cdot 47$
72	$2^3 \cdot 59$
73	$11 \cdot 43$
74	$2 \cdot 3 \cdot 79$
75	$5^2 \cdot 19$
76	$2^2 \cdot 7 \cdot 17$
77	$3^2 \cdot 53$
80	$2^5 \cdot 3 \cdot 5$
81	$13 \cdot 37$
83	$3 \cdot 7 \cdot 23$
84	$2^2 \cdot 11^2$
85	$5 \cdot 97$
86	$2 \cdot 3^5$
88	$2^3 \cdot 61$
90	$2 \cdot 5 \cdot 7^2$
92	$2^2 \cdot 3 \cdot 41$
93	$17 \cdot 29$
94	$2 \cdot 13 \cdot 19$
95	$3^2 \cdot 5 \cdot 11$
96	$2^4 \cdot 31$
97	$7 \cdot 71$
98	$2 \cdot 3 \cdot 83$

500

0	$2^2 \cdot 5^3$
4	$2^3 \cdot 3^2 \cdot 7$
5	$5 \cdot 101$
6	$2 \cdot 11 \cdot 23$
7	$3 \cdot 13^2$
8	$2^2 \cdot 127$
10	$2 \cdot 3 \cdot 5 \cdot 17$
11	$7 \cdot 73$
12	2^9
13	$3^3 \cdot 19$
15	$5 \cdot 103$
16	$2^2 \cdot 3 \cdot 43$
17	$11 \cdot 47$
18	$2 \cdot 7 \cdot 37$
20	$2^3 \cdot 5 \cdot 13$
22	$2 \cdot 3^2 \cdot 29$
25	$3 \cdot 5^2 \cdot 7$
27	$17 \cdot 31$
28	$2^4 \cdot 3 \cdot 11$
29	23^2
30	$2 \cdot 5 \cdot 53$
31	$3^2 \cdot 59$
32	$2^2 \cdot 7 \cdot 19$
33	$13 \cdot 41$
34	$2 \cdot 3 \cdot 89$
35	$5 \cdot 107$
36	$2^3 \cdot 67$
39	$7^2 \cdot 11$
40	$2^2 \cdot 3^3 \cdot 5$
44	$2^5 \cdot 17$
45	$5 \cdot 109$
46	$2 \cdot 3 \cdot 7 \cdot 13$
49	$3^2 \cdot 61$
50	$2 \cdot 5^2 \cdot 11$
51	$19 \cdot 29$
52	$2^3 \cdot 3 \cdot 23$
53	$7 \cdot 79$
55	$3 \cdot 5 \cdot 37$
58	$2 \cdot 3^2 \cdot 31$
59	$13 \cdot 43$
60	$2^4 \cdot 5 \cdot 7$
61	$3 \cdot 11 \cdot 17$
64	$2^2 \cdot 3 \cdot 47$
65	$5 \cdot 113$
67	$3^4 \cdot 7$
68	$2^3 \cdot 71$
70	$2 \cdot 3 \cdot 5 \cdot 19$
72	$2^2 \cdot 11 \cdot 13$
74	$2 \cdot 7 \cdot 41$
75	$5^2 \cdot 23$
76	$2^6 \cdot 3^2$
78	$2 \cdot 17^2$
80	$2^2 \cdot 5 \cdot 29$
81	$7 \cdot 83$
82	$2 \cdot 3 \cdot 97$
83	$11 \cdot 53$
84	$2^3 \cdot 73$
85	$3^2 \cdot 5 \cdot 13$
88	$2^2 \cdot 3 \cdot 7^2$
89	$19 \cdot 31$
90	$2 \cdot 5 \cdot 59$
92	$2^4 \cdot 37$
94	$2 \cdot 3^3 \cdot 11$
95	$5 \cdot 7 \cdot 17$
98	$2 \cdot 13 \cdot 23$

600

0	$2^3 \cdot 3 \cdot 5^2$
2	$2 \cdot 7 \cdot 43$
3	$3^2 \cdot 67$
5	$5 \cdot 11^2$
6	$2 \cdot 3 \cdot 101$
8	$2^5 \cdot 19$
9	$3 \cdot 7 \cdot 29$
10	$2 \cdot 5 \cdot 61$
11	$13 \cdot 47$
12	$2^2 \cdot 3^2 \cdot 17$
15	$3 \cdot 5 \cdot 41$
16	$2^3 \cdot 7 \cdot 11$
18	$2 \cdot 3 \cdot 103$
20	$2^2 \cdot 5 \cdot 31$
21	$3^3 \cdot 23$
23	$7 \cdot 89$
24	$2^4 \cdot 3 \cdot 13$
25	5^4
27	$3 \cdot 11 \cdot 19$
29	$17 \cdot 37$
30	$2 \cdot 3^2 \cdot 5 \cdot 7$
32	$2^3 \cdot 79$
35	$5 \cdot 127$
36	$2^2 \cdot 3 \cdot 53$
37	$7^2 \cdot 13$
38	$2 \cdot 11 \cdot 29$
39	$3^2 \cdot 71$
40	$2^7 \cdot 5$
42	$2 \cdot 3 \cdot 107$
44	$2^2 \cdot 7 \cdot 23$
45	$3 \cdot 5 \cdot 43$
46	$2 \cdot 17 \cdot 19$
48	$2^3 \cdot 3^4$
49	$11 \cdot 59$
50	$2 \cdot 5^2 \cdot 13$
51	$3 \cdot 7 \cdot 31$
54	$2 \cdot 3 \cdot 109$
56	$2^4 \cdot 41$
57	$3^2 \cdot 73$
58	$2 \cdot 7 \cdot 47$
60	$2^2 \cdot 3 \cdot 5 \cdot 11$
63	$3 \cdot 13 \cdot 17$
64	$2^3 \cdot 83$
65	$5 \cdot 7 \cdot 19$
66	$2 \cdot 3^2 \cdot 37$
67	$23 \cdot 29$
70	$2 \cdot 5 \cdot 67$
71	$11 \cdot 61$
72	$2^5 \cdot 3 \cdot 7$
75	$3^3 \cdot 5^2$
76	$2^2 \cdot 13^2$
78	$2 \cdot 3 \cdot 113$
79	$7 \cdot 97$
80	$2^3 \cdot 5 \cdot 17$
82	$2 \cdot 11 \cdot 31$
84	$2^2 \cdot 3^2 \cdot 19$
86	$2 \cdot 7^3$
88	$2^4 \cdot 43$
89	$13 \cdot 53$
90	$2 \cdot 3 \cdot 5 \cdot 23$
93	$3^2 \cdot 7 \cdot 11$
96	$2^3 \cdot 3 \cdot 29$
97	$17 \cdot 41$

700

0	$2^2 \cdot 5^2 \cdot 7$
2	$2 \cdot 3^3 \cdot 13$
3	$19 \cdot 37$
4	$2^6 \cdot 11$
5	$3 \cdot 5 \cdot 47$
7	$7 \cdot 101$
8	$2^2 \cdot 3 \cdot 59$
10	$2 \cdot 5 \cdot 71$
11	$3^2 \cdot 79$
12	$2^3 \cdot 89$
13	$23 \cdot 31$
14	$2 \cdot 3 \cdot 7 \cdot 17$
15	$5 \cdot 11 \cdot 13$
20	$2^4 \cdot 3^2 \cdot 5$
21	$7 \cdot 103$
22	$2 \cdot 19^2$
25	$5^2 \cdot 29$
26	$2 \cdot 3 \cdot 11^2$
28	$2^3 \cdot 7 \cdot 13$
29	3^6
30	$2 \cdot 5 \cdot 73$
31	$17 \cdot 43$
32	$2^2 \cdot 3 \cdot 61$
35	$3 \cdot 5 \cdot 7^2$
36	$2^5 \cdot 23$
37	$11 \cdot 67$
38	$2 \cdot 3^2 \cdot 41$
40	$2^2 \cdot 5 \cdot 37$
41	$3 \cdot 13 \cdot 19$
42	$2 \cdot 7 \cdot 53$
44	$2^3 \cdot 3 \cdot 31$
47	$3^2 \cdot 83$
48	$2^2 \cdot 11 \cdot 17$
49	$7 \cdot 107$
50	$2 \cdot 3 \cdot 5^3$
52	$2^4 \cdot 47$
54	$2 \cdot 13 \cdot 29$
56	$2^2 \cdot 3^3 \cdot 7$
59	$3 \cdot 11 \cdot 23$
60	$2^3 \cdot 5 \cdot 19$
62	$2 \cdot 3 \cdot 127$
63	$7 \cdot 109$
65	$3^2 \cdot 5 \cdot 17$
67	$13 \cdot 59$
68	$2^8 \cdot 3$
70	$2 \cdot 5 \cdot 7 \cdot 11$
74	$2 \cdot 3^2 \cdot 43$
75	$5^2 \cdot 31$
76	$2^3 \cdot 97$
77	$3 \cdot 7 \cdot 37$
79	$19 \cdot 41$
80	$2^2 \cdot 3 \cdot 5 \cdot 13$
81	$11 \cdot 71$
82	$2 \cdot 17 \cdot 23$
83	$3^3 \cdot 29$
84	$2^4 \cdot 7^2$
90	$2 \cdot 5 \cdot 79$
91	$7 \cdot 113$
92	$2^3 \cdot 3^2 \cdot 11$
93	$13 \cdot 61$
95	$3 \cdot 5 \cdot 53$
98	$2 \cdot 3 \cdot 7 \cdot 19$
99	$17 \cdot 47$

800

0	$2^5 \cdot 5^2$
1	$3^2 \cdot 89$
3	$11 \cdot 73$
4	$2^2 \cdot 3 \cdot 67$
5	$5 \cdot 7 \cdot 23$
6	$2 \cdot 13 \cdot 31$
8	$2^3 \cdot 101$
10	$2 \cdot 3^4 \cdot 5$
12	$2^2 \cdot 7 \cdot 29$
14	$2 \cdot 11 \cdot 37$
16	$2^4 \cdot 3 \cdot 17$
17	$19 \cdot 43$
19	$3^2 \cdot 7 \cdot 13$
20	$2^2 \cdot 5 \cdot 41$
24	$2^3 \cdot 103$

25	$3 \cdot 5^2 \cdot 11$
26	$2 \cdot 7 \cdot 59$
28	$2^2 \cdot 3^2 \cdot 23$
30	$2 \cdot 5 \cdot 83$
32	$2^6 \cdot 13$
33	$7^2 \cdot 17$
36	$2^2 \cdot 11 \cdot 19$
37	$3^3 \cdot 31$
40	$2^3 \cdot 3 \cdot 5 \cdot 7$
41	29^2
45	$5 \cdot 13^2$
46	$2 \cdot 3^2 \cdot 47$
47	$7 \cdot 11^2$
48	$2^4 \cdot 53$
50	$2 \cdot 5^2 \cdot 17$
51	$23 \cdot 37$
52	$2^2 \cdot 3 \cdot 71$
54	$2 \cdot 7 \cdot 61$
55	$3^2 \cdot 5 \cdot 19$
56	$2^3 \cdot 107$
58	$2 \cdot 3 \cdot 11 \cdot 13$
60	$2^2 \cdot 5 \cdot 43$
61	$3 \cdot 7 \cdot 41$
64	$2^5 \cdot 3^3$
67	$3 \cdot 17^2$
68	$2^2 \cdot 7 \cdot 31$
69	$11 \cdot 79$
70	$2 \cdot 3 \cdot 5 \cdot 29$
71	$13 \cdot 67$
72	$2^3 \cdot 109$
73	$3^2 \cdot 97$
74	$2 \cdot 19 \cdot 23$
75	$5^3 \cdot 7$
76	$2^2 \cdot 3 \cdot 73$
80	$2^4 \cdot 5 \cdot 11$
82	$2 \cdot 3^2 \cdot 7^2$
84	$2^2 \cdot 13 \cdot 17$
85	$3 \cdot 5 \cdot 59$
88	$2^3 \cdot 3 \cdot 37$
89	$7 \cdot 127$
90	$2 \cdot 5 \cdot 89$
91	$3^4 \cdot 11$
93	$19 \cdot 47$
96	$2^7 \cdot 7$
97	$3 \cdot 13 \cdot 23$
99	$29 \cdot 31$

900

0	$2^2 \cdot 3^2 \cdot 5^2$
1	$17 \cdot 53$
2	$2 \cdot 11 \cdot 41$
3	$3 \cdot 7 \cdot 43$
4	$2^3 \cdot 113$
9	$3^2 \cdot 101$
10	$2 \cdot 5 \cdot 7 \cdot 13$
12	$2^4 \cdot 3 \cdot 19$
13	$11 \cdot 83$
15	$3 \cdot 5 \cdot 61$
18	$2 \cdot 3^3 \cdot 17$
20	$2^3 \cdot 5 \cdot 23$
23	$13 \cdot 71$
24	$2^2 \cdot 3 \cdot 7 \cdot 11$
25	$5^2 \cdot 37$
27	$3^2 \cdot 103$
28	$2^5 \cdot 29$
30	$2 \cdot 3 \cdot 5 \cdot 31$
31	$7^2 \cdot 19$
35	$5 \cdot 11 \cdot 17$
36	$2^3 \cdot 3^2 \cdot 13$
38	$2 \cdot 7 \cdot 67$
40	$2^2 \cdot 5 \cdot 47$
43	$23 \cdot 41$
44	$2^4 \cdot 59$
45	$3^3 \cdot 5 \cdot 7$
46	$2 \cdot 11 \cdot 43$
48	$2^2 \cdot 3 \cdot 79$
49	$13 \cdot 73$
50	$2 \cdot 5^2 \cdot 19$
52	$2^3 \cdot 7 \cdot 17$
54	$2 \cdot 3^2 \cdot 53$
57	$3 \cdot 11 \cdot 29$
60	$2^6 \cdot 3 \cdot 5$
61	31^2
62	$2 \cdot 13 \cdot 37$
63	$3^2 \cdot 107$
66	$2 \cdot 3 \cdot 7 \cdot 23$
68	$2^3 \cdot 11^2$
69	$3 \cdot 17 \cdot 19$
70	$2 \cdot 5 \cdot 97$
72	$2^2 \cdot 3^5$
75	$3 \cdot 5^2 \cdot 13$
76	$2^4 \cdot 61$
79	$11 \cdot 89$
80	$2^2 \cdot 5 \cdot 7^2$
81	$3^2 \cdot 109$
84	$2^3 \cdot 3 \cdot 41$
86	$2 \cdot 17 \cdot 29$
87	$3 \cdot 7 \cdot 47$
88	$2^2 \cdot 13 \cdot 19$
89	$23 \cdot 43$
90	$2 \cdot 3^2 \cdot 5 \cdot 11$
92	$2^5 \cdot 31$
94	$2 \cdot 7 \cdot 71$
96	$2^2 \cdot 3 \cdot 83$
99	$3^3 \cdot 37$

1000

0	$2^3 \cdot 5^3$
1	$7 \cdot 11 \cdot 13$
3	$17 \cdot 59$
5	$3 \cdot 5 \cdot 67$
7	$19 \cdot 53$
8	$2^4 \cdot 3^2 \cdot 7$
10	$2 \cdot 5 \cdot 101$
12	$2^2 \cdot 11 \cdot 23$
14	$2 \cdot 3 \cdot 13^2$
15	$5 \cdot 7 \cdot 29$
16	$2^3 \cdot 127$
17	$3^2 \cdot 113$
20	$2^2 \cdot 3 \cdot 5 \cdot 17$
22	$2 \cdot 7 \cdot 73$
23	$3 \cdot 11 \cdot 31$
24	2^{10}
25	$5^2 \cdot 41$
26	$2 \cdot 3^3 \cdot 19$
27	$13 \cdot 79$
29	$3 \cdot 7^3$
30	$2 \cdot 5 \cdot 103$
32	$2^3 \cdot 3 \cdot 43$
34	$2 \cdot 11 \cdot 47$
35	$3^2 \cdot 5 \cdot 23$
36	$2^2 \cdot 7 \cdot 37$
37	$17 \cdot 61$
40	$2^4 \cdot 5 \cdot 13$
44	$2^2 \cdot 3^2 \cdot 29$
45	$5 \cdot 11 \cdot 19$
50	$2 \cdot 3 \cdot 5^2 \cdot 7$
53	$3^4 \cdot 13$
54	$2 \cdot 17 \cdot 31$
56	$2^5 \cdot 3 \cdot 11$
58	$2 \cdot 23^2$
60	$2^2 \cdot 5 \cdot 53$
62	$2 \cdot 3^2 \cdot 59$
64	$2^3 \cdot 7 \cdot 19$
65	$3 \cdot 5 \cdot 71$
66	$2 \cdot 13 \cdot 41$
67	$11 \cdot 97$
68	$2^2 \cdot 3 \cdot 89$
70	$2 \cdot 5 \cdot 107$
71	$3^2 \cdot 7 \cdot 17$
72	$2^4 \cdot 67$
73	$29 \cdot 37$
75	$5^2 \cdot 43$
78	$2 \cdot 7^2 \cdot 11$
79	$13 \cdot 83$
80	$2^3 \cdot 3^3 \cdot 5$
81	$23 \cdot 47$
83	$3 \cdot 19^2$
85	$5 \cdot 7 \cdot 31$
88	$2^6 \cdot 17$
89	$3^2 \cdot 11^2$
90	$2 \cdot 5 \cdot 109$
92	$2^2 \cdot 3 \cdot 7 \cdot 13$
95	$3 \cdot 5 \cdot 73$
98	$2 \cdot 3^2 \cdot 61$

1100

0	$2^2 \cdot 5^2 \cdot 11$
2	$2 \cdot 19 \cdot 29$
4	$2^4 \cdot 3 \cdot 23$
5	$5 \cdot 13 \cdot 17$
6	$2 \cdot 7 \cdot 79$
7	$3^3 \cdot 41$
10	$2 \cdot 3 \cdot 5 \cdot 37$
11	$11 \cdot 101$
13	$3 \cdot 7 \cdot 53$
16	$2^2 \cdot 3^2 \cdot 31$
18	$2 \cdot 13 \cdot 43$
20	$2^5 \cdot 5 \cdot 7$
21	$19 \cdot 59$
22	$2 \cdot 3 \cdot 11 \cdot 17$
25	$3^2 \cdot 5^3$
27	$7^2 \cdot 23$
28	$2^3 \cdot 3 \cdot 47$
30	$2 \cdot 5 \cdot 113$
31	$3 \cdot 13 \cdot 29$
33	$11 \cdot 103$
34	$2 \cdot 3^4 \cdot 7$
36	$2^4 \cdot 71$
39	$17 \cdot 67$
40	$2^2 \cdot 3 \cdot 5 \cdot 19$
43	$3^2 \cdot 127$
44	$2^3 \cdot 11 \cdot 13$
47	$31 \cdot 37$
48	$2^2 \cdot 7 \cdot 41$
50	$2 \cdot 5^2 \cdot 23$
52	$2^7 \cdot 3^2$
55	$3 \cdot 5 \cdot 7 \cdot 11$
56	$2^2 \cdot 17^2$
57	$13 \cdot 89$
59	$19 \cdot 61$
60	$2^3 \cdot 5 \cdot 29$
61	$3^3 \cdot 43$
62	$2 \cdot 7 \cdot 83$
64	$2^2 \cdot 3 \cdot 97$
66	$2 \cdot 11 \cdot 53$
68	$2^4 \cdot 73$
70	$2 \cdot 3^2 \cdot 5 \cdot 13$
73	$3 \cdot 17 \cdot 23$
75	$5^2 \cdot 47$
76	$2^3 \cdot 3 \cdot 7^2$
77	$11 \cdot 107$
78	$2 \cdot 19 \cdot 31$
80	$2^2 \cdot 5 \cdot 59$
83	$7 \cdot 13^2$
84	$2^5 \cdot 37$
85	$3 \cdot 5 \cdot 79$
88	$2^2 \cdot 3^3 \cdot 11$
89	$29 \cdot 41$
90	$2 \cdot 5 \cdot 7 \cdot 17$
96	$2^2 \cdot 13 \cdot 23$
97	$3^2 \cdot 7 \cdot 19$
99	$11 \cdot 109$

1200

0	$2^4 \cdot 3 \cdot 5^2$
4	$2^2 \cdot 7 \cdot 43$
6	$2 \cdot 3^2 \cdot 67$
7	$17 \cdot 71$
9	$3 \cdot 13 \cdot 31$
10	$2 \cdot 5 \cdot 11^2$
12	$2^2 \cdot 3 \cdot 101$
15	$3^5 \cdot 5$
16	$2^6 \cdot 19$
18	$2 \cdot 3 \cdot 7 \cdot 29$
19	$23 \cdot 53$
20	$2^2 \cdot 5 \cdot 61$
21	$3 \cdot 11 \cdot 37$
22	$2 \cdot 13 \cdot 47$
24	$2^3 \cdot 2^2 \cdot 17$
25	$5^2 \cdot 7^2$
30	$2 \cdot 3 \cdot 5 \cdot 41$
32	$2^4 \cdot 7 \cdot 11$
35	$5 \cdot 13 \cdot 19$
36	$2^2 \cdot 3 \cdot 103$
39	$3 \cdot 7 \cdot 59$
40	$2^3 \cdot 5 \cdot 31$
41	$17 \cdot 73$
42	$2 \cdot 3^3 \cdot 23$
43	$11 \cdot 113$
45	$3 \cdot 5 \cdot 83$
46	$2 \cdot 7 \cdot 89$
47	$29 \cdot 43$
48	$2^5 \cdot 3 \cdot 13$
50	$2 \cdot 5^4$
54	$2 \cdot 3 \cdot 11 \cdot 19$
58	$2 \cdot 17 \cdot 37$
60	$2^2 \cdot 3^2 \cdot 5 \cdot 7$
61	$13 \cdot 97$
64	$2^4 \cdot 79$
65	$5 \cdot 11 \cdot 23$
69	$3^3 \cdot 47$
70	$2 \cdot 5 \cdot 127$
71	$31 \cdot 41$
72	$2^3 \cdot 3 \cdot 53$
73	$19 \cdot 67$
74	$2 \cdot 7^2 \cdot 13$
75	$3 \cdot 5^2 \cdot 17$
76	$2^2 \cdot 11 \cdot 29$
78	$2 \cdot 3^2 \cdot 71$
80	$2^8 \cdot 5$
81	$3 \cdot 7 \cdot 61$
84	$2^2 \cdot 3 \cdot 107$
87	$3^2 \cdot 11 \cdot 13$
88	$2^3 \cdot 7 \cdot 23$
90	$2 \cdot 3 \cdot 5 \cdot 43$
92	$2^2 \cdot 17 \cdot 19$
95	$5 \cdot 7 \cdot 37$
96	$2^4 \cdot 3^4$
98	$2 \cdot 11 \cdot 59$

1300

0	$2^2 \cdot 5^2 \cdot 13$
2	$2 \cdot 3 \cdot 7 \cdot 31$
5	$3^2 \cdot 5 \cdot 29$
8	$2^2 \cdot 3 \cdot 109$
9	$7 \cdot 11 \cdot 17$
11	$3 \cdot 19 \cdot 23$
12	$2^5 \cdot 41$
13	$13 \cdot 101$
14	$2 \cdot 3^2 \cdot 73$
16	$2^2 \cdot 7 \cdot 47$
20	$2^3 \cdot 3 \cdot 5 \cdot 11$
23	$3^3 \cdot 7^2$
25	$5^2 \cdot 53$
26	$2 \cdot 3 \cdot 13 \cdot 17$
28	$2^4 \cdot 83$
30	$2 \cdot 5 \cdot 7 \cdot 19$
31	11^3
32	$2^2 \cdot 3^2 \cdot 37$
33	$31 \cdot 43$
34	$2 \cdot 23 \cdot 29$
35	$3 \cdot 5 \cdot 89$
39	$13 \cdot 103$
40	$2^2 \cdot 5 \cdot 67$

42	$2\cdot11\cdot61$
43	$17\cdot79$
44	$2^6\cdot3\cdot7$
49	$19\cdot71$
50	$2\cdot3^3\cdot5^2$
52	$2^3\cdot13^2$
53	$3\cdot11\cdot41$
56	$2^2\cdot3\cdot113$
57	$23\cdot59$
58	$2\cdot7\cdot97$
60	$2^4\cdot5\cdot17$
63	$29\cdot47$
64	$2^2\cdot11\cdot31$
65	$3\cdot5\cdot7\cdot13$
68	$2^3\cdot3^2\cdot19$
69	37^2
72	$2^2\cdot7^3$
75	$5^3\cdot11$
76	$2^5\cdot43$
77	$3^4\cdot17$
78	$2\cdot13\cdot53$
80	$2^2\cdot3\cdot5\cdot23$
86	$2\cdot3^2\cdot7\cdot11$
87	$19\cdot73$
91	$13\cdot107$
92	$2^4\cdot3\cdot29$
94	$2\cdot17\cdot41$
95	$3^2\cdot5\cdot31$
97	$11\cdot127$

1400

	1400
0	$2^3\cdot5^2\cdot7$
3	$23\cdot61$
4	$2^2\cdot3^3\cdot13$
6	$2\cdot19\cdot37$
7	$3\cdot7\cdot67$
8	$2^7\cdot11$
10	$2\cdot3\cdot5\cdot47$
11	$17\cdot83$
14	$2\cdot7\cdot101$
16	$2^3\cdot3\cdot59$
17	$13\cdot109$
19	$3\cdot11\cdot43$
20	$2^3\cdot5\cdot71$
21	$7^2\cdot29$
22	$2\cdot3^2\cdot79$
24	$2^4\cdot89$
25	$3\cdot5^2\cdot19$
26	$2\cdot23\cdot31$
28	$2^2\cdot3\cdot7\cdot17$
30	$2\cdot5\cdot11\cdot13$
31	$3^3\cdot53$
35	$5\cdot7\cdot41$
40	$2^5\cdot3^2\cdot5$
42	$2\cdot7\cdot103$
43	$3\cdot13\cdot37$
44	$2^2\cdot19^2$
45	$5\cdot17^2$
49	$3^2\cdot7\cdot23$
50	$2\cdot5^2\cdot29$
52	$2^2\cdot3\cdot11^2$
55	$3\cdot5\cdot97$
56	$2^4\cdot7\cdot13$
57	$31\cdot47$
58	$2\cdot3^6$
60	$2^2\cdot5\cdot73$
62	$2\cdot17\cdot43$
63	$7\cdot11\cdot19$
64	$2^3\cdot3\cdot61$
69	$13\cdot113$
70	$2\cdot3\cdot5\cdot7^2$
72	$2^6\cdot23$
74	$2\cdot11\cdot67$
75	$5^2\cdot59$
76	$2^2\cdot3^2\cdot41$
79	$3\cdot17\cdot29$
80	$2^3\cdot5\cdot37$
82	$2\cdot3\cdot13\cdot19$
84	$2^2\cdot7\cdot53$
85	$3^3\cdot5\cdot11$
88	$2^4\cdot3\cdot31$
91	$3\cdot7\cdot71$
94	$2\cdot3^2\cdot83$
95	$5\cdot13\cdot23$
96	$2^3\cdot11\cdot17$
98	$2\cdot7\cdot107$

1500

0	$2^2\cdot3\cdot5^3$
1	$19\cdot79$
4	$2^5\cdot47$
5	$5\cdot7\cdot43$
8	$2^2\cdot13\cdot29$
12	$2^3\cdot3^3\cdot7$
13	$17\cdot89$
15	$3\cdot5\cdot101$
17	$37\cdot41$
18	$2\cdot3\cdot11\cdot23$
19	$7^2\cdot31$
20	$2^4\cdot5\cdot19$
21	$3^2\cdot13^2$
24	$2^2\cdot3\cdot127$
25	$5^2\cdot61$
26	$2\cdot7\cdot109$
30	$2\cdot3^2\cdot5\cdot17$
33	$3\cdot7\cdot73$
34	$2\cdot13\cdot59$
36	$2^9\cdot3$
37	$29\cdot53$
39	$3^4\cdot19$
40	$2^2\cdot5\cdot7\cdot11$
41	$23\cdot67$
45	$3\cdot5\cdot103$
47	$7\cdot13\cdot17$
48	$2^2\cdot3^2\cdot43$
50	$2\cdot5^2\cdot31$
51	$3\cdot11\cdot47$
52	$2^4\cdot97$
54	$2\cdot3\cdot7\cdot37$
58	$2\cdot19\cdot41$
60	$2^3\cdot3\cdot5\cdot13$
62	$2\cdot11\cdot71$
64	$2^2\cdot17\cdot23$
66	$2\cdot3^3\cdot29$
68	$2^5\cdot7^2$
73	$11^2\cdot13$
75	$3^2\cdot5^2\cdot7$
77	$19\cdot83$
80	$2^2\cdot5\cdot79$
81	$3\cdot17\cdot31$
82	$2\cdot7\cdot113$
84	$2^4\cdot3^2\cdot11$
86	$2\cdot13\cdot61$
87	$3\cdot23^2$
90	$2\cdot3\cdot5\cdot53$
91	$37\cdot43$
93	$3^3\cdot59$
95	$5\cdot11\cdot29$
96	$2^2\cdot3\cdot7\cdot19$
98	$2\cdot17\cdot47$
99	$3\cdot13\cdot41$

1600

0	$2^6\cdot5^2$
2	$2\cdot3^2\cdot89$
5	$3\cdot5\cdot107$
6	$2\cdot11\cdot73$
8	$2^3\cdot3\cdot67$
10	$2\cdot5\cdot7\cdot23$
12	$2^2\cdot13\cdot31$
15	$5\cdot17\cdot19$
16	$2^4\cdot101$
17	$3\cdot7^2\cdot11$
20	$2^2\cdot3^4\cdot5$
24	$2^3\cdot7\cdot29$
25	$5^3\cdot13$
28	$2^2\cdot11\cdot37$
32	$2^5\cdot3\cdot17$
33	$23\cdot71$
34	$2\cdot19\cdot43$
35	$3\cdot5\cdot109$
38	$2\cdot3^2\cdot7\cdot13$
40	$2^3\cdot5\cdot41$
43	$31\cdot53$
45	$5\cdot7\cdot47$
47	$3^3\cdot61$
48	$2^4\cdot103$
49	$17\cdot97$
50	$2\cdot3\cdot5^2\cdot11$
51	$13\cdot127$
52	$2^2\cdot7\cdot59$
53	$3\cdot19\cdot29$
56	$2^3\cdot3^2\cdot23$
59	$3\cdot7\cdot79$
60	$2^2\cdot5\cdot83$
64	$2^7\cdot13$
65	$3^2\cdot5\cdot37$
66	$2\cdot7^2\cdot17$
72	$2^3\cdot11\cdot19$
74	$2\cdot3^3\cdot31$
75	$5^2\cdot67$
77	$3\cdot13\cdot43$
79	$23\cdot73$
80	$2^4\cdot3\cdot5\cdot7$
81	41^2
82	$2\cdot29^2$
83	$3^2\cdot11\cdot17$
90	$2\cdot5\cdot13^2$
91	$19\cdot89$
92	$2^2\cdot3^2\cdot47$
94	$2\cdot7\cdot11^2$
95	$3\cdot5\cdot113$
96	$2^5\cdot53$

1700

0	$2^2\cdot5^2\cdot17$
1	$3^5\cdot7$
2	$2\cdot23\cdot37$
4	$2^3\cdot3\cdot71$
5	$5\cdot11\cdot31$
8	$2^2\cdot7\cdot61$
10	$2\cdot3^2\cdot5\cdot19$
11	$29\cdot59$
12	$2^4\cdot107$
15	$5\cdot7^3$
16	$2^2\cdot3\cdot11\cdot13$
17	$17\cdot101$
20	$2^3\cdot5\cdot43$
22	$2\cdot3\cdot7\cdot41$
25	$3\cdot5^2\cdot23$
28	$2^6\cdot3^3$
29	$7\cdot13\cdot19$
34	$2\cdot3\cdot17^2$
36	$2^3\cdot7\cdot31$
38	$2\cdot11\cdot79$
39	$37\cdot47$
40	$2^2\cdot3\cdot5\cdot29$
42	$2\cdot13\cdot67$
43	$3\cdot7\cdot83$
44	$2^4\cdot109$
46	$2\cdot3^2\cdot97$
48	$2^2\cdot19\cdot23$
49	$3\cdot11\cdot53$
50	$2\cdot5^3\cdot7$
51	$17\cdot103$
52	$2^3\cdot3\cdot73$
55	$3^3\cdot5\cdot13$
60	$2^5\cdot5\cdot11$
63	$41\cdot43$
64	$2^2\cdot3^2\cdot7^2$
67	$3\cdot19\cdot31$
68	$2^3\cdot13\cdot17$
69	$29\cdot61$
70	$2\cdot3\cdot5\cdot59$
71	$7\cdot11\cdot23$
75	$5^2\cdot71$
76	$2^4\cdot3\cdot37$
78	$2\cdot7\cdot127$
80	$2^2\cdot5\cdot89$
82	$2\cdot3^4\cdot11$
85	$3\cdot5\cdot7\cdot17$
86	$2\cdot19\cdot47$
92	$2^8\cdot7$
94	$2\cdot3\cdot13\cdot23$
98	$2\cdot29\cdot31$

1800

0	$2^3\cdot3^2\cdot5^2$
2	$2\cdot17\cdot53$
4	$2^2\cdot11\cdot41$
5	$5\cdot19^2$
6	$2\cdot3\cdot7\cdot43$
8	$2^4\cdot113$
9	$3^3\cdot67$
13	$7^2\cdot37$
15	$3\cdot5\cdot11^2$
17	$23\cdot79$
18	$2\cdot3^2\cdot101$
19	$17\cdot107$
20	$2^2\cdot5\cdot7\cdot13$
24	$2^5\cdot3\cdot19$
25	$5^2\cdot73$
26	$2\cdot11\cdot83$
27	$3^2\cdot7\cdot29$
29	$31\cdot59$
30	$2\cdot3\cdot5\cdot61$
33	$3\cdot13\cdot47$
36	$2^2\cdot3^3\cdot17$
40	$2^4\cdot5\cdot23$
43	$19\cdot97$
45	$3^2\cdot5\cdot41$
46	$2\cdot13\cdot71$
48	$2^3\cdot3\cdot7\cdot11$
49	43^2
50	$2\cdot5^2\cdot37$
53	$17\cdot109$
54	$2\cdot3^2\cdot103$
55	$5\cdot7\cdot53$
56	$2^6\cdot29$
59	$11\cdot13^2$
60	$2^2\cdot3\cdot5\cdot31$
62	$2\cdot7^2\cdot19$
63	$3^4\cdot23$
69	$3\cdot7\cdot89$
70	$2\cdot5\cdot11\cdot17$
72	$2^4\cdot3^2\cdot13$
75	$3\cdot5^4$
76	$2^2\cdot7\cdot67$
80	$2^3\cdot5\cdot47$
81	$3^2\cdot11\cdot19$
85	$5\cdot13\cdot29$
86	$2\cdot23\cdot41$
87	$3\cdot17\cdot37$
88	$2^5\cdot59$
90	$2\cdot3^3\cdot5\cdot7$
91	$31\cdot61$
92	$2^2\cdot11\cdot43$
96	$2^3\cdot3\cdot79$
98	$2\cdot13\cdot73$

1900

0	$2^2\cdot5^2\cdot19$
4	$2^4\cdot7\cdot17$
5	$3\cdot5\cdot127$
8	$2^2\cdot3^2\cdot53$
9	$23\cdot83$
11	$3\cdot7^2\cdot13$
14	$2\cdot3\cdot11\cdot29$
17	$3^3\cdot71$
19	$19\cdot101$
20	$2^7\cdot3\cdot5$
21	$17\cdot113$
22	$2\cdot31^2$
24	$2^2\cdot13\cdot37$

25	$5^2 \cdot 7 \cdot 11$
26	$2 \cdot 3^2 \cdot 107$
27	$41 \cdot 47$
32	$2^2 \cdot 3 \cdot 7 \cdot 23$
35	$3^2 \cdot 5 \cdot 43$
36	$2^4 \cdot 11^2$
38	$2 \cdot 3 \cdot 17 \cdot 19$
40	$2^2 \cdot 5 \cdot 97$
43	$29 \cdot 67$
44	$2^3 \cdot 3^5$
47	$3 \cdot 11 \cdot 59$
50	$2 \cdot 3 \cdot 5^2 \cdot 13$
52	$2^5 \cdot 61$
53	$3^2 \cdot 7 \cdot 31$
55	$5 \cdot 17 \cdot 23$
57	$19 \cdot 103$
58	$2 \cdot 11 \cdot 89$
60	$2^3 \cdot 5 \cdot 7^2$
61	$37 \cdot 53$
62	$2 \cdot 3^2 \cdot 109$
68	$2^4 \cdot 3 \cdot 41$
71	$3^3 \cdot 73$
72	$2^2 \cdot 17 \cdot 29$
74	$2 \cdot 3 \cdot 7 \cdot 47$
75	$5^2 \cdot 79$
76	$2^3 \cdot 13 \cdot 19$
78	$2 \cdot 23 \cdot 43$
80	$2^2 \cdot 3^2 \cdot 5 \cdot 11$
84	$2^6 \cdot 31$
88	$2^2 \cdot 7 \cdot 71$
89	$3^2 \cdot 13 \cdot 17$
92	$2^3 \cdot 3 \cdot 83$
95	$3 \cdot 5 \cdot 7 \cdot 19$
98	$2 \cdot 3^3 \cdot 37$

2000

0	$2^4 \cdot 5^3$
1	$3 \cdot 23 \cdot 29$
2	$2 \cdot 7 \cdot 11 \cdot 13$
6	$2 \cdot 17 \cdot 59$
9	$7^2 \cdot 41$
10	$2 \cdot 3 \cdot 5 \cdot 67$
13	$3 \cdot 11 \cdot 61$
14	$2 \cdot 19 \cdot 53$
15	$5 \cdot 13 \cdot 31$
16	$2^5 \cdot 3^2 \cdot 7$
20	$2^2 \cdot 5 \cdot 101$
21	$43 \cdot 47$
23	$7 \cdot 17^2$
24	$2^3 \cdot 11 \cdot 23$
25	$3^4 \cdot 5^2$
28	$2^2 \cdot 3 \cdot 13^2$
30	$2 \cdot 5 \cdot 7 \cdot 29$
32	$2^4 \cdot 127$
33	$19 \cdot 107$
34	$2 \cdot 3^2 \cdot 113$
35	$5 \cdot 11 \cdot 37$
37	$3 \cdot 7 \cdot 97$
40	$2^3 \cdot 3 \cdot 5 \cdot 17$
44	$2^2 \cdot 7 \cdot 73$
46	$2 \cdot 3 \cdot 11 \cdot 31$
47	$23 \cdot 89$
48	2^{11}
50	$2 \cdot 5^2 \cdot 41$
52	$2^2 \cdot 3^3 \cdot 19$
54	$2 \cdot 13 \cdot 79$
57	$11^2 \cdot 17$
58	$2 \cdot 3 \cdot 7^3$
59	$29 \cdot 71$
60	$2^2 \cdot 5 \cdot 103$
64	$2^4 \cdot 3 \cdot 43$
65	$5 \cdot 7 \cdot 59$
67	$3 \cdot 13 \cdot 53$
68	$2^2 \cdot 11 \cdot 47$
70	$2 \cdot 3^2 \cdot 5 \cdot 23$
71	$19 \cdot 109$
72	$2^3 \cdot 7 \cdot 37$
74	$2 \cdot 17 \cdot 61$
75	$5^2 \cdot 83$
77	$31 \cdot 67$
79	$3^3 \cdot 7 \cdot 11$
80	$2^5 \cdot 5 \cdot 13$
88	$2^3 \cdot 3^2 \cdot 29$
90	$2 \cdot 5 \cdot 11 \cdot 19$
91	$3 \cdot 17 \cdot 41$
93	$7 \cdot 13 \cdot 23$

2100

0	$2^2 \cdot 3 \cdot 5^2 \cdot 7$
6	$2 \cdot 3^4 \cdot 13$
7	$7^2 \cdot 43$
8	$2^2 \cdot 17 \cdot 31$
9	$3 \cdot 19 \cdot 37$
12	$2^6 \cdot 3 \cdot 11$
15	$3^2 \cdot 5 \cdot 47$
16	$2^2 \cdot 23^2$
17	$29 \cdot 73$
20	$2^3 \cdot 5 \cdot 53$
21	$3 \cdot 7 \cdot 101$
24	$2^2 \cdot 3^2 \cdot 59$
25	$5^3 \cdot 17$
28	$2^4 \cdot 7 \cdot 19$
30	$2 \cdot 3 \cdot 5 \cdot 71$
32	$2^2 \cdot 13 \cdot 41$
33	$3^3 \cdot 79$
34	$2 \cdot 11 \cdot 97$
35	$5 \cdot 7 \cdot 61$
36	$2^3 \cdot 3 \cdot 89$
39	$3 \cdot 23 \cdot 31$
40	$2^2 \cdot 5 \cdot 107$
42	$2 \cdot 3^2 \cdot 7 \cdot 17$
44	$2^5 \cdot 67$
45	$3 \cdot 5 \cdot 11 \cdot 13$
46	$2 \cdot 29 \cdot 37$
47	$19 \cdot 113$
50	$2 \cdot 5^2 \cdot 43$
56	$2^2 \cdot 7^2 \cdot 11$
58	$2 \cdot 13 \cdot 83$
59	$17 \cdot 127$
60	$2^4 \cdot 3^3 \cdot 5$
62	$2 \cdot 23 \cdot 47$
63	$3 \cdot 7 \cdot 103$
66	$2 \cdot 3 \cdot 19^2$
70	$2 \cdot 5 \cdot 7 \cdot 31$
73	$41 \cdot 53$
75	$3 \cdot 5^2 \cdot 29$
76	$2^7 \cdot 17$
78	$2 \cdot 3^2 \cdot 11^2$
80	$2^2 \cdot 5 \cdot 109$
83	$37 \cdot 59$
84	$2^3 \cdot 3 \cdot 7 \cdot 13$
85	$5 \cdot 19 \cdot 23$
87	3^7
90	$2 \cdot 3 \cdot 5 \cdot 73$
93	$3 \cdot 17 \cdot 43$
96	$2^2 \cdot 3^2 \cdot 61$
97	13^3

2200

0	$2^3 \cdot 5^2 \cdot 11$
1	$31 \cdot 71$
4	$2^2 \cdot 19 \cdot 29$
5	$3^2 \cdot 5 \cdot 7^2$
8	$2^5 \cdot 3 \cdot 23$
9	47^2
10	$2 \cdot 5 \cdot 13 \cdot 17$
11	$3 \cdot 11 \cdot 67$
12	$2^2 \cdot 7 \cdot 79$
14	$2 \cdot 3^3 \cdot 41$
20	$2^2 \cdot 3 \cdot 5 \cdot 37$
22	$2 \cdot 11 \cdot 101$
23	$3^2 \cdot 13 \cdot 19$
25	$5^2 \cdot 89$
26	$2 \cdot 3 \cdot 7 \cdot 53$
31	$23 \cdot 97$
32	$2^3 \cdot 3^2 \cdot 31$
33	$7 \cdot 11 \cdot 29$
36	$2^2 \cdot 13 \cdot 43$
40	$2^6 \cdot 5 \cdot 7$
41	$3^3 \cdot 83$
42	$2 \cdot 19 \cdot 59$
44	$2^2 \cdot 3 \cdot 11 \cdot 17$
47	$19 \cdot 113$
50	$2 \cdot 3^2 \cdot 5^3$
54	$2 \cdot 7^2 \cdot 23$
55	$5 \cdot 11 \cdot 41$
56	$2^4 \cdot 3 \cdot 47$
57	$37 \cdot 61$
60	$2^2 \cdot 5 \cdot 113$
61	$7 \cdot 17 \cdot 19$
62	$2 \cdot 3 \cdot 13 \cdot 29$
63	$31 \cdot 73$
66	$2 \cdot 11 \cdot 103$
68	$2^2 \cdot 3^4 \cdot 7$
72	$2^5 \cdot 71$
75	$5^2 \cdot 7 \cdot 13$
77	$3^2 \cdot 11 \cdot 23$
78	$2 \cdot 17 \cdot 67$
79	$43 \cdot 53$
80	$2^3 \cdot 3 \cdot 5 \cdot 19$
86	$2 \cdot 3^2 \cdot 127$
88	$2^4 \cdot 11 \cdot 13$
89	$3 \cdot 7 \cdot 109$
91	$29 \cdot 79$
94	$2 \cdot 31 \cdot 37$
95	$3^3 \cdot 5 \cdot 17$
96	$2^3 \cdot 7 \cdot 41$
99	$11^2 \cdot 19$

2300

0	$2^2 \cdot 5^2 \cdot 23$
1	$3 \cdot 13 \cdot 59$
3	$7^2 \cdot 47$
4	$2^8 \cdot 3^2$
10	$2 \cdot 3 \cdot 5 \cdot 7 \cdot 11$
12	$2^3 \cdot 17^2$
14	$2 \cdot 13 \cdot 89$
18	$2 \cdot 19 \cdot 61$
20	$2^4 \cdot 5 \cdot 29$
22	$2 \cdot 3^3 \cdot 43$
23	$23 \cdot 101$
24	$2^2 \cdot 7 \cdot 83$
25	$3 \cdot 5^2 \cdot 31$
28	$2^3 \cdot 3 \cdot 97$
31	$3^2 \cdot 7 \cdot 37$
32	$2^2 \cdot 11 \cdot 53$
36	$2^5 \cdot 73$
37	$3 \cdot 19 \cdot 41$
40	$2^2 \cdot 3^2 \cdot 5 \cdot 13$
43	$3 \cdot 11 \cdot 71$
45	$5 \cdot 7 \cdot 67$
46	$2 \cdot 3 \cdot 17 \cdot 23$
49	$3^4 \cdot 29$
50	$2 \cdot 5^2 \cdot 47$
52	$2^4 \cdot 3 \cdot 7^2$
54	$2 \cdot 11 \cdot 107$
56	$2^2 \cdot 19 \cdot 31$
60	$2^3 \cdot 5 \cdot 59$
65	$5 \cdot 11 \cdot 43$
66	$2 \cdot 7 \cdot 13^2$
68	$2^6 \cdot 37$
69	$23 \cdot 103$
70	$2 \cdot 3 \cdot 5 \cdot 79$
73	$3 \cdot 7 \cdot 113$
75	$5^3 \cdot 19$
76	$2^3 \cdot 3^3 \cdot 11$
78	$2 \cdot 29 \cdot 41$
79	$3 \cdot 13 \cdot 61$
80	$2^2 \cdot 5 \cdot 7 \cdot 17$
85	$3^2 \cdot 5 \cdot 53$
87	$7 \cdot 11 \cdot 31$
92	$2^3 \cdot 13 \cdot 23$
94	$2 \cdot 3^2 \cdot 7 \cdot 19$
97	$3 \cdot 17 \cdot 47$
98	$2 \cdot 11 \cdot 109$

2400

0	$2^5 \cdot 3 \cdot 5^2$
1	7^4
3	$3^3 \cdot 89$
5	$5 \cdot 13 \cdot 37$
7	$29 \cdot 83$
8	$2^3 \cdot 7 \cdot 43$
9	$3 \cdot 11 \cdot 73$
12	$2^2 \cdot 3^2 \cdot 67$
13	$19 \cdot 127$
14	$2 \cdot 17 \cdot 71$
15	$3 \cdot 5 \cdot 7 \cdot 23$
18	$2 \cdot 3 \cdot 13 \cdot 31$
19	$41 \cdot 59$
20	$2^2 \cdot 5 \cdot 11^2$
24	$2^3 \cdot 3 \cdot 101$
25	$5^2 \cdot 97$
30	$2 \cdot 3^5 \cdot 5$
31	$11 \cdot 13 \cdot 17$
32	$2^7 \cdot 19$
36	$2^2 \cdot 3 \cdot 7 \cdot 29$
38	$2 \cdot 23 \cdot 53$
40	$2^3 \cdot 5 \cdot 61$
42	$2 \cdot 3 \cdot 11 \cdot 37$
44	$2^2 \cdot 13 \cdot 47$
48	$2^4 \cdot 3^2 \cdot 17$
49	$31 \cdot 79$
50	$2 \cdot 5^2 \cdot 7^2$
51	$3 \cdot 19 \cdot 43$
57	$3^3 \cdot 7 \cdot 13$
60	$2^2 \cdot 3 \cdot 5 \cdot 41$
61	$23 \cdot 107$
64	$2^5 \cdot 7 \cdot 11$
65	$5 \cdot 17 \cdot 29$
70	$2 \cdot 5 \cdot 13 \cdot 19$
72	$2^3 \cdot 3 \cdot 103$
75	$3^2 \cdot 5^2 \cdot 11$
78	$2 \cdot 3 \cdot 7 \cdot 59$
79	$37 \cdot 67$
80	$2^4 \cdot 5 \cdot 31$
82	$2 \cdot 17 \cdot 73$
84	$2^2 \cdot 3^3 \cdot 23$
85	$5 \cdot 7 \cdot 71$
86	$2 \cdot 11 \cdot 113$
90	$2 \cdot 3 \cdot 5 \cdot 83$
91	$47 \cdot 53$
92	$2^2 \cdot 7 \cdot 89$
94	$2 \cdot 29 \cdot 43$
96	$2^6 \cdot 3 \cdot 13$
99	$3 \cdot 7^2 \cdot 17$

2500

0	$2^2 \cdot 5^4$
1	$41 \cdot 61$
7	$23 \cdot 109$
8	$2^2 \cdot 3 \cdot 11 \cdot 19$
11	$3^4 \cdot 31$
16	$2^2 \cdot 17 \cdot 37$
20	$2^3 \cdot 3^2 \cdot 5 \cdot 7$
22	$2 \cdot 13 \cdot 97$
23	$3 \cdot 29^2$
25	$5^2 \cdot 101$
27	$7 \cdot 19^2$
28	$2^5 \cdot 79$
30	$2 \cdot 5 \cdot 11 \cdot 23$
35	$3 \cdot 5 \cdot 13^2$
37	$43 \cdot 59$
38	$2 \cdot 3^3 \cdot 47$
40	$2^2 \cdot 5 \cdot 127$
41	$3 \cdot 7 \cdot 11^2$
42	$2 \cdot 31 \cdot 41$
44	$2^4 \cdot 3 \cdot 53$
46	$2 \cdot 19 \cdot 67$
48	$2^2 \cdot 7^2 \cdot 13$
50	$2 \cdot 3 \cdot 5^2 \cdot 17$
52	$2^3 \cdot 11 \cdot 29$
53	$3 \cdot 23 \cdot 37$
55	$5 \cdot 7 \cdot 73$

56	$2\cdot3^2\cdot71$
60	$2^9\cdot5$
62	$2\cdot3\cdot7\cdot61$
65	$3^3\cdot5\cdot19$
68	$2^3\cdot3\cdot107$
73	$31\cdot83$
74	$2\cdot3^2\cdot11\cdot13$
75	$5^2\cdot103$
76	$2^4\cdot7\cdot23$
80	$2^2\cdot3\cdot5\cdot43$
81	$29\cdot89$
83	$3^2\cdot7\cdot41$
84	$2^3\cdot17\cdot19$
85	$5\cdot11\cdot47$
90	$2\cdot5\cdot7\cdot37$
92	$2^5\cdot3^4$
96	$2^2\cdot11\cdot59$
97	$7^2\cdot53$
99	$23\cdot113$

2600

0	$2^3\cdot5^2\cdot13$
1	$3^2\cdot17^2$
4	$2^2\cdot3\cdot7\cdot31$
7	$3\cdot11\cdot79$
10	$2\cdot3^2\cdot5\cdot29$
13	$3\cdot13\cdot67$
16	$2^3\cdot3\cdot109$
18	$2\cdot7\cdot11\cdot17$
19	$3^3\cdot97$
22	$2\cdot3\cdot19\cdot23$
23	$43\cdot61$
24	$2^6\cdot41$
25	$3\cdot5^3\cdot7$
26	$2\cdot13\cdot101$
27	$37\cdot71$
28	$2^2\cdot3^2\cdot73$
32	$2^3\cdot7\cdot47$
35	$5\cdot17\cdot31$
39	$7\cdot13\cdot29$
40	$2^4\cdot3\cdot5\cdot11$
45	$5\cdot23^2$
46	$2\cdot3^3\cdot7^2$
50	$2\cdot5^2\cdot53$
52	$2^2\cdot3\cdot13\cdot17$
55	$3^2\cdot5\cdot59$
56	$2^5\cdot83$
60	$2^2\cdot5\cdot7\cdot19$
62	$2\cdot11^3$
64	$2^3\cdot3^2\cdot37$
65	$5\cdot13\cdot41$
66	$2\cdot31\cdot43$
67	$3\cdot7\cdot127$
68	$2^2\cdot23\cdot29$
70	$2\cdot3\cdot5\cdot89$
73	$3^5\cdot11$
75	$5^2\cdot107$
78	$2\cdot13\cdot103$
79	$3\cdot19\cdot47$
80	$2^3\cdot5\cdot67$
84	$2^2\cdot11\cdot61$
86	$2\cdot17\cdot79$
88	$2^7\cdot3\cdot7$
91	$3^2\cdot13\cdot23$
95	$5\cdot7^2\cdot11$
97	$3\cdot29\cdot31$
98	$2\cdot19\cdot71$

2700

0	$2^2\cdot3^3\cdot5^2$
1	$37\cdot73$
3	$3\cdot17\cdot53$
4	$2^4\cdot13^2$
6	$2\cdot3\cdot11\cdot41$
9	$3^2\cdot7\cdot43$
12	$2^3\cdot3\cdot113$
14	$2\cdot23\cdot59$
16	$2^2\cdot7\cdot97$
17	$11\cdot13\cdot19$
20	$2^5\cdot5\cdot17$
25	$5^2\cdot109$
26	$2\cdot29\cdot47$
27	$3^3\cdot101$
28	$2^3\cdot11\cdot31$
30	$2\cdot3\cdot5\cdot7\cdot13$
36	$2^4\cdot3^2\cdot19$
37	$7\cdot17\cdot23$
38	$2\cdot37^2$
39	$3\cdot11\cdot83$
44	$2^3\cdot7^3$
45	$3^2\cdot5\cdot61$
47	$41\cdot67$
50	$2\cdot5^3\cdot11$
52	$2^6\cdot43$
54	$2\cdot3^4\cdot17$
55	$5\cdot19\cdot29$
56	$2^2\cdot13\cdot53$
59	$31\cdot89$
60	$2^3\cdot3\cdot5\cdot23$
65	$5\cdot7\cdot79$
69	$3\cdot13\cdot71$
72	$2^2\cdot3^2\cdot7\cdot11$
73	$47\cdot59$
74	$2\cdot19\cdot73$
75	$3\cdot5^2\cdot37$
81	$3^3\cdot103$
82	$2\cdot13\cdot107$
83	$11^2\cdot23$
84	$2^5\cdot3\cdot29$
88	$2^2\cdot17\cdot41$
90	$2\cdot3^2\cdot5\cdot31$
93	$3\cdot7^2\cdot19$
94	$2\cdot11\cdot127$
95	$5\cdot13\cdot43$

2800

0	$2^4\cdot5^2\cdot7$
5	$3\cdot5\cdot11\cdot17$
6	$2\cdot23\cdot61$
8	$2^3\cdot3^3\cdot13$
9	53^2
12	$2^2\cdot19\cdot37$
13	$29\cdot97$
14	$2\cdot3\cdot7\cdot67$
16	$2^8\cdot11$
20	$2^2\cdot3\cdot5\cdot47$
21	$7\cdot13\cdot31$
22	$2\cdot17\cdot83$
25	$5^2\cdot113$
28	$2^2\cdot7\cdot101$
29	$3\cdot23\cdot41$
32	$2^4\cdot3\cdot59$
34	$2\cdot13\cdot109$
35	$3^4\cdot5\cdot7$
38	$2\cdot3\cdot11\cdot43$
40	$2^3\cdot5\cdot71$
42	$2\cdot7^2\cdot29$
44	$2^2\cdot3^2\cdot79$
47	$3\cdot13\cdot73$
48	$2^5\cdot89$
49	$7\cdot11\cdot37$
50	$2\cdot3\cdot5^2\cdot19$
52	$2^2\cdot23\cdot31$
56	$2^3\cdot3\cdot7\cdot17$
60	$2^2\cdot5\cdot11\cdot13$
62	$2\cdot3^3\cdot53$
67	$47\cdot61$
70	$2\cdot5\cdot7\cdot41$
71	$3^2\cdot11\cdot29$
73	$13^2\cdot17$
75	$5^3\cdot23$
80	$2^6\cdot3^2\cdot5$
81	$43\cdot67$
83	$3\cdot31^2$
84	$2^2\cdot7\cdot103$
86	$2\cdot3\cdot13\cdot37$
88	$2^3\cdot19^2$
89	$3^3\cdot107$
90	$2\cdot5\cdot17^2$
91	$7^2\cdot59$
98	$2\cdot3^2\cdot7\cdot23$

2900

0	$2^2\cdot5^2\cdot29$
4	$2^3\cdot3\cdot11^2$
5	$5\cdot7\cdot83$
7	$3^2\cdot17\cdot19$
10	$2\cdot3\cdot5\cdot97$
11	$41\cdot71$
12	$2^5\cdot7\cdot13$
14	$2\cdot31\cdot47$
15	$5\cdot11\cdot53$
16	$2^2\cdot3^6$
20	$2^3\cdot5\cdot73$
21	$23\cdot127$
23	$37\cdot79$
24	$2^2\cdot17\cdot43$
25	$3^2\cdot5^2\cdot13$
26	$2\cdot7\cdot11\cdot19$
28	$2^4\cdot3\cdot61$
29	$29\cdot101$
37	$3\cdot11\cdot89$
38	$2\cdot13\cdot113$
40	$2^2\cdot3\cdot5\cdot7^2$
43	$3^3\cdot109$
44	$2^7\cdot23$
45	$5\cdot19\cdot31$
48	$2^2\cdot11\cdot67$
50	$2\cdot5^2\cdot59$
52	$2^3\cdot3^2\cdot41$
58	$2\cdot3\cdot17\cdot29$
60	$2^4\cdot5\cdot37$
61	$3^2\cdot7\cdot47$
64	$2^2\cdot3\cdot13\cdot19$
67	$3\cdot23\cdot43$
68	$2^3\cdot7\cdot53$
70	$2\cdot3^3\cdot5\cdot11$
75	$5^2\cdot7\cdot17$
76	$2^5\cdot3\cdot31$
82	$2\cdot3\cdot7\cdot71$
87	$29\cdot103$
88	$2^2\cdot3^2\cdot83$
89	$7^2\cdot61$
90	$2\cdot5\cdot13\cdot23$
92	$2^4\cdot11\cdot17$
93	$41\cdot73$
96	$2^2\cdot7\cdot107$
97	$3^4\cdot37$

3000

0	$2^3\cdot3\cdot5^3$
2	$2\cdot19\cdot79$
3	$3\cdot7\cdot11\cdot13$
7	$31\cdot97$
8	$2^6\cdot47$
9	$3\cdot17\cdot59$
10	$2\cdot5\cdot7\cdot43$
15	$3^2\cdot5\cdot67$
16	$2^3\cdot13\cdot29$
21	$3\cdot19\cdot53$
24	$2^4\cdot3^3\cdot7$
25	$5^2\cdot11^2$
26	$2\cdot17\cdot89$
30	$2\cdot3\cdot5\cdot101$
34	$2\cdot37\cdot41$
36	$2^2\cdot3\cdot11\cdot23$
38	$2\cdot7^2\cdot31$
40	$2^5\cdot5\cdot19$
42	$2\cdot3^2\cdot13^2$
45	$3\cdot5\cdot7\cdot29$
48	$2^3\cdot3\cdot127$
50	$2\cdot5^2\cdot61$
51	$3^3\cdot113$
52	$2^2\cdot7\cdot109$
53	$43\cdot71$
55	$5\cdot13\cdot47$
59	$7\cdot19\cdot23$
60	$2^2\cdot3^2\cdot5\cdot17$
66	$2\cdot3\cdot7\cdot73$
68	$2^2\cdot13\cdot59$
69	$3^2\cdot11\cdot31$
71	$37\cdot83$
72	$2^{10}\cdot3$
74	$2\cdot29\cdot53$
75	$3\cdot5^2\cdot41$
78	$2\cdot3^4\cdot19$
80	$2^3\cdot5\cdot7\cdot11$
81	$3\cdot13\cdot79$
82	$2\cdot23\cdot67$
87	$3^2\cdot7^3$
90	$2\cdot3\cdot5\cdot103$
94	$2\cdot7\cdot13\cdot17$
96	$2^3\cdot3^2\cdot43$

3100

0	$2^2\cdot5^2\cdot31$
2	$2\cdot3\cdot11\cdot47$
3	$29\cdot107$
4	$2^5\cdot97$
5	$3^3\cdot5\cdot23$
8	$2^2\cdot3\cdot7\cdot37$
11	$3\cdot17\cdot61$
15	$5\cdot7\cdot89$
16	$2^2\cdot19\cdot41$
20	$2^4\cdot3\cdot5\cdot13$
24	$2^2\cdot11\cdot71$
25	5^5
27	$53\cdot59$
28	$2^3\cdot17\cdot23$
31	$31\cdot101$
32	$2^2\cdot3^3\cdot29$
35	$3\cdot5\cdot11\cdot19$
36	$2^6\cdot7^2$
39	$43\cdot73$
45	$5\cdot17\cdot37$
46	$2\cdot11^2\cdot13$
49	$47\cdot67$
50	$2\cdot3^2\cdot5^2\cdot7$
54	$2\cdot19\cdot83$
57	$7\cdot11\cdot41$
59	$3^5\cdot13$
60	$2^3\cdot5\cdot79$
61	$29\cdot109$
62	$2\cdot3\cdot17\cdot31$
64	$2^2\cdot7\cdot113$
68	$2^5\cdot3^2\cdot11$
72	$2^2\cdot13\cdot61$
74	$2\cdot3\cdot23^2$
75	$5^2\cdot127$
79	$11\cdot17^2$
80	$2^2\cdot3\cdot5\cdot53$
82	$2\cdot37\cdot43$
85	$5\cdot7^2\cdot13$
86	$2\cdot3^3\cdot59$
90	$2\cdot5\cdot11\cdot29$
92	$2^3\cdot3\cdot7\cdot19$
93	$31\cdot103$
95	$3^2\cdot5\cdot71$
96	$2^2\cdot17\cdot47$
98	$2\cdot3\cdot13\cdot41$

3200

0	$2^7\cdot5^2$
1	$3\cdot11\cdot97$
4	$2^2\cdot3^2\cdot89$

10	$2 \cdot 3 \cdot 5 \cdot 107$
11	$13^2 \cdot 19$
12	$2^2 \cdot 11 \cdot 73$
13	$3^3 \cdot 7 \cdot 17$
16	$2^4 \cdot 3 \cdot 67$
19	$3 \cdot 29 \cdot 37$
20	$2^2 \cdot 5 \cdot 7 \cdot 23$
24	$2^3 \cdot 13 \cdot 31$
25	$3 \cdot 5^2 \cdot 43$
30	$2 \cdot 5 \cdot 17 \cdot 19$
32	$2^5 \cdot 101$
33	$53 \cdot 61$
34	$2 \cdot 3 \cdot 7^2 \cdot 11$
37	$3 \cdot 13 \cdot 83$
39	$41 \cdot 79$
40	$2^3 \cdot 3^4 \cdot 5$
43	$3 \cdot 23 \cdot 47$
45	$5 \cdot 11 \cdot 59$
48	$2^4 \cdot 7 \cdot 29$
49	$3^2 \cdot 19^2$
50	$2 \cdot 5^3 \cdot 13$
55	$3 \cdot 5 \cdot 7 \cdot 31$
56	$2^3 \cdot 11 \cdot 37$
64	$2^6 \cdot 3 \cdot 17$
66	$2 \cdot 23 \cdot 71$
67	$3^3 \cdot 11^2$
68	$2^2 \cdot 19 \cdot 43$
70	$2 \cdot 3 \cdot 5 \cdot 109$
76	$2^2 \cdot 3^2 \cdot 7 \cdot 13$
77	$29 \cdot 113$
80	$2^4 \cdot 5 \cdot 41$
83	$7^2 \cdot 67$
85	$3^2 \cdot 5 \cdot 73$
86	$2 \cdot 31 \cdot 53$
89	$11 \cdot 13 \cdot 23$
90	$2 \cdot 5 \cdot 7 \cdot 47$
93	$37 \cdot 89$
94	$2 \cdot 3^3 \cdot 61$
96	$2^5 \cdot 103$
98	$2 \cdot 17 \cdot 97$

3300

0	$2^2 \cdot 3 \cdot 5^2 \cdot 11$
2	$2 \cdot 13 \cdot 127$
4	$2^3 \cdot 7 \cdot 59$
6	$2 \cdot 3 \cdot 19 \cdot 29$
11	$7 \cdot 11 \cdot 43$
12	$2^4 \cdot 3^2 \cdot 23$
15	$3 \cdot 5 \cdot 13 \cdot 17$
17	$31 \cdot 107$
18	$2 \cdot 3 \cdot 7 \cdot 79$
20	$2^3 \cdot 5 \cdot 83$
21	$3^4 \cdot 41$
25	$5^2 \cdot 7 \cdot 19$
28	$2^8 \cdot 13$
30	$2 \cdot 3^2 \cdot 5 \cdot 37$
32	$2^2 \cdot 7^2 \cdot 17$
33	$3 \cdot 11 \cdot 101$
35	$5 \cdot 23 \cdot 29$
37	$47 \cdot 71$
39	$3^2 \cdot 7 \cdot 53$
44	$2^4 \cdot 11 \cdot 19$
48	$2^2 \cdot 3^3 \cdot 31$
50	$2 \cdot 5^2 \cdot 67$
54	$2 \cdot 3 \cdot 13 \cdot 43$
55	$5 \cdot 11 \cdot 61$
58	$2 \cdot 23 \cdot 73$
60	$2^5 \cdot 3 \cdot 5 \cdot 7$
62	$2 \cdot 41^2$
63	$3 \cdot 19 \cdot 59$
64	$2^2 \cdot 29^2$
66	$2 \cdot 3^2 \cdot 11 \cdot 17$
67	$7 \cdot 13 \cdot 37$
75	$3^3 \cdot 5^3$
79	$31 \cdot 109$
80	$2^2 \cdot 5 \cdot 13^2$
81	$3 \cdot 7^2 \cdot 23$
82	$2 \cdot 19 \cdot 89$
84	$2^3 \cdot 3^2 \cdot 47$
88	$2^2 \cdot 7 \cdot 11^2$
90	$2 \cdot 3 \cdot 5 \cdot 113$
92	$2^6 \cdot 53$
93	$3^2 \cdot 13 \cdot 29$
95	$5 \cdot 7 \cdot 97$
97	$43 \cdot 79$
99	$3 \cdot 11 \cdot 103$

3400

0	$2^3 \cdot 5^2 \cdot 17$
2	$2 \cdot 3^5 \cdot 7$
3	$41 \cdot 83$
4	$2^2 \cdot 23 \cdot 37$
8	$2^4 \cdot 3 \cdot 71$
10	$2 \cdot 5 \cdot 11 \cdot 31$
16	$2^3 \cdot 7 \cdot 61$
17	$3 \cdot 17 \cdot 67$
20	$2^2 \cdot 3^2 \cdot 5 \cdot 19$
22	$2 \cdot 29 \cdot 59$
24	$2^5 \cdot 107$
29	$3^3 \cdot 127$
30	$2 \cdot 5 \cdot 7^3$
31	$47 \cdot 73$
32	$2^3 \cdot 3 \cdot 11 \cdot 13$
34	$2 \cdot 17 \cdot 101$
40	$2^4 \cdot 5 \cdot 43$
41	$3 \cdot 31 \cdot 37$
44	$2^2 \cdot 3 \cdot 7 \cdot 41$
45	$5 \cdot 13 \cdot 53$
50	$2 \cdot 3 \cdot 5^2 \cdot 23$
51	$7 \cdot 17 \cdot 29$
56	$2^7 \cdot 3^3$
58	$2 \cdot 7 \cdot 13 \cdot 19$
65	$3^2 \cdot 5 \cdot 7 \cdot 11$
68	$2^2 \cdot 3 \cdot 17^2$
71	$3 \cdot 13 \cdot 89$
72	$2^4 \cdot 7 \cdot 31$
76	$2^2 \cdot 11 \cdot 79$
77	$3 \cdot 19 \cdot 61$
78	$2 \cdot 37 \cdot 47$
79	$7^2 \cdot 71$
80	$2^3 \cdot 3 \cdot 5 \cdot 29$
81	59^2
83	$3^4 \cdot 43$
84	$2^2 \cdot 13 \cdot 67$
85	$5 \cdot 17 \cdot 41$
86	$2 \cdot 3 \cdot 7 \cdot 83$
88	$2^5 \cdot 109$
92	$2^2 \cdot 3^2 \cdot 97$
96	$2^3 \cdot 19 \cdot 23$
98	$2 \cdot 3 \cdot 11 \cdot 53$

3500

0	$2^2 \cdot 5^3 \cdot 7$
2	$2 \cdot 17 \cdot 103$
3	$31 \cdot 113$
4	$2^4 \cdot 3 \cdot 73$
9	$11^2 \cdot 29$
10	$2 \cdot 3^3 \cdot 5 \cdot 13$
15	$5 \cdot 19 \cdot 37$
19	$3^2 \cdot 17 \cdot 23$
20	$2^6 \cdot 5 \cdot 11$
25	$3 \cdot 5^2 \cdot 47$
26	$2 \cdot 41 \cdot 43$
28	$2^3 \cdot 3^2 \cdot 7^2$
31	$3 \cdot 11 \cdot 107$
34	$2 \cdot 3 \cdot 19 \cdot 31$
35	$5 \cdot 7 \cdot 101$
36	$2^4 \cdot 13 \cdot 17$
38	$2 \cdot 29 \cdot 61$
40	$2^2 \cdot 3 \cdot 5 \cdot 59$
42	$2 \cdot 7 \cdot 11 \cdot 23$
49	$3 \cdot 7 \cdot 13^2$
50	$2 \cdot 5^2 \cdot 71$
51	$53 \cdot 67$
52	$2^5 \cdot 3 \cdot 37$
53	$11 \cdot 17 \cdot 19$
55	$3^2 \cdot 5 \cdot 79$
56	$2^2 \cdot 7 \cdot 127$
60	$2^3 \cdot 5 \cdot 89$
64	$2^2 \cdot 3^4 \cdot 11$
65	$5 \cdot 23 \cdot 31$
67	$3 \cdot 29 \cdot 41$
69	$43 \cdot 83$
70	$2 \cdot 3 \cdot 5 \cdot 7 \cdot 17$
72	$2^2 \cdot 19 \cdot 47$
75	$5^2 \cdot 11 \cdot 13$
77	$7^2 \cdot 73$
84	$2^9 \cdot 7$
88	$2^2 \cdot 3 \cdot 13 \cdot 23$
89	$37 \cdot 97$
91	$3^3 \cdot 7 \cdot 19$
96	$2^2 \cdot 29 \cdot 31$
97	$3 \cdot 11 \cdot 109$
99	$59 \cdot 61$

3600

0	$2^4 \cdot 3^2 \cdot 5^2$
4	$2^2 \cdot 17 \cdot 53$
5	$5 \cdot 7 \cdot 103$
8	$2^3 \cdot 11 \cdot 41$
10	$2 \cdot 5 \cdot 19^2$
12	$2^2 \cdot 3 \cdot 7 \cdot 43$
16	$2^5 \cdot 113$
18	$2 \cdot 3^3 \cdot 67$
19	$7 \cdot 11 \cdot 47$
21	$3 \cdot 17 \cdot 71$
25	$5^3 \cdot 29$
26	$2 \cdot 7^2 \cdot 37$
27	$3^2 \cdot 13 \cdot 31$
30	$2 \cdot 3 \cdot 5 \cdot 11^2$
34	$2 \cdot 23 \cdot 79$
36	$2^2 \cdot 3^2 \cdot 101$
38	$2 \cdot 17 \cdot 107$
40	$2^3 \cdot 5 \cdot 7 \cdot 13$
45	$3^6 \cdot 5$
48	$2^6 \cdot 3 \cdot 19$
49	$41 \cdot 89$
50	$2 \cdot 5^2 \cdot 73$
52	$2^2 \cdot 11 \cdot 83$
54	$2 \cdot 3^2 \cdot 7 \cdot 29$
55	$5 \cdot 17 \cdot 43$
57	$3 \cdot 23 \cdot 53$
58	$2 \cdot 31 \cdot 59$
60	$2^2 \cdot 3 \cdot 5 \cdot 61$
63	$3^2 \cdot 11 \cdot 37$
66	$2 \cdot 3 \cdot 13 \cdot 47$
72	$2^3 \cdot 3^3 \cdot 17$
75	$3 \cdot 5^2 \cdot 7^2$
80	$2^5 \cdot 5 \cdot 23$
83	$29 \cdot 127$
85	$5 \cdot 11 \cdot 67$
86	$2 \cdot 19 \cdot 97$
89	$7 \cdot 17 \cdot 31$
90	$2 \cdot 3^2 \cdot 5 \cdot 41$
92	$2^2 \cdot 13 \cdot 71$
96	$2^4 \cdot 3 \cdot 7 \cdot 11$
98	$2 \cdot 43^2$

3700

0	$2^2 \cdot 5^2 \cdot 37$
3	$7 \cdot 23^2$
5	$3 \cdot 5 \cdot 13 \cdot 19$
6	$2 \cdot 17 \cdot 109$
8	$2^2 \cdot 3^2 \cdot 103$
10	$2 \cdot 5 \cdot 7 \cdot 53$
12	$2^7 \cdot 29$
13	$47 \cdot 79$
17	$3^2 \cdot 7 \cdot 59$
18	$2 \cdot 11 \cdot 13^2$
20	$2^3 \cdot 3 \cdot 5 \cdot 31$
21	61^2
23	$3 \cdot 17 \cdot 73$
24	$2^2 \cdot 7^2 \cdot 19$
26	$2 \cdot 3^4 \cdot 23$
29	$3 \cdot 11 \cdot 113$
31	$7 \cdot 13 \cdot 41$
35	$3^2 \cdot 5 \cdot 83$
37	$37 \cdot 101$
38	$2 \cdot 3 \cdot 7 \cdot 89$
40	$2^2 \cdot 5 \cdot 11 \cdot 17$
41	$3 \cdot 29 \cdot 43$
44	$2^5 \cdot 3^2 \cdot 13$
45	$5 \cdot 7 \cdot 107$
50	$2 \cdot 3 \cdot 5^4$
51	$11^2 \cdot 31$
52	$2^3 \cdot 7 \cdot 67$
57	$13 \cdot 17^2$
60	$2^4 \cdot 5 \cdot 47$
62	$2 \cdot 3^2 \cdot 11 \cdot 19$
63	$53 \cdot 71$
70	$2 \cdot 5 \cdot 13 \cdot 29$
72	$2^2 \cdot 23 \cdot 41$
73	$7^3 \cdot 11$
74	$2 \cdot 3 \cdot 17 \cdot 37$
76	$2^6 \cdot 59$
80	$2^2 \cdot 3^3 \cdot 5 \cdot 7$
82	$2 \cdot 31 \cdot 61$
83	$3 \cdot 13 \cdot 97$
84	$2^3 \cdot 11 \cdot 43$
92	$2^4 \cdot 3 \cdot 79$
95	$3 \cdot 5 \cdot 11 \cdot 23$
96	$2^2 \cdot 13 \cdot 73$

3800

0	$2^3 \cdot 5^2 \cdot 19$
7	$3^4 \cdot 47$
8	$2^5 \cdot 7 \cdot 17$
10	$2 \cdot 3 \cdot 5 \cdot 127$
11	$37 \cdot 103$
13	$3 \cdot 31 \cdot 41$
15	$5 \cdot 7 \cdot 109$
16	$2^3 \cdot 3^2 \cdot 53$
18	$2 \cdot 23 \cdot 83$
19	$3 \cdot 19 \cdot 67$
22	$2 \cdot 3 \cdot 7^2 \cdot 13$
25	$3^2 \cdot 5^2 \cdot 17$
27	$43 \cdot 89$
28	$2^2 \cdot 3 \cdot 11 \cdot 29$
34	$2 \cdot 3^3 \cdot 71$
35	$5 \cdot 13 \cdot 59$
38	$2 \cdot 19 \cdot 101$
40	$2^8 \cdot 3 \cdot 5$
42	$2 \cdot 17 \cdot 113$
43	$3^2 \cdot 7 \cdot 61$
44	$2^2 \cdot 31^2$
48	$2^3 \cdot 13 \cdot 37$
50	$2 \cdot 5^2 \cdot 7 \cdot 11$
52	$2^2 \cdot 3^2 \cdot 107$
54	$2 \cdot 41 \cdot 47$
57	$7 \cdot 19 \cdot 29$
61	$3^3 \cdot 11 \cdot 13$
64	$2^3 \cdot 3 \cdot 7 \cdot 23$
69	$53 \cdot 73$
70	$2 \cdot 3^2 \cdot 5 \cdot 43$
71	$7^2 \cdot 79$
72	$2^5 \cdot 11^2$
75	$5^3 \cdot 31$
76	$2^2 \cdot 3 \cdot 17 \cdot 19$
80	$2^3 \cdot 5 \cdot 97$
85	$3 \cdot 5 \cdot 7 \cdot 37$
86	$2 \cdot 29 \cdot 67$
87	$13^2 \cdot 23$
88	$2^4 \cdot 3^5$
94	$2 \cdot 3 \cdot 11 \cdot 59$
95	$5 \cdot 19 \cdot 41$

3900

0	$2^2 \cdot 3 \cdot 5^2 \cdot 13$
1	$47 \cdot 83$
4	$2^6 \cdot 61$
5	$5 \cdot 11 \cdot 71$
6	$2 \cdot 3^2 \cdot 7 \cdot 31$
10	$2 \cdot 5 \cdot 17 \cdot 23$
13	$7 \cdot 13 \cdot 43$
14	$2 \cdot 19 \cdot 103$

15	$3^3 \cdot 5 \cdot 29$
16	$2^2 \cdot 11 \cdot 89$
20	$2^4 \cdot 5 \cdot 7^2$
22	$2 \cdot 37 \cdot 53$
24	$2^2 \cdot 3^2 \cdot 109$
27	$3 \cdot 7 \cdot 11 \cdot 17$
33	$3^2 \cdot 19 \cdot 23$
36	$2^5 \cdot 3 \cdot 41$
37	$31 \cdot 127$
39	$3 \cdot 13 \cdot 101$
42	$2 \cdot 3^3 \cdot 73$
44	$2^3 \cdot 17 \cdot 29$
48	$2^2 \cdot 3 \cdot 7 \cdot 47$
50	$2 \cdot 5^2 \cdot 79$
52	$2^4 \cdot 13 \cdot 19$
53	$59 \cdot 67$
55	$5 \cdot 7 \cdot 113$
56	$2^2 \cdot 23 \cdot 43$
59	$37 \cdot 107$
60	$2^3 \cdot 3^2 \cdot 5 \cdot 11$
65	$5 \cdot 13 \cdot 61$
68	$2^7 \cdot 31$
69	$3^4 \cdot 7^2$
71	$11 \cdot 19^2$
75	$3 \cdot 5^2 \cdot 53$
76	$2^3 \cdot 7 \cdot 71$
77	$41 \cdot 97$
78	$2 \cdot 3^2 \cdot 13 \cdot 17$
84	$2^4 \cdot 3 \cdot 83$
90	$2 \cdot 3 \cdot 5 \cdot 7 \cdot 19$
93	$3 \cdot 11^3$
95	$5 \cdot 17 \cdot 47$
96	$2^2 \cdot 3^3 \cdot 37$
99	$3 \cdot 31 \cdot 43$

4000

0	$2^5 \cdot 5^3$
2	$2 \cdot 3 \cdot 23 \cdot 29$
4	$2^2 \cdot 7 \cdot 11 \cdot 13$
5	$3^2 \cdot 5 \cdot 89$
12	$2^2 \cdot 17 \cdot 59$
15	$5 \cdot 11 \cdot 73$
17	$3 \cdot 13 \cdot 103$
18	$2 \cdot 7^2 \cdot 41$
20	$2^2 \cdot 3 \cdot 5 \cdot 67$
25	$5^2 \cdot 7 \cdot 23$
26	$2 \cdot 3 \cdot 11 \cdot 61$
28	$2^2 \cdot 19 \cdot 53$
29	$3 \cdot 17 \cdot 79$
30	$2 \cdot 5 \cdot 13 \cdot 31$
32	$2^6 \cdot 3^2 \cdot 7$
33	$37 \cdot 109$
40	$2^3 \cdot 5 \cdot 101$
42	$2 \cdot 43 \cdot 47$
46	$2 \cdot 7 \cdot 17^2$
47	$3 \cdot 19 \cdot 71$
48	$2^4 \cdot 11 \cdot 23$
50	$2 \cdot 3^4 \cdot 5^2$
56	$2^3 \cdot 3 \cdot 13^2$
59	$3^2 \cdot 11 \cdot 41$
60	$2^2 \cdot 5 \cdot 7 \cdot 29$
64	$2^5 \cdot 127$
66	$2 \cdot 19 \cdot 107$
67	$7^2 \cdot 83$
68	$2^2 \cdot 3^2 \cdot 113$
70	$2 \cdot 5 \cdot 11 \cdot 37$
71	$3 \cdot 23 \cdot 59$
74	$2 \cdot 3 \cdot 7 \cdot 97$
80	$2^4 \cdot 3 \cdot 5 \cdot 17$
81	$7 \cdot 11 \cdot 53$
85	$5 \cdot 19 \cdot 43$
87	$61 \cdot 67$
88	$2^3 \cdot 7 \cdot 73$
89	$3 \cdot 29 \cdot 47$
92	$2^2 \cdot 3 \cdot 11 \cdot 31$
94	$2 \cdot 23 \cdot 89$
95	$3^2 \cdot 5 \cdot 7 \cdot 13$
96	2^{12}

4100

0	$2^2 \cdot 5^2 \cdot 41$
4	$2^3 \cdot 3^3 \cdot 19$
7	$3 \cdot 37^2$
8	$2^2 \cdot 13 \cdot 79$
14	$2 \cdot 11^2 \cdot 17$
16	$2^2 \cdot 3 \cdot 7^3$
18	$2 \cdot 29 \cdot 71$
20	$2^3 \cdot 5 \cdot 103$
23	$7 \cdot 19 \cdot 31$
25	$3 \cdot 5^3 \cdot 11$
28	$2^5 \cdot 3 \cdot 43$
30	$2 \cdot 5 \cdot 7 \cdot 59$
31	$3^5 \cdot 17$
34	$2 \cdot 3 \cdot 13 \cdot 53$
36	$2^3 \cdot 11 \cdot 47$
40	$2^2 \cdot 3^2 \cdot 5 \cdot 23$
41	$41 \cdot 101$
42	$2 \cdot 19 \cdot 109$
44	$2^4 \cdot 7 \cdot 37$
47	$11 \cdot 13 \cdot 29$
48	$2^2 \cdot 17 \cdot 61$
50	$2 \cdot 5^2 \cdot 83$
54	$2 \cdot 31 \cdot 67$
58	$2 \cdot 3^3 \cdot 7 \cdot 11$
60	$2^6 \cdot 5 \cdot 13$
61	$3 \cdot 19 \cdot 73$
65	$5 \cdot 7^2 \cdot 17$
71	$43 \cdot 97$
73	$3 \cdot 13 \cdot 107$
76	$2^4 \cdot 3^2 \cdot 29$
80	$2^2 \cdot 5 \cdot 11 \cdot 19$
81	$37 \cdot 113$
82	$2 \cdot 3 \cdot 17 \cdot 41$
83	$47 \cdot 89$
85	$3^3 \cdot 5 \cdot 31$
86	$2 \cdot 7 \cdot 13 \cdot 23$
87	$53 \cdot 79$
89	$59 \cdot 71$
91	$3 \cdot 11 \cdot 127$
99	$13 \cdot 17 \cdot 19$

4200

0	$2^3 \cdot 3 \cdot 5^2 \cdot 7$
5	$5 \cdot 29^2$
9	$3 \cdot 23 \cdot 61$
12	$2^2 \cdot 3^4 \cdot 13$
14	$2 \cdot 7^2 \cdot 43$
16	$2^3 \cdot 17 \cdot 31$
18	$2 \cdot 3 \cdot 19 \cdot 37$
21	$3^2 \cdot 7 \cdot 67$
23	$41 \cdot 103$
24	$2^7 \cdot 3 \cdot 11$
25	$5^2 \cdot 13^2$
30	$2 \cdot 3^2 \cdot 5 \cdot 47$
32	$2^3 \cdot 23^2$
33	$3 \cdot 17 \cdot 83$
34	$2 \cdot 29 \cdot 73$
35	$5 \cdot 7 \cdot 11^2$
40	$2^4 \cdot 5 \cdot 53$
42	$2 \cdot 3 \cdot 7 \cdot 101$
48	$2^3 \cdot 3^2 \cdot 59$
50	$2 \cdot 5^3 \cdot 17$
51	$3 \cdot 13 \cdot 109$
55	$5 \cdot 23 \cdot 37$
56	$2^5 \cdot 7 \cdot 19$
57	$3^2 \cdot 11 \cdot 43$
60	$2^2 \cdot 3 \cdot 5 \cdot 71$
63	$3 \cdot 7^2 \cdot 29$
64	$2^3 \cdot 13 \cdot 41$
66	$2 \cdot 3^3 \cdot 79$
68	$2^2 \cdot 11 \cdot 97$
70	$2 \cdot 5 \cdot 7 \cdot 61$
72	$2^4 \cdot 3 \cdot 89$
75	$3^2 \cdot 5^2 \cdot 19$
77	$7 \cdot 13 \cdot 47$
78	$2 \cdot 3 \cdot 23 \cdot 31$
80	$2^3 \cdot 5 \cdot 107$
84	$2^2 \cdot 3^2 \cdot 7 \cdot 17$
88	$2^6 \cdot 67$
90	$2 \cdot 3 \cdot 5 \cdot 11 \cdot 13$
92	$2^2 \cdot 29 \cdot 37$
93	$3^4 \cdot 53$
94	$2 \cdot 19 \cdot 113$

4300

0	$2^2 \cdot 5^2 \cdot 43$
1	$11 \cdot 17 \cdot 23$
5	$3 \cdot 5 \cdot 7 \cdot 41$
7	$59 \cdot 73$
12	$2^3 \cdot 7^2 \cdot 11$
16	$2^2 \cdot 13 \cdot 83$
18	$2 \cdot 17 \cdot 127$
20	$2^5 \cdot 3^3 \cdot 5$
24	$2^2 \cdot 23 \cdot 47$
26	$2 \cdot 3 \cdot 7 \cdot 103$
29	$3^2 \cdot 13 \cdot 37$
31	$61 \cdot 71$
32	$2^2 \cdot 3 \cdot 19^2$
35	$3 \cdot 5 \cdot 17^2$
40	$2^2 \cdot 5 \cdot 7 \cdot 31$
43	$43 \cdot 101$
45	$5 \cdot 11 \cdot 79$
46	$2 \cdot 41 \cdot 53$
47	$3^3 \cdot 7 \cdot 23$
50	$2 \cdot 3 \cdot 5^2 \cdot 29$
52	$2^8 \cdot 17$
55	$5 \cdot 13 \cdot 67$
56	$2^2 \cdot 3^2 \cdot 11^2$
60	$2^3 \cdot 5 \cdot 109$
61	$7^2 \cdot 89$
65	$3^2 \cdot 5 \cdot 97$
66	$2 \cdot 37 \cdot 59$
68	$2^4 \cdot 3 \cdot 7 \cdot 13$
70	$2 \cdot 5 \cdot 19 \cdot 23$
71	$3 \cdot 31 \cdot 47$
74	$2 \cdot 3^7$
75	$5^4 \cdot 7$
80	$2^2 \cdot 3 \cdot 5 \cdot 73$
86	$2 \cdot 3 \cdot 17 \cdot 43$
87	$41 \cdot 107$
89	$3 \cdot 7 \cdot 11 \cdot 19$
92	$2^3 \cdot 3^2 \cdot 61$
94	$2 \cdot 13^3$
99	$53 \cdot 83$

4400

0	$2^4 \cdot 5^2 \cdot 11$
2	$2 \cdot 31 \cdot 71$
3	$7 \cdot 17 \cdot 37$
7	$3 \cdot 13 \cdot 113$
8	$2^3 \cdot 19 \cdot 29$
10	$2 \cdot 3^2 \cdot 5 \cdot 7^2$
16	$2^6 \cdot 3 \cdot 23$
18	$2 \cdot 47^2$
20	$2^2 \cdot 5 \cdot 13 \cdot 17$
22	$2 \cdot 3 \cdot 11 \cdot 67$
24	$2^3 \cdot 7 \cdot 79$
25	$3 \cdot 5^2 \cdot 59$
28	$2^2 \cdot 3^3 \cdot 41$
29	$43 \cdot 103$
33	$11 \cdot 13 \cdot 31$
37	$3^2 \cdot 17 \cdot 29$
40	$2^3 \cdot 3 \cdot 5 \cdot 37$
44	$2^2 \cdot 11 \cdot 101$
45	$5 \cdot 7 \cdot 127$
46	$2 \cdot 3^2 \cdot 13 \cdot 19$
50	$2 \cdot 5^2 \cdot 89$
52	$2^2 \cdot 3 \cdot 7 \cdot 53$
53	$61 \cdot 73$
55	$3^4 \cdot 5 \cdot 11$
59	$7^3 \cdot 13$
62	$2 \cdot 23 \cdot 97$
64	$2^4 \cdot 3^2 \cdot 31$
65	$5 \cdot 19 \cdot 47$
66	$2 \cdot 7 \cdot 11 \cdot 29$
69	$41 \cdot 109$
72	$2^3 \cdot 13 \cdot 43$
73	$3^2 \cdot 7 \cdot 71$
77	$11^2 \cdot 37$
80	$2^7 \cdot 5 \cdot 7$
82	$2 \cdot 3^3 \cdot 83$
84	$2^2 \cdot 19 \cdot 59$
85	$3 \cdot 5 \cdot 13 \cdot 23$
88	$2^3 \cdot 3 \cdot 11 \cdot 17$
89	67^2
94	$2 \cdot 3 \cdot 7 \cdot 107$
95	$5 \cdot 29 \cdot 31$

4500

0	$2^2 \cdot 3^2 \cdot 5^3$
3	$3 \cdot 19 \cdot 79$
5	$5 \cdot 17 \cdot 53$
8	$2^2 \cdot 7^2 \cdot 23$
10	$2 \cdot 5 \cdot 11 \cdot 41$
12	$2^5 \cdot 3 \cdot 47$
14	$2 \cdot 37 \cdot 61$
15	$3 \cdot 5 \cdot 7 \cdot 43$
20	$2^3 \cdot 5 \cdot 113$
22	$2 \cdot 7 \cdot 17 \cdot 19$
24	$2^2 \cdot 3 \cdot 13 \cdot 29$
26	$2 \cdot 31 \cdot 73$
32	$2^2 \cdot 11 \cdot 103$
36	$2^3 \cdot 3^4 \cdot 7$
39	$3 \cdot 17 \cdot 89$
43	$7 \cdot 11 \cdot 59$
44	$2^6 \cdot 71$
45	$3^2 \cdot 5 \cdot 101$
50	$2 \cdot 5^2 \cdot 7 \cdot 13$
51	$3 \cdot 37 \cdot 41$
54	$2 \cdot 3^2 \cdot 11 \cdot 23$
56	$2^2 \cdot 17 \cdot 67$
57	$3 \cdot 7^2 \cdot 31$
58	$2 \cdot 43 \cdot 53$
59	$47 \cdot 97$
60	$2^4 \cdot 3 \cdot 5 \cdot 19$
63	$3^3 \cdot 13^2$
65	$5 \cdot 11 \cdot 83$
72	$2^2 \cdot 3^2 \cdot 127$
75	$3 \cdot 5^2 \cdot 61$
76	$2^5 \cdot 11 \cdot 13$
78	$2 \cdot 3 \cdot 7 \cdot 109$
82	$2 \cdot 29 \cdot 79$
88	$2^2 \cdot 31 \cdot 37$
90	$2 \cdot 3^3 \cdot 5 \cdot 17$
92	$2^4 \cdot 7 \cdot 41$
98	$2 \cdot 11^2 \cdot 19$
99	$3^2 \cdot 7 \cdot 73$

4600

0	$2^3 \cdot 5^2 \cdot 23$
1	$43 \cdot 107$
2	$2 \cdot 3 \cdot 13 \cdot 59$
6	$2 \cdot 7^2 \cdot 47$
8	$2^9 \cdot 3^2$
11	$3 \cdot 29 \cdot 53$
15	$5 \cdot 13 \cdot 71$
17	$3^5 \cdot 19$
20	$2^2 \cdot 3 \cdot 5 \cdot 7 \cdot 11$
23	$3 \cdot 23 \cdot 67$
24	$2^4 \cdot 17^2$
25	$5^3 \cdot 37$
28	$2^2 \cdot 13 \cdot 89$
33	$41 \cdot 113$
35	$3^2 \cdot 5 \cdot 103$
36	$2^2 \cdot 19 \cdot 61$
40	$2^5 \cdot 5 \cdot 29$
41	$3 \cdot 7 \cdot 13 \cdot 17$
44	$2^2 \cdot 3^3 \cdot 43$
46	$2 \cdot 23 \cdot 101$
48	$2^3 \cdot 7 \cdot 83$
50	$2 \cdot 3 \cdot 5^2 \cdot 31$
53	$3^2 \cdot 11 \cdot 47$
55	$5 \cdot 7^2 \cdot 19$
56	$2^4 \cdot 3 \cdot 97$
61	$59 \cdot 79$

62	$2 \cdot 3^2 \cdot 7 \cdot 37$
64	$2^3 \cdot 11 \cdot 53$
69	$7 \cdot 23 \cdot 29$
72	$2^6 \cdot 73$
74	$2 \cdot 3 \cdot 19 \cdot 41$
75	$5^2 \cdot 11 \cdot 17$
80	$2^3 \cdot 3^2 \cdot 5 \cdot 13$
86	$2 \cdot 3 \cdot 11 \cdot 71$
87	$43 \cdot 109$
90	$2 \cdot 5 \cdot 7 \cdot 67$
92	$2^2 \cdot 3 \cdot 17 \cdot 23$
93	$13 \cdot 19^2$
97	$7 \cdot 11 \cdot 61$
98	$2 \cdot 3^4 \cdot 29$
99	$37 \cdot 127$

4700

0	$2^2 \cdot 5^2 \cdot 47$
4	$2^5 \cdot 3 \cdot 7^2$
8	$2^2 \cdot 11 \cdot 107$
12	$2^3 \cdot 19 \cdot 31$
15	$5 \cdot 23 \cdot 41$
17	$53 \cdot 89$
19	$3 \cdot 11^2 \cdot 13$
20	$2^4 \cdot 5 \cdot 59$
25	$3^3 \cdot 5^2 \cdot 7$
30	$2 \cdot 5 \cdot 11 \cdot 43$
31	$3 \cdot 19 \cdot 83$
32	$2^2 \cdot 7 \cdot 13^2$
36	$2^7 \cdot 37$
38	$2 \cdot 23 \cdot 103$
40	$2^2 \cdot 3 \cdot 5 \cdot 79$
43	$3^2 \cdot 17 \cdot 31$
45	$5 \cdot 13 \cdot 73$
46	$2 \cdot 3 \cdot 7 \cdot 113$
47	$47 \cdot 101$
50	$2 \cdot 5^3 \cdot 19$
52	$2^4 \cdot 3^3 \cdot 11$
53	$2^7 \cdot 97$
56	$2^2 \cdot 29 \cdot 41$
57	$67 \cdot 71$
58	$2 \cdot 3 \cdot 13 \cdot 61$
60	$2^3 \cdot 5 \cdot 7 \cdot 17$
61	$3^2 \cdot 23^2$
70	$2 \cdot 3^2 \cdot 5 \cdot 53$
73	$3 \cdot 37 \cdot 43$
74	$2 \cdot 7 \cdot 11 \cdot 31$
79	$3^4 \cdot 59$
84	$2^4 \cdot 13 \cdot 23$
85	$3 \cdot 5 \cdot 11 \cdot 29$
88	$2^2 \cdot 3^2 \cdot 5 \cdot 19$
94	$2 \cdot 3 \cdot 17 \cdot 47$
96	$2^2 \cdot 11 \cdot 109$
97	$3^2 \cdot 13 \cdot 41$

4800

0	$2^6 \cdot 3 \cdot 5^2$
2	$2 \cdot 7^4$
5	$5 \cdot 31^2$
6	$2 \cdot 3^3 \cdot 89$
7	$11 \cdot 19 \cdot 23$
10	$2 \cdot 5 \cdot 13 \cdot 37$
14	$2 \cdot 29 \cdot 83$
15	$3^2 \cdot 5 \cdot 107$
16	$2^4 \cdot 7 \cdot 43$
18	$2 \cdot 3 \cdot 11 \cdot 73$
19	$61 \cdot 79$
23	$7 \cdot 13 \cdot 53$
24	$2^3 \cdot 3^2 \cdot 67$
26	$2 \cdot 19 \cdot 127$
28	$2^2 \cdot 17 \cdot 71$
30	$2 \cdot 3 \cdot 5 \cdot 7 \cdot 23$
36	$2^2 \cdot 3 \cdot 13 \cdot 31$
38	$2 \cdot 41 \cdot 59$
40	$2^3 \cdot 5 \cdot 11^2$
41	$47 \cdot 103$
45	$3 \cdot 5 \cdot 17 \cdot 19$
48	$2^4 \cdot 3 \cdot 101$
50	$2 \cdot 5^2 \cdot 97$
51	$3^2 \cdot 7^2 \cdot 11$
59	$43 \cdot 113$
60	$2^2 \cdot 3^5 \cdot 5$
62	$2 \cdot 11 \cdot 13 \cdot 17$
64	$2^8 \cdot 19$
72	$2^3 \cdot 3 \cdot 7 \cdot 29$
75	$3 \cdot 5^3 \cdot 13$
76	$2^2 \cdot 23 \cdot 53$
79	$7 \cdot 17 \cdot 41$
80	$2^4 \cdot 5 \cdot 61$
84	$2^2 \cdot 3 \cdot 11 \cdot 37$
88	$2^3 \cdot 13 \cdot 47$
91	$67 \cdot 73$
95	$5 \cdot 11 \cdot 89$
96	$2^5 \cdot 3^2 \cdot 17$
97	$59 \cdot 83$
98	$2 \cdot 31 \cdot 79$
99	$3 \cdot 23 \cdot 71$

4900

0	$2^2 \cdot 5^2 \cdot 7^2$
1	$13^2 \cdot 29$
2	$2 \cdot 3 \cdot 19 \cdot 43$
5	$3^2 \cdot 5 \cdot 109$
13	17^3
14	$2 \cdot 3^3 \cdot 7 \cdot 13$
20	$2^3 \cdot 3 \cdot 5 \cdot 41$
21	$7 \cdot 19 \cdot 37$
22	$2 \cdot 23 \cdot 107$
28	$2^6 \cdot 7 \cdot 11$
29	$3 \cdot 31 \cdot 53$
30	$2 \cdot 5 \cdot 17 \cdot 29$
35	$3 \cdot 5 \cdot 7 \cdot 47$
40	$2^2 \cdot 5 \cdot 13 \cdot 19$
41	$3^4 \cdot 61$
44	$2^4 \cdot 3 \cdot 103$
45	$5 \cdot 23 \cdot 43$
47	$3 \cdot 17 \cdot 97$
49	$7^2 \cdot 101$
50	$2 \cdot 3^2 \cdot 5^2 \cdot 11$
53	$3 \cdot 13 \cdot 127$
56	$2^2 \cdot 3 \cdot 7 \cdot 59$
58	$2 \cdot 37 \cdot 67$
59	$3^2 \cdot 19 \cdot 29$
60	$2^5 \cdot 5 \cdot 31$
61	$11^2 \cdot 41$
64	$2^2 \cdot 17 \cdot 73$
68	$2^3 \cdot 3^3 \cdot 23$
70	$2 \cdot 5 \cdot 7 \cdot 71$
72	$2^2 \cdot 11 \cdot 113$
77	$3^2 \cdot 7 \cdot 79$
80	$2^2 \cdot 3 \cdot 5 \cdot 83$
82	$2 \cdot 47 \cdot 53$
84	$2^3 \cdot 7 \cdot 89$
88	$2^2 \cdot 29 \cdot 43$
91	$7 \cdot 23 \cdot 31$
92	$2^7 \cdot 3 \cdot 13$
95	$3^3 \cdot 5 \cdot 37$
98	$2 \cdot 3 \cdot 7^2 \cdot 17$

5000

0	$2^3 \cdot 5^4$
2	$2 \cdot 41 \cdot 61$
5	$5 \cdot 7 \cdot 11 \cdot 13$
14	$2 \cdot 23 \cdot 109$
15	$5 \cdot 17 \cdot 59$
16	$2^3 \cdot 3 \cdot 11 \cdot 19$
22	$2 \cdot 3^4 \cdot 31$
25	$3 \cdot 5^2 \cdot 67$
29	$47 \cdot 107$
31	$3^2 \cdot 13 \cdot 43$
32	$2^3 \cdot 17 \cdot 37$
35	$5 \cdot 19 \cdot 53$
37	$3 \cdot 23 \cdot 73$
40	$2^4 \cdot 3^2 \cdot 5 \cdot 7$
41	71^2
43	$3 \cdot 41^2$
44	$2^2 \cdot 13 \cdot 97$
46	$2 \cdot 3 \cdot 29^2$
47	$7^2 \cdot 103$
49	$3^3 \cdot 11 \cdot 17$
50	$2 \cdot 5^2 \cdot 101$
54	$2 \cdot 7 \cdot 19^2$
56	$2^6 \cdot 79$
60	$2^2 \cdot 5 \cdot 11 \cdot 23$
63	$61 \cdot 83$
70	$2 \cdot 3 \cdot 5 \cdot 13^2$
73	$3 \cdot 19 \cdot 89$
74	$2 \cdot 43 \cdot 59$
75	$5^2 \cdot 7 \cdot 29$
76	$2^2 \cdot 3^3 \cdot 47$
80	$2^3 \cdot 5 \cdot 127$
82	$2 \cdot 3 \cdot 7 \cdot 11^2$
83	$13 \cdot 17 \cdot 23$
84	$2^2 \cdot 31 \cdot 41$
85	$3^2 \cdot 5 \cdot 113$
88	$2^5 \cdot 3 \cdot 53$
92	$2^2 \cdot 19 \cdot 67$
96	$2^3 \cdot 7^2 \cdot 13$

5100

0	$2^2 \cdot 3 \cdot 5^2 \cdot 17$
3	$3^6 \cdot 7$
4	$2^4 \cdot 11 \cdot 29$
6	$2 \cdot 3 \cdot 23 \cdot 37$
10	$2 \cdot 5 \cdot 7 \cdot 73$
12	$2^3 \cdot 3^2 \cdot 71$
15	$3 \cdot 5 \cdot 11 \cdot 31$
17	$7 \cdot 17 \cdot 43$
20	$2^{10} \cdot 5$
23	$47 \cdot 109$
24	$2^2 \cdot 3 \cdot 7 \cdot 61$
25	$5^3 \cdot 41$
30	$2 \cdot 3^3 \cdot 5 \cdot 19$
33	$3 \cdot 29 \cdot 59$
35	$5 \cdot 13 \cdot 79$
36	$2^4 \cdot 3 \cdot 107$
41	$53 \cdot 97$
45	$3 \cdot 5 \cdot 7^3$
46	$2 \cdot 31 \cdot 83$
48	$2^2 \cdot 3^2 \cdot 11 \cdot 13$
50	$2 \cdot 5^2 \cdot 103$
51	$3 \cdot 17 \cdot 101$
52	$2^5 \cdot 7 \cdot 23$
59	$7 \cdot 11 \cdot 67$
60	$2^3 \cdot 3 \cdot 5 \cdot 43$
62	$2 \cdot 29 \cdot 89$
66	$2 \cdot 3^2 \cdot 7 \cdot 41$
68	$2^4 \cdot 17 \cdot 19$
70	$2 \cdot 5 \cdot 11 \cdot 47$
75	$3^2 \cdot 5^2 \cdot 23$
80	$2^2 \cdot 5 \cdot 7 \cdot 37$
83	$71 \cdot 73$
84	$2^6 \cdot 3^4$
85	$5 \cdot 17 \cdot 61$
87	$3 \cdot 7 \cdot 13 \cdot 19$
92	$2^3 \cdot 11 \cdot 59$
94	$2 \cdot 7^2 \cdot 53$
98	$2 \cdot 23 \cdot 113$

5200

0	$2^4 \cdot 5^2 \cdot 13$
2	$2 \cdot 3^2 \cdot 17^2$
3	$11^2 \cdot 43$
7	$41 \cdot 127$
8	$2^3 \cdot 3 \cdot 7 \cdot 31$
14	$2 \cdot 3 \cdot 11 \cdot 79$
17	$3 \cdot 37 \cdot 47$
20	$2^2 \cdot 3^2 \cdot 5 \cdot 29$
25	$5^2 \cdot 11 \cdot 19$
26	$2 \cdot 3 \cdot 13 \cdot 67$
29	$3^2 \cdot 7 \cdot 83$
32	$2^4 \cdot 3 \cdot 109$
36	$2^2 \cdot 7 \cdot 11 \cdot 17$
38	$2 \cdot 3^3 \cdot 97$
39	$13^2 \cdot 31$
43	$7^2 \cdot 107$
44	$2^2 \cdot 3 \cdot 19 \cdot 23$
46	$2 \cdot 43 \cdot 61$
47	$3^2 \cdot 11 \cdot 53$
48	$2^7 \cdot 41$
50	$2 \cdot 3 \cdot 5^3 \cdot 7$
51	$59 \cdot 89$
52	$2^2 \cdot 13 \cdot 101$
53	$3 \cdot 17 \cdot 103$
54	$2 \cdot 37 \cdot 71$
56	$2^3 \cdot 3^2 \cdot 73$
64	$2^4 \cdot 7 \cdot 47$
65	$3^4 \cdot 5 \cdot 13$
70	$2 \cdot 5 \cdot 17 \cdot 31$
78	$2 \cdot 7 \cdot 13 \cdot 29$
80	$2^5 \cdot 3 \cdot 5 \cdot 11$
89	$3 \cdot 41 \cdot 43$
90	$2 \cdot 5 \cdot 23^2$
91	$11 \cdot 13 \cdot 37$
92	$2^2 \cdot 3^3 \cdot 7^2$
93	$67 \cdot 79$

5300

0	$2^2 \cdot 5^2 \cdot 73$
1	$3^2 \cdot 19 \cdot 31$
4	$2^3 \cdot 3 \cdot 13 \cdot 1$
7	$3 \cdot 29 \cdot 61$
10	$2 \cdot 3^2 \cdot 5 \cdot 59$
11	$47 \cdot 113$
12	$2^6 \cdot 83$
13	$3 \cdot 7 \cdot 11 \cdot 23$
20	$2^3 \cdot 5 \cdot 7 \cdot 19$
24	$2^2 \cdot 11^3$
25	$3 \cdot 5^2 \cdot 71$
28	$2^4 \cdot 3^2 \cdot 37$
29	73^2
30	$2 \cdot 5 \cdot 13 \cdot 41$
32	$2^2 \cdot 31 \cdot 43$
34	$2 \cdot 3 \cdot 7 \cdot 127$
35	$5 \cdot 11 \cdot 97$
36	$2^3 \cdot 23 \cdot 29$
40	$2^2 \cdot 3 \cdot 5 \cdot 89$
41	$7^2 \cdot 109$
46	$2 \cdot 3^5 \cdot 11$
50	$2 \cdot 5^2 \cdot 107$
53	$53 \cdot 101$
55	$3^2 \cdot 5 \cdot 7 \cdot 17$
56	$2^2 \cdot 13 \cdot 102$
58	$2 \cdot 3 \cdot 19 \cdot 47$
60	$2^4 \cdot 5 \cdot 67$
65	$5 \cdot 29 \cdot 37$
68	$2^3 \cdot 11 \cdot 61$
69	$7 \cdot 13 \cdot 59$
72	$2^2 \cdot 17 \cdot 79$
75	$5^3 \cdot 43$
76	$2^8 \cdot 3 \cdot 7$
82	$2 \cdot 3^2 \cdot 13 \cdot 23$
90	$2 \cdot 5 \cdot 7^2 \cdot 11$
94	$2 \cdot 3 \cdot 29 \cdot 31$
95	$5 \cdot 13 \cdot 83$
96	$2^2 \cdot 19 \cdot 71$

5400

0	$2^3 \cdot 3^3 \cdot 5^2$
2	$2 \cdot 37 \cdot 73$
5	$5 \cdot 23 \cdot 47$
6	$2 \cdot 3 \cdot 17 \cdot 53$
8	$2^5 \cdot 13^2$
12	$2^2 \cdot 3 \cdot 11 \cdot 41$
15	$3 \cdot 5 \cdot 19^2$
18	$2 \cdot 3^2 \cdot 7 \cdot 43$
23	$11 \cdot 17 \cdot 29$
24	$2^4 \cdot 3 \cdot 113$
25	$5^2 \cdot 7 \cdot 31$
27	$3^4 \cdot 67$

GPSR Compliance

The European Union's (EU) General Product Safety Regulation (GPSR) is a set of rules that requires consumer products to be safe and our obligations to ensure this.

If you have any concerns about our products, you can contact us on ProductSafety@springernature.com

In case Publisher is established outside the EU, the EU authorized representative is:

Springer Nature Customer Service Center GmbH
Europaplatz 3
69115 Heidelberg, Germany

Batch number: 10682323

Printed by Printforce, the Netherlands